全国高等职业教育规划教材

AutoCAD 2010 实训教程

主编　徐文胜

参编　马 骏　吴 勤　王 春

机 械 工 业 出 版 社

本书以 AutoCAD 2010 中文版为基础，介绍了 AutoCAD 的使用方法和技巧。全书共分 9 章，主要内容包括 AutoCAD 2010 中文版基础知识，绘图流程，基本图形绘制和编辑，典型图形绘制，显示控制，尺寸、引线及公差，参数化设计及实用工具，打印和输出以及实训练习。除最后一章外，其余各章均附有习题。第 9 章实训练习中提供了大量的练习题。

本书的特色在于实用性，从教与学的角度编排内容，循序渐进，逐步深入，大量的作图技巧均包含在具体实例中，图文并茂，浅显易懂。

本书可作为高职高专院校的教材，也可供其他工程技术人员参考。

图书在版编目（CIP）数据

AutoCAD 2010 实训教程 / 徐文胜主编. —北京：机械工业出版社，2011.3（2024.1 重印）

全国高等职业教育规划教材

ISBN 978-7-111-33592-4

Ⅰ. ①A… Ⅱ. ①徐… Ⅲ. ①计算机辅助设计－应用软件，AutoCAD 2010－高等职业教育－教材 Ⅳ. ①TP391.72

中国版本图书馆 CIP 数据核字（2011）第 032018 号

机械工业出版社（北京市百万庄大街 22 号 邮政编码 100037）

责任编辑：吴鸣飞

责任印制：张 博

北京建宏印刷有限公司印刷

2024 年 1 月第 1 版 · 第 8 次印刷

184mm×260mm · 17.25 印张 · 421 千字

标准书号：ISBN 978-7-111-33592-4

定价：39. 90 元

电话服务	网络服务
客服电话：010-88361066	机 工 官 网：www.cmpbook.com
010-88379833	机 工 官 博：weibo.com/cmp1952
010-68326294	金 书 网：www.golden-book.com
封底无防伪标均为盗版	机工教育服务网：www.cmpedu.com

全国高等职业教育规划教材

机电类专业编委会成员名单

出版说明

根据《教育部关于以就业为导向深化高等职业教育改革的若干意见》中提出的高等职业院校必须把培养学生动手能力、实践能力和可持续发展能力放在突出的地位，促进学生技能的培养，以及教材内容要紧密结合生产实际，并注意及时跟踪先进技术的发展等指导精神，机械工业出版社组织全国近60所高等职业院校的骨干教师对在2001年出版的“面向21世纪高职高专系列教材”进行了全面的修订和增补，并更名为“全国高等职业教育规划教材”。

本系列教材是由高职高专计算机专业、电子技术专业和机电专业教材编委会分别会同各高职高专院校的一线骨干教师，针对相关专业的课程设置，融合教学中的实践经验，同时吸收高等职业教育改革的成果而编写完成的，具有“定位准确、注重能力、内容创新、结构合理和叙述通俗”的编写特色。在几年的教学实践中，本系列教材获得了较高的评价，并有多个品种被评为普通高等教育“十一五”国家级规划教材。在修订和增补过程中，除了保持原有特色外，针对课程的不同性质采取了不同的优化措施。其中，核心基础课的教材在保持扎实的理论基础的同时，增加实训和习题；实践性较强的课程强调理论与实训紧密结合；涉及实用技术的课程则在教材中引入了最新的知识、技术、工艺和方法。同时，根据实际教学的需要对部分课程进行了整合。

归纳起来，本系列教材具有以下特点：

1）围绕培养学生的职业技能这条主线来设计教材的结构、内容和形式。

2）合理安排基础知识和实践知识的比例。基础知识以“必需、够用”为度，强调专业技术应用能力的训练，适当增加实训环节。

3）符合高职学生的学习特点和认知规律。对基本理论和方法的论述要容易理解、清晰简洁，多用图表来表达信息；增加相关技术在生产中的应用实例，引导学生主动学习。

4）教材内容紧随技术和经济的发展而更新，及时将新知识、新技术、新工艺和新案例等引入教材。同时注重吸收最新的教学理念，并积极支持新专业的教材建设。

5）注重立体化教材建设。通过主教材、电子教案、配套素材光盘、实训指导和习题及解答等教学资源的有机结合，提高教学服务水平，为高素质技能型人才的培养创造良好的条件。

由于我国高等职业教育改革和发展的速度很快，加之我们的水平和经验有限，因此在教材的编写和出版过程中难免出现问题和错误。我们恳请使用这套教材的师生及时向我们反馈质量信息，以利于我们今后不断提高教材的出版质量，为广大师生提供更多、更适用的教材。

机械工业出版社

前　　言

AutoCAD 2010 是 Autodesk 公司发行的较新版本。AutoCAD 在 CAD 行业，尤其在二维绘图领域一直占据了一半以上的市场份额，得到了广大用户的青睐，被广泛应用于机械、建筑、电子、航天等诸多领域。

本书编者在总结以前编写教材和教学经验的基础上编写了本书。本书遵循教学的规律，内容编排由浅入深，循序渐进，又自成系统，内容安排注重教和练的有机结合，强调实用性。

本书第 1～8 章将 AutoCAD 的命令在精心分组后通过上机操作实例引入，再予以分解，然后详细介绍具体命令，进行举一反三的拓展。书中所选实例均经过精心选择，旨在介绍新的命令，尽量不和其他实例在命令上重复，又能将常用、重要的命令进行多种组合应用，突出多条命令的配合使用技巧，使用户能快速掌握操作技巧和命令。

第 9 章是实训练习，练习内容由简单到复杂，详细介绍了各种平面图形、组合体、零件图及装配图的绘制过程，各实训均具有一定的代表性。用户在熟悉实训后，可以通过这些实训后的练习题达到迅速提高的效果。

为了便于读者理解和操作，在本书的实例中，软件本身给出的提示均使用正常字体，而用户需要进行的操作用粗体字标出。在使用命令时，前面加“'”表示透明命令，前面加“-”表示命令行执行，其他为按钮、菜单提示或对话框执行。

本书由南京师范大学徐文胜主编，参加编写的还有南京师范大学马骏、吴勤和南京钟山职业技术学院王春。其中，徐文胜编写第 1、2 章，马骏编写第 3、4 章，吴勤编写第 5、6 章，王春编写第 7～9 章。在本书的编写过程中得到了学院领导、学校教务处领导和其他同事的大力支持，在此表示衷心的感谢。

由于编者水平有限，书中错误难免，欢迎读者提出宝贵的意见和建议。

编　者

目　录

第 1 章　AutoCAD 2010 中文版基础

在众多的设计绘图软件中，毫无疑问，AutoCAD 软件一直占据着市场的大部分份额。AutoCAD 软件由于其符合以人为本的设计理念，友好方便的设计界面、灵活的操作方式、强大的设计能力，最大限度地满足用户的需要，得到了众多用户的肯定，在各行各业有着广泛的应用。

经过多年的积累，最新的 AutoCAD 2010 版，功能更加强大，使用更加方便快捷。

本章对 AutoCAD 2010 中文版的新特性作简单的介绍，同时重点介绍 AutoCAD 2010 中文版的用户界面、按键定义、输入方式、文件操作命令以及有关环境的设置等基础知识，为后面的学习奠定必要的基础。

1.1　AutoCAD 2010 中文版新特性

AutoCAD 2010 中文版增加了诸多全新功能，尤其体现在参数化绘图方面和某些具体命令的使用上，并加强了对 PDF 格式的支持。其中在二维绘图设计方面包括：

- 可以按需求定义 AutoCAD 环境。定义的设置会自动保存到一个自定义工作空间。
- 新增了参数化绘图功能。通过基于设计意图约束图形对象，提高设计效率。几何及尺寸约束能够让对象间特定的关系和尺寸保持不变。
- 增强了编辑修改标注功能，提供了更多对尺寸文本的显示和位置的控制功能。
- 动态块对几何及尺寸约束的支持，可以基于块属性表来驱动块尺寸，甚至在不保存或退出块编辑器的情况下测试块。
- 查找和替换功能使用户能够定位到一个高亮的文本对象，可以快速创建包含高亮对象的选择集。子对象选择过滤器可以限制子对象选择为面、边或顶点。
- PDF 输出提供了灵活、高质量的输出。可以通过与附加其他的外部参照（如 DWG、DWF、DGN 及图形文件）一样的方式，在 AutoCAD 图形中附加一个 PDF 文件，甚至可以利用熟悉的对象捕捉来捕捉 PDF 文件中几何体的关键点。
- 参照工具能够让用户附加和修改任何外部参照文件，包括 DWG、DWF、DGN、PDF 或图片格式。
- 提供了更加强大和灵活的填充功能，可以通过夹点编辑非关联填充对象。
- 升级了 Ribbon 功能，增强了快速访问工具栏的功能，对工具的访问变得更加灵活和方便。
- 多引线提供了更多的灵活性，可以对多引线的不同部分设置属性，对多引线的样式设置垂直附件等。
- 可以在 AutoCAD 颜色索引器里更容易地找到颜色，甚至可以在层下拉列表中直接改变层的颜色。

- 新增的反转工具可以反转直线、多段线、样条线和螺旋线的方向。
- 样条线和多段线编辑工具可以把样条线转换为多段线。
- 清理工具包含了一个清理 0 长度几何体和空文本对象的选项。
- 文件浏览对话框（如打开和保存）在输入文件名的时候支持自动完成。
- 3D 打印功能可以通过互联网的连接来直接输出 3D AutoCAD 图形到支持 STL 的打印机。
- 动作宏包含了一个新的动作宏管理器，一个基点选项和合理的提示。

1.2 启动 AutoCAD 2010 中文版

启动 AutoCAD 2010 中文版：可以通过双击桌面上的 AutoCAD 2010 中文版图标或从“开始”→“程序”→“AutoDesk”→“AutoCAD 2010 Simplified Chinese”→“AutoCAD 2010”菜单中点取相应的图标，还可以通过“我的电脑”打开相应的文件夹，找到 AutoCAD 2010 中文版安装的目录，双击 ACAD.EXE 程序。

初次启动 AutoCAD 2010 中文版后，则进入“初始设置”对话框，如图 1-1 所示。

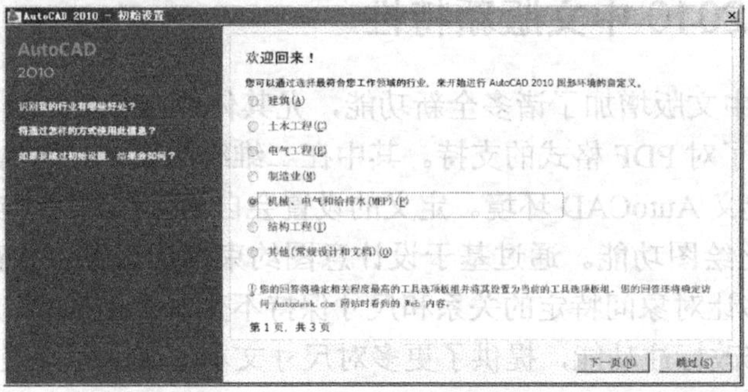

图 1-1 “初始设置“对话框

在该对话框中，可以根据下面显示的设计类型设置合适的绘图环境。用户也可以“跳过”不进行设置，也可以单击“下一页”按钮进行设置。图 1-2 为优化默认工作空间界面。

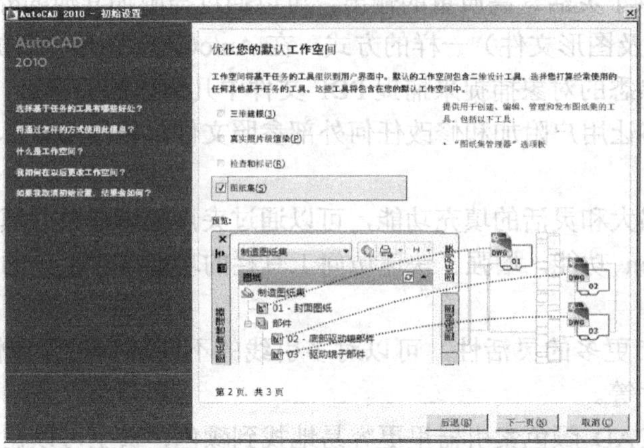

图 1-2 优化默认工作空间界面

单击“下一页”按钮，进行图形样板文件设置，如图 1-3 所示。用户可以使用默认的样板文件或将已有的图形文件作为样板文件。

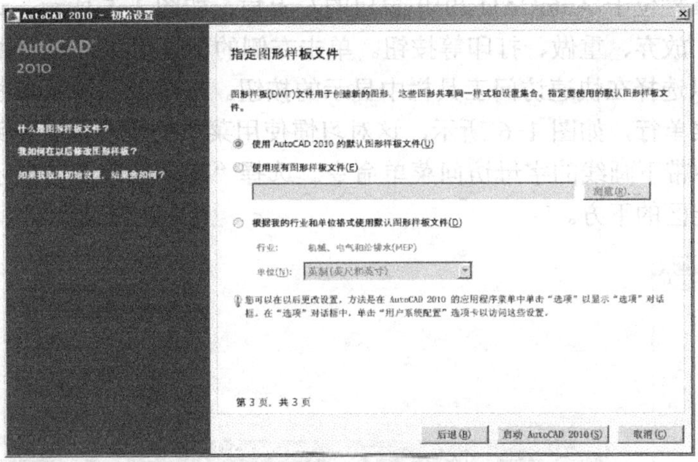

图 1-3　设置图形样板文件

设置完毕，单击“启动 AutoCAD 2010”则进入 AutoCAD 2010 主界面。

1.3　界面介绍

AutoCAD 2010 中文版的绘图界面是主要的工作界面，也是熟练使用 AutoCAD 2010 中文版所必须熟悉的。AutoCAD 2010 中文版的绘图界面如图 1-4 所示。

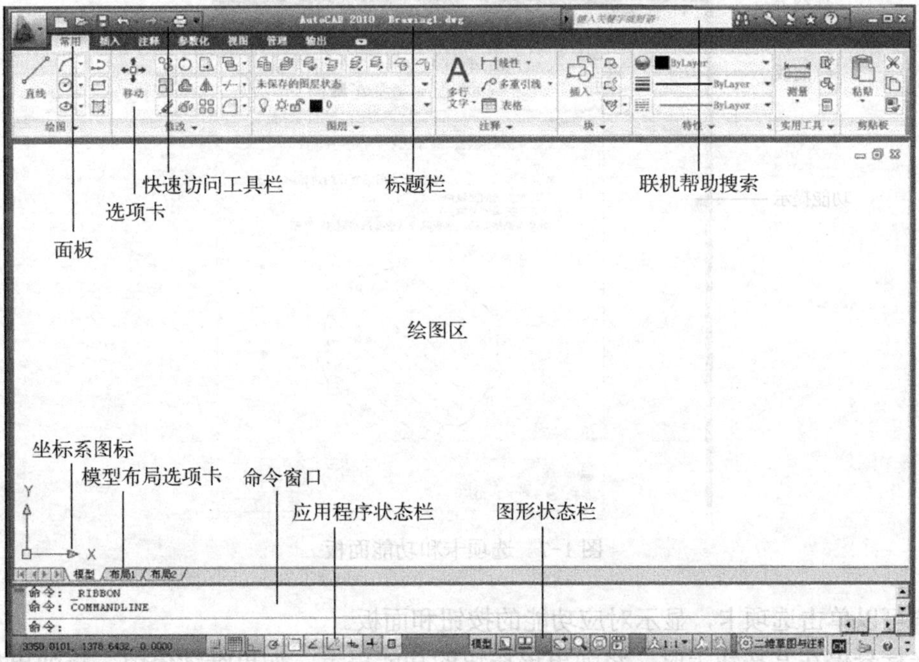

图 1-4　AutoCAD 2010 中文版的绘图界面

AutoCAD 2010 中文版的绘图界面主要包含以下几个部分。

1．快速访问工具栏

快速访问工具栏位于 AutoCAD 2010 窗口的左上角，如图 1-5 所示。该工具栏包含了新建、打开、保存、放弃、重做、打印等按钮。单击右侧的下拉箭头，弹出如图 1-5 所示的下拉菜单，用户可以选择在快速访问工具栏中显示的按钮。选中“显示菜单栏”则将在快速访问工具栏下显示菜单行，如图 1-6 所示，这对习惯使用菜单的用户很有帮助。用户也可以通过〈Alt〉+菜单中带下画线的字母访问菜单命令。选择“在功能区下方显示”则将快速访问工具栏移动到功能区的下方。

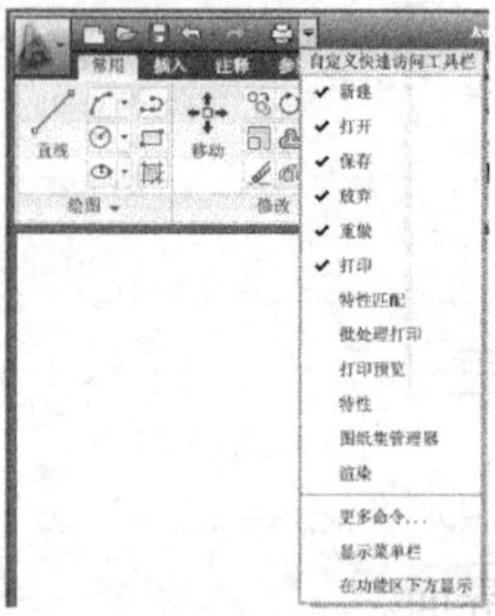

图 1-5　快速访问工具栏

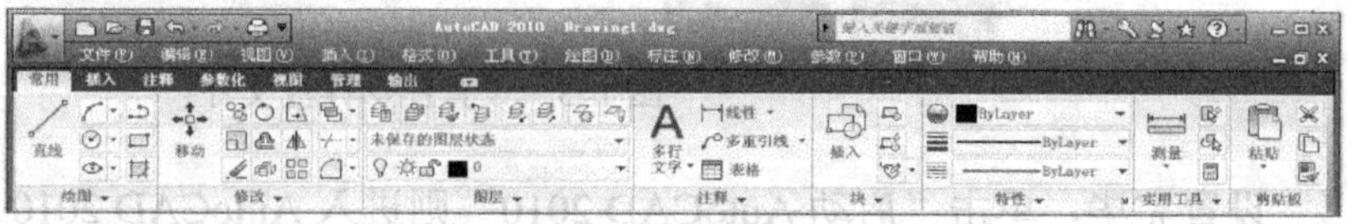

图 1-6　显示菜单

2．功能区

功能区包含选项卡和相应的面板，如图 1-7 所示。

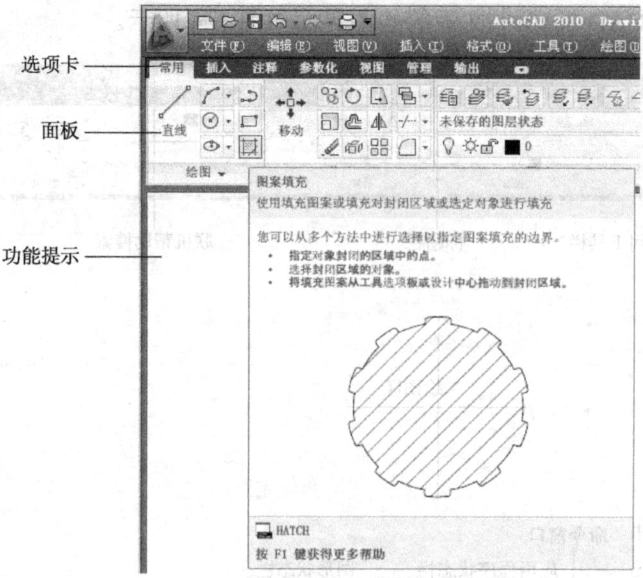

图 1-7　选项卡和功能面板

用户可以单击选项卡，显示对应功能的按钮和面板。

当光标悬停在某按钮上时，将弹出该按钮的功能提示。如果继续停留，将弹出如图 1-7 所示的详细使用帮助。

3. 绘图区

绘图区是 AutoCAD 2010 界面中间最大的一块空白区域。用于显示编辑的图形。绘图区其实是无限大的，可以配合使用显示缩放命令来放大或缩小显示图形。

4. 命令窗口

命令窗口即命令提示行。对初学者而言，该窗口尤其重要。AutoCAD 是交互式绘图软件，用户给 AutoCAD 下达的命令以及执行命令需要提供的参数提示信息均通过命令窗口显示出来，操作者应该按照该提示响应 AutoCAD 的要求，才能保证命令的顺利完成。

用户也可通过剪切、复制和粘贴功能将历史命令粘贴在命令窗口来重复执行以前的命令。

通过〈F2〉键控制是否以独立的窗口或是否将窗口恢复成给定的大小，该窗口同样可以被移到其他位置并改变其形状和大小。

5. 应用程序状态栏

应用程序状态栏在 AutoCAD 窗口的下方。该状态栏对精确绘图非常重要。一般绘图时常用的设置开关等工具就在其中。该状态栏可显示光标的坐标值、绘图工具、导航工具以及用于快速查看和注释缩放的工具。用户可以以图标或文字的形式查看图形工具按钮。通过捕捉工具、极轴工具、对象捕捉工具和对象追踪工具的快捷菜单，用户可以轻松更改这些绘图工具的设置。

应用程序状态栏如图 1-8 所示，左边显示了光标的当前信息。当光标在绘图区时显示其坐标，显示坐标的右侧是各种辅助绘图状态，如图 1-9 所示。这些开关用于精确绘图中对对象上特定点的捕捉、定距离捕捉、捕捉某设定角度上的点、显示线宽及在模型空间和图纸空间转换等。由于以上的辅助绘图功能使用非常频繁，所以设定成随时可以观察和改变的状态。

图 1-8　应用程序状态栏

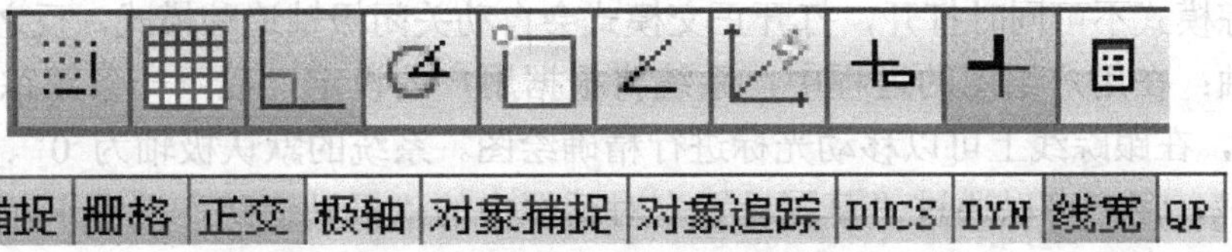

图 1-9　辅助绘图开关（图片和文字格式）

辅助绘图开关是常用开关，其状态可用鼠标单击相应按钮改变或用鼠标右键单击后选择“开/关”实现，也可以使用快捷键改变开关状态。开关打开时成淡蓝色，关闭时成灰色。有关对应快捷键如表 1-1 所示。下面介绍常用的辅助绘图开关。

- 捕捉：控制光标移动间隔。处于打开状态时，光标只能在 X 轴、Y 轴或极轴方向移动固定距离的整数倍，该距离可以通过“草图设置”对话框进行设定（在开关上右击鼠标，选择“设置”菜单打开“草图设置”对话框），如图 1-10 所示。如果绘制图形的尺寸大部分都是设定值的整数倍，且容易分辨，可以打开该开关，保证精确绘图。触发该开关时，在命令行上会显示“<捕捉 开>”或“<捕捉 关>”的提示信息。

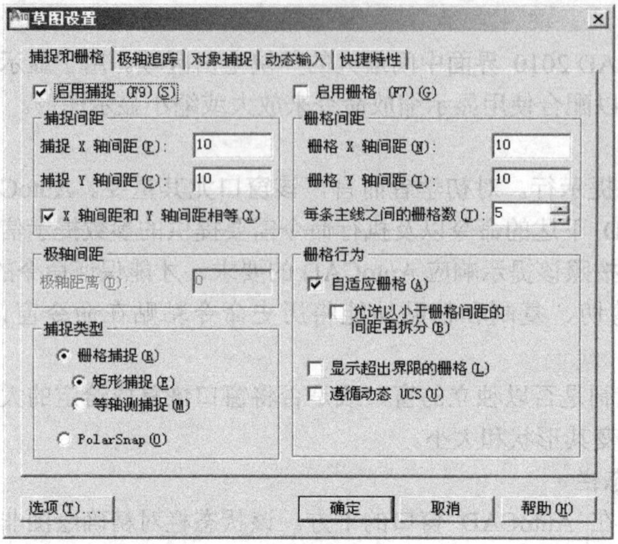

图 1-10 “草图设置”对话框

- 栅格：栅格主要和捕捉配合使用。当用户打开栅格时，如果栅格不是很密，在屏幕上会出现很多间隔均匀的小点，其间隔同样可以在“草图设置”对话框中进行设定。一般将该间隔和捕捉的间隔设定成相同，绘图时光标点将会捕捉显示出来的小点。触发该开关，在命令行上会显示“<栅格 开>”或“<栅格 关>”的提示信息。
- 正交：控制用户所绘制的直线或移动时的位置保持水平或垂直的方向。该开关在绘制大量水平和垂直线条时特别有用。如果同时打开捕捉开关并捕捉到对象上的指定点，则正交模式暂时失效。触发该开关，在命令行上会显示“<正交 开>”或“<正交 关>”的提示信息。
- 如果要临时切换正交模式，在绘图时按住〈Shift〉键即可。同时注意正交模式和极轴追踪模式不可同时打开，打开正交模式会自动关闭极轴追踪模式，反之亦然。
- 极轴：在用户绘图的过程中，系统将根据用户的设定，显示一条跟踪线（也称橡皮筋），在跟踪线上可以移动光标进行精确绘图。系统的默认极轴为 0°、90°、180°、270°，用户可以通过“草图设置”对话框中的“极轴追踪”选项卡，修改或增加极轴的角度或数量，也可以用鼠标右键单击该按钮后选择追踪角度。打开极轴追踪绘图时，当光标移到极轴附近时，系统将显示极轴，并显示光标当前的方位，如图 1-11 所示。触发该开关，在命令行上会显示“<极轴 开>”或“<极轴 关>”的提示信息。
- 对象捕捉：通过对象捕捉功能可以精确地捕捉诸如直线的端点、中点、垂足，圆或圆弧的圆心、切点、象限点等，这是精确绘图和快速绘图所必需的。在绘图过程中，如果设定了相应的对象捕捉模式并启用对象捕捉，提示输入点时，当光标移到对象上，会显示系统自动捕捉的点。如果同时设定了多种捕捉功能，系统将首先显示离光标最近的捕捉点，此时移动光标到其他位置，系统将会显示其他捕捉的点。不同的提示图标表示了不同的捕捉点，详见“草图设置”对话框中的“对象捕捉”选项卡。如图 1-12 所示，虽然光标点离矩形下面的边的中点还很远，但由于采用了中点捕捉功能，所以此时单击鼠标则会自动捕捉到中点，而不用担心鼠标单击位置不准确。用户可以在用鼠标右键单击该按钮，选择对象捕捉的模式。触发该开关，在命令行上会显示“<对象捕捉 开>”或“<对象捕捉 关>”的提示信息。

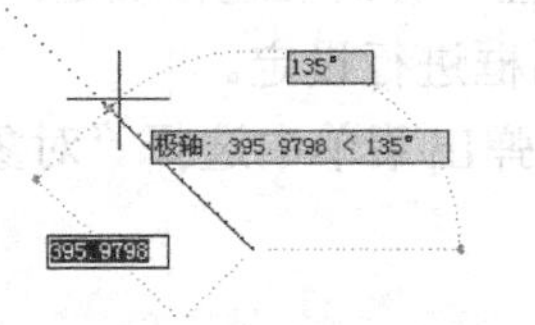

图 1-11　极轴追踪精确定位

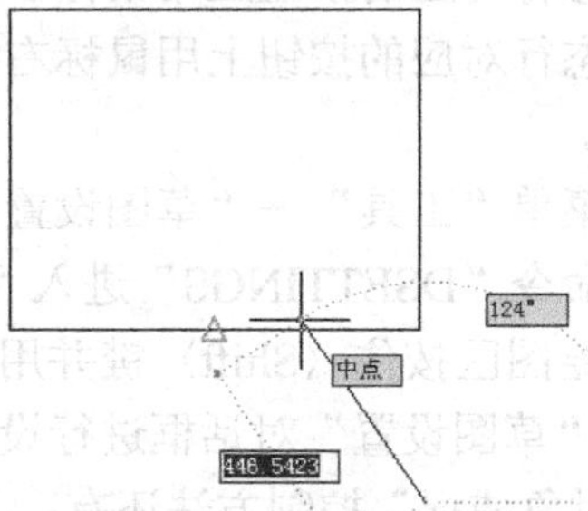

图 1-12　对象捕捉功能

- 对象追踪：参照现有对象定义新点的位置。该开关处于打开状态时，用户可以通过捕捉对象上的关键点，然后沿正交方向或极轴方向拖动光标，系统将显示光标当前位置与捕捉点之间的关系。找到符合要求的点时，直接点取。图 1-13 表示了捕捉矩形下边的中点向下（270°）420 单位的点。触发该开关，在命令行上会显示“<对象捕捉追踪 开>”或“<对象捕捉追踪 关>”的提示信息。
- 线宽：设置是否在屏幕上显示线宽特性。用户可在画图时直接为所画的对象指定其宽度或在图层中设定其宽度。线宽显示开关可以通过鼠标在状态栏单击或用鼠标右键单击后选择“开/关”以及通过“线宽设置”对话框来控制。如果触发该开关，在命令行上会显示“<线宽>”的提示信息。当某对象被设定了足够的线宽（一般是 0.3mm 以上），同时该开关打开时，会在屏幕上显示其宽度，如图 1-14 所示。

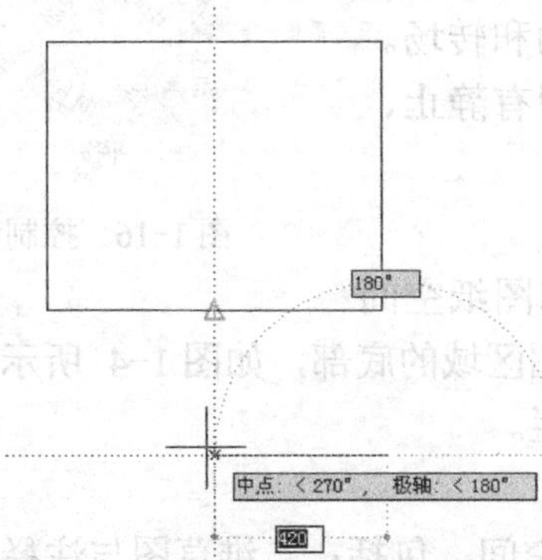

图 1-13　对象追踪

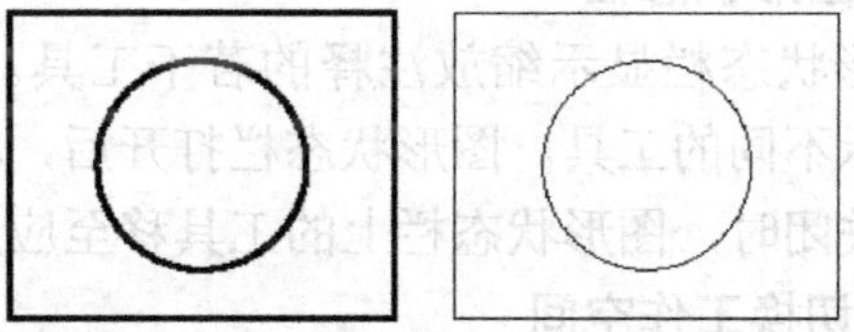

a)　　b)

图 1-14　线宽特性

a) 线宽开关打开　b) 线宽开关关闭

- QP：快捷特性开关，用于在图形中显示和更改任何对象的当前特性。如图 1-15 所示，如果打开了快捷特性开关，则在选择了对象后，弹出包含对象特性的对话框。

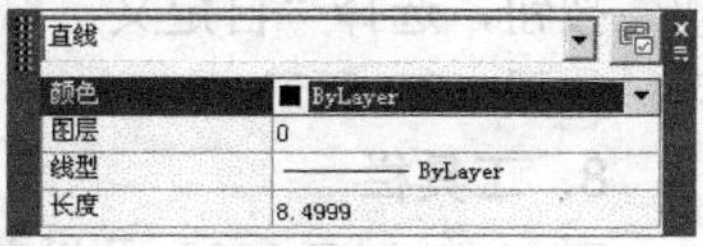

图 1-15　“快捷特性”对话框

以上各状态开关的控制方法如下：

✧ 在状态栏对应的按钮上单击。
✧ 通过功能键（见表 1-1）控制（除图纸/模型外）。
✧ 在状态行对应的按钮上用鼠标右键单击弹出快捷菜单后从中选择开/关。
✧ 在状态行对应的按钮上用鼠标右键单击，选择“设置”进入“草图设置”对话框进行设定。
✧ 通过菜单“工具”→“草图设置”进入“草图设置”对话框进行设定。
✧ 执行命令“DSETTINGS”进入“草图设置”对话框进行设定。
✧ 通过绘图区按住〈Shift〉键并用鼠标右键单击，弹出菜单中选择“对象捕捉设置”，弹出“草图设置”对话框进行设置。

其中“对象捕捉”控制方法还有：

✧ 在绘图区按住〈Shift〉键并用鼠标右键单击，弹出“对象捕捉”快捷菜单，从中选取。
✧ 在应用程序状态栏的“对象捕捉”按钮上用鼠标右键单击，选择对象捕捉方式。
✧ 打开“对象捕捉”工具栏，选择对象捕捉方式。
✧ 通过键盘在提示输入坐标时，键入指定的对象捕捉方式的全称或前 3 个字母。

- 平移：使用最频繁的视图显示工具，在当前视口中移动视图，但图形本身不动，坐标不变化，注意和编辑命令中的移动（Move）命令的功能相区别。
- 缩放：视图缩放，便于观察图形，但图形本身的大小不变。注意和编辑命令中的缩放（Scale）命令的功能相区别。
- 控制盘：将多个常用导航工具结合到一个单一界面中，为用户节省了时间。控制盘特定于查看模型时所处的上下文，包括二维导航控制盘、三维导航控制盘，有全导航控制盘、查看对象控制盘、巡视建筑控制盘，有大小之分，如图 1-16 所示。
- ShowMotion：用户可以向保存的视图中添加移动和转场。这些保存的视图称为快照。可以创建的快照类型有静止、电影、录制的动画。

图 1-16　控制盘

6．图形状态栏

图形状态栏显示缩放注释的若干工具。模型空间和图纸空间分别显示不同的工具。图形状态栏打开后，将显示在绘图区域的底部，如图 1-4 所示。图形状态栏关闭时，图形状态栏上的工具移至应用程序状态栏。

7．切换工作空间

在应用程序状态栏的右侧位置，可以设置当前工作空间，包括：二维草图与注释界面，如图 1-17 所示；三维建模界面，如图 1-18 所示；AutoCAD 经典界面，如图 1-19 所示。用户可以根据需要选择适当的界面进行绘图设计工作，也可以自定义界面。单击“切换工作空间”按钮，选择“自定义...”，将弹出“自定义用户界面”对话框。用户进行定义并保存即可，如图 1-20 所示。

8．工具栏

对 AutoCAD 2008 及以前的旧版用户而言，可能更熟悉于使用工具栏操作。AutoCAD 按照不同的分类，提供了大量的工具栏。在 AutoCAD 经典界面上有，而在“二维草图与注释”界面上没有默认的工具栏，用户可以根据需要打开。执行菜单“工具”→“工具栏”，然后单击要显示的工具栏。也可以使用 CUI 编辑器显示工具栏。在工具栏任一按钮上用鼠标右键单击，选择需要打开或关闭的工具栏。

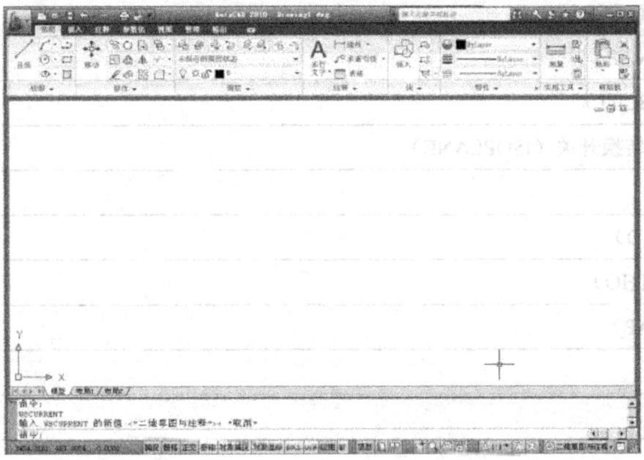

图 1-17　二维草图与注释界面

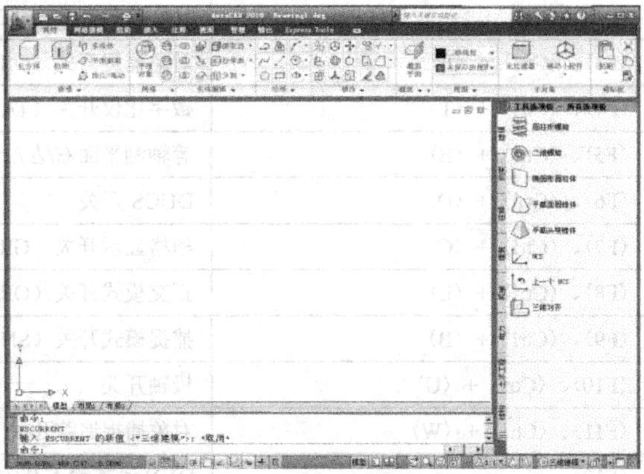

图 1-18　三维建模界面

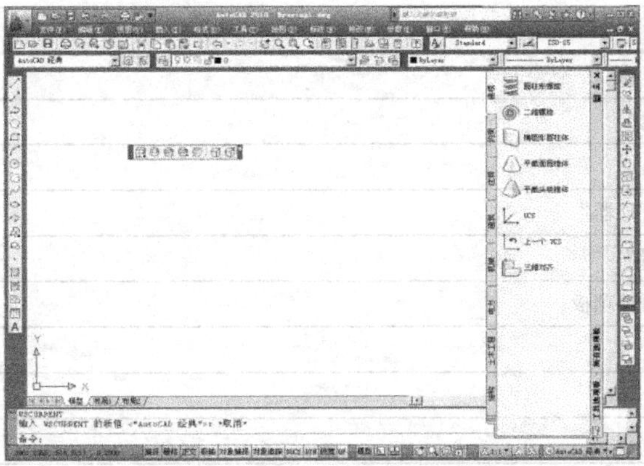

图 1-19　AutoCAD 经典界面

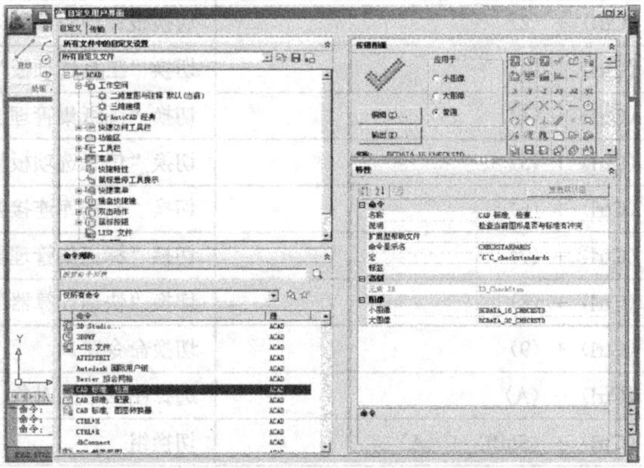

图 1-20　“自定义用户界面”对话框

移动鼠标到工具栏边框或分隔条上，按住并拖动，可以将工具栏拖到其他地方，当工具栏被拖到最左、上或右的位置时，自动变成长条状，并放置在靠边的位置。如果被拖到中间某个位置，可以单击关闭。

因篇幅限制，本书不介绍工具栏按钮和菜单的具体操作。

1.4　AutoCAD 2010 中文版基本操作

1.4.1　按键定义

在 AutoCAD 2010 中定义了不少功能键和热键。通过这些功能键或热键，可以快速执行指定命令。熟悉功能键和热键，可以简化不少操作。AutoCAD 2010 中预定义的部分功能键如表 1-1 所示。

表 1-1 常用功能键定义

功 能 键	作 用
〈F1〉、〈Shift〉+〈F1〉	联机帮助（HELP）
〈F2〉	文本窗口开关（TEXTSCR）
〈F3〉、〈Ctrl〉+〈F〉	对象捕捉开关（OSNAP）
〈F4〉、〈Ctrl〉+〈T〉	数字化仪开关（TABLET）
〈F5〉、〈Ctrl〉+〈E〉	等轴测平面右/左/上转换开关（ISOPLANE）
〈F6〉、〈Ctrl〉+〈D〉	DUCS 开关
〈F7〉、〈Ctrl〉+〈G〉	栅格显示开关（GRID）
〈F8〉、〈Ctrl〉+〈L〉	正交模式开关（ORTHO）
〈F9〉、〈Ctrl〉+〈B〉	捕捉模式开关（SNAP）
〈F10〉、〈Ctrl〉+〈U〉	极轴开关
〈F11〉、〈Ctrl〉+〈W〉	对象捕捉追踪开关
〈F12〉	DYN 动态输入开关
〈Ctrl〉+〈0〉	切换“清除屏幕”
〈Ctrl〉+〈1〉	切换“特性”选项板
〈Ctrl〉+〈2〉	切换设计中心
〈Ctrl〉+〈3〉	切换“工具选项板”窗口
〈Ctrl〉+〈4〉	切换“图纸集管理器”
〈Ctrl〉+〈5〉	切换“信息选项板”
〈Ctrl〉+〈6〉	切换“数据库连接管理器”
〈Ctrl〉+〈7〉	切换“标记集管理器”
〈Ctrl〉+〈8〉	切换“快速计算器”选项板
〈Ctrl〉+〈9〉	切换命令窗口
〈Ctrl〉+〈A〉	选择图形中的对象
〈Ctrl〉+〈Shift〉+〈A〉	切换组
〈Ctrl〉+〈F4〉	关闭 AutoCAD
〈Ctrl〉+〈C〉	将对象复制到剪贴板
〈Ctrl〉+〈Shift〉+〈C〉	使用基点将对象复制到剪贴板
〈Ctrl〉+〈H〉	切换 PICKSTYLE
〈Ctrl〉+〈I〉	切换 COORDS，状态栏坐标显示方式
〈Ctrl〉+〈J〉、〈Ctrl〉+〈M〉	重复上一个命令
〈Ctrl〉+〈N〉	创建新图形
〈Ctrl〉+〈O〉	打开现有图形
〈Ctrl〉+〈P〉	打印当前图形
〈Ctrl〉+〈R〉	在布局视口之间循环
〈Ctrl〉+〈S〉	保存当前图形
〈Ctrl〉+〈Shift〉+〈S〉	弹出“另存为”对话框
〈Ctrl〉+〈V〉	粘贴剪贴板中的数据
〈Ctrl〉+〈Shift〉+〈V〉	将剪贴板中的数据粘贴为块

（续）

功　能　键	作　　用
〈Ctrl〉+〈X〉	将对象剪切到剪贴板
〈Ctrl〉+〈Y〉	取消前面的“放弃”动作
〈Ctrl〉+〈Z〉	撤销上一个操作
〈Ctrl〉+〈[〉、〈Ctrl〉+〈\〉	取消当前命令
〈Ctrl〉+〈PAGE UP〉	移至当前选项卡左边的下一个布局选项卡
〈Ctrl〉+〈PAGE DOWN〉	移至当前选项卡右边的下一个布局选项卡
〈Ctrl〉+	选择实体时可以循环选取，选择打开文件时可以间隔选取
〈Shift〉+	连续选取文件
〈Alt〉+	启动热键
空格、〈Enter〉	重复执行上一次命令，在输入文字时空格键就表示空格，不同于〈Enter〉键
〈Esc〉	中断命令执行

1.4.2　命令输入方式

和 AutoCAD 交互必须输入必要的指令和参数。下面介绍鼠标、键盘以及菜单、按钮等的功能和使用方法。

1．鼠标输入命令

（1）鼠标左键

在不同的位置和场合鼠标指针呈现的形状不同，也意味着功能的不同。当鼠标移到绘图区以外的地方，鼠标指针变成一空心箭头，此时可以用鼠标左键选择命令或移动滑块或选择命令提示区中的文字等。在绘图区，当光标呈十字形时，可以在屏幕绘图区按下左键，相当于输入该点的坐标；当光标呈小方块时，可以用鼠标左键选取实体。

（2）鼠标右键

在不同的区域用鼠标右键单击，弹出不同的快捷菜单。图 1-21 列出了部分常用的右键菜单。如〈Shift〉键+鼠标右键，打开“对象捕捉”快捷菜单。

2．键盘输入命令

所有的命令均可以通过键盘输入（不分大小写）。对一些不常用的命令，如果在打开的选项卡、面板、工具栏或菜单中找不到，可以通过键盘直接输入命令。对命令提示中必须输入的参数，较多的是通过键盘输入。

部分命令通过键盘输入时可以缩写，此时可以只键入很少的字母即可执行该命令。如“Circle”命令的缩写为“C”（不分大小写）。用户可以定义自己的命令缩写。

在大多数情况下，直接键入命令会打开相应的对话框。如果不想使用对话框，可以在命令前加上“-”，如“-Layer”，此时不打开“图层特性管理器”对话框，而是显示等价的命令行提示信息，同样可以对图层特性进行设定。

3．选项卡和面板输入命令

利用选项卡和面板输入命令是最直观的输入方式。在 AutoCAD 默认界面的上方占据较大区域的是选项卡及其按钮，在其下面有面板和控制面板展开的箭头。

单击选项卡或面板中的按钮，即执行相应的命令。如果需要了解某命令的解释，则将鼠标悬停于按钮之上，稍等即可。

绘图区　工具栏　〈Shift〉+鼠标右键　状态栏空白处

命令行　状态栏（坐标）　选项卡　模型布局卡

图 1-21　在不同的区域单击鼠标右键弹出的不同菜单

4．菜单输入命令

通过鼠标左键在主菜单中点取下拉菜单，再移动到相应的菜单条上点取对应的命令。如果有下一级子菜单（一向右的三角箭头），则移动到菜单条后略停顿，自动弹出下一级子菜单，移动光标到对应的命令上点取即可。

如果使用快捷菜单，用鼠标右键单击弹出快捷菜单，移动鼠标到对应的菜单项上点取即可。

通过快捷键输入菜单命令，可用〈Alt〉键和菜单中的带下画线字母或光标移动键选择菜单条和命令按〈Enter〉键即可。

1.4.3 透明命令

有部分命令可以在其他命令的执行过程中运行，称为透明命令。透明命令一般用于环境的设置或辅助绘图。例如，在绘制直线的过程中想将屏幕外的图形显示出来以便拾取直线端点，此时可以使用透明命令（'_pan）。

输入透明命令应该在普通命令前加一撇号（'），执行透明命令后会出现“>>”提示符。透明命令执行完后，继续执行原命令。

不是所有的命令都可以透明执行，只有那些不选择对象、不创建新对象、不导致重生成以及结束绘图任务的命令才可以透明执行。

【例 1-1】 画线过程中透明执行平移命令输入下一点。

命令: **_line**	//绘制直线
指定第一点:**单击一点**	
指定下一点或[放弃(U)]:**单击选取“视图”→“平移”→“实时”按钮**	//透明执行平移命令
'_pan	//显示命令的提示
>>按〈Esc〉或〈Enter〉键退出，或单击右键显示快捷菜单。	//表示该命令被透明执行，此时可以移动图形的显示位置
按〈Esc〉键	//结束平移命令
正在恢复执行 LINE 命令。	
指定下一点或[放弃(U)]:**单击另一点**	//继续直线命令
指定下一点或[闭合(C)/放弃(U)]:**按〈Enter〉键**	//结束直线绘制

1.4.4 命令的中断、重复、撤销、重做

中断、重复、撤销或重做某一条命令是经常碰到的。在 AutoCAD 中完成命令的重复、撤销、重做、中断非常容易。

1．命令的中断

1）用户可以按〈Esc〉键或〈Ctrl〉+〈Break〉组合键、〈Ctrl〉+〈[〉组合键、〈Ctrl〉+〈\〉组合键中断正在执行的命令，如取消对话框，废除一些命令的执行（个别命令例外）。命令中断时，以及产生效果的部分不会被撤销。例如，执行画线命令已经绘制了连续的几条线，再按〈Esc〉键，此时中断画线命令，不再继续，但已经绘制好的线条被保留。

2）连续按两次〈Esc〉键可以终止绝大多数命令的执行，回到“命令:”提示状态。编程时，往往要使用^C^C 两次。连续按两次〈Esc〉键也可以取消夹点编辑方式显示的夹点。

2．命令的重复

命令的重复执行有下列方法:

1）按〈Enter〉键或空格键可以快速重复执行上一条命令。

2）在绘图区用鼠标右键单击选择“重复 XXX 命令”执行上一条命令。

3）在命令窗口或文本窗口中用鼠标右键单击，在弹出的快捷菜单中选择“近期使用的命令”，可选择最近执行的 6 条命令之一重复执行。

4）在命令窗口中键入“MULTIPLE”，在下一个提示后输入要执行的命令，将会重复执行该命令直到按〈Esc〉键为止。

3．命令的撤销

已经执行的命令（存盘或退出等除外）可以用下面的方法撤销：

1）采用 U、Undo 及其组合，可以撤销前面执行的命令直到存盘时或开始绘图时的状态，同样可以撤销指定的若干次命令或回到做好的标记处。

2）撤销命令可通过键盘键入 U（不带参数选项）或 UNDO（可带有不同的参数选项）命令或选择“编辑”→“撤销”菜单。或者通过点取按钮或按〈Ctrl〉+〈Z〉快捷键来完成。

4．命令的重做

已被撤销的命令还可以恢复重做。要恢复撤销的最后一个命令，可以键入 REDO 或通过“编辑”→“重做”来执行。不过，重做命令仅限恢复最近的一个命令，无法恢复以前被撤销的命令。如果是刚用 U 命令撤销的命令，可以用〈Ctrl〉+〈Y〉重做。

1.4.5 坐标输入

通过键盘可以精确输入坐标。输入坐标时，一般显示在命令提示行。如果动态输入开关打开，可以在图形上的动态输入文本框中键入数值，通过〈Tab〉键在字段之间切换。键盘输入坐标常用的方法有以下几种：

1．直角坐标

- 绝对直角坐标：输入点的（X,Y,Z）坐标，绘制二维图形时，Z 坐标可以省略。如“10,20”指点的坐标为（10,20,0）。
- 相对直角坐标：输入相对坐标，必须在前面加上“@”符号，如“@10,20”指该点相对于当前点，沿 X 方向移动 10，沿 Y 方向移动 20。

2．极坐标

- 绝对极坐标：给定距离和角度，在距离和角度中间加一“<”符号表示方向，且规定 X 轴正向 0°，Y 轴正向 90°。如“20<30”指距原点 20，方向 30°的点。
- 相对极坐标：在极坐标距离前加“@”符号，如“@20<30”，指输入的点距上一点的距离为 20，和上一点的连线与 X 轴成 30°。

如果通过鼠标指定坐标，只需在对应的坐标点上拾取即可。为了准确得到拾取点，应该配合对象捕捉工具完成。

图 1-22 表示了 4 种坐标定义。

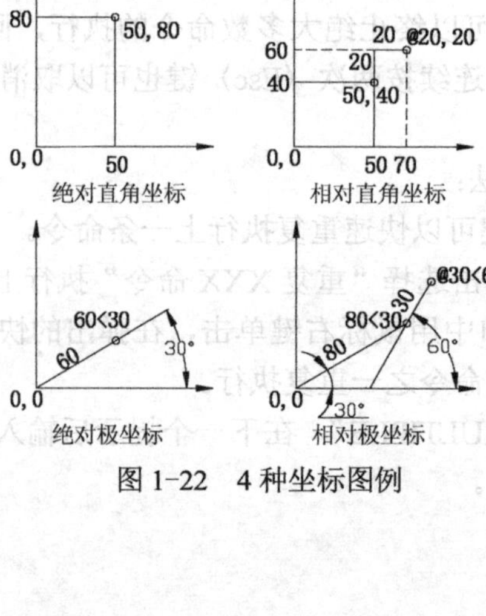

图 1-22 4 种坐标图例

1.5 文件操作命令

有关文件的操作和其他软件基本相同，包括新建、打开、保存、另存为等。

1.5.1 新建文件

开始绘制一幅新的图形，一般要创建一个新的文件。

命令：NEW、QNEW。

功能区：快速访问工具栏→新建。

快速访问工具栏菜单如图 1-23 所示。执行新建图形命令，弹出图 1-24“选择样板”对话框。系统默认的是“acadiso.dwt”，用户可以选择合适的模板。单击“打开”按钮继续。

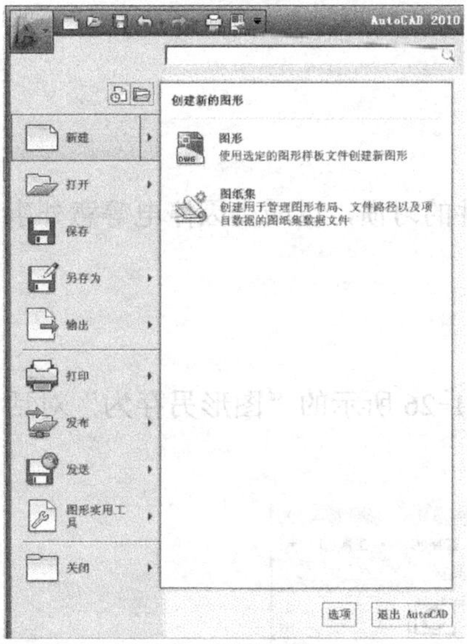

图 1-23 新建图形

图 1-24 “选择样板”对话框

1.5.2 打开文件

需要再次编辑或查看已有图形时，可以打开图形文件。

命令：OPEN。

功能区：快速访问工具栏→打开。

执行打开命令后，弹出如图 1-25 所示的“选择文件”对话框。用户通过指定图形的位置选择需要打开的文件，双击或选择后单击“打开”按钮打开图形。

在该对话框中，用户可以通过〈Ctrl〉或〈Shift〉键同时选择多个文件一起打开。打开方式有“只读方式”、“局部打开”、“以只读方式局部打开”等几种方式。“只读”指打开的图形可以浏览而不可以编辑修改。“局部”指打开图形中的部分，如某个视图等。

可以打开的文件包括图形文件（.dwg）、标准文件（.dws）、DXF（.dxf）和图形样板（.dwt）。一般在选择了图形后，右侧中间部位一般会显示对应的预览效果图。

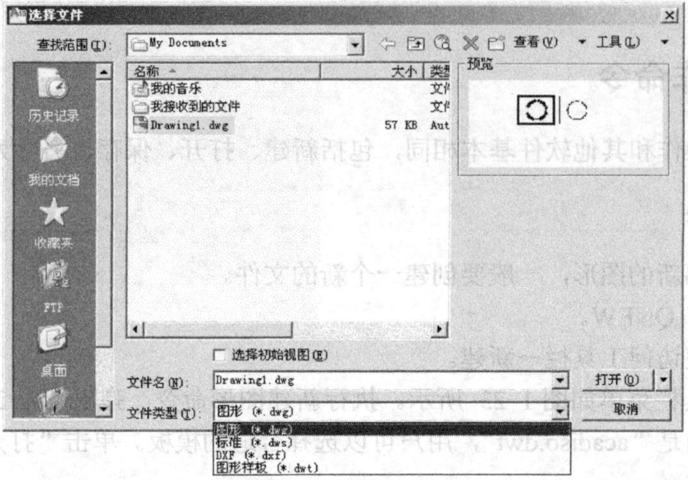

图 1-25 “选择文件”对话框

1.5.3 保存文件

编辑好的图形要及时保存。用户应该养成及时保存文件的习惯，以减少因停电等意外事故导致的损失。

命令：SAVE、QSAVE。

功能区：快速访问工具栏→保存。

执行保存命令后，如果该图形未命名，则会弹出如图 1-26 所示的“图形另存为”对话框。如果该图形已经保存过，则直接保存。

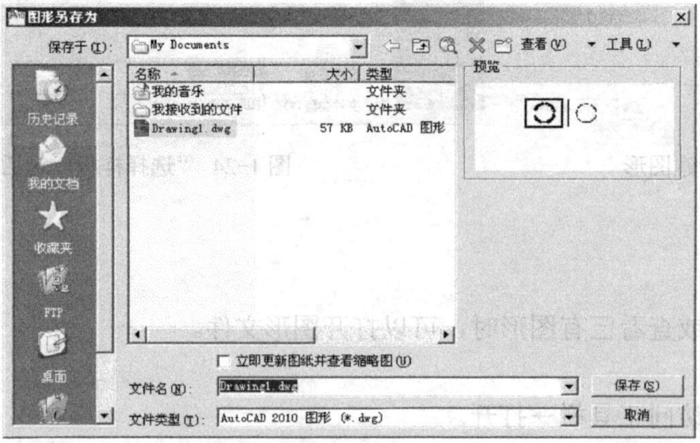

图 1-26 “图形另存为”对话框

1.5.4 另存为

如果想对编辑的图形文件另取名称保存，应执行“另存为”命令。

命令：SAVEAS。

功能区：快速访问工具栏→另存为。

执行该命令后弹出如图 1-26 所示的“图形另存为”对话框。

在该对话框中，用户在确定保存位置后，可以输入图形文件的名称。文件的类型则可以在下面的下拉列表中进行选择。如果可能需要低版本的 AutoCAD 打开，则可以选择对应的文件类型，否则低版本的 AutoCAD 无法打开高版本的文件。通常情况下，高版本的 AutoCAD 可以打开低版本的图形文件。

其中 DXF 格式文件是一种标准格式的数据交换文件，可以被多数软件识别。如果需要通过其他软件读取该图形，可以考虑选择保存成 DXF 格式。

1.5.5 输出数据

为了便于其他软件读取，在 AutoCAD 中编辑的文件可以转换成其他格式的文件供其他软件读取。AutoCAD 2010 提供了多种输出格式。

命令：EXPORT。

功能区：快速访问工具栏→输出。

选项卡：输出。

可以选择输出的格式，包括 DWF、PDF、DGN 以及如图 1-27 所示的其他格式。

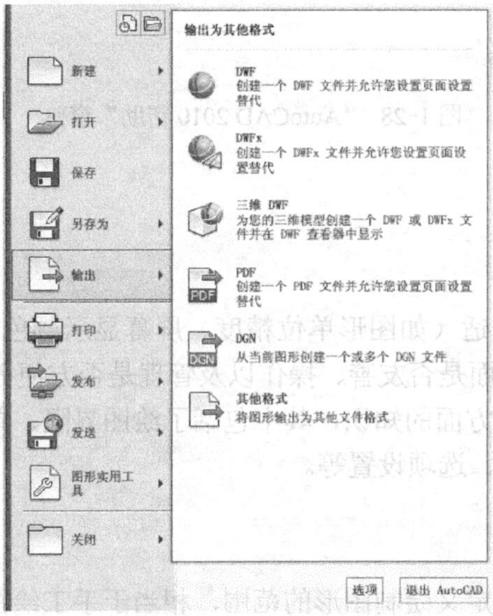

图 1-27 输出格式菜单

1.6 使用帮助

在使用 AutoCAD 的过程中，随时可以通过“帮助”得到指点，帮助功能很实用。

命令：HELP、？。

功能区：帮助。

快捷键：〈F1〉。

“AutoCAD 2010 帮助”窗口包括了 AutoCAD 2010 的所有命令以及相关的信息，用户应充分利用，如图 1-28 所示。

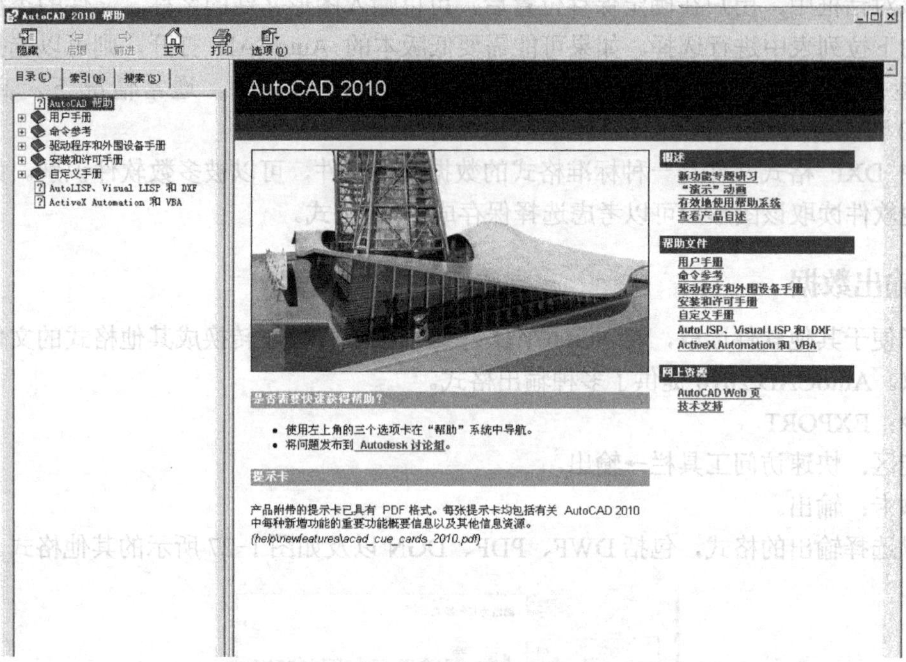

图 1-28 “AutoCAD 2010 帮助”窗口

1.7 绘图环境设置

绘图环境的设置是否合适（如图形单位精度、屏幕显示颜色、对象捕捉模式等），影响到图形的格式是否统一、界面是否友善、操作以及管理是否方便等。

下面介绍图形环境设置方面的知识，其中包括了绘图界限、单位、捕捉模式、图层、颜色、线型、线宽、草图设置、选项设置等。

1.7.1 图形界限

顾名思义，图形界限是定义绘制图形的范围，相当于手工绘图时图纸的大小。合适的绘图界限，有利于确定绘制图形的大小、比例、视图之间的距离，有利于检查图形是否超出“图框”。

图形界限的设定，并不能限制图形绘制的范围。用户仍可以在“图框”外绘图，也同样可以输出超出“界限”的图形。

命令：LIMITS。

输入该命令后，系统会给出以下提示。

```
命令: '_limits
重新设置模型空间界限:
指定左下角点或 [开(ON)/关(OFF)] <0.0000,0.0000>:
指定右上角点 <420.0000,297.0000>:
```

其中参数的用法如下。

● 指定左下角点：定义图形界限（矩形范围）的左下角点。
● 指定右上角点：定义图形界限的右上角点。
● 开（ON）：打开图形界限检查。如果打开了图形界限检查，系统不接受设定的图形界限之外的点输入，但对具体的情况检查的方式不同。例如，对于直线，如果有任何一点在界限之外，均无法绘制该直线；对圆、文字而言，只要圆心、起点在界限范围之内即可，甚至对于单行文字，只要定义的文字起点在界限之内，实际输入的文字不受限制；对于编辑命令，拾取图形对象的点不受限制，除非拾取点同时作为输入点；否则，界限之外的点无效。
● 关（OFF）：关闭图形界限检查。

【例 1-2】 设置绘图界限为宽 297，高 210，通过栅格显示该界限。

命令: **limits〈Enter〉**
重新设置模型空间界限:
指定左下角点或 [开(ON)/关(OFF)] <0.0000,0.0000>: **〈Enter〉**
指定右上角点 <421.0000,297.0000>:**297,210〈Enter〉**

一般立即执行 ZOOM A 命令使整个界限显示在屏幕上。

命令: **zoom〈Enter〉**
指定窗口的角点，输入比例因子 (nX 或 nXP)，或者
[全部(A)/中心(C)/动态(D)/范围(E)/上一个(P)/比例(S)/窗口(W)/对象(O)] <实时>: **a〈Enter〉**
正在重生成模型
命令: **按〈F7〉键**
<栅格 开>

此时在屏幕上可以看到整齐的点阵，间距默认为 10。

1.7.2 单位

对任何图元而言，总有其大小、精度以及采用的单位。AutoCAD 中，在屏幕上显示的只是屏幕单位，屏幕单位也会对应一个真实的单位。不同的单位其显示格式各不相同。单位包括长度和角度，角度单位可以设置其类型、精度和方向。下面介绍单位设定或修改的方法。

命令：UNITS。

功能区：快速访问工具栏→图形实用工具→单位。

执行该命令后，弹出如图 1-29 所示的“图形单位”对话框。

该对话框中包含长度、角度、插入时的缩放单位、输出样例和光源 5 个区。另外有 4 个按钮。

1)“长度”区：设定长度的单位类型及精度。

● 类型：通过下拉列表框，可以选择长度单位的类型。用户可根据需要在分数、工程、建筑、科学、小数中选择其一。
● 精度：通过下拉列表框，可以选择长度精度。不同的类型，精度形式不同。

2）“角度”区：设定角度单位的类型和精度。

- 类型：通过下拉列表框，可以选择角度单位的类型。十进制度数以十进制数表示。百分度附带一个小写 g 后缀，弧度附带一个小写 r 后缀。度/分/秒格式用 d 表示度，用 ' 表示分，用" 表示秒，勘测单位以方位表示角度，N 表示正北，S 表示正南，E 表示正东，W 表示正西，度/分/秒表示从正北或正南开始的偏角的大小。此形式只使用度/分/秒格式来表示角度大小，且角度值始终小于 90°。
- 精度：通过下拉列表框，可以选择角度精度。
- 顺时针：控制角度方向的正负。选中该复选框时，顺时针为正；否则，逆时针为正。默认逆时针为正。

3）“插入时的缩放单位”区：控制当插入一个块时，其单位如何换算，可以通过下拉列表框选择一种单位。

4）“输出样例”区：显示用当前单位和角度设置的例子。

5）“光源”区：用于指定光源强度的单位，可以在“国际、美国、常规”中选择其一。

6）“方向”按钮：设定角度方向。单击该按钮后，弹出如图 1-30 所示“方向控制”对话框。

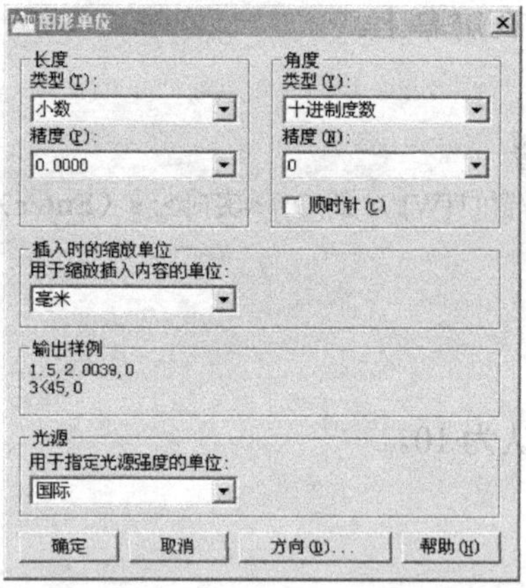

图 1-29 “图形单位”对话框

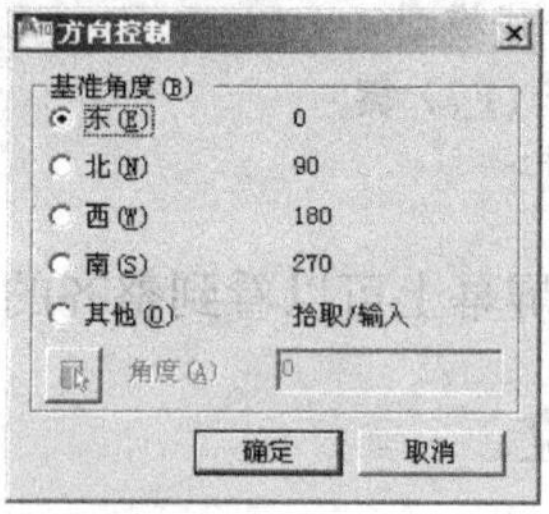

图 1-30 “方向控制”对话框

该对话框中可以设定基准角度方向，默认 0° 为东的方向。如果要设定除东、南、西、北 4 个方向以外的方向作为 0° 方向，可以点取“其他”单选按钮，此时下面的“拾取”和“输入”角度项为有效，用户可以点取拾取按钮，进入绘图界面点取某方向作为 0° 方向或直接键入某角度作为 0° 方向。

1.7.3 捕捉和栅格

捕捉是一种精确绘图工具，栅格类似于标尺、网格的功能。捕捉可以按照设定间隔捕捉到特定的点。栅格是在屏幕上显示出来的具有指定间距的点，这些点只是绘图时提供一种参考作用，其本身不是图形的组成部分，也不会被输出。栅格设定太密时，将无法在屏幕上显示出来。可以设定捕捉点为栅格点。

命令：DSETTINGS。

状态栏：在应用程序状态栏中用鼠标右键单击“栅格”、“捕捉”等按钮，选择快捷菜单中的“设置”。

执行该命令后，弹出如图 1-31 所示“草图设置”对话框。其中第一个选项卡即“捕捉和栅格”选项卡。

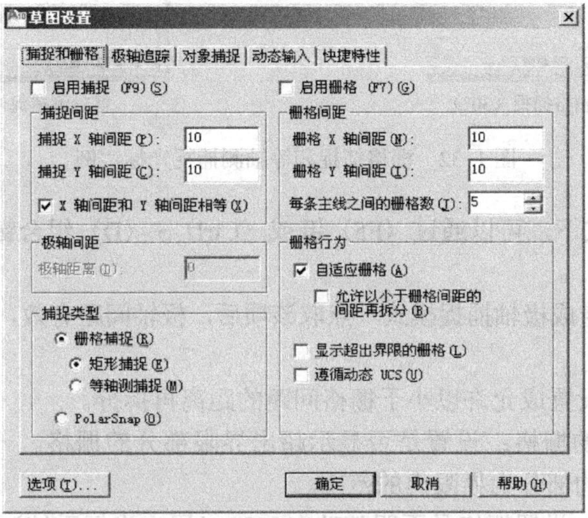

图 1-31 “捕捉和栅格”选项卡

该选项卡中包含了以下几个区：捕捉间距、栅格间距、极轴间距、捕捉类型、栅格行为。

1）启用捕捉：设置是否打开捕捉功能。

2）启用栅格：设置是否打开栅格显示。

3）捕捉间距。

- 捕捉 X 轴间距：设定捕捉在 X 方向上的间距。
- 捕捉 Y 轴间距：设定捕捉在 Y 方向上的间距。
- X 轴间距和 Y 轴间距相等：设定两间距相等。

4）栅格间距。

- 栅格 X 轴间距：设定栅格在 X 方向上的间距。
- 栅格 Y 轴间距：设定栅格在 Y 方向上的间距。
- 每条主线之间的栅格数：指定主栅格线相对于次栅格线的频率。

5）极轴间距。

- 极轴距离：设定在极轴捕捉模式下的极轴间距。在“捕捉类型”区选择“PolarSnap”（极轴捕捉）时，该项可设。如果该值为 0，则 PolarSnap 距离采用“捕捉 X 轴间距”的值。“极轴距离”设置与极坐标追踪和/或对象捕捉追踪结合使用。如果两个追踪功能都未启用，则“极轴距离”设置无效。

6）捕捉类型。

- 栅格捕捉：设定成栅格捕捉，分成矩形捕捉和等轴测捕捉两种方式。

✧ 矩形捕捉：X 和 Y 成正交的捕捉格式。

✧ 等轴测捕捉：设定成正等轴测捕捉方式。

图 1-32 显示了栅格捕捉状态下 30° 角和等轴测捕捉模式下的光标实例。

栅格捕捉（30°）　　等轴测捕捉

图 1-32　栅格捕捉和等轴测捕捉光标实例

在等轴测捕捉模式下，可以通过〈F5〉键或〈Ctrl〉+〈D〉组合键在 3 个轴测平面之间切换。

- PolarSnap：设定成极轴捕捉模式，点取该项后，极轴间距有效，而捕捉间距区无效。

7）栅格行为。

- 自适应栅格：设置成允许以小于栅格间距的距离再拆分。
- 显示超出界限的栅格：设置是否显示超出界限部分的栅格。一般不显示，则表示屏幕上有栅格点的部分为界限内的范围。
- 遵循动态 UCS：设置栅格是否跟随动态 UCS（用户坐标系统）。

8）“选项”按钮：单击该按钮，将弹出“选项”对话框。

1.7.4　极轴追踪

利用极轴追踪可以在设定的极轴角度上根据提示精确移动光标。极轴追踪提供了一种拾取特殊角度上点的方法。

命令：DSETTINGS。

状态栏：在状态栏中用鼠标右键单击“极轴追踪”等按钮选择“设置”。

同样，执行该命令后弹出“草图设置”对话框。在“草图设置”对话框中选择“极轴追踪”选项卡，如图 1-33 所示。

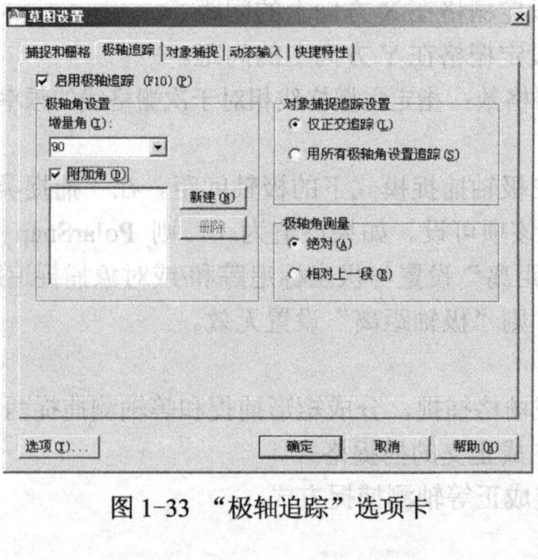

图 1-33 “极轴追踪”选项卡

该选项卡中包含了“启用极轴追踪”复选框、“极轴角设置”区、“对象捕捉追踪设置”区和“极轴角测量”区。

1）“启用极轴追踪”复选框：该复选框控制在绘图时是否使用极轴追踪。

2）“极轴角设置”区。

- 增量角：设置角度增量大小。通过下拉列表选择预设角度，也可以键入新的角度。绘图时，当光标移到设定的角度及其整数倍角度附近时，自动被“吸”过去并显示极轴和当前方位。
- 附加角：该复选框设定是否启用附加角。附加角和角增量不同，在极轴追踪中会捕捉角增量及其整数倍角度，并捕捉附加角设定的角度，但不一定捕捉附加角的整数倍角度。如设定了增量角为 45°，附加角为 30°，则自动捕捉的角度为 0°、45°、90°、135°、180°、225°、270°、315°以及 30°，不会捕捉 60°、120°、240°、300°。
- “新建”按钮：单击该按钮，新增一附加角。
- “删除”按钮：单击该按钮，删除一选定的附加角。

3）“对象捕捉追踪设置”区。

- 仅正交追踪：仅仅在对象捕捉追踪时采用正交方式。
- 用所有极轴角设置追踪：在对象捕捉追踪时采用所有极轴角。

4）“极轴角测量”区。

- 绝对：设置极轴角为绝对角度。在极轴显示时有明确的提示。
- 相对上一段：设置极轴角为相对于上一段的角度。在极轴显示时有明确的提示。

☞注意：

极轴追踪模式和正交模式不可同时打开。打开正交模式会自动关闭极轴追踪模式。

1.7.5 对象捕捉

绘制的图形各组成元素之间一般不会是孤立的，而是相互关联的。除了其本身大小形状外，和其他图线的相对位置的确定也同样重要。例如一矩形和一个圆，如果圆心在矩形的左上角顶点上，在绘制圆时，必须以矩形的该顶点为圆心来绘制。如果矩形已经绘制好，此时就应采用捕捉矩形顶点方式来精确定位圆心点。以此类推，几乎在所有的图形中，都会频繁涉及对象捕捉，其实也就是对象上指定点的捕捉。

1．对象捕捉模式

不同的对象根据其特性，捕捉模式也不同。对象捕捉模式设置方法如下。

命令：DSETTINGS、OSNAP。

状态栏：在状态栏中用鼠标右键单击“对象捕捉”等按钮选择快捷菜单中的“设置”，在“草图设置”对话框中的“对象捕捉”选项卡如图 1-34 所示。

“对象捕捉”选项卡中包含了“启用对象捕捉”、“启用对象捕捉追踪”两个复选框以及“对象捕捉模式”区。

1）启用对象捕捉：控制是否启用对象捕捉。

2）启用对象捕捉追踪：控制是否启用对象捕捉追踪。对象捕捉追踪不是直接捕捉对象上的点，而是捕捉和多个特性点有关的点。

如图 1-35 所示，捕捉该正六边形的中心。设置成中点和端点捕捉模式后，打开正交模式，同时打开对象捕捉追踪，然后在输入点的提示下，首先将光标移到直线 A 上，出现中点提示后，将光标移到端点 B 上，出现端点提示后，向左移到中心位置附近，出现如图 1-35 所示的提示后点取，该点即是中心点。

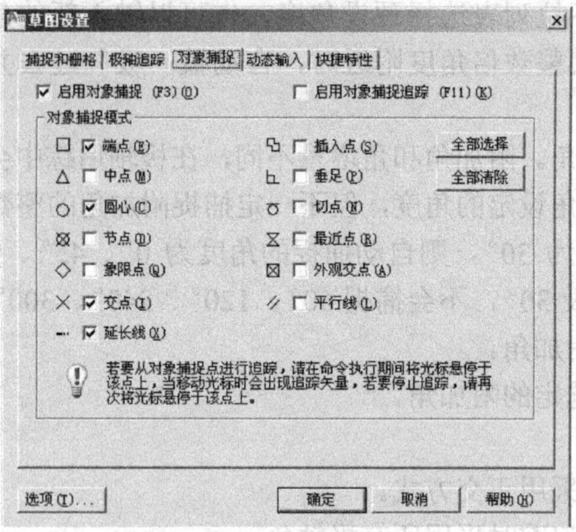

图 1-34 “对象捕捉”选项卡

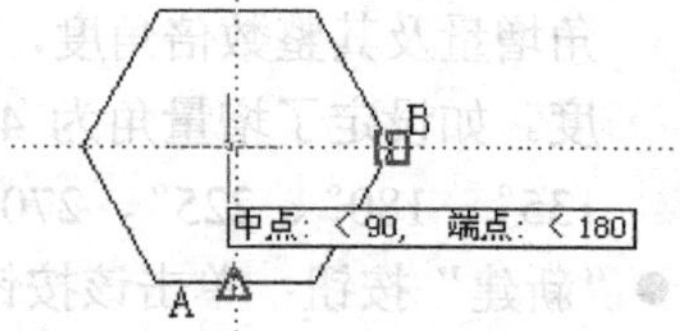

图 1-35 “对象捕捉”追踪

3）对象捕捉模式。

- 端点（ENDpoint）：捕捉直线、圆弧、多段线、填充直线、填充多边形等端点，拾取点靠近哪个端点，即捕捉该端点，如图 1-36 所示。
- 中点（MIDpoint）：捕捉直线、圆弧、多段线的中点。对于参照线，“中点”将捕捉指定的第一点（根）。当选择样条曲线或椭圆弧时，“中点”将捕捉对象起点和端点之间的中点，如图 1-37 所示。

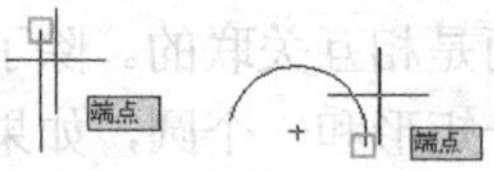

图 1-36 捕捉端点

图 1-37 捕捉中点

- 圆心（CENter）：捕捉圆、圆弧或椭圆弧的圆心，拾取时光标可以位于圆、圆弧、椭圆弧上也可以直接在其圆心上，要注意相应提示，如图 1-38 所示。
- 节点（NODe）：捕捉点对象以及尺寸的定义点。块中包含的点可以用做快速捕捉点，如图 1-39 左图所示。
- 插入点（INSertion）：捕捉块、文字、属性、形、属性定义等插入点，如图 1-39 右图所示。

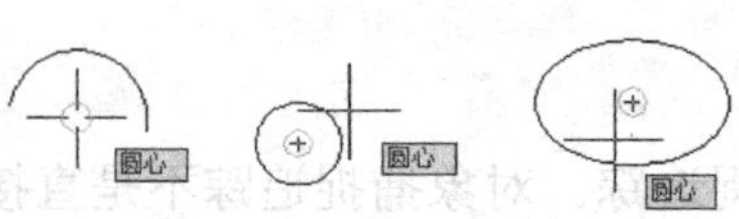

图 1-38 捕捉圆心

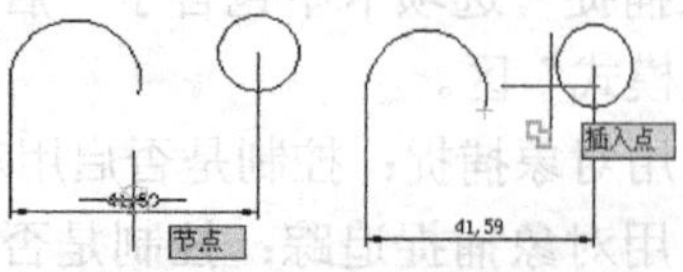

图 1-39 捕捉节点和插入点

● 象限点（QUAdrant）：捕捉到圆弧、圆或椭圆上最近的象限点（0°、90°、180°、270°点），如图 1-40 所示。

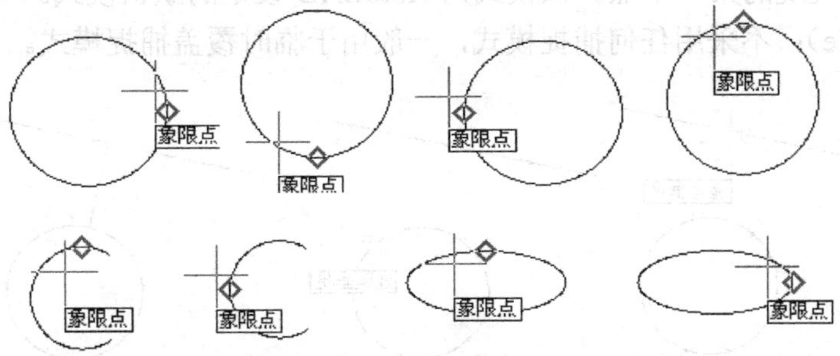

图 1-40　捕捉象限点

● 交点（INTersection）：捕捉两图元的交点，这些图元包括圆弧、圆、椭圆、椭圆弧、直线、多线、多段线、射线、样条曲线或参照线。“交点”可以捕捉面域或曲线的边，但不能捕捉三维实体的边或角点。块中交点同样可以捕捉，如果块以一致的比例进行缩放，可以捕捉块中圆弧或圆的交点，如图 1-41 所示。
● 延长线（EXTension）：可以使用“延伸”对象捕捉“延伸”直线和圆弧，与“交点”或“外观交点”一起使用“延伸”，可以获得延伸交点，如图 1-42 所示。使用“延伸”，在直线或圆弧端点上暂停后将显示小的加号（+），表示直线或圆弧已经选定，可以用于延伸。沿着延伸路径移动光标将显示一个临时延伸路径。如果“交点”或“外观交点”处于“开”状态，就可以找出直线或圆弧与其他对象的交点。

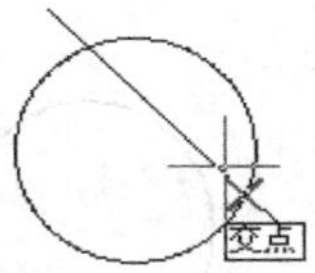

图 1-41　捕捉交点

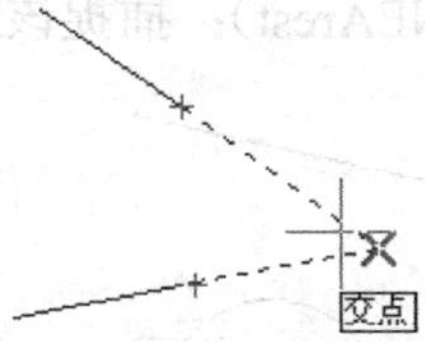

图 1-42　捕捉延伸交点

● 垂足（PERpendicular）：“垂足”可以捕捉到与圆弧、圆、参照、椭圆、椭圆弧、直线、多线、多段线、射线、实体或样条曲线正交的点，也可以捕捉到对象的外观延伸垂足，所以最后垂足未必在所选对象上。当用“垂足”指定第一点时，AutoCAD 将提示指定对象上的一点。当用“垂足”指定第二点时，AutoCAD 将捕捉刚刚指定的点以创建对象或对象外观延伸的一条垂线。如果“垂足”需要多个点以创建垂直关系，AutoCAD 显示一个递延的垂足自动捕捉标记和工具栏提示，并且提示输入第二点。图 1-43 所示为绘制一直线同时垂直于直线和圆，在输入点的提示下，采用“垂足”响应。
● 外观交点（APParent Intersection）：和交点类似的设定。捕捉空间两个对象的视图交点，注意在屏幕上看上去“相交”，如果所在平面不同，这两个对象并不真正相交。采用“交点”模式无法捕捉该“交点”。如果要捕捉该点，应该设定成

“外观交点”。

- 快速（QUIck）：当用户同时设定了多个捕捉模式，如交点、中点、端点、垂足等时，捕捉发现的第一个点。该模式为 AutoCAD 设定的默认模式。
- 无（NONe）：不采用任何捕捉模式，一般用于临时覆盖捕捉模式。

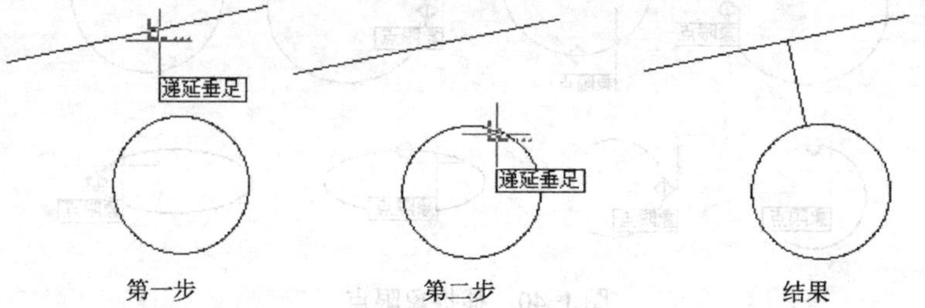

图 1-43　捕捉垂足

- 切点（TANgent）：捕捉与圆、圆弧、椭圆相切的点。如采用 TTT、TTR 方式绘制圆时，必须和已知的直线或圆、圆弧相切。如绘制一直线和圆相切，则该直线的上一个端点和切点之间的连线和圆相切。对于块中的圆弧和圆，如果块以一致的比例进行缩放并且对象的厚度方向与当前 UCS 平行，也可以使用切点捕捉模式。对于样条曲线和椭圆，指定的另一个点必须与捕捉点处于同一平面。如果“切点”对象捕捉需要多个点建立相切的关系，AutoCAD 显示一个递延的自动捕捉“切点”标记和工具栏提示，并提示输入第二点。要绘制与两个或三个对象相切的圆，可以使用递延的“切点”创建两点或三点圆。图 1-44 所示为绘制一直线垂直于直线并和圆相切。
- 最近点（NEArest）：捕捉该对象上和拾取点最靠近的点，如图 1-45 所示。

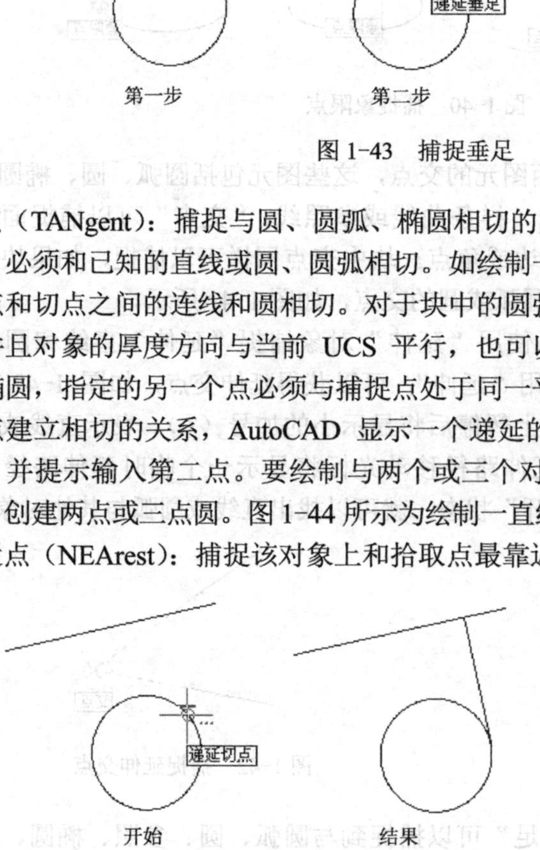

图 1-44　捕捉切点

图 1-45　捕捉最近点

- 平行线（PARallel）：绘制直线段时应用“平行”捕捉以便绘制平行线。先指定直线的“起点”，选择“平行”对象捕捉（或将“平行”对象捕捉设置为执行对象捕捉），然后移动光标到想与之平行的对象上，随后将显示小的平行线符号，表示此对象已经选定。再移动光标，在接近与选定对象平行时自动“跳到”平行的位置。该平行对齐路径以对象和命令的起点为基点。可以与“交点”或“外观交点”对象捕捉一起使用“平行”捕捉，从而找出平行线与其他对象的交点。

【例 1-3】 从已知直线下方一点开始，绘制该直线的平行线。

在提示输入下一点时，将光标移到直线上，如图 1-46a 所示，此时应出现“平行”的提示。然后将光标移到与直线平行的方向附近，此时会出现一“平行”高亮线，并有“平行：距离<方向”的提示，如图 1-46b 所示。拾取一点即可绘制该平行线，结果如图 1-46c 所示。

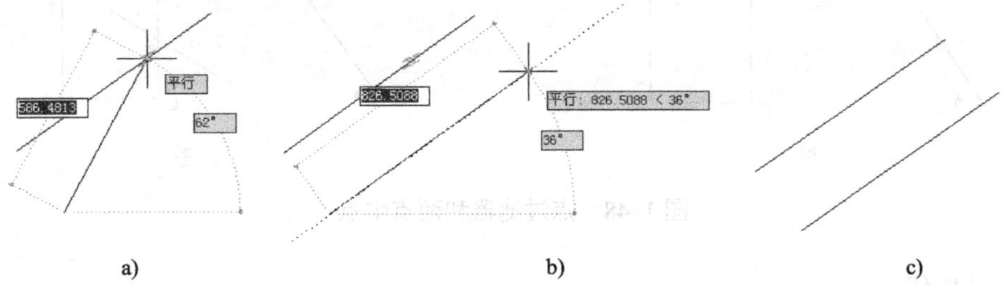

图 1-46　捕捉平行线

- 自（FROm）：“捕捉自”模式。该模式定义从某对象偏移一定距离的点。“捕捉自”不是对象捕捉模式之一，但往往和对象捕捉一起使用。
- 临时追踪点（tt）：创建对象捕捉所使用的临时点。

【例 1-4】 如图 1-47 所示，绘制一半径为 25 的圆，其圆心位于正六边形正右方相距 50 的位置。

命令: **CIRCLE〈Enter〉**
指定圆的圆心或 [三点(3P)/两点(2P)/相切、相切、半径(T)]: **点取捕捉菜单中点“自”按钮** _from
基点: **点取 A 点，随即将光标移到 A 点正右方(或在下面提示下输入“@50<0”)**
<偏移>:**50〈Enter〉**
指定圆的半径或 [直径(D)]:**25〈Enter〉**

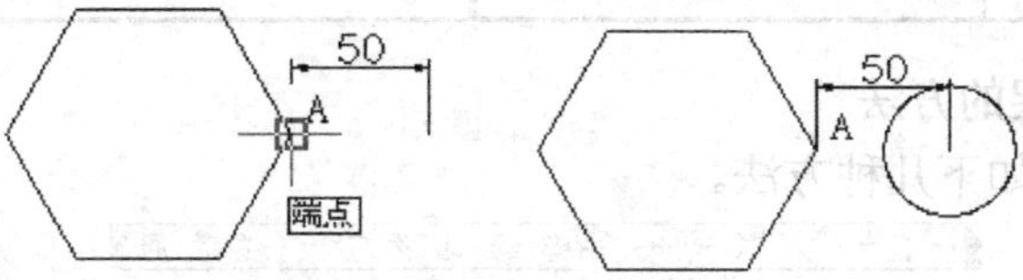

图 1-47　“捕捉自”模式示例

- 两点之间的中点（m2p）：输入点时指定两点，自动捕捉到这两点的中点。
- 点过滤器（.XYZ）：取点的某个坐标。

【例 1-5】 如图 1-48 所示，以已知斜线 AB 上 A 点的正右方和 B 点的正下方的交点为起点，到矩形的中心点间绘制一直线。

命令: **LINE〈Enter〉**
指定第一点: **按住〈Shift〉，在绘图区右击鼠标右键单击，选择点过滤器后的.X**　　取 B 点的 X 坐标
.X 于(需要 YZ): **单击 B 点，按住〈Shift〉，在绘图区用鼠标右键单击，选择点过滤器后的.YZ**
取 A 点的 YZ 坐标
.YZ 于　**单击 A 点**
指定下一点或 [放弃(U)]: **按住〈Shift〉，在绘图区用鼠标右键单击，选择“两点之间的中点”**
_m2p 中点的第一点: **单击 C 点**　　取 AD 的中点
中点的第二点: **单击 D 点**
指定下一点或 [放弃(U)]:**〈Enter〉**

示。然后将光标移到与直线平行的方向附近，此时会出现一个“平行”的追踪线，并有“平行：距离<方向”的提示，如图1-46b所示。拾取一点即可绘制平行线，结果如图1-46c所示。

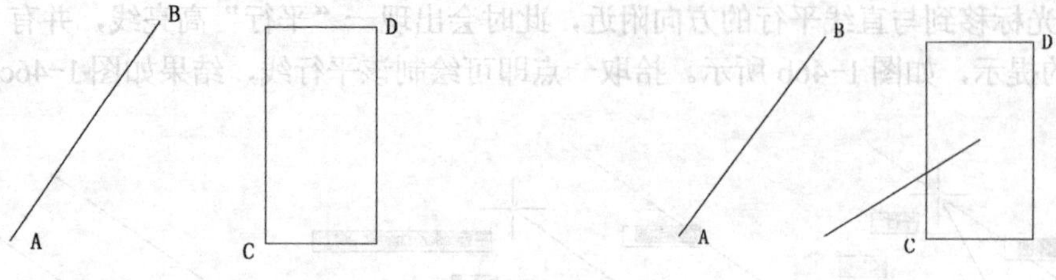

a)　　　　　　　　　　　　b)

图 1-48　点过滤器和两点中点

4）临时替代。

可以通过替代键临时打开和关闭执行对象捕捉。临时替代键也可以用于其他图形辅助工具，如前面介绍过的“正交”模式和“极轴”模式。

如果已经设置执行对象捕捉，但又想临时关闭一点的对象捕捉，此时按住〈F3〉键进行操作。松开时，将恢复执行对象捕捉。

还可以设置单个对象捕捉的临时替代键。表 1-2 中的键为默认键，用户也可以根据需要更改并添加自定义键。

表 1-2　临时替代键

替 代 键	功 能	替 代 键	功 能
〈Shift〉+〈E〉、〈P〉	对象捕捉替代：端点	〈Shift〉+〈D〉、〈L〉	关闭所有捕捉和追踪
〈Shift〉+〈S〉、〈;〉	强制对象捕捉选择	〈Shift〉+〈C〉、〈<〉	对象捕捉替代：圆心
〈Shift〉+〈Q〉、〈]〉	切换对象捕捉追踪	〈Shift〉+〈V〉、〈M〉	对象捕捉替代：中点
〈Shift〉+〈A〉、〈'〉	切换对象捕捉模式		

2. 设置对象捕捉的方法

使用对象捕捉有如下几种方法。

1）工具栏按钮：

2）快捷菜单：在绘图区按〈Shift〉键，同时单击鼠标右键，如图 1-49 所示。

3）键盘输入包含前 3 个字母的词。如在提示输入点时键入“MID”，此时会用“中点”捕捉模式覆盖其他对象捕捉模式，同时可以用，诸如“END,PER,QUA”、“QUI,END”的方式输入多个对象捕捉模式。

4）通过“对象捕捉”选项卡来设置。

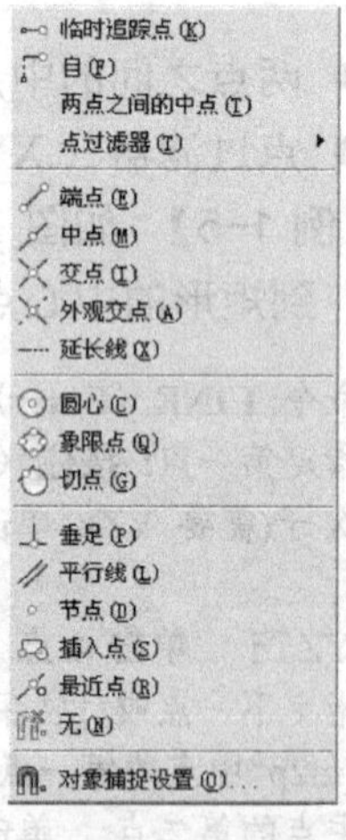

图 1-49　“对象捕捉”快捷菜单

3. 屏幕显示效果

屏幕的颜色尤其是背景色是否合适，对人体健康尤其眼睛至关重要，也影响到工作效率。下面简单介绍颜色的修改调整方法。

命令：OPTIONS。

按钮：在弹出的“草图设置”对话框中单击“选项”按钮。

快捷菜单：在命令行或文本窗口中用〈Shift〉键+鼠标右键，在快捷菜单中选择“选项”。

执行“选项”命令后，弹出如图 1-50 所示的“选项”对话框，其中的“显示”选项卡用于设置显示颜色。

限于篇幅，这里只重点介绍其中的两个内容。

（1）窗口元素

窗口元素用于设置和窗口有关的内容。如屏幕显示的颜色、字体等。单击“颜色”按钮，弹出如图 1-51 所示的“图形窗口颜色”对话框。用户可以针对不同的上下文，设置界面元素的颜色。如将二维模型空间的统一背景设置成黑色。设置完成后单击“应用并关闭”按钮即可。

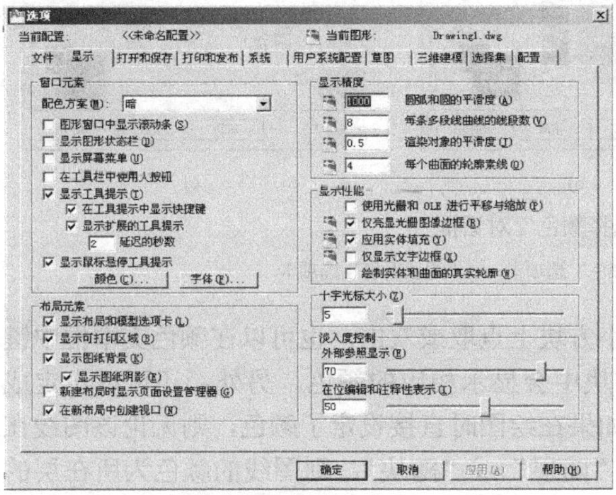

图 1-50 “选项”对话框

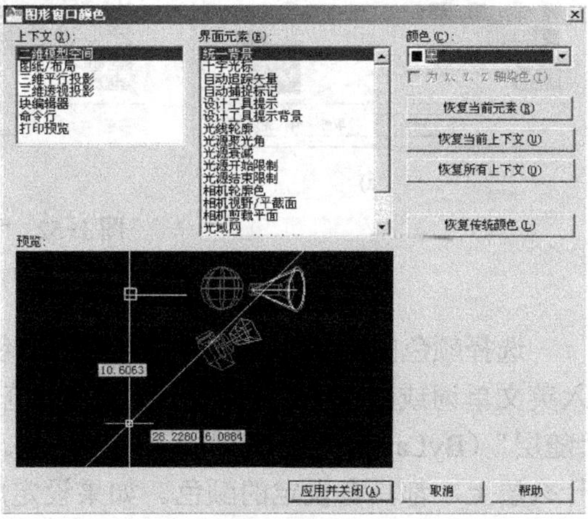

图 1-51 “图形窗口颜色”对话框

（2）显示精度

显示精度用于控制诸如圆和圆弧显示的平滑程度，控制每条多段线的线段数，渲染对象的平滑度以及每个曲面的轮廓素线等。其中圆和圆弧的显示精度默认值是 1000，即表示一个圆用 1000 条线段来逼近表示。显然，此数越大，显示精度越高，代价是显示速度越慢。用户可以设置一个合适的数值。一般来说，图形很复杂时设置的数值要小，图形很简单时，可以设置一个较大的数，不超过 20000。

☞注意：

显示精度设置的参数仅影响屏幕显示的精度，不影响输出的精度。即使设置成用 16 条边来表示一个圆，也仅仅是显示时看上去像十六边形，输出时仍是标准的圆。

1.7.6 颜色

在 AutoCAD 中可以赋予图线指定的颜色，不仅美观，更重要的是可以通过颜色进行分类管理，甚至在过滤对象时可以指定选择某种颜色的图线。

赋予图线颜色有两种思路：一种是直接指定颜色；另一种是设定颜色成“随层”或“随块”。直接指定颜色简单方便，但有一定的局限性，容易造成混乱，不如使用图层来管理更规范，所以建议用户在图层中管理颜色。

命令：COLOR、COLOUR

功能区：“常用”选项卡中“特性”面板上“对象颜色”下拉列表。

选项板：在“特性”选项板中“颜色”选项或者在“图层特性管理器”选项板中单击颜色色块。单击“选择颜色…”，弹出如图 1-52 所示“选择颜色”对话框。

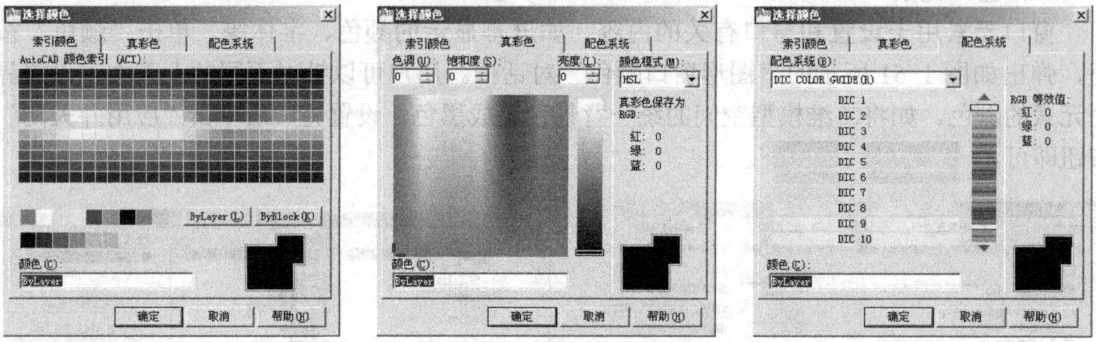

a) b) c)

图 1-52 “选择颜色”对话框

a)“索引颜色”选项卡 b)“真彩色”选项卡 c)“配色系统”选项卡

选择颜色的方法有：直接在对应的颜色小方块上点取或双击，也可以在颜色文本框中键入英文单词或颜色的编号，在随后的预览方块中会显示相应的颜色。另外，还可以设定成“随层”（ByLayer）或“随块”（ByBlock）。如果在绘图时直接设定了颜色，则无论该图线在什么层上，都具有设定的颜色。如果设定成“随层”或“随块”，则图线的颜色为所在层的颜色或随插入块中图线的相关属性而变。

1.7.7 线型

线型是图样基本属性之一，在不同的行业不同的线型都表示了不同的含义。例如在机械图中，粗实线表示可见轮廓线，虚线表示不可见轮廓线，点画线表示中心线、轴线、对称线等。所以，应该合理使用图线的线型。

AutoCAD 的线型库中保存有大量的常用线型定义。用户只需加载即可直接使用。

命令：LTYPE、LINETYPE。

功能区：“常用”选项卡中“特性”面板上“对象线型”下拉列表。

选项板：在“特性”选项板中“常规”下的“线型”选项或者在“图层特性管理器”选项板中单击线型图标。

用户可以直接选择加载的线型，如果选择“其他”则弹出如图 1-53 所示的“线型管理器”对话框。

该对话框中的列表显示了目前已加载的线型，包括线型名称、外观和说明。另外，还有线型过滤器区，“加载”、“删除”、“当前”及“显示细节”按钮。“详细信息”区是否显示可通过“显示细节”或“隐藏细节”按钮来控制。

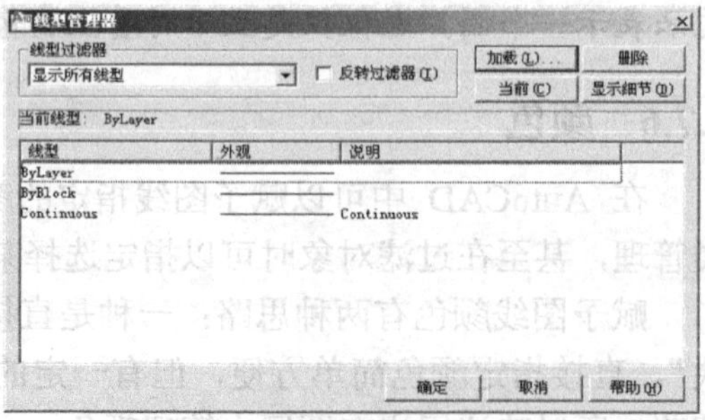

图 1-53 “线型管理器”对话框

1）“线型过滤器”区。

● 下拉列表框：过滤出列表显示的线型。

● 反向过滤器：按照过滤条件反向过滤线型。

2）“加载”按钮：加载或重载指定的线型。如图 1-54 所示，在“加载或重载线型”对话框中选择需要加载的线型。

在该对话框中可以选择线型文件以及该文件中包含的需要加载的线型。

3）“删除”按钮：删除指定的线型，该线型必须不被任何图元所依赖，即图样中没有使用该种线型。实线（CONTINUOUS）线型不可被删除。

4）“当前”按钮：指定当前线型。

5）“显示细节”/“隐藏细节”按钮：控制是否显示或隐藏选中的线型细节。如果当前细节未显示，则“显示细节”按钮有效；否则，“隐藏细节”按钮有效。

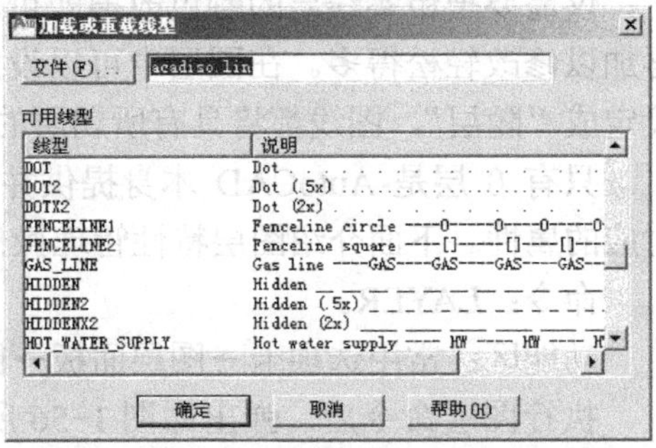

图 1-54 “加载或重载线型”对话框

6）“详细信息”区：包括了选中线型的名称、线型、全局比例因子、当前对象缩放比例等详细信息。

1.7.8 线宽

线宽也是图元的基本属性之一。不同的线宽代表了不同的含义。例如在机械图中，线条有粗细之分。粗实线一般表示可见轮廓线，而细实线则表示引线、尺寸线、断面线等。同样应该合理、正确地使用线宽特性。

命令：LINEWEIGHT、LWEIGHT。

状态栏：在状态栏用鼠标右键单击线宽并点取“设置”。

执行该命令后弹出“线宽设置”对话框，如图 1-55 所示。

该对话框包括如下内容。

1）线宽：通过滑块上下移动选择不同的线宽。

2）列出单位：选择线宽单位为“毫米”或“英寸”。

3）显示线宽：控制是否显示线宽。

4）默认：设定默认线宽的大小。

5）调整显示比例：调整线宽显示比例。

6）当前线宽：提示当前线宽设定值。

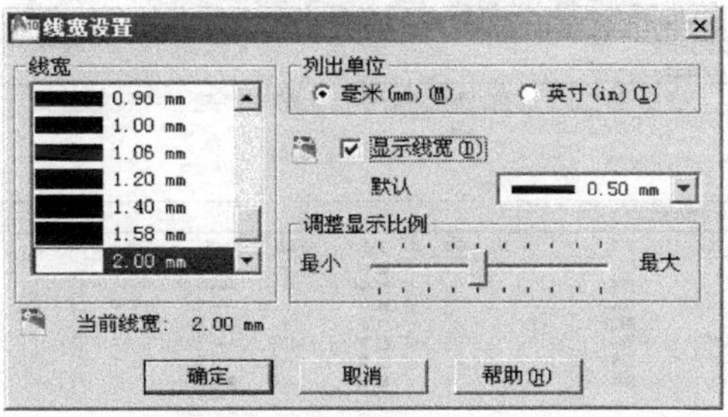

图 1-55 “线宽设置”对话框

1.7.9 图层

层是一种逻辑概念。在 AutoCAD 中，一个层可以被看成是一张透明的纸，可以在不同的“纸”上绘制不同的图。例如，一张机械图中，在不同的层上分别绘制粗实线、细实线、点画线、虚线等不同线型的图线。图线的不同表示了不同的含义，即每层的含义不同。最后将所有的图层叠加一起来看总图。同样，对于尺寸、文字、辅助线等，都可以放置在不同的层上。

层有一些特殊的性质。例如，可以设定该层是否显示，是否允许编辑、是否输出等。例如，要改变粗实线的颜色，如果粗实线都是绘制在一个层上，则在层的管理下就非常简单了，仅需要把粗实线层的颜色改掉即可。这样做显然比在大量的图线中去将粗实线挑选出来再加以修改轻松得多。在图层中可以设定每层的颜色、线型、线宽等。只要图线的相关特性设定成“随层”，图线都将具有所属层的特性。所以用图层来管理图形是十分有效的。

只有 0 层是 AutoCAD 本身提供并不可以被删除的，其他的层需要用户自己创建并设置对应的属性。下面介绍图层特性管理操作。

命令：LAYER。

功能区：常用选项卡→图层面板→图层特性。

执行图层命令后，弹出如图 1-56 所示的“图层特性管理器”对话框。该对话框中包含了“新特性过滤器”、“新组过滤器”、“图层状态管理器”、“新建图层”、“删除图层”、“置为当前”等按钮。中间列表显示了图层的名称、开/关、冻结/解冻、锁定/解锁、颜色、线型、线宽、打印样式、打印等信息。

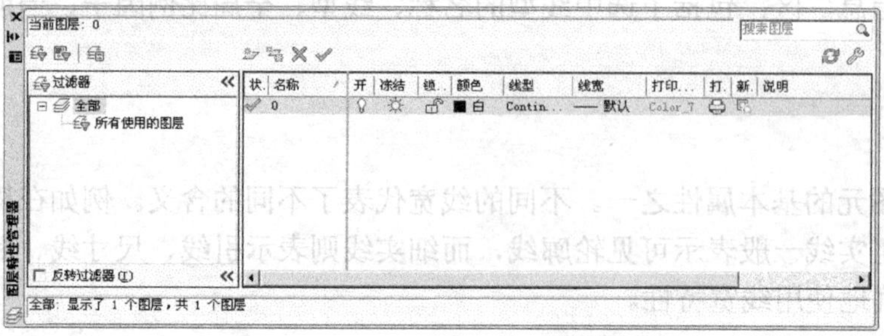

图 1-56 “图层特性管理器”对话框

1）新特性过滤器。单击该按钮后，弹出如图 1-57 所示的“图层过滤器特性”对话框。

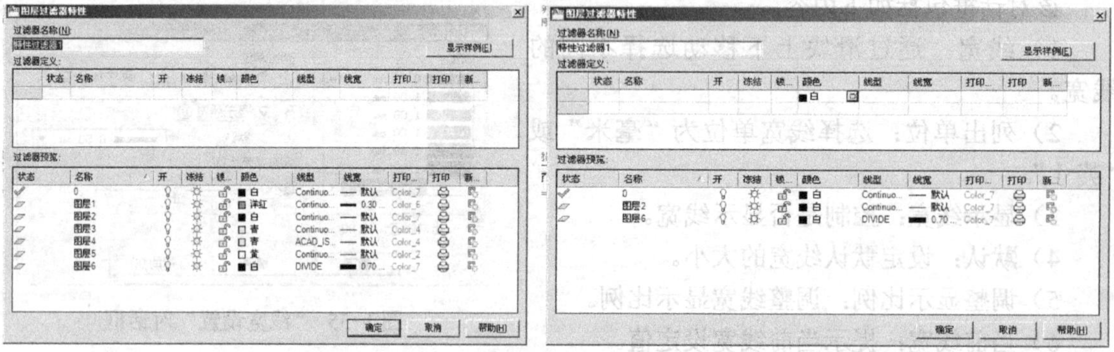

过滤前　　　　过滤后

图 1-57 “图层过滤器特性”对话框

在该对话框中，可以根据过滤器的条件来筛选图层。此时仅需要在“过滤器定义”中的各项栏目中填入过滤条件即可。图 1-57 显示了颜色为“白”的图层。

2）组过滤器。组过滤器用于对图层进行分组管理。在某一时刻，只有一个组是活动的。不同组中的图层名称可以相同，并不会相互冲突。

3）图层状态管理器。保存、恢复和管理命名图层状态，如图 1-58 所示。

4）反向过滤器。列出不满足过滤器条件的图层。

5）新建图层。创建一图层。新建的图层自动增加在目前光标所在的图层下面，并且新建的图层自动继承当前选中图层的特性，如颜色、线型等。图层名可以选择后修改成具有一定意义的名称。

6）删除图层。删除选定的图层。应该无任何对象依赖于要删除的层。0 层不可删除。

7）置为当前。指定所选图层为当前层。当前层即正使用的层，绘制的对象属于该层。

8）当前图层。提示当前图层的名称。

9）搜索图层。根据输入条件搜索符合条件的图层。

10）刷新。扫描图形中所有图元信息，并刷新图层使用信息。

11）设置。设置图层，单击后弹出如图 1-59 所示的“图层设置”对话框。

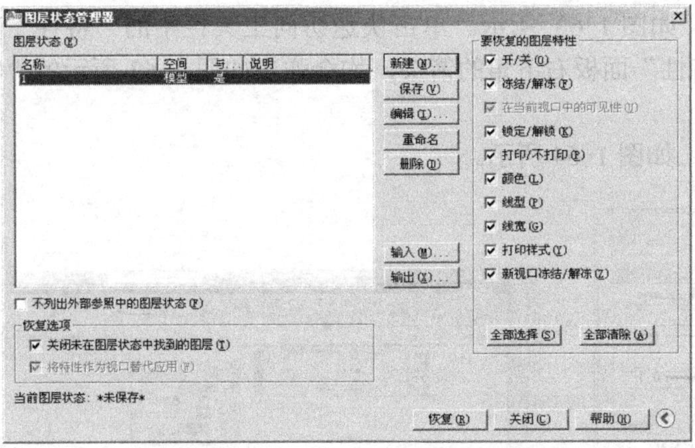

图 1-58 图层状态管理器

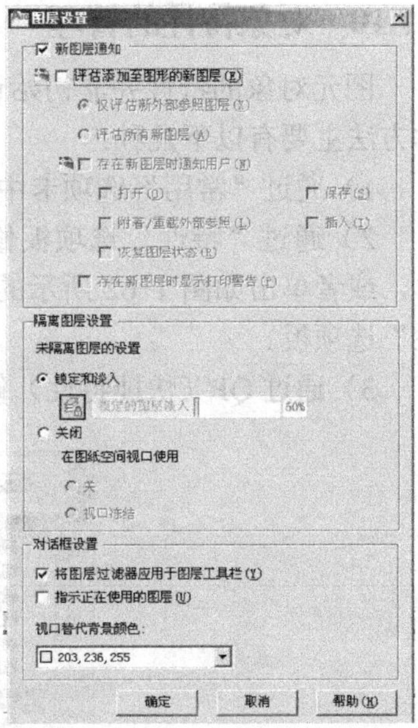

图 1-59 “图层设置”对话框

12）列表显示区。在列表显示区，可以单击名称在编辑状态下修改其名称。通过单击列表中的具体内容控制图层的开/关、冻结/解冻、锁定/解锁、新视口冻结/解冻。点取颜色、线型、线宽后，将自动弹出相应的“颜色选择”对话框、“线型管理”对话框、“线宽设置”对话框。用户可以借助〈Shift〉键和〈Ctrl〉键一次选择多个图层进行修改。其中关闭图层和冻结图层，都可以使该层上的图线隐藏，不被输出和编辑，它们的区别在于冻结图层后，图形在重生成（REGEN）时不被计算，而关闭图层时，图形在重生成中要被计算。如果在列表的栏目名称上用鼠标右键单击，将弹出如图 1-60 所示的快捷菜单，用户可以设置列表中打开的栏目。如果在具体的列表内容上用鼠标右键单击，则弹出如图 1-61 所示的快捷菜单，该菜单包含了可以对图层内容进行操作的选项。

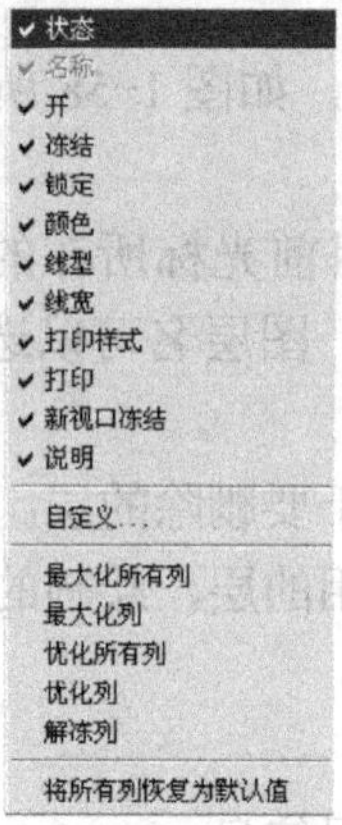

图 1-60　图层显示栏目设置

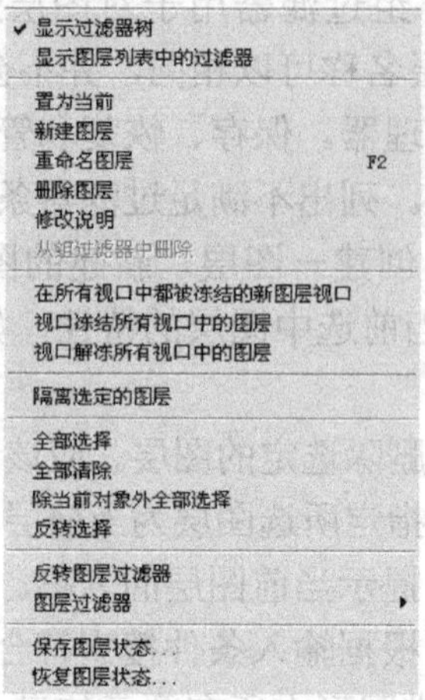

图 1-61　列表区菜单

1.7.10　对象特性的管理

图元对象的特性并非初始设置后就一成不变，可以在绘制后再另行编辑修改。修改特性的方法主要有以下几种：

1）通过“常用”选项卡中的“特性”面板修改，如图 1-62 所示。

2）通过“特性”选项板修改，如图 1-63 所示。单击快速访问工具栏中的“特性”菜单，或者单击如图 1-62 所示的“特性”面板右下角的箭头，均会弹出如图 1-63 所示的“特性”选项板。

3）通过 QP（快捷特性）修改，如图 1-64 所示。

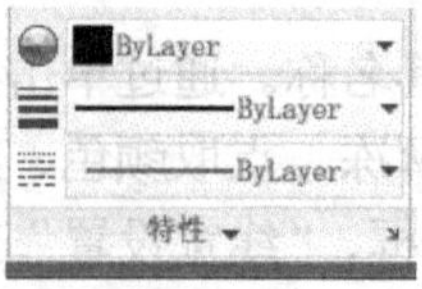

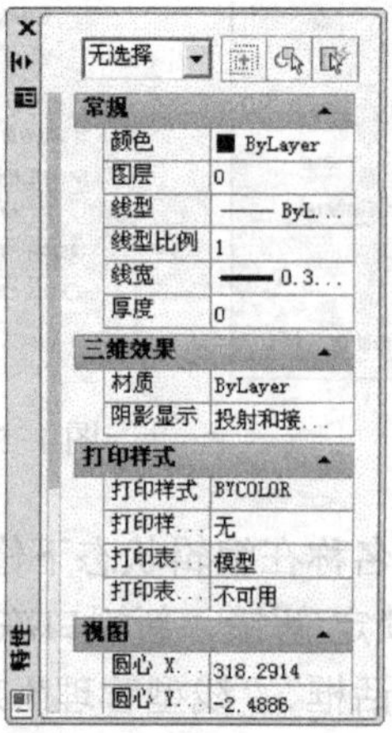

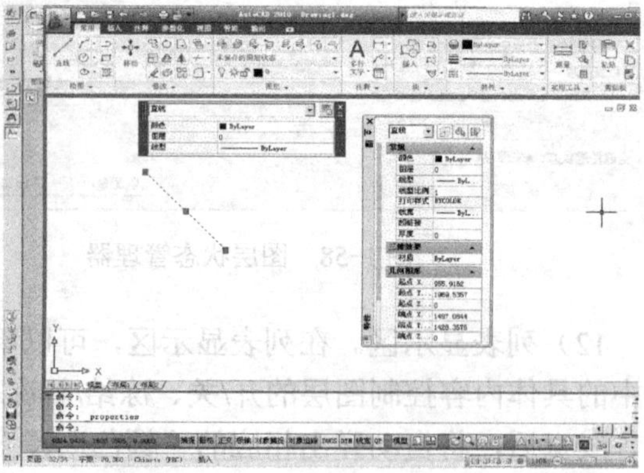

图 1-62　“特性”面板　图 1-63　“特性”选项板　图 1-64“快捷特性”选项板

不论通过哪个面板修改，方法差不多。通过下拉列表选择颜色、线型、宽度等属性，通过文本框输入具体数据。尤其是对输入的文本的修改，通过特性选项板修改不失为方便之举。

- 颜色控制：设置图线的颜色。可以在显示的颜色上选取，如选取“其他”则弹出“选择颜色”对话框。

- 线型控制：设置图线的线型。可以在显示的已加载的线型上选取，如选取“其他”则弹出“线型管理器”对话框。
- 线宽设置：设置图线线宽。可以通过下拉列表选择线宽。
- 打印样式控制：设置新对象的默认打印样式并编辑现有对象的打印样式。

其他的修改类似，这里不再赘述。

1.7.11 DWT 样板图

顾名思义，样板图是一个模板。样板图是十分重要的减少重复劳动的工具之一。通过样板图将各种常用的设置，如图层（包括颜色、线型、线宽）、文字样式、图形界限、单位、尺寸标注样式、输出布局等作为样板保存。在以后绘制新的图形时采用该样板，则样板图中的设置全部可以使用，无须重新设置。

样板图不仅极大地减轻了绘图中重复的工作量，而且统一了图纸的格式，使图形的管理更加规范。

要输出成样板图，在“另存为”对话框中选择 DWT 文件类型即可。通常情况下，样板图存放于 TEMPLATE 子目录下。在 AutoCAD 2010 中，提供了图纸集的管理，也具有样板的功能。

思考题

1．熟悉 AutoCAD 2010 中文版界面。界面共分几大部分？

2．熟悉快速访问工具栏中的“常用”选项卡。熟悉选项卡和面板的详细内容。

3．常用的命令输入方式有哪些？

4．坐标有哪些格式？各自的输入方式有哪些？各自的使用场合如何？

5．尝试在不同区域用鼠标右键单击，弹出的快捷菜单内容是什么？有什么规律？

6．尝试局部打开文件？局部打开文件的条件是什么？

7．如果不希望打开的文件被修改，打开文件时如何操作？

8．图形界限有什么作用？图形只能绘制在图形界限范围内吗？

9．管理图线颜色、线型、线宽的方法有几种？应该如何管理图线的这些特性比较合适？

10．执行对象捕捉的方式有哪些？如何临时覆盖已经设定的对象捕捉模式？

11．栅格和捕捉如何设置和调整？在绘图中如何利用栅格和捕捉辅助绘图？

12．掌握各种对象捕捉模式的提示符号和捕捉点的位置特性。

13．样板图有什么作用？如何合理使用样板图？

14．图层中包含哪些特性设置？冻结和关闭图层的区别是什么？如果希望某图线显示又不希望该线条无意中被修改，应如何操作？

15．创建一文件，包括 6 个以上图层，并分别赋予不同的颜色、线型、线宽等属性。

16．如何打开工具栏？如何自定义工具栏？

17．如何显示菜单？没有鼠标能否操作菜单？

第2章 绘图流程

AutoCAD 2010 功能齐全，并可根据各种需求进行环境的设置，可以较好地适应各个层次和各种目的的用户。虽然每个用户绘图的手法和技巧以及自身的习惯可以不同，要高效、正确绘制图形的总体流程还是有规律可循的。本章以一典型实例描述常用的绘图流程。

2.1 一般绘图流程

AutoCAD 2010 绘图一般按照以下的顺序进行。

1．环境设置

环境设置主要包括单位格式和精度、对象捕捉模式、尺寸样式、文字样式和图层（含名称、颜色、线型、线宽）等的设定。通常情况下应该考虑周全、设置完善。有些内容也可以在以后添加和修改。如果频繁绘制该类图样，应该在全部设定完后，将其保存成模板，以后绘制新图时套用该模板。

2．绘制图形

一般先绘制辅助线（可以单独放置在一层，也可以利用诸如中心线等做辅助线），用来作为绘图基准；选定图层，绘制图线，由于 AutoCAD 编辑功能非常强大，绘图时应充分利用编辑命令和辅助绘图命令的优势。另外，对同样的操作尽可能一次完成。采用必要的对象捕捉、对象追踪等功能保证图线间相对位置正确，进行精确绘图。

3．绘制剖面符号

绘制填充图案。为方便填充图案边界的确定，必要时关闭中心线层、尺寸线层等。该过程可以部分检查绘制的图形是否精确，端点是否准确相交。

4．标注尺寸

根据图形要求标注尺寸。该过程也可以检查图形绘制是否正确。

5．注写技术要求，填写标题栏等

根据图形要求注写技术要求，填写标题栏等内容。

6．保存、输出图形

图形编辑过程中和编辑完后应及时保存。尤其在编辑过程中，要养成每间隔几分钟就按〈Ctrl〉+〈S〉键保存图形的习惯，避免因意外造成较大的损失。在需要的时候也可以通过打印机、绘图机等输出图样。

2.2 绘图实例

绘制如图 2-1 所示的零件“夹套”。

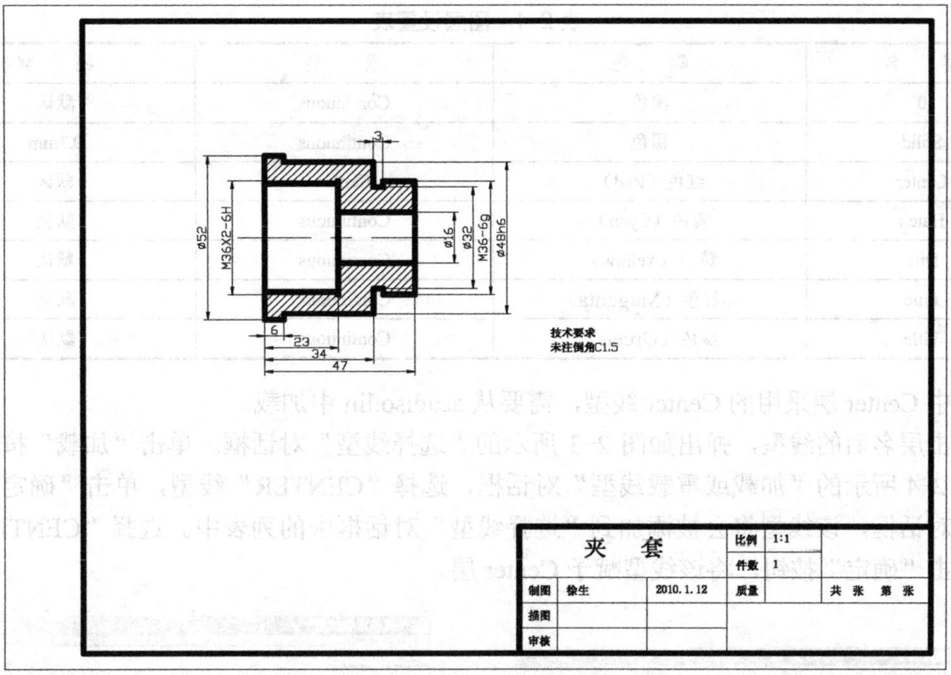

图 2-1　夹套零件图

2.2.1　启动 AutoCAD 2010

直接双击“AutoCAD 2010－Simplified Chinese”（简体中文版）图标，启动 AutoCAD 2010，进入到绘图界面。

2.2.2　基本环境设置

1. 图层设置

为了便于图形的管理，分别为剖面线、中心线、粗实线、细实线、尺寸、标题栏设置 6 个图层，并把它们分别命名为 hatch（剖面线层）、center（中心线层）、solid（粗实线层）、fine（细实线）、dim（尺寸层）、title（标题栏层）。

单击“常用”选项卡中“图层”面板上的“图层特性”按钮，弹出“图层特性管理器”对话框，如图 2-2 所示。其中开始时只有 0 层，其他层为设定后的结果。按照如表 2-1 所示图层清单创建新层。

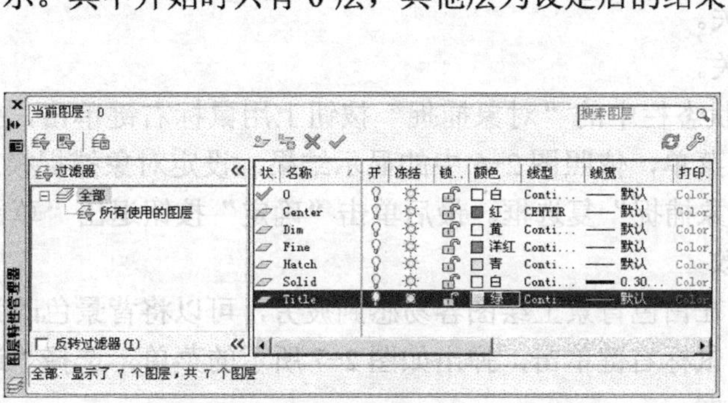

图 2-2　“图层特性管理器”对话框

表 2-1 图层设置表

层 名	颜 色	线 型	线 宽
0	黑色	Continuous	默认
Solid	黑色	Continuous	0.3mm
Center	红色（Red）	Center	默认
Hatch	青色（Cyan）	Continuous	默认
Dim	黄色（Yellow）	Continuous	默认
Fine	洋红色（Magenta）	Continuous	默认
Title	绿色（Green）	Continuous	默认

其中 Center 层采用的 Center 线型，需要从 acadiso.lin 中加载。

单击层名后的线型，弹出如图 2-3 所示的“选择线型”对话框。单击“加载”按钮，弹出如图 2-4 所示的“加载或重载线型”对话框，选择“CENTER”线型，单击“确定”按钮退出该对话框，该线型将会被添加到“选择线型”对话框中的列表中。选择“CENTER”线型，单击“确定”按钮，将该线型赋予 Center 层。

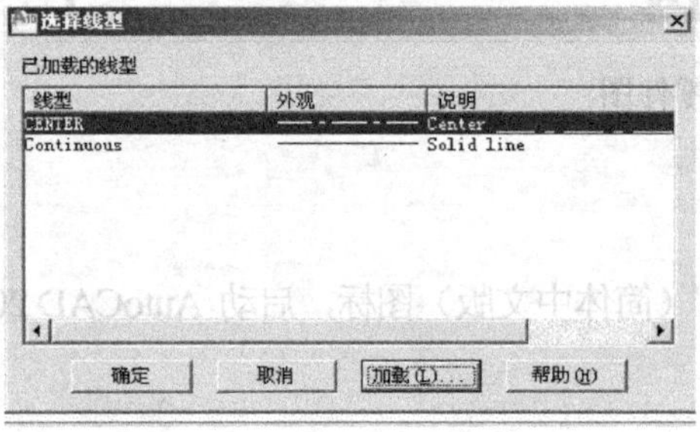

图 2-3 “选择线型”对话框

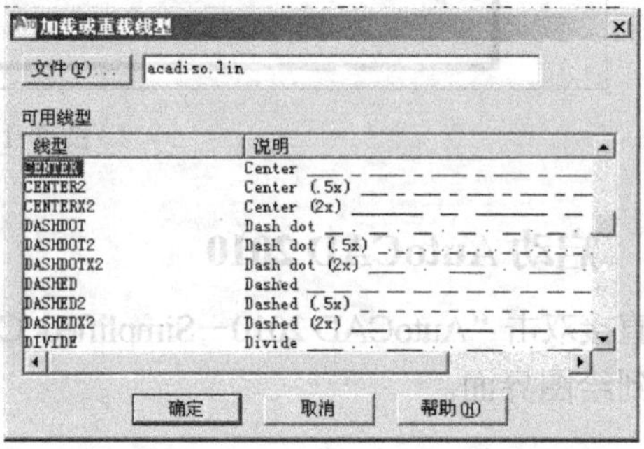

图 2-4 “加载或重载线型”对话框

2．对象捕捉模式以及辅助绘图状态设置

对于实例中这样的典型机械图样，图线比较规则，以水平、垂直线为主，应该打开正交模式。同时对象捕捉应该设置成捕捉直线的端点、中点、交点，并显示线宽等，所以绘图前还要先进行辅助绘图方式的设置。

1）打开捕捉开关。

2）打开正交开关。

3）打开线宽开关。

4）在应用程序状态栏中的“对象捕捉”按钮上用鼠标右键单击，弹出如图 2-5 所示的菜单。选择“设置”菜单，依照图 2-6 中的显示结果，设定对象捕捉模式为端点、中点、交点，并打开“启用对象捕捉”复选框。最后单击“确定”按钮退出“草图设置”对话框。

3．屏幕背景修改

如果觉得长时间在白色背景上绘图容易感到疲劳，可以将背景色改为黑色。

在屏幕绘图区用鼠标右键单击，弹出如图 2-7 所示的菜单，选择“选项”，弹出如图 2-8 所示的“选项”对话框。

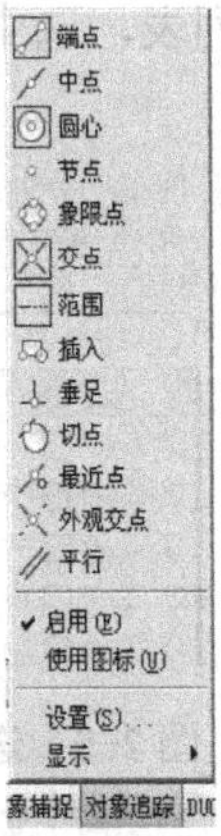

图 2-5　对象捕捉快捷菜单

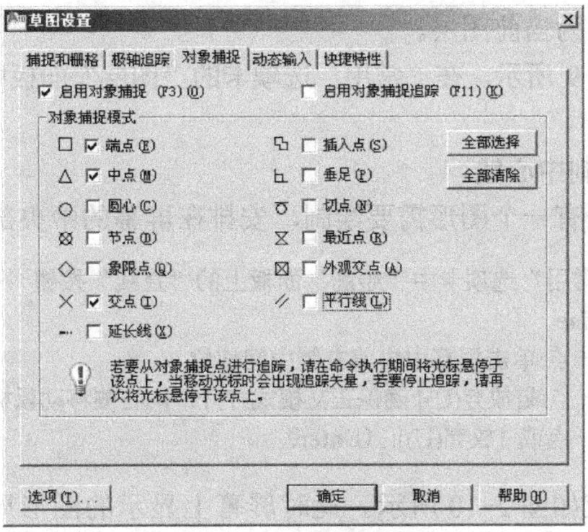

图 2-6　对象捕捉设置

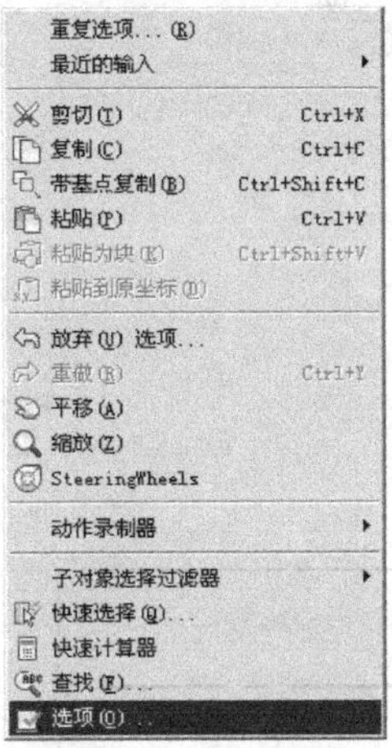

图 2-7　快捷菜单

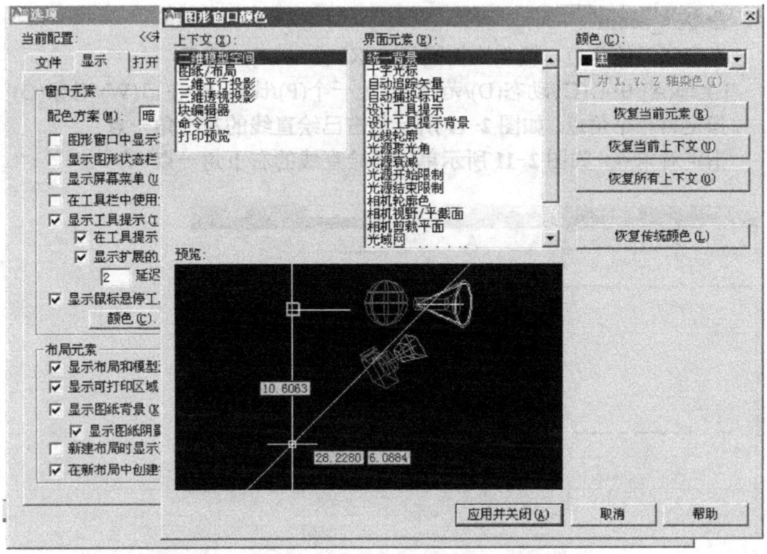

图 2-8　“选项-图形窗口颜色设置”对话框

在“选项”对话框中单击“窗口元素”区的“颜色”按钮，弹出图 2-8 中的“图形窗口颜色”对话框，在“界面元素”列表框中选择“统一背景”，在右侧的“颜色”下拉列表中选择“黑”，单击“应用并关闭”按钮退出“图形窗口颜色”对话框。再单击“确定”按钮退出“选项”对话框，背景色即改为黑色。

2.2.3　绘制图形

首先分析图形的特点，然后规划绘图路线，再考虑图形在屏幕上的布局后便可以动手绘制图形了。

1．选择图层

绘制水平中心线，该线为绘图的垂直方向基准线。该线处于中心线层，所以应该首先选择中心线层为当前图层。

如图 2-9 所示，在“常用”选项卡的“图层”面板中，单击图层下拉列表，选中“Center”层即可。

2. 绘制中心线

该图只有一个图形需要绘制，安排在屏幕的中央部位即可。

> **单击“常用”选项卡中“绘图”面板上的“直线”按钮**
> 命令: **_line**
> 指定第一点:**单击屏幕中央偏左侧中间部位**
> 指定下一点或[放弃(U)]:**确保正交模式打开，向右侧移动鼠标，100〈Enter〉**
> 指定下一点或 [放弃(U)]: **〈Enter〉**

图 2-9　选择当前层

结果应如图 2-10 所示。此时屏幕上显示的图形局限于屏幕的一小部分，没有充分利用绘图区，现将它放大显示。

单击“视图”选项卡中的“导航”面板上的“窗口”按钮，系统提示如下：

> 命令: **'_zoom**
> 指定窗口的角点，输入比例因子 (nX 或 nXP)，或者
> [全部(A)/中心(C)/动态(D)/范围(E)/上一个(P)/比例(S)/窗口(W)/对象(O)] <实时>: _w
> 指定第一个角点: **如图 2-11 所示单击已绘直线的左上角一点**
> 指定对角点: **如图 2-11 所示单击已绘直线的右下角一点**

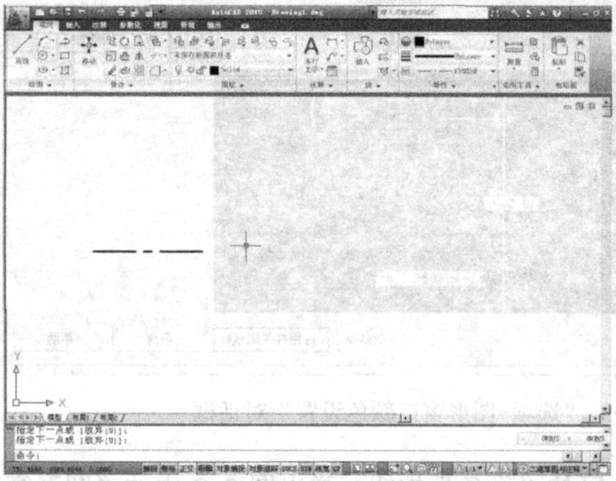

图 2-10　绘制中心线

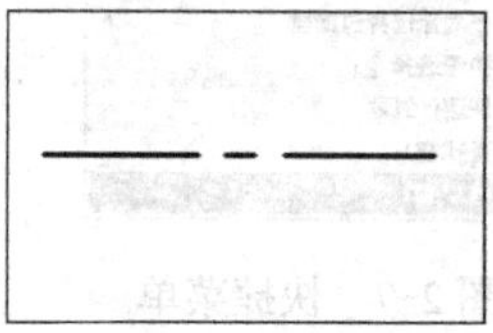

图 2-11　缩放窗口

此时该直线将被放大显示到屏幕的中间位置。

3. 偏移复制系列水平线

(1) 复制水平线

该实例图形为上下对称结构，同时单侧有长短不一的 6 条水平线。这些水平线可以通过直线（Line）命令绘制，也可以通过复制（Copy）命令复制，还可以通过偏移（Offset）命令偏移复制得到。相比较而言，对这样的图形用偏移命令更方便一些。

将水平中心线向上方偏移复制 5 条。偏移距离参照图形上的尺寸（注意要除以 2），分别应该是 8、16、18、24、26。螺纹小径线暂时不画。

命令: **_offset**
当前设置: 删除源=否　图层=源　OFFSETGAPTYPE=0
指定偏移距离或 [通过(T)/删除(E)/图层(L)] <通过>: **8〈Enter〉**
选择要偏移的对象，或 [退出(E)/放弃(U)] <退出>: **选择水平中心线**
指定要偏移的那一侧上的点，或 [退出(E)/多个(M)/放弃(U)] <退出>:**在水平中心线上方任意位置单击**
选择要偏移的对象，或 [退出(E)/放弃(U)] <退出>: **〈Enter〉**

同上，分别输入偏移距离 16、18、24、26，共向上偏移复制得到 5 条水平点画线，如图 2-12 所示。

（2）修改偏移复制的图线到粗实线层

采用窗交方式选中偏移复制的 5 条直线，出现夹点后选择“常用”选项卡中的“图层”面板，在图层下拉列表中选择“Solid”层即可，如图 2-13 所示。

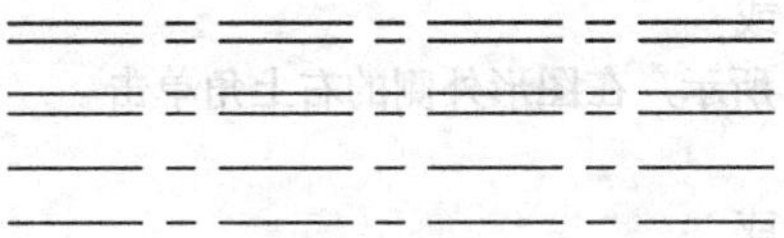

图 2-12　偏移复制直线

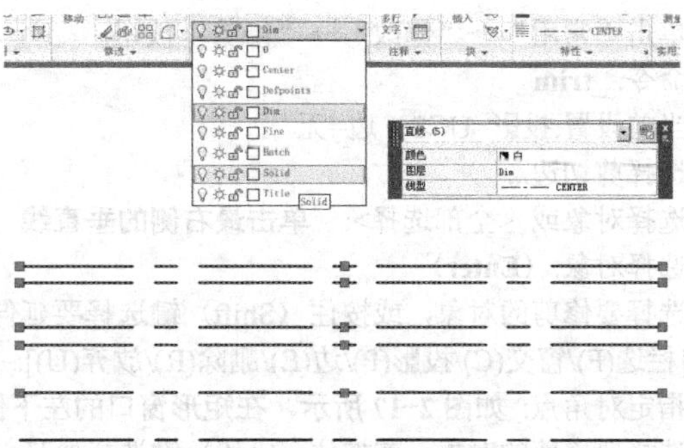

图 2-13　修改特性

连续按两次〈Esc〉键取消夹点，结果如图 2-14 所示。

4．绘制垂直方向基准线

垂直方向共有 6 条直线，选择最左边的端线作为基准，首先在最左边绘制一条垂线。

修改当前层为“Solid”层。在“常用”选项卡的“图层”面板中，单击图层下拉列表，选中“Solid”层，然后绘制直线。

单击“常用”→“绘图”→“直线”按钮
命令: **_line**
指定第一点:**移动光标到最上面的直线左端点附近，出现“端点”提示后单击**
指定下一点或 [放弃(U)]:**移动光标到中心线左端点，出现“端点”提示后单击**
指定下一点或 [放弃(U)]:**<Enter>**

结果如图 2-15 所示。

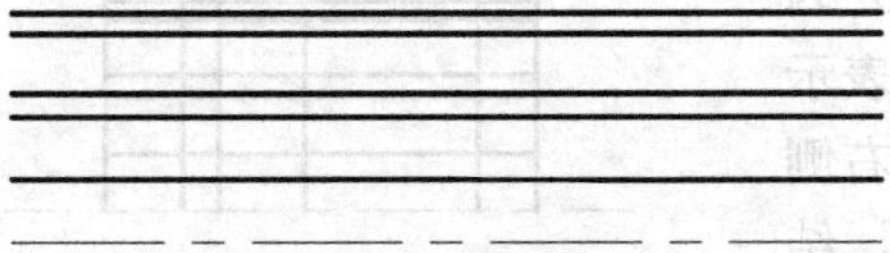

图 2-14　特性修改结果

图 2-15　绘制垂直线

5．偏移复制系列垂直线

再偏移复制右侧的系列垂直线，距离分别为 6、23、34、37、47。

单击“常用”选项卡中的“修改”面板上的“偏移”按钮
命令: **_offset**
当前设置: 删除源=否　图层=源　OFFSETGAPTYPE=0
指定偏移距离或 [通过(T)/删除(E)/图层(L)] <37.0000>: **6〈Enter〉**
选择要偏移的对象，或 [退出(E)/放弃(U)] <退出>:**单击最左侧的垂直线**
指定要偏移的那一侧上的点，或 [退出(E)/多个(M)/放弃(U)] <退出>:**在右侧任意位置单击**
选择要偏移的对象，或 [退出(E)/放弃(U)] <退出>**:〈Enter〉**

用同样的方法再偏移复制其他垂直线，结果如图 2-16 所示。

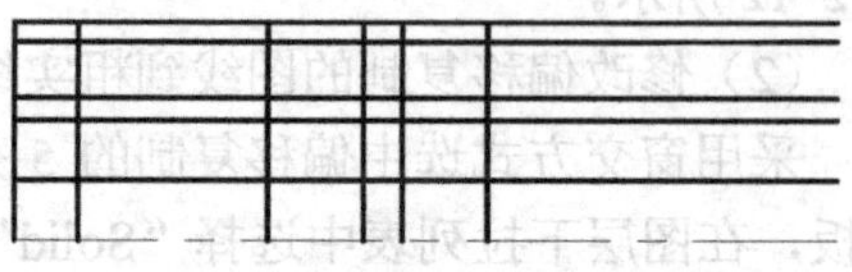

图 2-16　偏移复制垂直线

6. 修剪线条

采用修剪命令将超出的图线剪掉。

单击“常用”→“修改”→“修剪”按钮
命令: **_trim**
当前设置:投影=UCS，边=无
选择剪切边...
选择对象或 <全部选择>:　**单击最右侧的垂直线**　　找到 1 个
选择对象:**〈Enter〉**
选择要修剪的对象，或按住〈Shift〉键选择要延伸的对象，或
[栏选(F)/窗交(C)/投影(P)/边(E)/删除(R)/放弃(U)]: **如图 2-17 所示，在图形外侧的右上角单击**
指定对角点: **如图 2-17 所示，在矩形窗口的左下侧单击**
选择要修剪的对象，或按住〈Shift〉键选择要延伸的对象，或
[栏选(F)/窗交(C)/投影(P)/边(E)/删除(R)/放弃(U)]: **〈Enter〉**

结果应如图 2-18 所示。

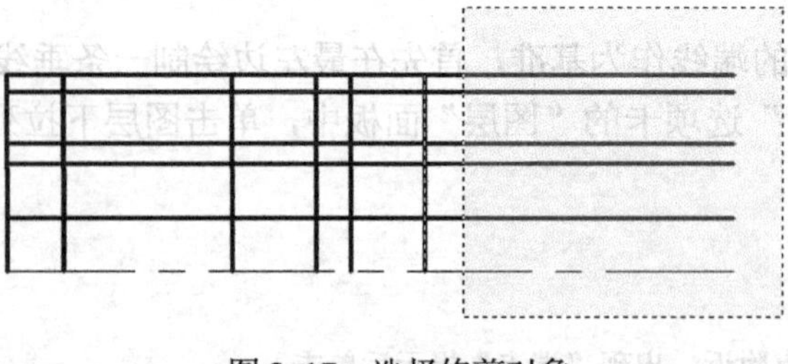

图 2-17　选择修剪对象

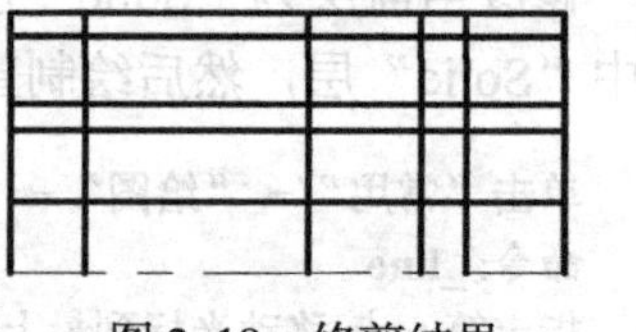

图 2-18　修剪结果

7. 修改中心线长度

中心线应比外围轮廓线略长。这里采用夹点方式将中心线拖长到符合要求。

单击红色中心线。出现 3 个蓝色小方块，称之为“夹点”。选中最左侧夹点，夹点颜色更改为红色则表示已选中，向左侧拖动少许单击。用同样的方法拖动右侧的夹点，向右侧拖动少许。按〈Esc〉键取消夹点，结果如图 2-19 所示。

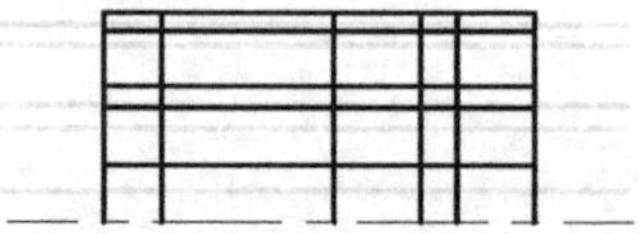

图 2-19　夹点拉长中心线

8. 修剪粗实线到各自大小和位置

对照实例图形，以上绘制图形中有大量的图线需要剪短。采用修剪命令可以一次完成。

单击“常用”选项卡中的“修改”面板上的“修剪”按钮
命令: **_trim**
当前设置:投影=UCS，边=无
选择剪切边...
选择对象或 <全部选择>:
指定对角点: **采用窗交方式选中全部图线**　　找到 12 个
选择对象:
选择要修剪的对象，或按住〈Shift〉键选择要延伸的对象，或
[栏选(F)/窗交(C)/投影(P)/边(E)/删除(R)/放弃(U)]: **采用窗交方式选择部分需要剪除的图线**
指定对角点:
选择要修剪的对象，或按住〈Shift〉键选择要延伸的对象，或
[栏选(F)/窗交(C)/投影(P)/边(E)/删除(R)/放弃(U)]: **依次拾取需要剪除的图线**
选择要修剪的对象，或按住〈Shift〉键选择要延伸的对象，或
[栏选(F)/窗交(C)/投影(P)/边(E)/删除(R)/放弃(U)]: **〈Enter〉**

结果如图 2-20 所示。

在这里只需要运行一次修剪（Trim）命令即可完成该次修改任务。如果操作中未能一步到位，也可以按空格键重复该命令，或者配合删除（Erase）、延伸（Extend）等命令完成编辑。

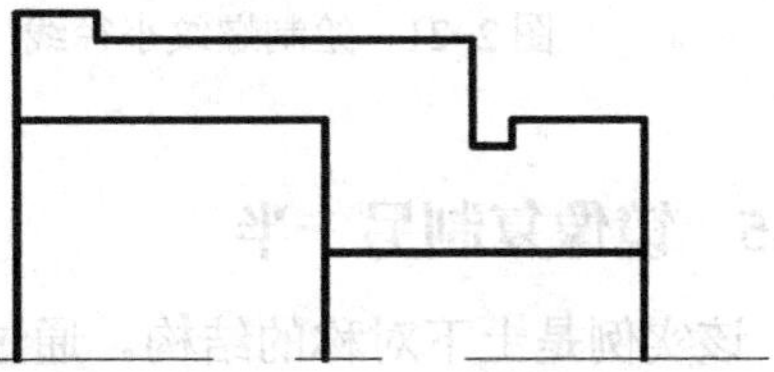
图 2-20　编辑粗实线

2.2.4　绘制螺纹小径

螺纹小径按 34 绘制。

1．采用偏移复制命令绘制小径线

命令: **_offset**
当前设置: 删除源=否　图层=源　OFFSETGAPTYPE=0
指定偏移距离或 [通过(T)/删除(E)/图层(L)] <15.3000>: **17〈Enter〉**
选择要偏移的对象，或 [退出(E)/放弃(U)] <退出>:**选择中心线**
指定要偏移的那一侧上的点，或 [退出(E)/多个(M)/放弃(U)] <退出>:**分别在中心线上方和下方单击**
选择要偏移的对象，或 [退出(E)/放弃(U)] <退出>: **〈Enter〉**

2．修剪到合适的长度

命令: **_trim**
当前设置:投影=UCS，边=无
选择剪切边...
选择对象或 <全部选择>: **采用窗交方式选择剪切边界**
指定对角点: 找到 5 个
选择对象: **〈Enter〉**
选择要修剪的对象，或按住〈Shift〉键选择要延伸的对象，或
[栏选(F)/窗交(C)/投影(P)/边(E)/删除(R)/放弃(U)]:**单击需要剪切的对象**
选择要修剪的对象，或按住〈Shift〉键选择要延伸的对象，或
[栏选(F)/窗交(C)/投影(P)/边(E)/删除(R)/放弃(U)]: **〈Enter〉**

结果如图 2-21 所示。

3. 修改图层

将内外螺纹的大小径线型修改正确。外螺纹小径和内螺纹大径是细实线，内螺纹小径是粗实线，分别将它们调整到正确的图层上。

选择外螺纹小径和内螺纹大径，调整到“Fine”层。选择内螺纹小径调整到“Solid”层。

结果如图 2-22 所示。

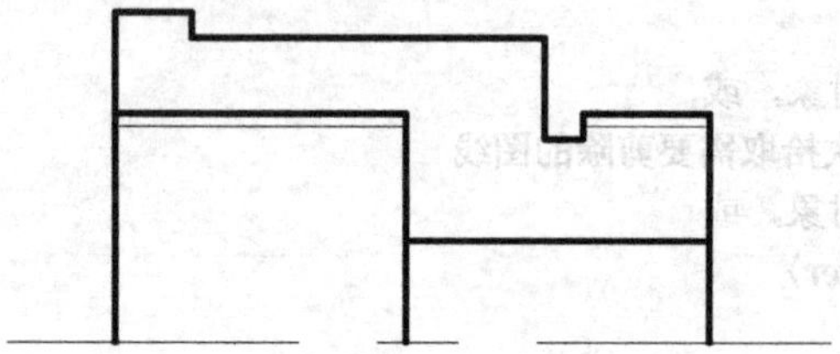

图 2-21 绘制螺纹小径线

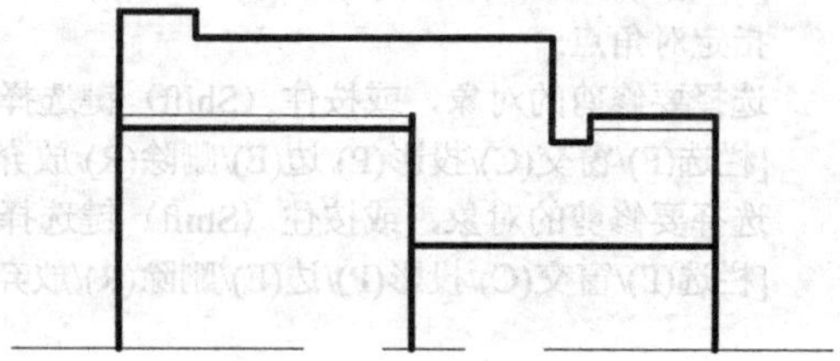

图 2-22 修改内外径线型

2.2.5 镜像复制另一半

该实例是上下对称的结构。通过镜像复制可以直接得到另一半。

单击“常用”选项卡中的“修改”面板上的“镜像”按钮
命令: **_mirror**
选择对象: **采用窗交方式选择全部粗实线**　　指定对角点:　　　　　　找到 14 个
选择对象: **〈Enter〉**
指定镜像线的第一点: **单击中心线左端点**　指定镜像线的第二点: **单击中心线的右端点**
要删除源对象吗? [是(Y)/否(N)] <N>: **〈Enter〉**

结果如图 2-23 所示。

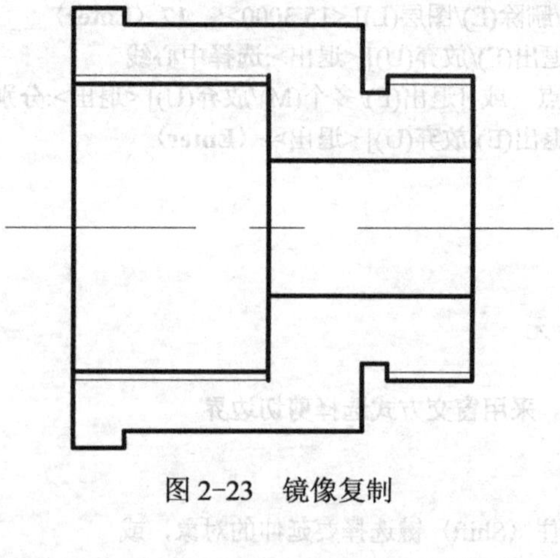

图 2-23 镜像复制

2.2.6 绘制剖面符号

首先将当前层改到“Hatch”层，再采用 Hatch 命令填充剖面线。

单击“常用”选项卡中的“绘图”面板上的“图案填充”按钮，弹出如图2-24所示“图案填充和渐变色”对话框。在“图案”下拉列表中选择“ANSI31”。将“比例”改成0.5。单击“添加：拾取点”按钮。返回到绘图屏幕，在需要填充剖面符号的封闭区域单击，一个封闭区域只需单击一次。按〈Enter〉键再次返回“图案填充和渐变色”对话框。单击“确定”按钮完成图案填充，结果如图2-25所示。

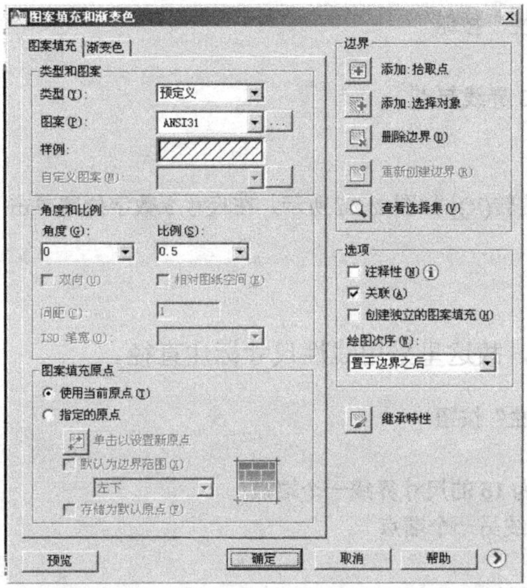

图2-24 “图案填充和渐变色”对话框

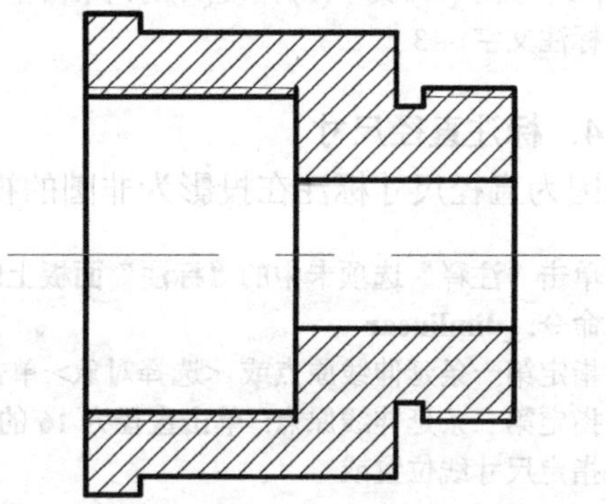

图2-25 填充剖面线结果

2.2.7 标注尺寸

尺寸标注在“Dim”层。首先将“Dim”层置为当前层。

1．标注水平线性尺寸

单击“注释”选项卡中的“标注”面板上的“线性”按钮
命令: **_dimlinear**
指定第一条延伸线原点或 <选择对象>: **如图2-26所示，单击尺寸6的左界线起点**
指定第二条延伸线原点:**单击尺寸6的右界线起点**
指定尺寸线位置或
[多行文字(M)/文字(T)/角度(A)/水平(H)/垂直(V)/旋转(R)]:**在图示尺寸数字位置单击**
标注文字 =6

2．标注其他水平线性尺寸

单击“注释”选项卡中的“标注”面板上的“基线”按钮
命令: **_dimbaseline**
指定第二条延伸线原点或 [放弃(U)/选择(S)] <选择>:**单击尺寸23界线起点**
标注文字 =23
指定第二条延伸线原点或 [放弃(U)/选择(S)] <选择>:**单击尺寸34界线起点**
标注文字 =34

指定第二条延伸线原点或 [放弃(U)/选择(S)] <选择>:**单击尺寸 37 界线起点**
标注文字 =47
指定第二条延伸线原点或 [放弃(U)/选择(S)] <选择>:**单击尺寸 47 界线起点**
选择基准标注:**〈Enter〉**

3．标注退刀槽水平宽度尺寸

单击“注释”选项卡中的“标注”面板上的“线性”按钮
命令: **_dimlinear**
指定第一条延伸线原点或 <选择对象>:**单击尺寸 3 界线起点**
指定第二条延伸线原点: **单击尺寸 3 界线终点**
指定尺寸线位置或
[多行文字(M)/文字(T)/角度(A)/水平(H)/垂直(V)/旋转(R)]:**如图 2-26 所示，在尺寸 3 数字位置单击**
标注文字 =3

4．标注直径尺寸

因为直径尺寸标注在投影为非圆的视图上，故这里采用线性尺寸标注直径。

单击“注释”选项卡中的“标注”面板上的“线性”按钮
命令: **_dimlinear**
指定第一条延伸线原点或 <选择对象>:**单击直径为 16 的尺寸界线一个端点**
指定第二条延伸线原点: **单击直径为 16 的尺寸界线另一个端点**
指定尺寸线位置或
[多行文字(M)/文字(T)/角度(A)/水平(H)/垂直(V)/旋转(R)]: **t〈Enter〉**
输入标注文字 <16>: **%%c<>**
指定尺寸线位置或
[多行文字(M)/文字(T)/角度(A)/水平(H)/垂直(V)/旋转(R)]:**如图 2-26 所示，在尺寸ϕ16 数字位置单击**
标注文字 =16

用同样的方法标注尺寸ϕ32、ϕ52。

5．标注螺纹尺寸

同样，用线性尺寸标注命令完成螺纹尺寸标注。

单击“注释”选项卡中的“标注”面板上的“线性”按钮
命令: **_dimlinear**
指定第一条延伸线原点或 <选择对象>:**单击螺纹大径界线一个端点**
指定第二条延伸线原点: **单击螺纹大径界线另一个端点**
指定尺寸线位置或
[多行文字(M)/文字(T)/角度(A)/水平(H)/垂直(V)/旋转(R)]: **t〈Enter〉**
输入标注文字 <36>: **M36-6g〈Enter〉**
指定尺寸线位置或
[多行文字(M)/文字(T)/角度(A)/水平(H)/垂直(V)/旋转(R)]:**如图 2-26 所示，在螺纹尺寸数字位置单击**
标注文字 =36

6．用同样的方法标注其他尺寸

标注ϕ48h6、M36X2-6H，结果如图 2-26 所示。

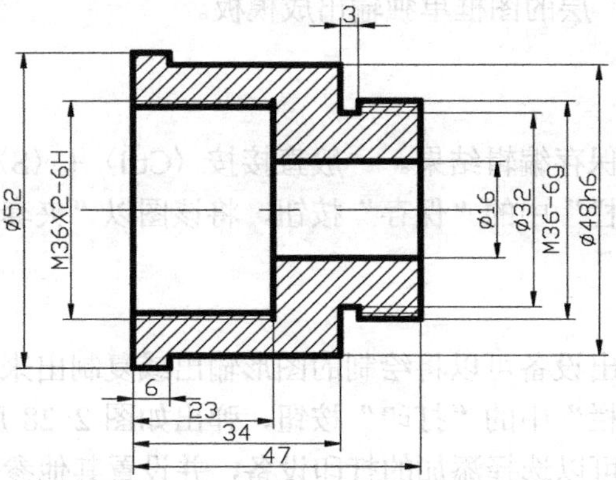

图 2-26 尺寸标注结果

2.2.8 标注技术要求

在图样的右下方用 MTEXT 命令注写技术要求。

单击“注释”选项卡中的“文字”面板上的“多行文字”按钮

屏幕上出现一文字编辑框。在其中输入“技术要求 未注倒角 C1.5”。在编辑框外单击鼠标，退出文本输入。

2.2.9 绘制并填写标题栏

采用直线（Line）命令绘制 297×210 的矩形，作为图纸范围，然后用偏移命令绘制图框。再在右下角绘制标题栏，用多行文字命令（Mtext）填写标题栏，结果如图 2-27 所示。

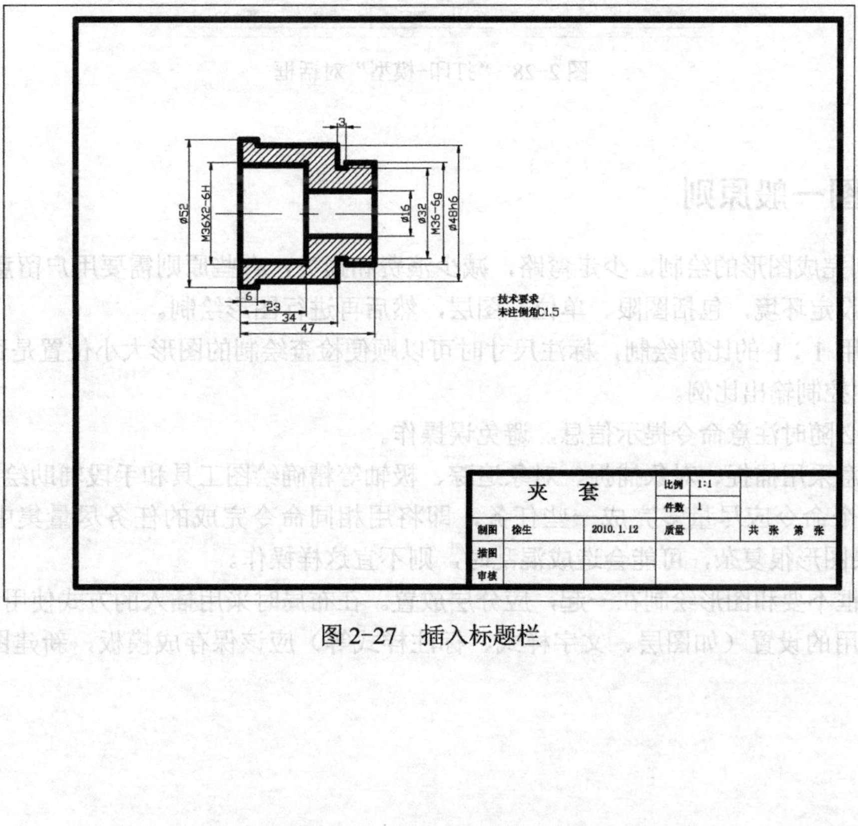

图 2-27 插入标题栏

如果需要，将“Title”层的图框单独输出成模板。

2.2.10　保存绘图文件

绘图过程中务必随时保存编辑结果。一般直接按〈Ctrl〉+〈S〉组合键保存。

单击“快速访问工具栏”中的“保存”按钮，将该图以“夹套”为名保存。

2.2.11　输出

打印机和绘图机等输出设备可以将绘制的图形输出或复制出来。

单击“快速访问工具栏”中的“打印”按钮，弹出如图 2-28 所示的“打印-模型”对话框。在该对话框中，用户可以选择添加的打印设备，并设置其他参数，然后输出图样。

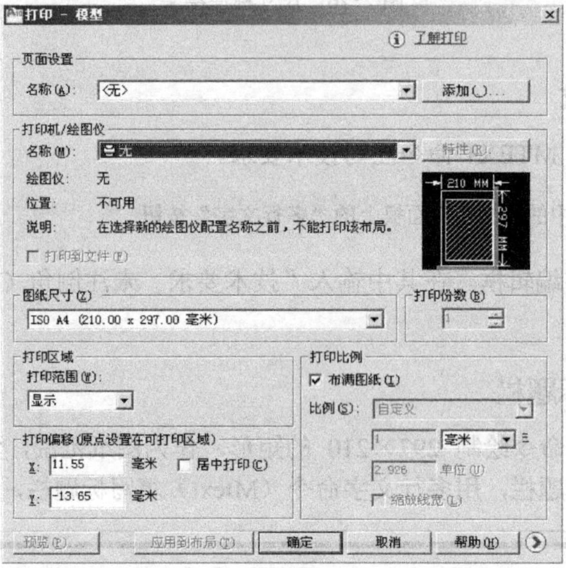

图 2-28　“打印-模型”对话框

2.3　绘图一般原则

为顺利完成图形的绘制，少走弯路，减少浪费和损失，有些原则需要用户留意。

1）先设定环境，包括图限、单位、图层，然后再进行图形绘制。

2）采用 1∶1 的比例绘制，标注尺寸时可以顺便检查绘制的图形大小位置是否有误。最后在布局中控制输出比例。

3）务必随时注意命令提示信息，避免误操作。

4）注意采用捕捉、对象捕捉、对象追踪、极轴等精确绘图工具和手段辅助绘图。

5）一个命令应尽量多完成一些任务，即将用相同命令完成的任务尽量集中在一起完成。但如果图形很复杂，可能会造成混乱时，则不宜这样操作。

6）图框不要和图形绘制在一起，应分层放置。在布局时采用插入的方式使用图框。

7）常用的设置（如图层、文字样式、标注样式等）应该保存成模板，新建图形时直接利用模板生成初始绘图环境。也可以通过“CAD标准”来统一。

思考题

1．典型的绘图流程是什么？这样做有什么优点？

2．绘图时为何要注意命令提示信息？

3．哪些内容应该放到模板中去？

4．按照1∶1的比例绘图有什么好处？按照1∶1绘图在A4大小的图纸中放不下应如何处理？

5．绘图的注意事项有哪些？

第3章 基本图形绘制和编辑

AutoCAD 2010 提供了大量的图形绘制命令和编辑命令，这正是 AutoCAD 2010 最核心的基本功能。由于大部分的平面图形都是由直线、圆、圆弧组成的，所以使用最多的绘图命令是直线、圆、圆弧。然而，AutoCAD 2010 最大的优势体现在众多功能强大、使用灵活、技巧性强的编辑命令上。

本章及以后章节中的实例均以介绍具体命令的用法和技巧为主，重点在于图形编辑过程中使用的命令的功能和参数含义，以及各命令的配合用法。绘图的统一流程不再强调，需要时参见第 2 章的绘图流程。

本章首先介绍对象选择的方法，然后介绍最基本、最常用也是最重要的部分——绘图、编辑命令。绘制图形时，绘图命令和编辑命令要配合使用。本章通过多个典型实例，介绍针对不同的具体情况选择最合适的命令来完成绘图任务。

3.1 对象选择

对已有的图形进行编辑，AutoCAD 2010 提供了两种不同的操作顺序。

1）先下达编辑命令，再选择对象。

2）先选择对象，再下达编辑命令。

不论采用何种方式，都必须选择对象，有些命令在操作中需要多次选择不同的对象。必须按照提示进行正确的选择。需要注意，有时拾取点的位置对编辑结果影响甚大。当 AutoCAD 提示选择对象时，光标一般会变成一个小框。在光标为十字形状中间带一小框时也可以选择对象。

下面介绍 AutoCAD 2010 中提供的多种对象选择方法。

3.1.1 对象选择模式

在“选项”对话框中的“选择”选项卡中，可以设置对象选择模式、夹点以及其他相关选项。

命令：OPTIONS。

快捷菜单：绘图区或命令行用鼠标右键单击→选项。

执行选项命令后弹出“选项”对话框，选择其中的“选择集”选项卡，如图 3-1 所示。

“选择集”选项卡中包含了拾取框大小、夹点大小、选择集预览、选择集模式和夹点区等内容。重点关注选择集模式和夹点。

1．选择集模式

- 先选择后执行：设置是否允许先选择对象再执行编辑命令，选中为允许先选择后执行。

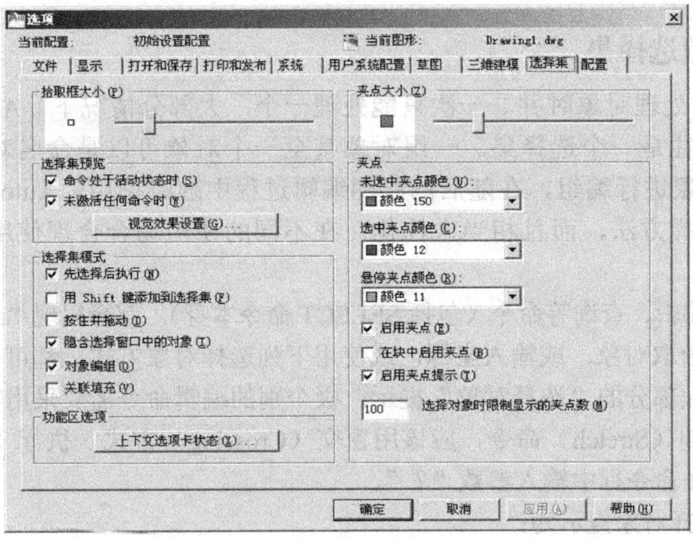

图 3-1 “选项”对话框—“选择集”选项卡

- 用〈Shift〉键添加到选择集：如果该选项被选中，则最近选中的对象将取代原有的选择对象。而要使选择的对象加入到原有的选择集中，则需要在选择对象时按住〈Shift〉键。如果该选项被禁止，则选中某对象时，该对象自动加入选择集中。如果拾取已经选中（高亮显示）的对象，则会从选择集中删除该对象，这一点和该项设置无关。
- 按住并拖动：用于控制如何产生选择窗口。如果该选项被选中，则在单击第一点后，需要按住鼠标按钮不放并移动到第二点，松开鼠标，自动形成一窗口。如果该选项不被选中，则在单击第一点后，松开鼠标，并移动鼠标到第二点再单击以便形成选择窗口。
- 隐含选择窗口中的对象：该选项被选中时，当用户在绘图区单击鼠标时，如果未选中任何对象，则自动将该点作为窗口的角点之一。
- 对象编组：决定对象是否可以编组。如果选中该设置，则当选取该组中的任何一个对象时，等于选择了整个组。
- 关联填充：该设置决定当选择了一关联图案时，图案的边界是否同时被选择。

2. 夹点

- 未选中夹点颜色：设置未被选中的夹点的颜色，默认为蓝色，中间不填充。
- 选中夹点颜色：设置被选中的夹点的颜色，默认为红色，选中后中间被填充。
- 悬停夹点颜色：决定光标在夹点上悬停时夹点显示的颜色。
- 启用夹点：设置是否可以使用夹点进行编辑，一般选中该项。
- 在块中启用夹点：设置在块中是否启用夹点编辑功能。
- 启用夹点提示：当光标悬停在支持夹点提示的自定义对象的夹点上时，显示夹点的特定提示。此选项对标准对象无效。
- 选择对象时限制显示的夹点数：当初始选择集包括多于指定数目的对象时，抑制夹点的显示。有效值的范围从 1～32767，默认值是 100。

3.1.2 建立对象选择集

AutoCAD 在处理对象时并非一次只能处理一个，大部分情况下，AutoCAD 处理的对象不止一个，往往是一个选择集。一组对象甚至一个对象可以是命名对象或临时对象。可以对选择的对象进行编组，在随后的绘图编辑过程中随时调用。AutoCAD 提供了丰富而灵活的对象选择方法，而且相当人性化。在不同的使用场合合理使用不同的选择方法十分重要。

执行所有的编辑、查询等命令（包括 SELECT 命令本身），都会出现“选择对象”提示。

用定点设备拾取对象，或输入坐标，或使用下列选择对象方式，都可以选择对象。选择对象方法适用于大部分的“选择对象”提示，极个别的编辑命令需要采用特殊的指定的选择对象方法，如拉伸（Stretch）命令，应该用窗交（Crossing）方式。执行 Select 命令后，要查看所有选项，在命令行中输入参数“？”。

AutoCAD 选择对象提示为：

```
需要点或选择对象:（如果选中了对象则无以下提示）
需要点或窗口(W)/上一个(L)/窗交(C)/框(BOX)/全部(ALL)/栏选(F)/圈围(WP)/圈交(CP)/编组(G)/添加(A)/删除(R)/多个(M)/前一个(P)/放弃(U)/自动(AU)/单个(SI)/子对象(SU)/对象(O)
选择对象:指定点或输入选项
```

对应的英文提示为：

```
Window/Last/Crossing/BOX/ALL/Fence/WPolygon/CPolygon/Group/Add/Remove/Multiple/
Previous/Undo/AUto/Single/SUbobject/Object
```

通常情况下，AutoCAD 提示选择对象时，往往会建立一个临时的对象选择集。选择对象的各种方法含义如下。

- 窗口（Window）：在指定两个角点的矩形范围内选取对象，被选中的对象必须全部包含在窗口内，即使与窗口相交的对象也不在选中之列。窗口显示的方框为实线框。
- 上一个（Last）：选择最近一次创建的可见对象。对象必须在当前空间（模型空间或图纸空间）中，并且对象所在图层为非冻结或关闭状态。
- 窗交（Crossing）：与“窗口”类似，但选中的对象不仅包括“窗口”中的对象，而且包括与窗口边界相交的对象，同时显示的窗口为虚线或高亮方框，注意和窗口选择方式相区别。
- 框（BOX）：为“窗口”和“窗交”的组合形式。当第一点在第二点的左侧，即从左往右拾取时，为“窗口”模式。当第一点在第二点的右侧，即从右往左拾取时，为“窗交”模式。
- 全部（ALL）：选取除关闭、冻结、锁定图层上的所有对象。
- 栏选（Fence）：用户可以绘制一个开放的多边的栅栏，该栅栏可以自己相交，也不必闭合。所有和该栅栏相交的对象会被选中。
- 圈围（WPolygon）：与“窗口”类似的一种选择方法。用户可以绘制一个不规则的多边形，该多边形可以为任意形状，但自身不得相交或相切。所有全部位于该多边形之内的对象会被选中。该多边形最后一条边自动绘制形成封闭。

- 圈交（CPolygon）：与“窗交”类似的一种选择方法。用户可以绘制一不规则的封闭多边形，该多边形同样可以是任意形状，但不得自身相交或相切。所有位于该多边形之内或和多边形相交的对象均被选中。该多边形的最后一条边自动绘制成封闭。
- 编组（Group）：可以将需要多次使用的对象编组。编组的对象应赋予名称，选中其中一个对象等于选中了整个组。
- 删除（Remove）：从已被选中的对象中删除某些对象。
- 添加（Add）：该选项是默认的选项。如果刚刚执行了删除选项，则可以使用该选项切换到添加模式，再选择的对象会被添加进选择组中。
- 多个（Multiple）：可以选取多个但不高亮显示选中对象。如果选择在两个对象的交点上，则同时选中两个对象。
- 前一个（Previous）：将最近的对象选择集设置为当前的选择对象。如果执行了删除命令（ERASE 或 DELETE）则忽略该选项。如果在模型空间和图纸空间切换，同样会忽略该选项。
- 放弃（Undo）：取消最近的对象选择操作。
- 自动（AUto）：如果在选择对象时，第一次拾取到某对象，则相当于“拾取”模式；如果第一次未选中任何对象，则自动转换为“框”模式。该方式为默认方式。
- 单个（SIngle）：仅选择一个对象或对象组，此时无须按〈Enter〉键确认。
- 子对象（SUbobject）：使用户可以逐个选择原始形状，这些形状是复合实体的一部分或三维实体上的顶点、边和面。可以选择这些其中一个子对象，也可以创建多个子对象的选择集。选择集可以包含多种类型的子对象。按住〈Ctrl〉键与选择（Select）命令的“子对象”选项相同。
- 对象（Object）：结束选择子对象的功能。回到正常的对象选择模式。
- 拾取：在选择对象时，用“对象选择靶”（小框）在被选择的对象上单击，即选取了该对象。

图 3-2 表示了其中几种选择方法的效果，数字序号为鼠标单击次序，图中以虚线表示的圆圈为选中结果。

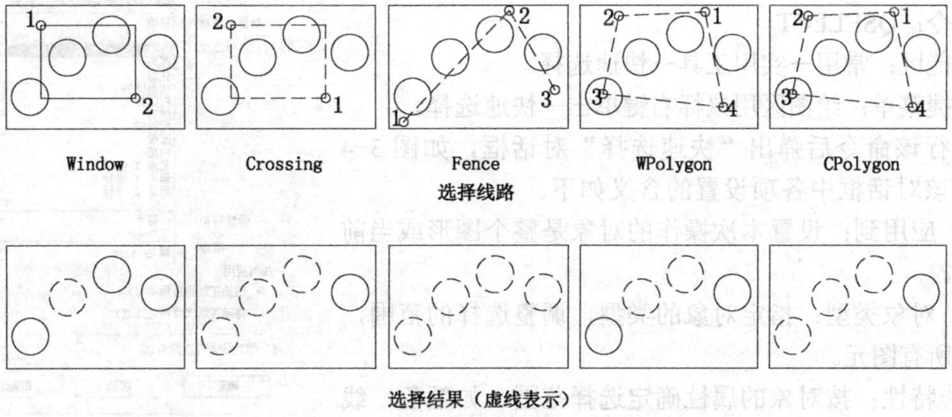

图 3-2　部分选择对象的方法比较

☞注意：

1）采用其中的某种选择对象方式时，可以键入英文全词或以上各选项中的大写字母表示的缩写，输入时不区分大小写。

2）在没有要求选择对象时，可以键入 SELECT 命令来建立选择集，以后可以通过 Previous（上一个）来调用该选择集。

3）当完成了对象的选择后，一般需要按〈Enter〉键或空格键或按鼠标右键选择“确认”来结束对象选择过程，并继续编辑。

4）要清除选择集，可以连续按两次〈Esc〉键或按“快速访问”工具栏中的“重做”。

3.1.3 重叠对象的选择

如果有两个以上的对象相互位置非常靠近甚至重叠在一起，如果不想全部都选，则可以配合〈Ctrl〉、〈Shift〉、〈Space〉键进行选择。

AutoCAD 支持循环选择对象。要在重叠的对象之间循环，将光标置于最前面的对象之上，然后按住〈Shift〉键并反复按空格键。此时被选中的对象会出现提示，单击即可。

要在三维实体上的重叠子对象（面、边和顶点）之间循环，将光标置于最前面的子对象之上，然后按住〈Ctrl〉键并反复按空格键。出现选择预览提示后单击。

在用循环选择对象的时候，一般会弹出如图 3-3 所示对话框。在左下角勾选“不再显示此消息”即可避免该对话框的出现。

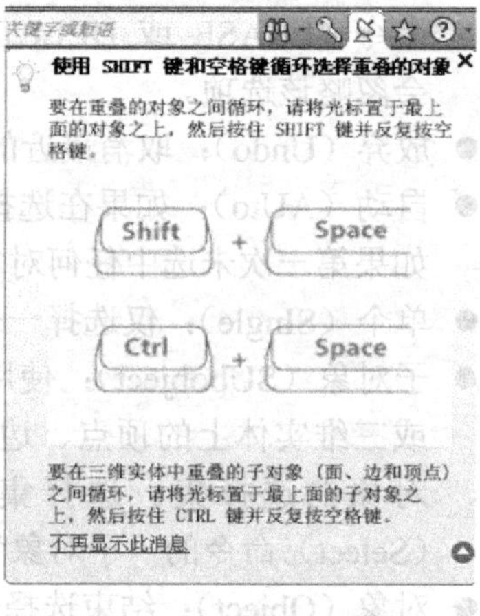

图 3-3　选择预览循环提示

3.1.4 快速选择对象

快速选择对象是 AutoCAD 2010 特别提供的命令之一。快速选择可以通过以下方式执行：

命令：QSELECT。

功能区：常用→实用工具→快速选择。

快捷菜单：绘图区用鼠标右键单击→快速选择。

执行该命令后弹出“快速选择”对话框，如图 3-4 所示。该对话框中各项设置的含义如下。

1）应用到：设置本次操作的对象是整个图形或当前选择集。

2）对象类型：指定对象的类型，调整选择的范围，默认为所有图元。

3）特性：按对象的属性确定选择范围，如颜色、线型、图层等。

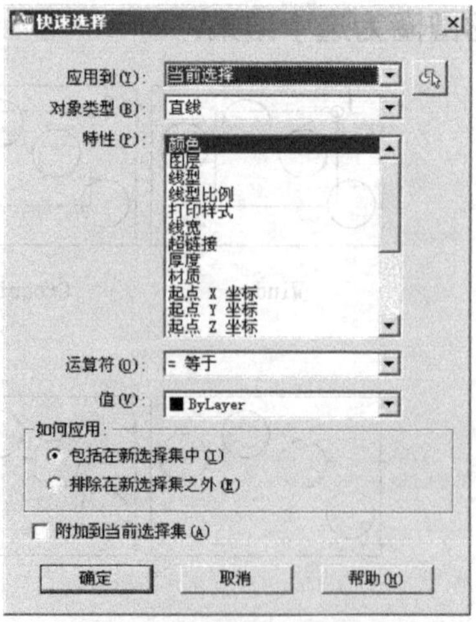

图 3-4　“快速选择”对话框

4）运算符：选择运算格式。

5）值：设置和特性相配套的值，如特性为颜色，则在值中可以设定希望的颜色。可以在特性、运算符和值中设定多个表达式表示的条件，各条件之间为逻辑“与”的关系。

6）“如何应用”区。

- 包括在新选择集中：按设定的条件创建新的选择集。
- 排除在新选择集之外：符合设定条件的对象被排除到选择集之外。

7）附加到当前选择集：如果选中该复选框，表示符合条件的对象被增加到当前的选择集中；否则，符合条件的选择集将取代当前的选择集。

3.1.5 对象编组

AutoCAD 虽然提供了十分丰富的选择对象的方式，但往往在选择后只能使用一次或连续使用几次（使用 Previous 选项）。如果要在存盘及以后再打开图形时对同一组对象进行编辑，一般需要重新选择对象。如果采用 AutoCAD 提供的对象编组，则可以在绘制同一图形的任意时刻编辑该组对象。

对象编组可以为不同的对象组合起不同的名称，该名称随图形保存，这不同于未命名选择集。即使在图形作为块或外部参照而插入其他图形中之后，编组仍然有效，但要使用该编组对象，必须将插入的块或参照分解。

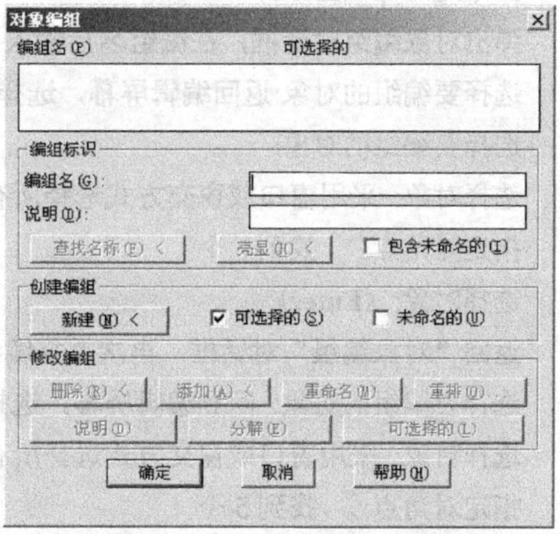

图 3-5 “对象编组”对话框

执行“对象编组”的命令为“GROUP”，执行后的对话框如图 3-5 所示。

在该对话框中各选项的含义如下：

1. 编组名

列表显示图形中所有的组名以及它们是否可选择。“可选择的”的含义是指如果用户选择了该编组中的任一对象，即选择了整个组。

2. 编组标识区

- 编组名：该文本框用于为一个新建的组命名。其起名规则为最多 255 字符，所用字符可以是数字、字母、空格、中文等不被 AutoCAD 和 Windows 在其他场合使用的字符。
- 说明：对该编组的简短描述。
- 查找名称：可以列出包含任何一个所选对象的组。如果用户输入了一个属于某组的对象，则会弹出“编组成员列表”对话框，该对话框中的列表显示所有包含有该对象的编组。
- 亮显：高亮显示所有被选组。
- 包含未命名的：将未命名的组包含在显示之列。

3. 创建编组区

- 新建：为一个新组定义一个选择集。单击该按钮后，返回绘图屏幕供用户选择对象，选择结束后，再次返回该对话框。
- 可选择的：定义新组是否可以选择。

● 未命名的：指定是否可以创建一个无名编组。

4．修改编组区

● 删除：从现有组中的对象中移出某些对象。如果将所有的对象全部移出，编组依然存在，并不消失。

● 添加：用于向编组中增加对象。

● 重命名：重新为编组命名。

● 重排：修改对象在编组中的位置，单击后弹出“编组排序”对话框。

● 说明：修改某编组的说明文字。

● 分解：从图形中删除编组定义。

● 可选择的：定义编组是否可被选择。

以下简单实例演示了如何编组以及如何使用一个编组。

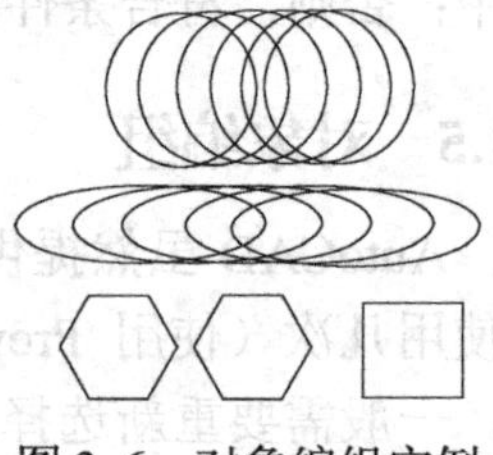

图 3-6 对象编组实例

【例 3-1】 将图 3-6 中的圆、椭圆、多边形分别编组成“circle”、“ellipse”、“polygon”，再将“circle”组删除，将“polygon”组改成粗实线。

命令: **group〈Enter〉**

弹出对象编组对话框，在编组名后输入“circle”，单击“新建”按钮

选择要编组的对象:**返回编辑屏幕，选择编组对象**

选择要编组的对象:

选择对象: **采用窗口或窗交方式选择所有的圆**

指定对角点: 找到 6 个

选择对象: **〈Enter〉**

返回“对象编组”对话框，再次重复编组“ellipse”

选择要编组的对象: **回到编辑屏幕，选择编组对象**

选择对象: **采用窗口或窗交方式选择所有的椭圆**

指定对角点: 找到 5 个

选择对象: **〈Enter〉**

返回“对象编组”对话框，再次重复编组“polygon”

选择要编组的对象: **回到编辑屏幕，选择编组对象**

选择对象: **采用窗口或窗交方式选择所有的多边形**

指定对角点: 找到 3 个

选择对象: **〈Enter〉**

返回“对象编组”对话框，单击“确定”按钮退出“编组”对话框

命令: _erase

选择对象:**拾取“circle”组中的任意一个** 找到 1 个，1 个编组

选择对象: **〈Enter〉**

单击“polygon”组中任意一个对象，出现夹点后，再在“常用”选项卡“特性”面板中的线宽列表中选择 0.3mm。按〈Esc〉键取消夹点

结果如图 3-7 所示。

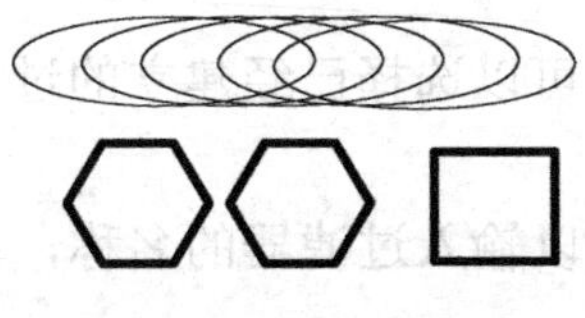

图 3-7　对象编组实例

3.1.6　对象选择过滤器

使用“对象选择过滤器”可以将图形中满足一定条件的对象快速过滤出来，其中条件可以是对象的类型、颜色、所在图层、坐标数据等。

执行对象选择过滤器的命令为 FILTER。执行后弹出“对象选择过滤器”对话框，如图 3-8 所示。

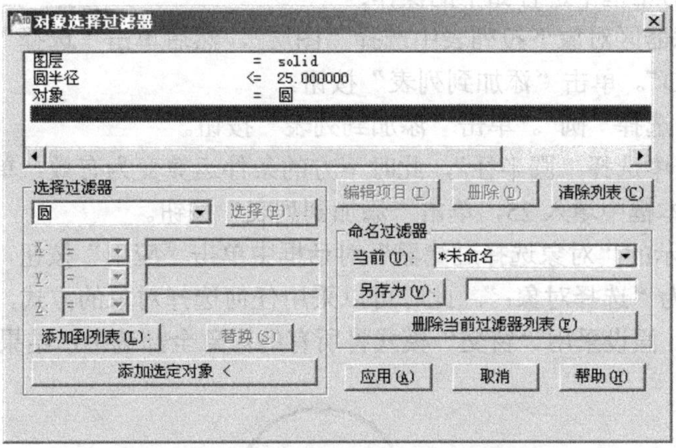

图 3-8　“对象选择过滤器”对话框

该对话框包含“对象选择过滤器列表”区、“选择过滤器”区和“命名过滤器”区。

1．“对象选择过滤器列表”区

- 列表框：显示了当前过滤器的内容。如果尚未建立任何对象选择过滤器，该列表为空。如果通过“选择过滤器”设置区进行了设置，则所设置的条件将出现在列表中。
- 编辑项目：可以在选定某条件后进行编辑修改。
- 删除：指在选定某条件后将该过滤器条件列表项删除。
- 清除列表：清空过滤器列表区。

2．“选择过滤器”区

用于设置和修改对象选择过滤器条件，在其中可以选择对象类型、附加参数以及逻辑操作符。

- 添加到列表：用于直接向过滤器中添加对象。
- 替换：用新建的条件取代上方过滤器列表中的某个条件。
- 添加选定对象：让用户直接在屏幕上选择要添加进去的对象，此时系统会自动将该对象的条件加入选择集中。

3.“命名过滤器”区

- 当前：在该下拉列表框中可以选择已经建立的过滤器，相应地在上方的列表框中显示对应的过滤器内容。
- 另存为：在该文本框中可以输入过滤器的名称，单击“另存为”按钮保存创建的过滤器。
- 删除当前过滤器列表：删除当前正在编辑的过滤器。

【例 3-2】 先建立图层“SOLID”和“FINE”，分别在这两个层上绘制若干直径分别大于 50 和小于 50 的圆，然后通过过滤器删除图形中满足位于“SOLID”层并且直径小于 50 的圆。

```
命令：_erase
选择对象：'filter
```

在“过滤器”对话框中进行如下的操作：

1）在选择过滤器区对象下拉列表中选择“图层”，然后单击“选择”按钮，在弹出的对话框中选择“SOLID”。单击“添加到列表”按钮。

2）下拉列表中选择“圆”。单击“添加到列表”按钮。

3）在下拉列表中选择“圆半径”，此时下方的条件运算变为有效，单击下拉按钮后选择“<=”，在随后的文本框中填入 25，单击“添加到列表”按钮。

在如图 3-8 所示的“对象选择过滤器”对话框中单击“应用”按钮，退出该对话框。回到编辑屏幕，提示为“选择对象：”。此时可以采用任何选择对象的方式，但只有符合条件的对象才可能被选中。假设采用“窗交”模式将所有的对象全部选中，结果如图 3-9 所示。

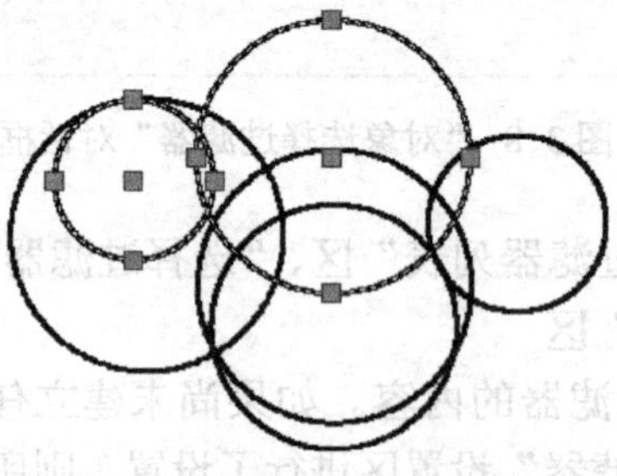

图 3-9 “对象选择过滤器”应用实例

显然，只有在“SOLID”层且直径小于或等于 50 的圆才是最终符合条件的对象。按〈Enter〉键接受过滤器内容，则以上两个圆被删除。

☞注意：

如果是在提示为“命令:”时下达 filter 命令，则相当于夹点编辑模式，即先选择对象，后下达编辑命令。如果先下达编辑命令，此时采用对象选择过滤器则应用其透明命令，即在命令前增加一撇（'）号。

3.2　卡圈平面图形绘制

绘制如图 3-10 所示的图形。

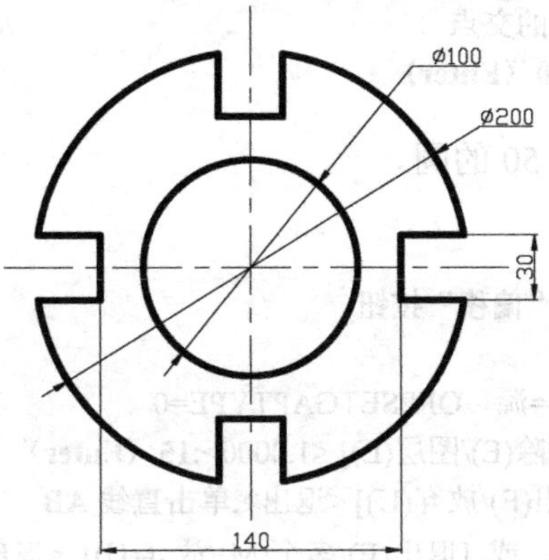

图 3-10　卡圈

分析：

- 该图在两个同心圆基础上绘制了 4 个方形缺口。圆弧的绘制不宜直接使用圆弧命令来绘制，应该先绘制成圆，再将圆修剪成弧。
- 图形中的 4 个缺口，其尺寸应该利用中心线偏移到正确的位置并修剪而成，必要时可以调整修剪后图形的线型。当绘制好一个后，可以通过阵列、镜像等编辑命令得到其余的几个，最后再修剪圆（弧）后得到需要的图形。
- 绘制图形时首先应该确定基准。本例应分别以垂直和水平中心线作为长度和高度方向的基准。所以应该先将中心线绘制出来。

3.2.1　绘制卡圈平面图形

1. 绘制中心线

在屏幕中间绘制一条水平线和一条垂直线作为中心线。该水平线和垂直线为正交。应该将正交模式打开。

```
单击"常用"→"绘图"→"直线"按钮
命令: _line
指定第一点:在屏幕左侧中部单击
指定下一点或 [放弃(U)]:按〈F8〉 <正交 开>                 //打开正交模式
在屏幕右侧中部单击                                        //绘制水平线 AB
指定下一点或 [放弃(U)]:〈Enter〉                          //结束水平线绘制
〈Space〉                                                  //重复直线命令
命令: LINE
指定第一点:在屏幕上方中部单击
指定下一点或 [放弃(U)]:在屏幕下方中部单击                 //绘制垂直线 CD
指定下一点或 [放弃(U)]:〈Enter〉                          //结束直线命令
```

2．绘制圆

单击“常用”→“绘图”→“圆”按钮
命令: **_circle**
指定圆的圆心或 [三点(3P)/两点(2P)/相切、相切、半径(T)]:
按住〈Shift〉键在绘图区空白处用鼠标右键单击，选择“交点” //设置成“交点”捕捉模式
_int 于 **单击直线 AB 和 CD 的交点** //捕捉 AB 和 CD 的交点作为圆心
指定圆的半径或 [直径(D)]:**100〈Enter〉**

用同样的方法绘制半径为 50 的圆。

3．偏移复制直线

单击“常用”→“修改”→“偏移”按钮
命令: **_offset**
当前设置: 删除源=否 图层=源 OFFSETGAPTYPE=0
指定偏移距离或 [通过(T)/删除(E)/图层(L)] <1.0000>:**15〈Enter〉**
选择要偏移的对象，或 [退出(E)/放弃(U)] <退出>:**单击直线 AB**
指定要偏移的那一侧上的点，或 [退出(E)/多个(M)/放弃(U)] <退出>:**在直线 AB 上方任意点单击**
选择要偏移的对象，或 [退出(E)/放弃(U)] <退出>:**单击直线 AB**
指定要偏移的那一侧上的点，或 [退出(E)/多个(M)/放弃(U)] <退出>:**在直线 AB 下方任意点单击**
选择要偏移的对象，或 [退出(E)/放弃(U)] <退出>:**〈Enter〉** //按〈Enter〉键退出偏移命令

用同样的方法将直线 CD 以距离 70 向左偏移复制，结果如图 3-11 所示。

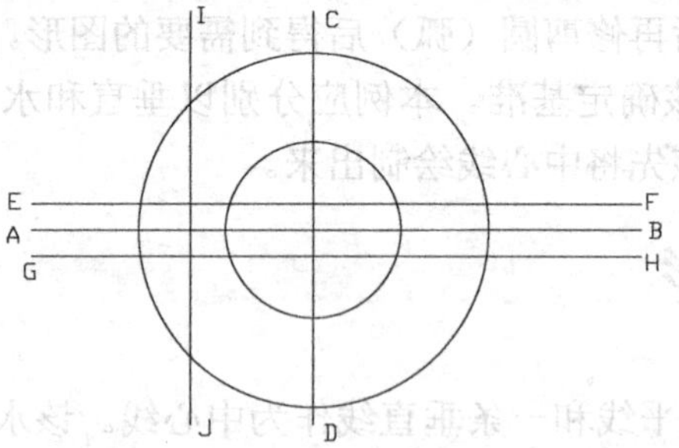

图 3-11 绘制中心线及圆并偏移复制直线

4．修剪图形

按照图 3-12，将左侧缺口处多余的线条剪掉。

单击“常用”→“修改”→“修剪”按钮 //下达修剪命令
命令: **_trim**
当前设置: 投影=无 边=延伸
选择剪切边 ...
选择对象或 <全部选择>: **采用“窗交”方式选择与缺口相关的线条**
指定对角点: 找到 5 个
选择对象: **〈Enter〉** //结束剪切边选择

选择要修剪的对象，或按住〈Shift〉键选择要延伸的对象，或
[栏选(F)/窗交(C)/投影(P)/边(E)/删除(R)/放弃(U)]:**单击直线 EF 上需要剪去的部分**
选择要修剪的对象，或按住〈Shift〉键选择要延伸的对象，或
[栏选(F)/窗交(C)/投影(P)/边(E)/删除(R)/放弃(U)]:**单击直线 GH 上需要剪去的部分**
选择要修剪的对象，或按住〈Shift〉键选择要延伸的对象，或
[栏选(F)/窗交(C)/投影(P)/边(E)/删除(R)/放弃(U)]:**单击直线 IJ 上需要剪去的部分**
选择要修剪的对象，或按住〈Shift〉键选择要延伸的对象，或
[栏选(F)/窗交(C)/投影(P)/边(E)/删除(R)/放弃(U)]:**单击圆上需要剪去的部分**
选择要修剪的对象，或按住〈Shift〉键选择要延伸的对象，或
[栏选(F)/窗交(C)/投影(P)/边(E)/删除(R)/放弃(U)]:**〈Enter〉**

重复同样的操作剪去多余的线条，直到如图 3-13 所示的结果。

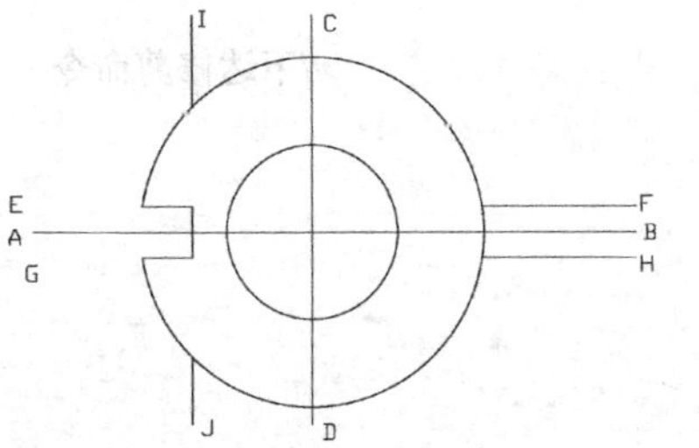

图 3-12　修剪左侧图线

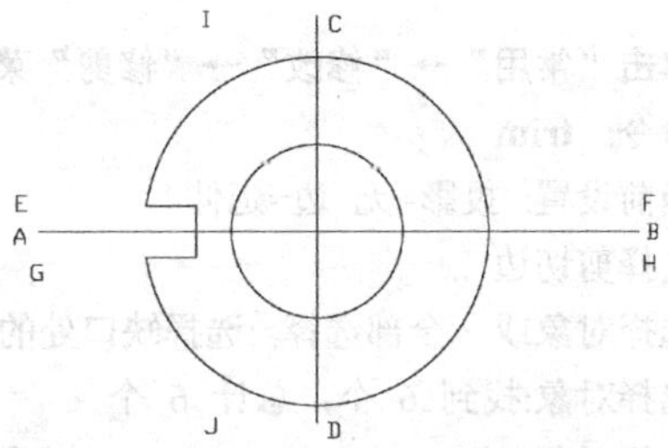

图 3-13　删除多余线条

☞**注意：**

在以前的版本中，修剪时最后一段是无法剪去的，应采用删除（Erase）命令将最后剩下的不需保留的部分删除。在 AutoCAD 2010 的修剪命令中提供了“删除”参数，可以不退出修剪命令直接删除图线。还有一种办法，在修剪时由最远的地方向要保留的部分依次修剪，此时无须执行删除命令。

5. 阵列复制其他缺口

卡圈上共有 4 个同样的缺口，可以采用阵列复制的方法得到其他 3 个。

单击“常用”→“修改”→“阵列”按钮，弹出如图 3-14 所示的“阵列”对话框。

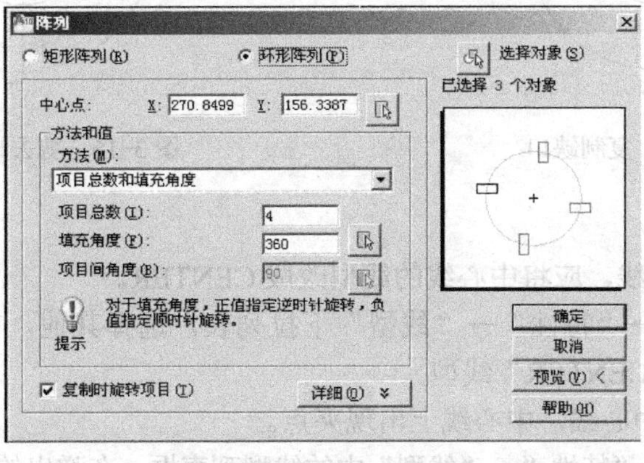

图 3-14　“阵列”对话框

1）选择“环形阵列”。

2）单击“中心点”后的拾取按钮，返回绘图界面，采用“交点”捕捉模式选择中心线的交点。

3）单击“选择对象”拾取按钮，返回绘图界面，用窗口方式选择绘制好的表示缺口的3条直线。按〈Enter〉键退回“阵列”对话框。

4）设置“项目总数”为4。

5）“填充角度”采用默认的360。

6）单击“确定”按钮完成阵列任务。

结果如图3-15所示。

6. 修剪图形

需要将缺口处多余的圆弧剪去。

单击“常用”→“修改”→“修剪”菜单 //下达修剪命令
命令: **_trim**
当前设置: 投影=无 边=延伸
选择剪切边 ...
选择对象或 <全部选择>:**选择缺口处的直线**
选择对象:找到 6 个，总计 6 个
选择对象:**〈Enter〉** //结束剪切边对象选择
选择要修剪的对象，或按住〈Shift〉键选择要延伸的对象，或
[栏选(F)/窗交(C)/投影(P)/边(E)/删除(R)/放弃(U)]:**单击需要剪去的圆弧**
选择要修剪的对象，或按住〈Shift〉键选择要延伸的对象，或
[栏选(F)/窗交(C)/投影(P)/边(E)/删除(R)/放弃(U)]: **〈Enter〉** //结束修剪操作

结果如图3-16所示。

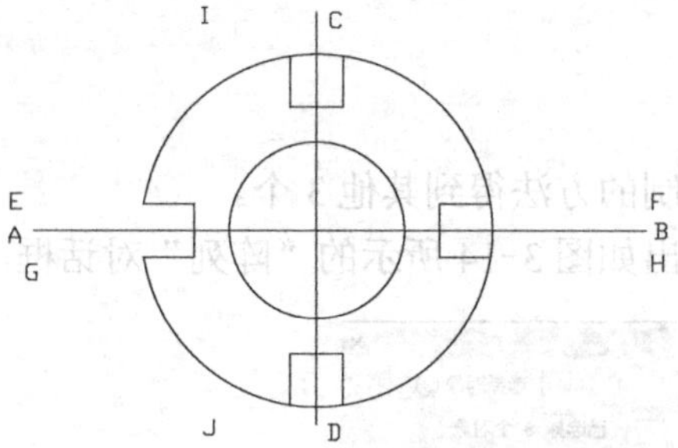

图3-15 复制缺口

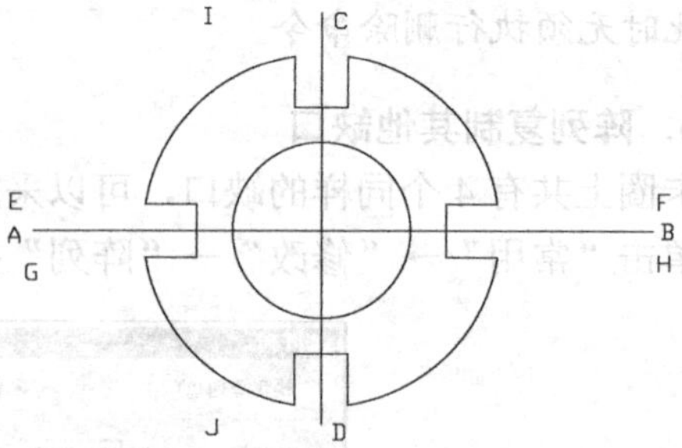

图3-16 剪去缺口中的圆弧

7. 修改线型

中心线应该是点画线，应将中心线的线型改成CENTER。

1）单击“常用”→“特性”→“线型”下拉列表，选择其他，在弹出的“加载或重载线型”对话框中加载“CENTER”线型。

2）分别单击两条中心线，中心线上出现夹点。

3）单击“常用”→“特性“→“线型”中的线型列表框，在弹出的线型中选择CENTER。

4）按〈Esc〉键，取消夹点。

8．修改中心线长度

中心线的长度不太合适时，可以通过夹点编辑修改成合适的长度。在操作时注意保持正交模式是打开的。

1）单击其中一条中心线，在中心线上出现 3 个夹点。

2）单击需要修改的夹点，此时夹点由蓝色空心的方框变成红色填充的方框。

3）移动夹点到合适的位置单击。

4）同样操作其他夹点。

5）按〈Esc〉键，取消夹点。

9．修改轮廓线宽度

轮廓线是粗实线，应具有线宽特性。

1）采用窗口方式选择卡圈的轮廓线，在轮廓线上出现夹点。

2）单击“常用”→“特性”→“线宽”列表框，利用滑块在弹出的线宽中选择“0.3mm”。

3）单击状态栏中的“线宽”按钮，使之处于打开。

4）按〈Esc〉键，取消夹点。

10．保存文件

单击“快速访问工具栏”中的“保存”按钮，将该图以“练习 1-卡圈”为名保存。

该实例中用到的直线（Line）、圆（Circle）、偏移（Offset）、修剪（Trim）、阵列（Array）等命令，以及常用的命令如删除（Erase）等，下面也将做详细的介绍。

3.2.2 直线

直线几乎是每个图形中都存在的图元，直线的绘制方法很多，技巧性也很强。

命令：LINE。

功能区：常用→绘图→直线。

输入该命令后系统给出以下提示。

```
命令: _line
指定第一点:
指定下一点或 [放弃(U)]:
指定下一点或 [放弃(U)]:
指定下一点或 [闭合(C)/放弃(U)]:
```

其中参数的用法如下。

- 指定第一点：定义直线的第一点。如果以〈Enter〉键响应，则为连续绘制方式。该段直线的第一点为上一个直线或圆弧的终点。
- 指定下一点：定义直线的下一个端点。
- 放弃(U)：放弃刚绘制的一段直线。
- 闭合(C)：封闭直线段使之首尾相连成封闭多边形。

1．利用键盘输入坐标绘制直线

【例 3-3】 利用键盘输入坐标的方式绘制如图 3-17 所示图形。

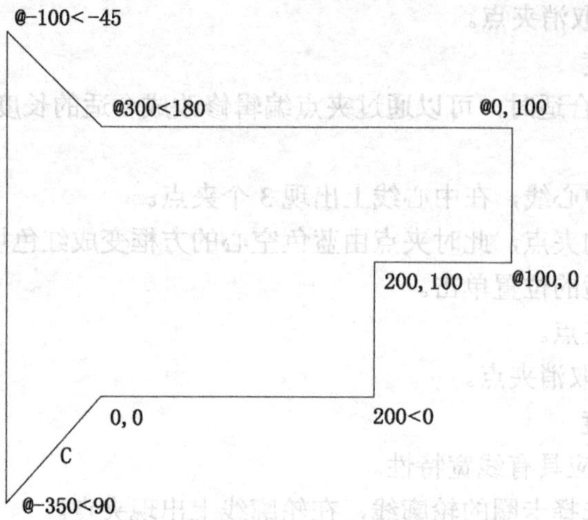

图 3-17　键盘输入绘制直线

```
单击"常用"→"绘图"→"直线"按钮　　　　　　　　　　　　　　//下达直线命令
命令: _line
指定第一点: 0,0〈Enter〉　　　　　　　　　　　　　　　　　　//输入起点坐标
指定下一点或 [放弃(U)]: 200<0〈Enter〉　　　　　　　　　　　//输入绝对极坐标
指定下一点或 [放弃(U)]: 200,100〈Enter〉　　　　　　　　　　//输入绝对直角坐标
指定下一点或 [闭合(C)/放弃(U)]: @100,0〈Enter〉　　　　　　//输入相对直角坐标
指定下一点或 [闭合(C)/放弃(U)]: @0,100〈Enter〉　　　　　　//输入相对直角坐标
指定下一点或 [闭合(C)/放弃(U)]: @300<180〈Enter〉　　　　　//输入相对极坐标
指定下一点或 [闭合(C)/放弃(U)]: @-100<-45〈Enter〉　　　　//输入相对极坐标
指定下一点或 [闭合(C)/放弃(U)]: @-350<90〈Enter〉　　　　　//输入相对极坐标
指定下一点或 [闭合(C)/放弃(U)]: c〈Enter〉　　　　　　　　　//Close 封闭图形
```

结果如图 3-17 所示。本例示范了各种坐标的输入方式。绘图路线为从（0，0）出发，逆时针绘制所有的直线。

☞**注意：**

在输入绝对坐标时，将动态输入（DYN）开关关闭，否则自动加@符号成为相对坐标。输入相对坐标时应打开。

输入的角度和长度均包含正负，分别表示互成 180° 的两个方向，可以配合使用。

2. 利用正交模式绘制直线

【例 3-4】 利用正交模式绘制如图 3-18 所示图形。

工程图样中大部分的图线处于水平或垂直方位。应该采用正交模式绘制这类直线以保证绘图的精度。

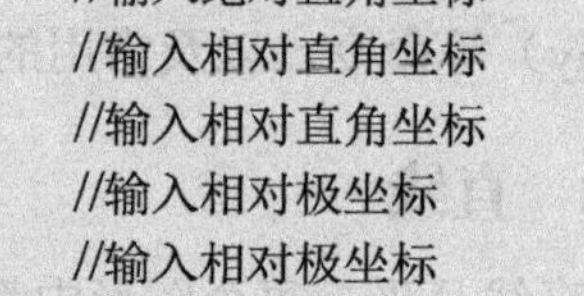

图 3-18　正交模式绘制直线

在应用程序状态栏中使正交模式处于打开状态，然后执行下列命令。

```
单击"常用"→"绘图"→"直线"按钮　　　　　　　　　　　　　　//下达直线命令
命令: _line
```

```
指定第一点:在屏幕上点取 A 点 (按〈F8〉确保正交模式打开)
指定下一点或 [放弃(U)]:向右移动鼠标，输入 600                    //绘制 AB 段
指定下一点或 [放弃(U)]:向下移动鼠标，输入 200                    //绘制 BC 段
指定下一点或 [闭合(C)/放弃(U)]:移到 D 点，按下鼠标左键           //绘制 CD 段
指定下一点或 [闭合(C)/放弃(U)]:移到 E 点，按下鼠标左键           //绘制 DE 段
指定下一点或 [闭合(C)/放弃(U)]: 向右移动鼠标，输入-600          //绘制 EF 段
指定下一点或 [闭合(C)/放弃(U)]: 向下移动鼠标，输入-200          //绘制 FG 段
指定下一点或 [闭合(C)/放弃(U)]: 移到 H 点，按下鼠标左键          //绘制 GH 段
指定下一点或 [闭合(C)/放弃(U)]:〈Enter〉                          //结束直线绘制
```

☞**注意：**

在正交模式下利用鼠标指示绘图方向时，移动鼠标在 X 方向和 Y 方向的增量哪个大，系统会认为用户想绘制该方向的直线，同时显示该方向的橡皮线。

3. 利用对象捕捉绘制直线

【例 3-5】 利用对象捕捉绘制图 3-19 中的直线 AB 和 CD，其中直线 AB 为两圆的公切线，直线 CD 为圆心到直线 EF 的垂线。

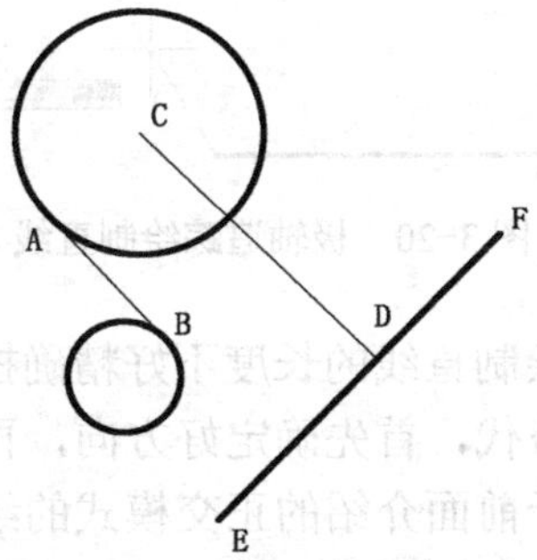

图 3-19　对象捕捉绘制直线

设置对象捕捉模式为“垂足”、“圆心”，并使对象捕捉模式处于打开状态。

```
单击“常用”→“绘图”→“直线”按钮
命令: _line
指定第一点:按住〈Shift〉键并在绘图区用鼠标右键单击，选择“切点”，_tan  到
在图示大圆周上靠近 A 点附近单击
指定下一点或 [放弃(U)]: 按住〈Shift〉键并在绘图区用鼠标右键单击，选择
“切点”，在图示小圆上 B 点附近单击
_tan  到
指定下一点或 [放弃(U)]:〈Enter〉
按〈Space〉键                                                      //重复直线命令
指定第一点: 移动鼠标到大圆的圆周上，出现“圆心”提示后单击
指定下一点或 [放弃(U)]: 移动鼠标到直线 EF 上，出现“垂足”提示时单击
指定下一点或 [放弃(U)]:〈Enter〉                                  //结束直线绘制
```

☞**注意：**

1）在使用“切点”捕捉模式时，AutoCAD 未必能在开始绘图时即计算出准确的切点，

所以，如实例所示，第一个切点的拾取位置仅在最终切点位置的附近即可，同样第二个切点也仅需在真正的切点附近拾取，无需太过精确，当然也不可相差太大，否则可能绘制出另一个方向的切线。

2）使用对象捕捉功能绘制精确图线是最常用的方式，各种对象捕捉功能均可使用，用户应熟悉该种方式。

4. 利用极轴追踪和角度替代绘制直线

极轴追踪可以自动捕捉预先设定好的极轴角度，默认为90°的倍数。

当极轴追踪打开后，光标移动到设定的角度附近时，会自动捕捉极轴角度，同时显示相对极坐标。极轴捕捉开关可以通过〈F10〉功能键切换或在状态栏控制，也可以通过“草图设置”对话框控制。

极轴追踪效果如图3-20所示。首先打开“草图设置”对话框，在“极轴追踪”选项卡中增设角度30°，在移动鼠标时，如果光标到了30°及其整数倍（如60°、90°等）附近时，会自动出现高亮的提示线，光标也被“吸”到线上，此时单击鼠标左键，可以绘制光标提示方向的直线段。图3-20表示绘制的是60°方向的直线。

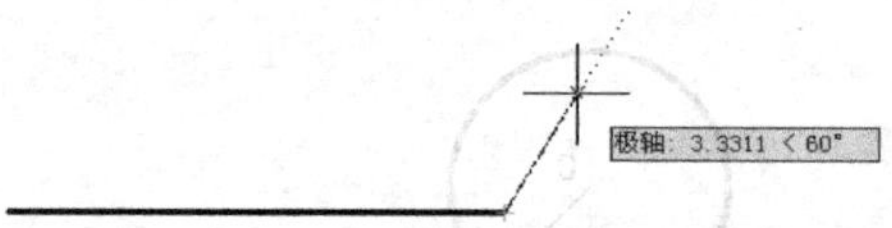

图3-20　极轴追踪绘制直线

如上，用鼠标直接拾取点，绘制直线的长度不好精确控制。如果长度有要求，直接拾取点就不太方便。此时可使用角度替代，首先确定好方向，再输入长度，则可以精确绘制指定方向上的定长直线。此功能类似于前面介绍的正交模式的绘制方法，只是方向不再局限于水平和垂直。

【例3-6】 如图3-21所示使用角度替代，从中心线的交点出发，绘制−45°方向，长度为600的直线段。

图3-21　角度替代绘制定长直线

命令: **line**〈**Enter**〉	//下达直线命令
指定第一点:**采用对象捕捉方式，捕捉中心线的交点**	
指定下一点或 [放弃(U)]: **<−45**〈**Enter**〉	//输入替代角度值
角度替代: 315	//提示换成了0~360° 范围数值

指定下一点或 [放弃(U)]: **600〈Enter〉** //输入直线段长度
指定下一点或 [放弃(U)]: **〈Enter〉**

☞**注意：**

1）绘制轴测图时，可以设定 45° 或 30° 的极轴追踪模式，配合对象捕捉中的平行线捕捉方式，方便绘制 Y 方向和 X 方向的直线。

2）极轴追踪和正交模式不可以同时打开。打开正交的同时关闭极轴，反之亦然，但极轴追踪中包含了水平和垂直两个方向。

5. 利用对象追踪绘制直线

对象追踪指追踪现有对象的特殊点并和该点保持一定的关系。利用对象追踪可以找到距现有图形一定相对位置的点。

如图 3-22 所示，现要左侧矩形的中心和圆的圆心正右侧相距 400 的位置绘制一直线。在不用辅助线的情况下，采用对象追踪可以一步完成。

打开“中点”、“圆心”捕捉模式，打开“对象追踪”开关。

单击“常用”→“绘图”→“直线”按钮
命令: **_line**
指定第一点: **如图 3-23 所示，光标在矩形的两个边上中点附近移动，然后移动到矩形中心附近，同时出现两个中点提示，并伴有正交的高亮虚线提示时单击鼠标左键**
指定下一点或 [放弃(U)]: **移动光标到圆心附近，出现圆心提示后右移光标，在提示为 XXX<0° 时，输入 400〈Enter〉**
指定下一点或 [放弃(U)]: **〈Enter〉**

结果如图 3-22 所示，其中尺寸仅提示右端点距圆心水平距离为 400。

☞**注意：**

1）直线命令既简单又相当灵活，绘制直线时可以将以上各种方法配合使用。

2）绘制直线时，如果在要求指定第一点时按〈Enter〉键或空格键响应，则系统会以前一直线或圆弧的终点作为新的线段的起点来绘制直线。绘制圆弧时亦然。

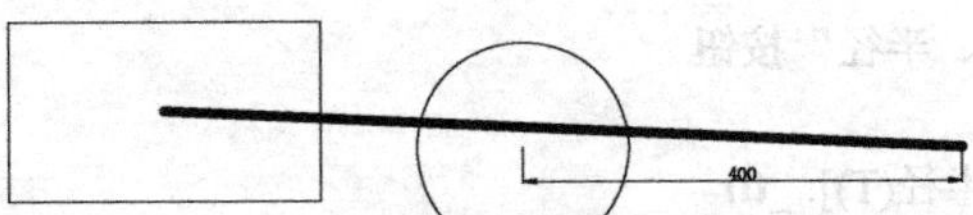

图 3-22 对象追踪绘制直线

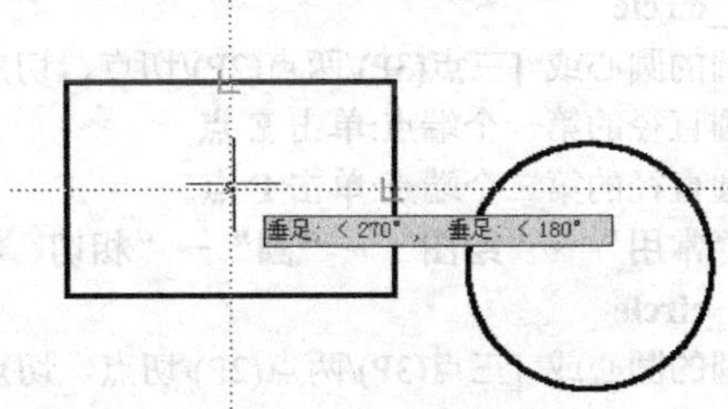

图 3-23 捕捉矩形中心

3.2.3 圆

AutoCAD 提供了多种绘制圆的方法，不论哪种方法，只要能准确确定圆的位置和大小即可。

命令：CIRCLE。

功能区：常用→绘图→圆。

在功能区直接提供了 6 种圆的绘制方式，如图 3-24 所示。

输入该命令后系统给出以下提示。

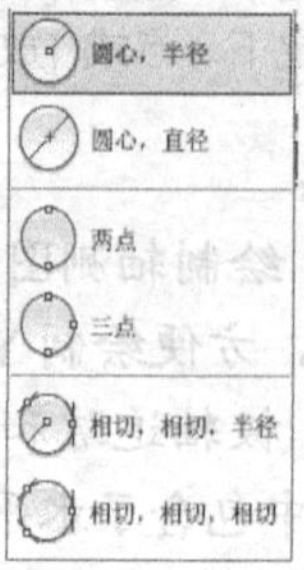

图 3-24 绘制圆的 6 种方式

```
命令：_circle
指定圆的圆心或 [三点(3P)/两点(2P)/相切、相切、半径(T)]:
```

其中参数的用法如下。

- 圆心：指定圆的圆心。
- 半径(R)：定义圆的半径大小。
- 直径(D)：定义圆的直径大小。
- 两点(2P)：指定两点作一圆，这两点自动位于圆的直径上。
- 三点(3P)：指定圆周上的三点定圆。
- 相切、相切、半径（TTR）：指定与圆相切的两个元素，再定义圆的半径。半径值必须不小于两元素之间的最短距离。
- 相切、相切、相切（TTT）：该方式属于三点（3P）中的特殊情况。指定和圆相切的 3 个元素。

绘制圆一般先确定圆心，再确定半径或直径来绘制圆。同样可以先绘制圆，再通过尺寸标注来绘制中心线，或通过捕捉圆心的方式绘制中心线。

【例 3-7】 如图 3-25 所示，首先以 O 点为圆心，OC 为半径绘制一圆。再以 EF 为直径绘制一圆。然后绘制一圆和刚绘制的两圆相外切，半径为 ED，处于两圆的下方。再绘制一圆和绘制的 3 个圆相切，最后绘制一圆和直线 ED、DG、GF 相切。

```
单击“常用”→“绘图”→“圆”→“圆心、半径”按钮
命令: _circle
指定圆的圆心或 [三点(3P)/两点(2P)/切点、切点、半径(T)]:单击 O 点
指定圆的半径或 [直径(D)] <88.1966>:单击 C 点
单击“常用”→“绘图”→“圆”→“两点”按钮
命令: _circle
指定圆的圆心或 [三点(3P)/两点(2P)/切点、切点、半径(T)]: _2p
指定圆直径的第一个端点:单击 E 点
指定圆直径的第二个端点:单击 F 点
单击“常用”→“绘图”→“圆”→“相切、相切、半径”按钮
命令: _circle
指定圆的圆心或 [三点(3P)/两点(2P)/切点、切点、半径(T)]: _ttr
指定对象与圆的第一个切点:出现“递延切点”提示，在圆 O 的右下侧圆周上单击
指定对象与圆的第二个切点: 出现“递延切点”提示，在直径 EF 的圆的下侧圆周上单击
指定圆的半径 <149.0670>: 单击 E 点
指定第二点:单击 D 点
单击“常用”→“绘图”→“圆”→“相切、相切、相切”按钮
命令: _circle
指定圆的圆心或 [三点(3P)/两点(2P)/切点、切点、半径(T)]: _3p
```

指定圆上的第一个点: _tan 到　**单击圆 O**
指定圆上的第二个点: _tan 到　**单击直径为 EF 的圆**
指定圆上的第三个点: _tan 到　**单击刚绘制的圆**
单击"常用"→"绘图"→"圆"→"相切、相切、相切"按钮
命令: **_circle**
指定圆的圆心或 [三点(3P)/两点(2P)/切点、切点、半径(T)]: **_3p**
指定圆上的第一个点: _tan 到　**单击直线 ED**
指定圆上的第二个点: _tan 到　**单击直线 DG**
指定圆上的第三个点: _tan 到　**单击直线 FG**

结果如图 3-25b 所示。

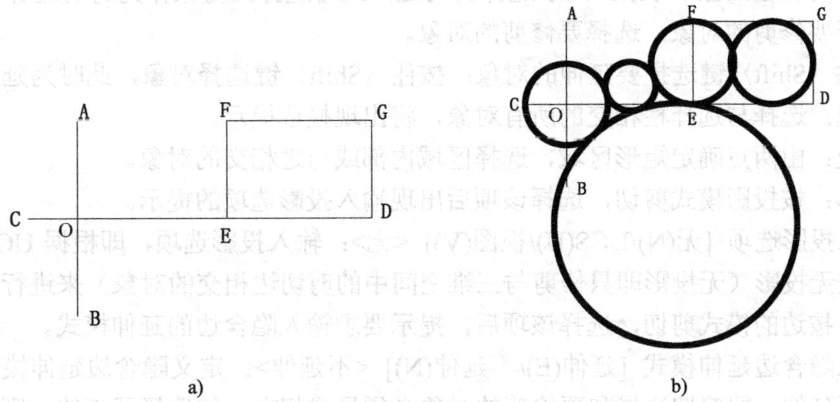

图 3-25　绘制圆

a) 开始　b) 结果

☞注意:

1）切于直线时，不一定和直线有明显的切点，可以是直线延长后的切点。

2）在功能区和菜单中点取圆的绘制方式是明确的，相应的提示不再给出可以选择的参数。通过工具栏或命令行输入绘圆命令时，相应的提示会给出可能的多种参数。

3）定义点时可以配合对象捕捉方式准确绘圆。

3.2.4　修剪

编辑图形时，经常会绘制或复制超长的图线，这些超出部分需要剪掉，或者要将圆改为圆弧等，就需要经常用到修剪命令。修剪命令是以指定的对象为边界，将要修剪的对象剪去不需要的部分。

命令：TRIM。

功能区：常用→修改→修剪

输入该命令后系统会给出如下提示。

命令: **_trim**
当前设置: 投影=UCS 边=无

选择剪切边 ...
选择对象:
选择对象:〈**Enter**〉
选择要修剪的对象或按住〈Shift〉键选择要延伸的对象或 [栏选(F)/窗交(C)/投影(P)/边(E)/删除(R)/放弃(U)]: **p**〈**Enter**〉
输入投影选项 [无(N)/UCS(U)/视图(V)] <UCS>:
选择要修剪的对象，或按住〈Shift〉键选择要延伸的对象，或 [栏选(F)/窗交(C)/投影(P)/边(E)/删除(R)/放弃(U)]: **e**〈**Enter**〉
输入隐含边延伸模式 [延伸(E)/不延伸(N)] <不延伸>:

其中参数的用法如下。

- 选择剪切边...选择对象：提示选择剪切边，此时选择的对象作为剪切边界。
- 选择要修剪的对象：选择要修剪的对象。
- 按住〈Shift〉键选择要延伸的对象：按住〈Shift〉键选择对象，此时为延伸功能。
- 栏选：选择与选择栏相交的所有对象，将出现栏选提示。
- 窗交：由两点确定矩形区域，选择区域内部或与之相交的对象。
- 投影：按投影模式剪切，选择该项后出现输入投影选项的提示。
  输入投影选项 [无(N)/UCS(U)/视图(V)] <无>：输入投影选项，即根据 UCS 或视图或指定无投影（无投影即只修剪与三维空间中的剪切边相交的对象）来进行剪切。
- 边：按边的模式剪切，选择该项后，提示要求输入隐含边的延伸模式。
  输入隐含边延伸模式 [延伸(E)/不延伸(N)] <不延伸>：定义隐含边延伸模式。如果选择不延伸，即剪切边界和要修剪的对象必须显式相交。如选择了延伸，则剪切边界和要修剪的对象在延伸后有交点也可以。
- 删除：删除选定的对象。此选项提供了一种无需退出 TRIM 命令而可以删除不需要的对象的简便方法。在较早的版本中，最后一段图线无法修剪，只能退出后用删除命令删除，现在可以在修剪命令中删除。
- 放弃：撤销修剪命令所做的最近一次修改。

【例 3-8】 修剪练习。

1）如图 3-26a 所示，将该图修剪成一鼓形，如图 3-26c 所示。

单击"常用"→"修改"→"修剪"按钮	
命令: **_trim**	
当前设置: 投影=UCS 边=无	//提示当前设置
选择剪切边 ...	//提示以下的选择为选择剪切边
选择对象:**拾取圆** 找到 1 个	//选择剪切边
选择对象:**拾取矩形** 找到 1 个，总计 2 个	//提示目前选择对象数目
选择对象:〈**Enter**〉	//按〈Enter〉键结束选择
选择要修剪的对象或按住〈Shift〉键选择要延伸的对象或 [栏选(F)/窗交(C)/投影(P)/边(E)/删除(R)/放弃(U)]:**F**〈**Enter**〉	//选择要修剪的对象
指定第一个栏选点: **参照图 3-26b 单击 A 点**	
指定下一个栏选点或 [放弃(U)]: **单击 B 点**	
指定下一个栏选点或 [放弃(U)]: **单击 C 点**	
指定下一个栏选点或 [放弃(U)]: **单击 D 点**	

指定下一个栏选点或 [放弃(U)]: **单击 E 点**
指定下一个栏选点或 [放弃(U)]: **单击 F 点**
指定下一个栏选点或 [放弃(U)]: **〈Enter〉**
选择要修剪的对象，或按住〈Shift〉键选择要延伸的对象，或
[栏选(F)/窗交(C)/投影(P)/边(E)/删除(R)/放弃(U)]: **〈Enter〉**

结果如图 3-26c 所示。

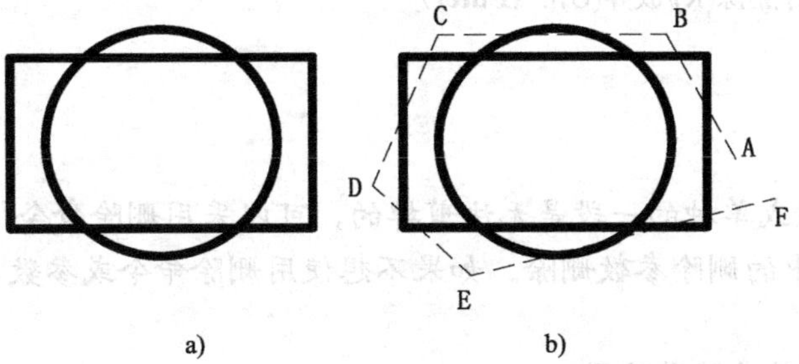

图 3-26　修剪实例

a) 原图　b) 栏选拾取点位置　c) 结果

2）如图 3-27a 所示绘制一直线和圆。试以修剪命令编辑，使之成为如图 3-27b 所示的结果。

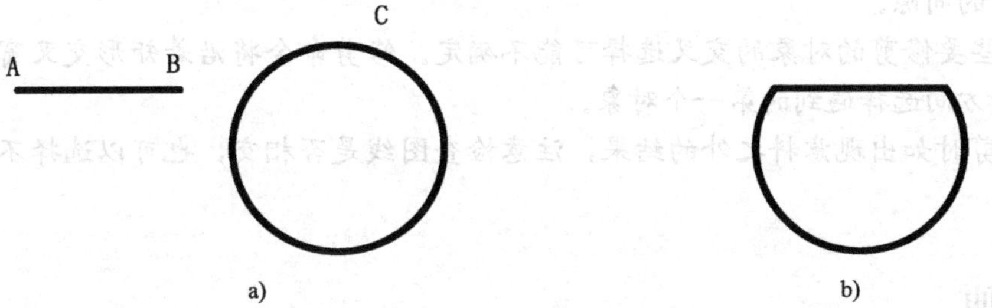

图 3-27　延伸修剪实例

a) 原图　b) 结果

单击“常用”→“修改”→“修剪”按钮
命令: **_trim**
当前设置:投影=视图，边=无
选择剪切边...
选择对象或 <全部选择>: **采用窗交方式选择直线和圆**
指定对角点: 找到 2 个
选择对象: **〈Enter〉**
选择要修剪的对象，或按住〈Shift〉键选择要延伸的对象，或
[栏选(F)/窗交(C)/投影(P)/边(E)/删除(R)/放弃(U)]: **e〈Enter〉**
输入隐含边延伸模式 [延伸(E)/不延伸(N)] <不延伸>: **e〈Enter〉**
选择要修剪的对象，或按住〈Shift〉键选择要延伸的对象，或
[栏选(F)/窗交(C)/投影(P)/边(E)/删除(R)/放弃(U)]:**单击圆上 C 点**
选择要修剪的对象，或按住〈Shift〉键选择要延伸的对象，或
[栏选(F)/窗交(C)/投影(P)/边(E)/删除(R)/放弃(U)]:**按住〈Shift〉键，单击直线 AB 靠近 B 点一侧**

选择要修剪的对象，或按住〈Shift〉键选择要延伸的对象，或
[栏选(F)/窗交(C)/投影(P)/边(E)/删除(R)/放弃(U)]: **按住〈Shift〉键，单击直线 AB 靠近 B 点一侧**
选择要修剪的对象，或按住〈Shift〉键选择要延伸的对象，或
[栏选(F)/窗交(C)/投影(P)/边(E)/删除(R)/放弃(U)]:**松开〈Shift〉键，单击直线 AB 段上任意一点**
选择要修剪的对象，或按住〈Shift〉键选择要延伸的对象，或
[栏选(F)/窗交(C)/投影(P)/边(E)/放弃(U)]:**单击圆最上方任意一点**
选择要修剪的对象，或按住〈Shift〉键选择要延伸的对象，或
[栏选(F)/窗交(C)/投影(P)/边(E)/删除(R)/放弃(U)]: **〈Enter〉**

结果如图 3-27b 所示。

☞注意：

1）修剪图形时最后的一段或单独的一段是无法剪掉的，可以采用删除命令（Erase）删除，或使用修剪命令（Trim）中的删除参数删除。如果不想使用删除命令或参数，在修剪时就要注意按照顺序依次修剪。

2）被修剪对象本身也可以作为修剪边界。

3）要选择包含块的剪切边，只能使用单个选择、“窗交”、“栏选”和“全部选择”选项。对块（Block）中包含的图元或多线（Mline）等进行修剪操作前，必须将它们分解（Explode），使之失去块、多线的性质才能进行修剪编辑。对多线则最好使用多线编辑命令编辑修改。

4）修剪图案填充时，不要将“边”设置为“延伸”；否则，修剪图案填充时将不能填补修剪边界中的间隙。

5）某些要修剪的对象的交叉选择可能不确定。修剪命令将沿着矩形交叉窗口从第一个点以顺时针方向选择遇到的第一个对象。

6）修剪时如出现意料之外的结果，注意检查图线是否相交，也可以选择不同的对象重新尝试。

3.2.5 延伸

延伸和修剪的功能几乎正好相反，操作起来却很类似。延伸是以指定的对象为边界，延伸某对象与之精确相交。延伸和修剪在命令运行中均可以按住〈Shift〉键相互转换功能。

命令：EXTEND。

功能区：常用→修改→延伸。

输入该命令后系统给出如下提示。

命令: **_extend**
选择边界的边...
选择对象或 <全部选择>:
选择对象: **〈Enter〉**
选择要延伸的对象，或按住〈Shift〉键选择要修剪的对象，或 [栏选(F)/窗交(C)/投影(P)/边(E)/放弃(U)]: **p〈Enter〉**
输入投影选项 [无(N)/UCS(U)/视图(V)] <无>:
选择要延伸的对象或 [投影(P)/边(E)/放弃(U)]:**e〈Enter〉**
输入隐含边延伸模式 [延伸(E)/不延伸(N)] <不延伸>:

其中参数的用法如下。

- 选择边界的边 ... 或 <全部选择>：提示选择延伸边界的边，选中的对象即作为边界。
- 选择要延伸的对象：选择要延伸的对象。
- 按住〈Shift〉键选择要修剪的对象：按住〈Shift〉键选择对象，此时为修剪。
- 栏选：选择与选择栏相交的所有对象，将出现栏选提示。
- 窗交：由两点确定矩形区域，选中区域内部或与之相交的对象。
- 投影：按投影模式延伸，选择该项后出现输入投影选项的提示。
  输入投影选项 [无(N)/UCS(U)/视图(V)] <无>：输入投影选项，即根据 UCS 或视图或无来进行延伸。
- 边：将对象延伸到另一个对象的隐含边。
  输入隐含边延伸模式 [延伸(E)/不延伸(N)] <不延伸>：定义隐含边延伸模式。如果选择不延伸，即剪切边界和要修剪的对象必须显式相交。如选择了延伸，则剪切边界和要修剪的对象在延伸后有交点也可以。
- 放弃：撤销由延伸命令所做的最近一次修改。

【例 3-9】 如上例要求，采用延伸命令完成编辑，将图 3-28a 编辑成如图 3-28b 所示的结果。

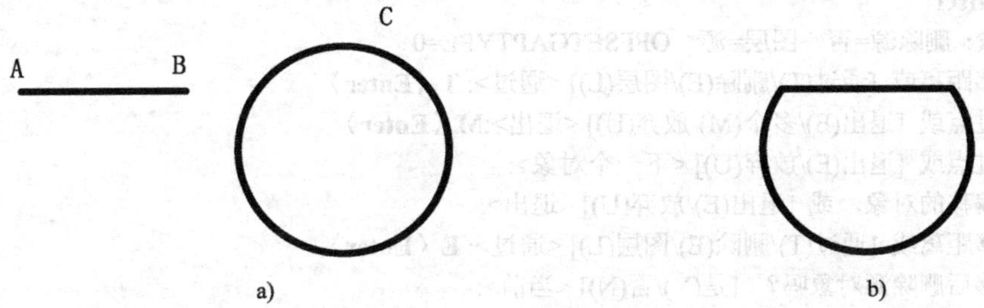

图 3-28 延伸实例

a) 原图 b) 结果

单击“常用”→“修改”→“延伸”按钮
命令: **_extend**
当前设置:投影=视图，边=延伸
选择边界的边...
选择对象或 <全部选择>: **单击圆 C** 找到 1 个
选择对象:**单击直线 AB** 找到 1 个，总计 2 个
选择对象:**〈Enter〉**
选择要延伸的对象，或按住〈Shift〉键选择要修剪的对象，或
[栏选(F)/窗交(C)/投影(P)/边(E)/放弃(U)]:**单击直线 AB 靠近 B 点侧**
选择要延伸的对象，或按住〈Shift〉键选择要修剪的对象，或
[栏选(F)/窗交(C)/投影(P)/边(E)/放弃(U)]: **单击直线 AB 靠近 B 点侧**
选择要延伸的对象，或按住〈Shift〉键选择要修剪的对象，或
[栏选(F)/窗交(C)/投影(P)/边(E)/放弃(U)]: **按住〈Shift〉键，单击直线 AB 在圆外的任意点**
选择要延伸的对象，或按住〈Shift〉键选择要修剪的对象，或

[栏选(F)/窗交(C)/投影(P)/边(E)/放弃(U)]: **按住〈Shift〉键，单击直线 AB 以上，圆上任意一点**
选择要延伸的对象，或按住〈Shift〉键选择要修剪的对象，或
[栏选(F)/窗交(C)/投影(P)/边(E)/放弃(U)]: **〈Enter〉**

☞注意：

1）选择要延伸的对象时的拾取点决定了延伸的方向，延伸发生在拾取点的一侧。

2）和修剪命令一样，延伸边界对象和被延伸对象可以是同一个对象。

3）圆弧不可以延伸成一个完整的圆。

4）如同修剪命令一样，延伸对象的选择也可以采用窗交、栏选等方式一次延伸多个对象。

3.2.6 偏移

偏移命令用于创建与选定对象造型平行的新对象，在需要偏移的对象比较复杂时（如多条直线和圆弧组成的多段线）更能显示其强大的功能。偏移时根据偏移距离会重新计算新对象的大小。

命令：OFFSET。

功能区：常用→修改→偏移。

输入该命令后系统给出以下提示。

命令: **_offset**
当前设置: 删除源=否　图层=源　OFFSETGAPTYPE=0
指定偏移距离或 [通过(T)/删除(E)/图层(L)] <通过>: **T〈Enter〉**
指定通过点或 [退出(E)/多个(M)/放弃(U)] <退出>:**M〈Enter〉**
指定通过点或 [退出(E)/放弃(U)] <下一个对象>:
选择要偏移的对象，或 [退出(E)/放弃(U)] <退出>:
指定偏移距离或 [通过(T)/删除(E)/图层(L)] <通过>: **E〈Enter〉**
要在偏移后删除源对象吗？ [是(Y)/否(N)] <当前>:
指定偏移距离或 [通过(T)/删除(E)/图层(L)] <通过>: **L〈Enter〉**
输入偏移对象的图层选项 [当前(C)/源(S)] <当前>:
指定要偏移的那一侧上的点，或 [退出(E)/多个(M)/放弃(U)] <退出>:

其中参数的用法如下。

- 指定偏移距离：确定偏移距离。该距离可以通过键盘键入，可以通过拾取两个点来定义。
- 通过：指偏移的对象将通过随后拾取的点。
  - ✧ 退出：退出偏移命令。
  - ✧ 多个：使用同样的偏移距离重复进行偏移操作。同样可以指定通过点。
  - ✧ 放弃：放弃前一个偏移。
  - ✧ 下一个对象：切换到下一个偏移的对象。
- 删除：确定是否将源对象删除。输入 Y 为删除源对象，输入 N 为保留源对象。
- 图层：确定偏移复制的对象创建在源对象层上还是当前层上。
  - ✧ 当前：偏移复制的对象创建在当前层上。
  - ✧ 源：偏移复制的对象创建在源对象所在的图层上。

● 选择要偏移的对象：选择要偏移的对象，按〈Enter〉键则退出偏移命令。

● 指定要偏移的那一侧上的点：指定点来确定往哪个方向偏移。

【例 3-10】 如图 3-29 所示，以间隔 100 向外复制矩形 A，向内复制圆 B，同时向内和向外复制多段线 C。

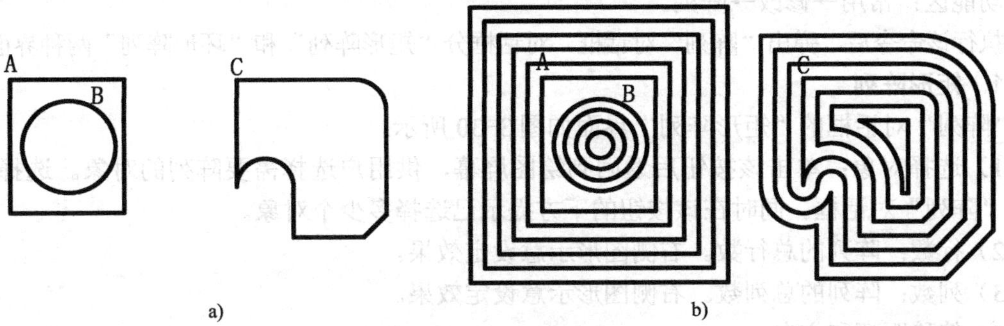

图 3-29 偏移实例

a) 原始图形 b) 偏移后图形

单击“常用”→“修改”→“偏移”按钮

命令: **_offset**

当前设置: 删除源=否 图层=源 OFFSETGAPTYPE=0

指定偏移距离或 [通过(T)/删除(E)/图层(L)] <通过>: **100〈Enter〉**

选择要偏移的对象，或 [退出(E)/放弃(U)] <退出>:**单击矩形 A**

指定要偏移的那一侧上的点，或 [退出(E)/多个(M)/放弃(U)] <退出>: **M〈Enter〉**

指定要偏移的那一侧上的点，或 [退出(E)/放弃(U)] <下一个对象>:**在矩形外侧任意位置单击**

指定要偏移的那一侧上的点，或 [退出(E)/放弃(U)] <下一个对象>:**连续在矩形外侧单击，共 5 次**

指定要偏移的那一侧上的点，或 [退出(E)/放弃(U)] <下一个对象>: **〈Enter〉**

选择要偏移的对象，或 [退出(E)/放弃(U)] <退出>:**单击圆 B**

指定要偏移的那一侧上的点，或 [退出(E)/放弃(U)] <下一个对象>:**在圆内侧单击**

指定要偏移的那一侧上的点，或 [退出(E)/放弃(U)] <下一个对象>:**在圆内侧单击连续单击，共 3 次**

指定要偏移的那一侧上的点，或 [退出(E)/放弃(U)] <下一个对象>: **〈Enter〉**

选择要偏移的对象，或 [退出(E)/放弃(U)] <退出>:**单击多段线 C**

指定要偏移的那一侧上的点，或 [退出(E)/放弃(U)] <下一个对象>:**在多段线内侧单击 3 次**

指定要偏移的那一侧上的点，或 [退出(E)/放弃(U)] <下一个对象>:**在多段线外侧单击 3 次**

指定要偏移的那一侧上的点，或 [退出(E)/放弃(U)] <下一个对象>: **〈Enter〉**

结果如图 3-29b 所示。

☞**注意**:

1）偏移常应用于根据尺寸绘制的规则图样中，尤其在相互平行的直线间相互复制。该命令和复制命令相比，要求键入的数据少，使用比较简捷。

2）对于多段线的偏移。如果出现了无法偏移的情况（如以上实例中最后一次偏移中的圆弧段、圆角、倒角），此时将忽略该线段。该过程一般不可逆。

3）一次只能偏移一个对象，可以将多条线连成多段线来偏移。

3.2.7 阵列

矩形或环形阵列可以快速复制大量的分布规律的相同图形。

命令：ARRAY。

功能区：常用→修改→阵列。

执行该命令后，弹出“阵列”对话框。对话框分“矩形阵列”和“环形阵列”两种界面。

1．矩形阵列

“阵列”对话框的“矩形阵列”界面如图 3-30 所示。

1）选择对象：单击该按钮后返回到绘图屏幕，供用户选择需要阵列的对象。选择完毕回到“阵列”对话框。同时在该按钮的下方提示已选择多少个对象。

2）行数：阵列的总行数。右侧图形示意设定效果。

3）列数：阵列的总列数。右侧图形示意设定效果。

4）偏移距离和方向。

- 行偏移：输入行和行之间的间距，如果为负值，行向下复制。单击右侧“拾取行偏移”按钮，则返回绘图屏幕，通过拾取两个点来确定行偏移距离。返回“阵列”对话框后，该值自动填入“行偏移”后面的文本框中。
- 列偏移：输入列和列之间的间距，如果为负值，列向左复制。单击右侧“拾取列偏移”按钮，则返回绘图屏幕，通过拾取两个点来确定列偏移距离。返回“阵列”对话框后，该值自动填入“列偏移”后面的文本框中。

如果单击“拾取两个偏移”，则返回绘图屏幕后拾取的两个点的 X 和 Y 距离分别作为列偏移和行偏移，并被分别填入相应的文本框中。

- 阵列角度：设置阵列旋转的角度。默认是 0，即和 UCS 的 X 和 Y 平行。
- 确定：按照设定参数完成阵列。
- 取消：放弃阵列。
- 预览：预览设定效果。

2．环形阵列

“阵列”对话框的“环形阵列”界面如图 3-31 所示。

1）选择对象：单击该按钮后返回到绘图屏幕，供用户选择需要阵列的对象。选择完毕回到“阵列”对话框。同时在该按钮的下方提示已选择多少个对象。

2）中心点：设定环形阵列的中心。也可以通过拾取中心点按钮在屏幕上指定中心点，所取值自动填入中心点后的 X 和 Y 文本框。

3）方法和值。

- 方法：项目总数、填充角度、项目间角度 3 个参数中只需使用两个就足以确定阵列方法。在该下拉列表中选择其中的两个组合。
- 项目总数：设置阵列结果的对象数目。
- 填充角度：通过定义阵列中第一个和最后一个元素的基点之间的包含角来设置阵列大小。正值指逆时针旋转，负值指顺时针旋转。
- 项目间角度：设置阵列对象的基点和阵列中心之间的包含角。应该输入一个正值。
- 复制时旋转项目：阵列的同时将对象旋转。

● 简略/详细：切换是否显示“对象基点”设置参数。

● 对象基点：如果采用对象本身基点，则无需填充具体数据。如果不利用对象本身基点，则需要输入基点数据或通过拾取按钮捕捉一个点作为基点，该数值自动填入对象基点后的文本框中。

● 确定：按照设定参数完成阵列。

● 取消：放弃阵列。

● 预览：预览设定效果。

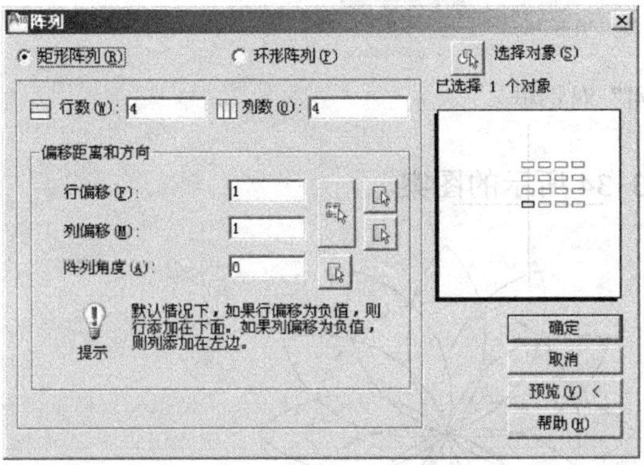

图 3-30 “阵列”对话框的“矩形阵列”界面

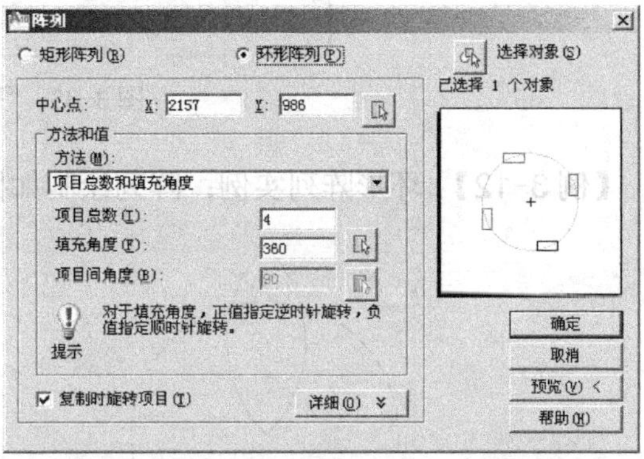

图 3-31 “阵列”对话框的“环形阵列”界面

【例 3-11】 矩形阵列实例：阵列绘制冲压件排样图，如图 3-32 所示。

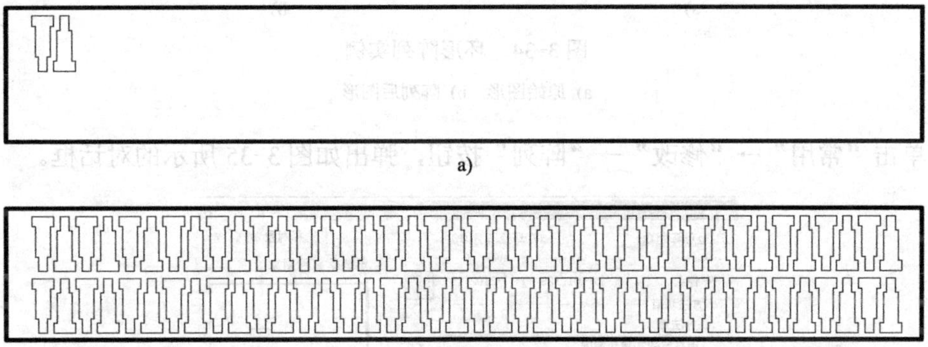

a)

b)

图 3-32 矩形阵列实例

a) 原图 b) 阵列后结果

1）单击“常用”→“修改”→“阵列”按钮，弹出“阵列”对话框，如图 3-33 所示。

2）选择“矩形阵列”。

3）行数填 2，列数填 20。

4）行偏移填–352（向 Y 的负方向偏移），列偏移填 240。

5）单击“选择对象”按钮，返回绘图屏幕，用窗口方式选择要偏移复制的对象。按〈Enter〉键后退回“阵列”对话框。

6）单击“确定”按钮完成图形编辑，结果如图 3-32b 所示。

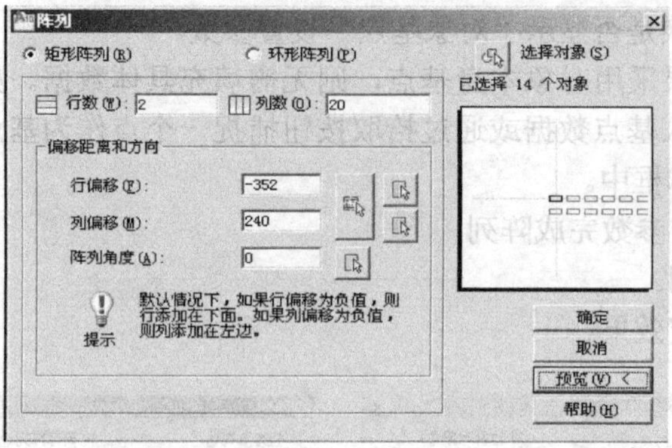

图 3-33 “阵列”对话框

【例 3-12】 环形阵列实例：阵列绘制如图 3-34 所示的图案。

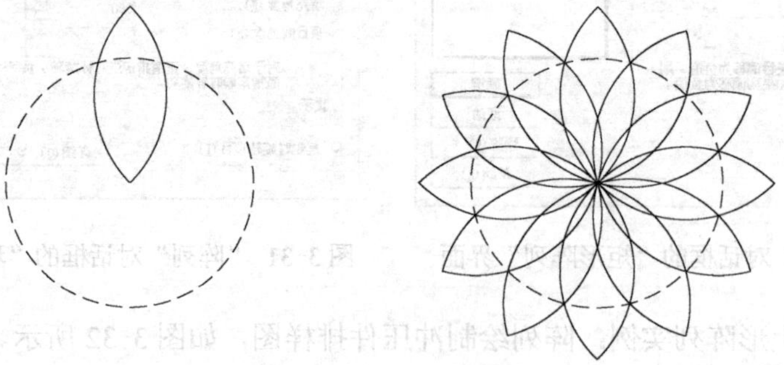

a) b)

图 3-34 环形阵列实例

a) 原始图形 b) 阵列后图形

1）单击“常用”→“修改”→“阵列”按钮，弹出如图 3-35 所示的对话框。

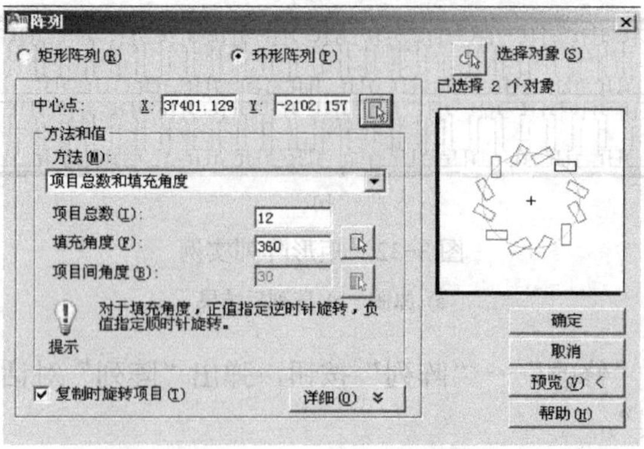

图 3-35 环形阵列实例

2）选择“环形阵列”。

3）单击“拾取中心点”按钮，返回绘图屏幕，单击如图 3-34 所示的旋转中心点。返回“阵列”对话框，中心点坐标自动填入文本框。

4）在“项目总数”中填入 12。

5）单击“选择对象”按钮，返回绘图屏幕，选择需要阵列的图形，按〈Enter〉键后返回“阵列”对话框。

6）保证“复制时旋转项目”被勾选上。

7）单击“确定”按钮完成环形阵列。

结果如图 3-34b 所示。

☞注意：

1）在环形阵列图形对象时，不同的图形有不同的基点。一般情况下，文字的结点、块的插入点、连续直线的第一个转折点、单一直线的第一个端点、矩形的第一个顶点、圆的圆心等到环形阵列的中心点之间的距离为阵列半径。通过“阵列”对话框中的“对象基点”区，可以输入具体数值来指定基点；通过“拾取基点”按钮也可以在图形上获得基点。同样也可以用 BASE 命令定义基点。

2）环形阵列时是否设置“复制时旋转对象”对结果影响很大。不旋转意味着被阵列的对象保持朝向不变。图 3-36 和图 3-37 是它们的效果对比。其中阵列中心为实线圆的圆心，虚线圆为文字 X 的基点（最初的插入点）所在的圆。阵列后可以看出，不论复制时是否旋转，文字的基点都位于同一个圆周上。正由于复制时旋转规则不同，所以效果迥异。

图 3-36 复制时旋转对象

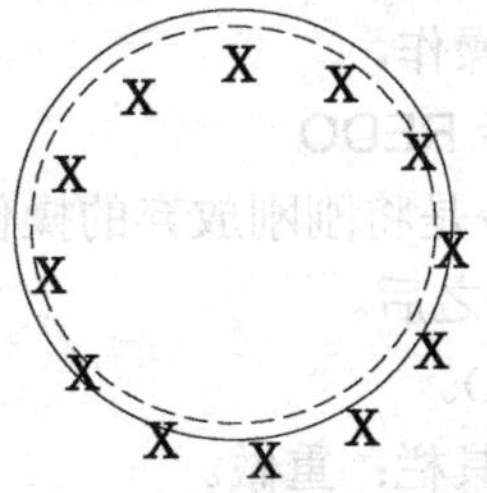

图 3-37 复制时不旋转对象

3.2.8 删除

绘图时经常会产生一些临时的辅助线、点，或者是诸如修剪命令遗留下来的线、弧，或者是绘制的后来发现多余的线条，用删除命令可以将图形中不需要的图线清除。

命令：ERASE。

功能区：常用→修改→删除。

输入该命令后系统给出以下提示。

```
命令: _erase
选择对象:
```

其中参数的用法如下。

选择对象：可以采用任意的对象选择方式选择要删除的对象。

☞注意：

如果先选择了对象，在显示了夹点后，通过〈Delete〉键或剪切命令 CUTCLIP、〈Ctrl〉+

〈X〉组合键等同样可以删除对象。

3.2.9 放弃和重做

1. 放弃命令 U、UNDO

如果发现进行了错误的操作需要放弃，AutoCAD 提供了“放弃”命令，即 U 和 UNDO。U 命令不带参数，每执行一次，自动放弃上一个操作，直到回到最初新建或打开的文件，但像存盘、图形的重生成等操作是不可以被放弃的。UNDO 命令提供了一些参数，功能较强。

命令执行过程中放弃命令的继续执行，按〈Esc〉键即可中断。如果直接执行其他命令，在多数情况下也可以终止当前命令。

命令：U、UNDO。

快速访问工具栏：放弃。

快捷键：〈Ctrl〉+〈Z〉组合键

如果只是放弃刚刚完成的一步，可以单击快速访问工具栏上的“放弃”按钮实现。如果要同时撤销若干步，可以单击“放弃”右侧的箭头，有列表显示了可以放弃的操作，选择到需要返回的位置，单击即可。

通过命令行的操作，UNDO 命令可以实现编组、设置标记等，随即可以按标记、数目、编组等进行撤销操作。

2. 重做命令 REDO

“重做”命令是将刚刚放弃的操作重新恢复一次，且仅限一次。REDO 必须紧紧跟随在 U 或 UNDO 命令之后。

命令：REDO。

快速访问工具栏：重做。

快捷键：〈Ctrl〉+〈Y〉组合键

【例 3-13】 取消一次操作后再恢复重做一次。

```
命令:u〈Enter〉                //放弃操作
命令:redo〈Enter〉             //取消刚刚执行的 U 命令
```

3.2.10 恢复

OOPS 命令用于恢复最后一次被删除的图形对象，该对象可以是被删除命令删除或建块命令删除的。

命令：OOPS。

【例 3-14】 先删除几个对象，再通过 OOPS 命令恢复。

```
命令: _erase                          //首先删除几个对象
选择对象: 通过窗口选择对象              //采用任意选择对象的方式选取图形
指定对角点: 找到××个
选择对象:〈Enter〉                     //按〈Enter〉键结束选择，被选中的对象从屏幕上消失
```

执行 OOPS 命令前可以执行除了删除图形对象之外的其他操作。

命令:**oops**〈**Enter**〉　　　　　　　　　　　　　　　//最后一次被删除的对象在原位置恢复

☞注意：

1）OOPS 命令和 U 命令恢复被删除的图形并不相同，U 命令必须紧跟在删除命令之后执行，而且如果是恢复建块时删除的图形，同时也将所建的块及其定义删除。它撤销的是整个 U 命令之前的命令。OOPS 命令可以在删除命令执行过较长一段时间后来恢复最后一次被删除的图形。如果是恢复建块时的图形，并不会改变已经建立好的块及其定义，即可以在 BLOCK 或 WBLOCK 命令之后使用 OOPS。它恢复的是最后一次被删除的图形对象。

2）OOPS 不能恢复图层上被 PURGE 命令删除的对象。

3.3　扳手平面图形绘制

3.3.1　绘制扳手平面图形

如图 3-38 所示，绘制该扳手图形。

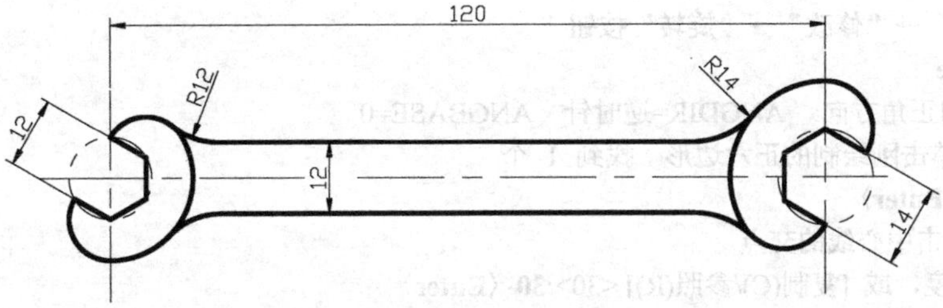

图 3-38　扳手平面图

1）采用“模板.dwt”作为模板。（第 2 章绘图流程中保存的模板）

2）绘制左侧中心基准线。

将当前层改为“Center”层。
单击“常用”→“绘图”→“直线”按钮
命令: **_line**
指定第一点:**在屏幕中间水平方向绘制一直线**
指定下一点或 [放弃(U)]:
指定下一点或 [放弃(U)]:〈**Enter**〉
〈**Space**〉
命令: **line**
指定第一点: **在左侧绘制一垂直线，和水平中心线相交**
指定下一点或 [放弃(U)]:
指定下一点或 [放弃(U)]:〈**Enter**〉

3）绘制正六边形。

将当前层改为“Solid”层。

单击“常用”→“绘图”→“正多边形”按钮

命令: **_polygon**
输入边的数目 <4>:**6〈Enter〉**
指定正多边形的中心点或 [边(E)]:**单击两中心线的交点**
输入选项 [内接于圆(I)/外切于圆(C)] <I>: **c〈Enter〉**
指定圆的半径: **6〈Enter〉**

结果如图 3-39 所示。

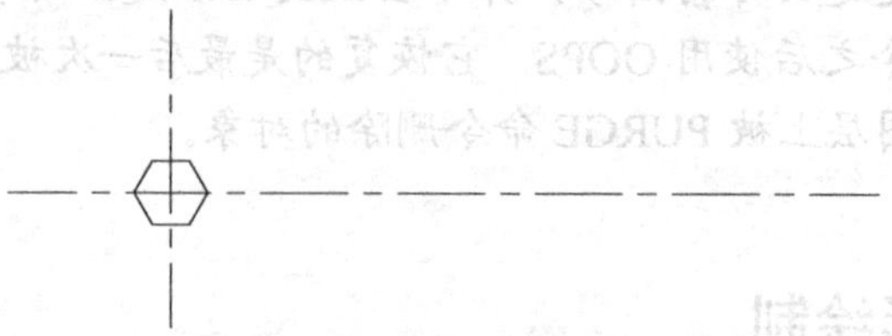

图 3-39　绘制正六边形

4）旋转正六边形。

该正六边形的方向需要调整。采用旋转命令转 30° 即可。

单击"常用"→"修改"→"旋转"按钮
命令: **_rotate**
UCS 当前的正角方向: ANGDIR=逆时针 ANGBASE=0
选择对象: **单击刚绘制的正六边形** 找到 1 个
选择对象:**〈Enter〉**
指定基点:**单击中心线的交点**
指定旋转角度，或 [复制(C)/参照(R)] <30>:**30〈Enter〉**

此正六边形将调整成一个顶点朝正上的方向。

5）绘制六边形外接圆。

绘制正六边形的外接圆。将当前层改为"Center"层。

单击"常用"→"绘图"→"圆"按钮
命令: **_circle**
指定圆的圆心或 [三点(3P)/两点(2P)/切点、切点、半径(T)]:**单击中心线的交点**
指定圆的半径或 [直径(D)] <13.8564>:**单击正六边形和垂直中心线的交点**

6）修剪六边形开口。

将正六边形修剪成扳手的开口。

单击"常用"→"修改"→"修剪"按钮
命令: **_trim**
当前设置:投影=视图，边=延伸
选择剪切边...
选择对象或 <全部选择>: **单击刚绘制的圆** 找到 1 个
选择对象:**〈Enter〉**
选择要修剪的对象，或按住〈Shift〉键选择要延伸的对象，或
[栏选(F)/窗交(C)/投影(P)/边(E)/删除(R)/放弃(U)]:**参照图 3-40 单击需要剪除的边**

选择要修剪的对象，或按住〈Shift〉键选择要延伸的对象，或
[栏选(F)/窗交(C)/投影(P)/边(E)/删除(R)/放弃(U)]: **〈Enter〉**

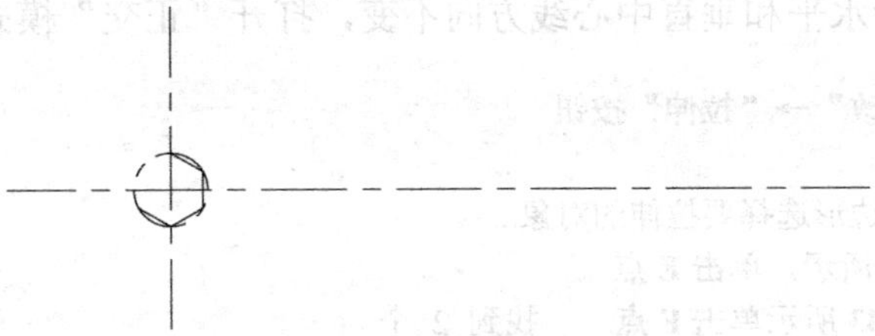

图 3-40　修剪六边形

7）绘制开口外侧圆弧。

将当前层改为“Solid”层。

单击“常用”→“绘图”→“圆”按钮
命令: **_circle**
指定圆的圆心或 [三点(3P)/两点(2P)/切点、切点、半径(T)]:如图 3-41 所示，**单击 A 点**
指定圆的半径或 [直径(D)] <6.9282>:**单击 C 点**
命令: CIRCLE 指定圆的圆心或 [三点(3P)/两点(2P)/切点、切点、半径(T)]:**单击 B 点**
指定圆的半径或 [直径(D)] <6.9282>:**单击 D 点**
命令: _circle 指定圆的圆心或 [三点(3P)/两点(2P)/切点、切点、半径(T)]:**单击正六边形的中心**
指定圆的半径或 [直径(D)] <6.9282>: **按住〈Shift〉键用鼠标右键单击，选择“切点”** _tan 到 **单击圆 A 的外侧**

结果如图 3-41 所示，再将多余的圆弧剪去。

单击“常用”→“修改”→“修剪”按钮
命令: **_trim**
当前设置:投影=视图，边=延伸
选择剪切边...
选择对象或 <全部选择>: **依次单击刚绘制的 3 个圆** 找到 1 个 总计 3 个
选择对象:〈Enter〉
选择要修剪的对象，或按住〈Shift〉键选择要延伸的对象，或
[栏选(F)/窗交(C)/投影(P)/边(E)/删除(R)/放弃(U)]:**参照图 3-42，将不需要的部分剪去**

结果如图 3-42 所示。

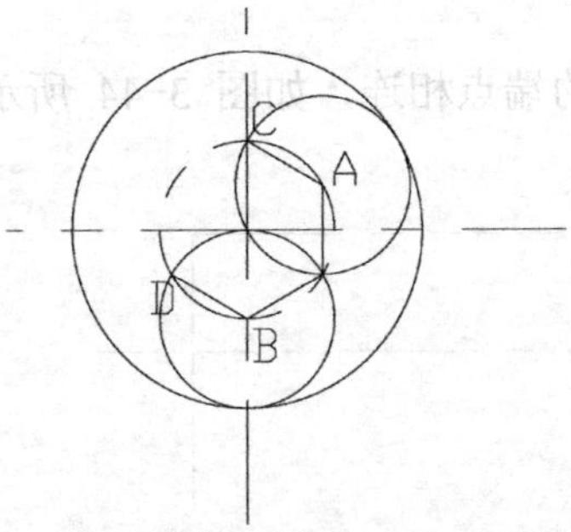

图 3-41　绘制开口圆

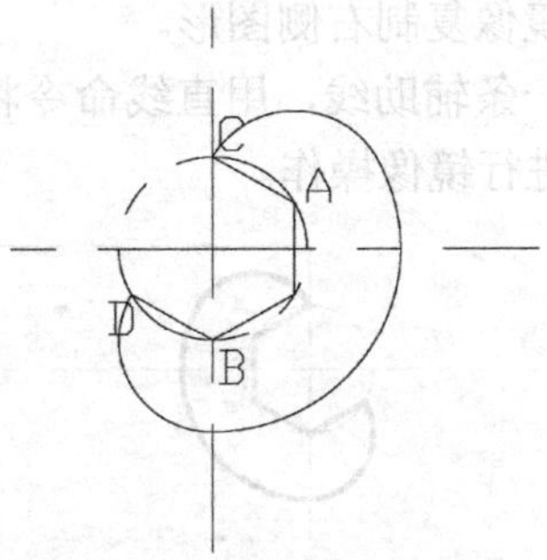

图 3-42　修剪圆成圆弧

8）拉伸调整中心线长度。

绘制出了外围的轮廓线后可以发现中心线超出图线长度并不合适，需要进行适当的调整。为保证调整时保持水平和垂直中心线方向不变，打开“正交”模式。

单击“常用”→“修改”→“拉伸”按钮
命令: **_stretch**
以交叉窗口或交叉多边形选择要拉伸的对象...
选择对象: **如图 3-43 所示，单击 E 点**
指定对角点: **如图 3-43 所示单击 F 点**　　找到 2 个
选择对象: **〈Enter〉**
指定基点或 [位移(D)] <位移>: **在空白区域较上的位置单击**
指定第二个点或 <使用第一个点作为位移>: **向下移动鼠标，在合适的位置单击，注意这里尽量不要捕捉到任何对象**

用同样的方法调整中心线的其他端点到合适的位置。

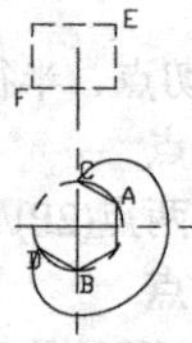

图 3-43　调整中心线长度

9）复制右侧垂直中心线。

左侧图形基本成形，现绘制右侧的扳手头。首先定位，复制左侧的垂直线到右侧。

单击“常用”→“修改”→“复制”
命令: **_copy**
选择对象: **单击左侧的垂直中心线**　　找到 1 个
选择对象: **〈Enter〉**
当前设置:　复制模式 = 多个
指定基点或 [位移(D)/模式(O)] <位移>: **任意位置单击**
指定第二个点或 <使用第一个点作为位移>: **向右侧移动鼠标，保证正交模式打开　120〈Enter〉**
指定第二个点或 [退出(E)/放弃(U)] <退出>: **〈Enter〉**

10）镜像复制右侧图形。

绘制一条辅助线，用直线命令将两条垂直中心线的端点相连，如图 3-44 所示。再对左侧扳手头进行镜像操作。

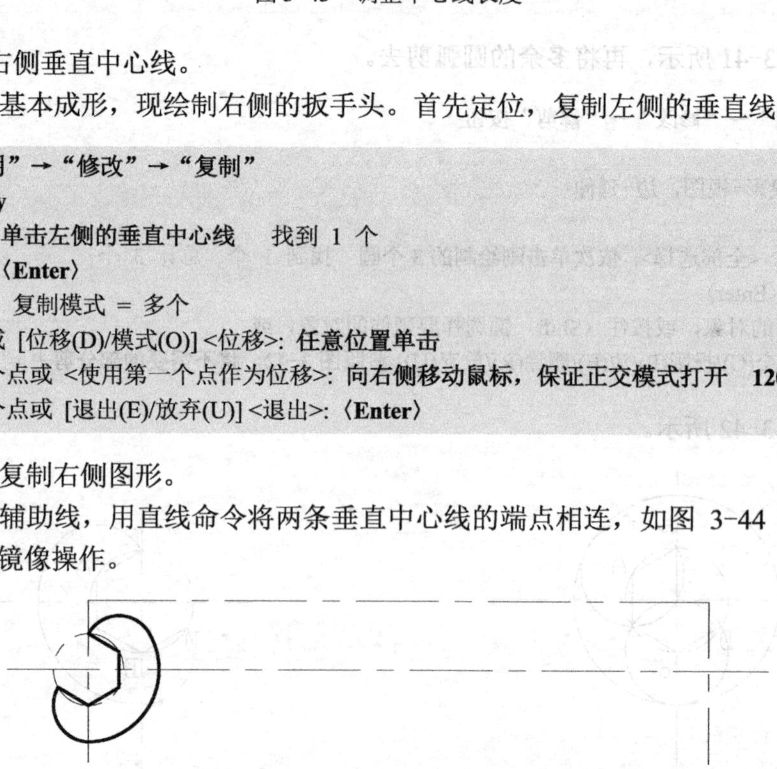

图 3-44　绘制辅助线

单击“常用”→“修改”→“镜像”按钮
命令: _mirror
选择对象: 采用窗口方式选择左侧的扳手头图线
指定对角点: 找到 6 个
选择对象:〈Space〉
指定镜像线的第一点:捕捉刚绘制的辅助线的中点
指定镜像线的第二点: 向下移动光标，单击
要删除源对象吗? [是(Y)/否(N)] <N>:〈Space〉

结果如图 3-45 所示。

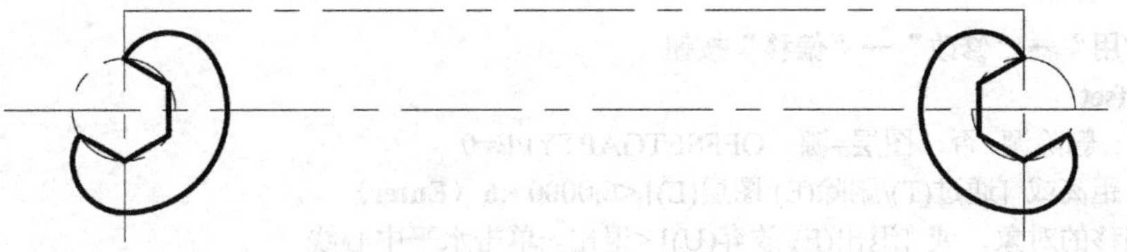

图 3-45 镜像复制

右侧图形还需要再次镜像，使其开口朝向右下。

单击“常用”→“修改”→“镜像”按钮
命令: _mirror
选择对象: 采用窗口方式选择右侧的扳手头图线
指定对角点: 找到 6 个
选择对象:〈Space〉
指定镜像线的第一点:捕捉水平中心线的一个端点
指定镜像线的第二点: 左右方向移动光标，单击
要删除源对象吗? [是(Y)/否(N)] <N>:Y〈Space〉

结果如图 3-46 所示。

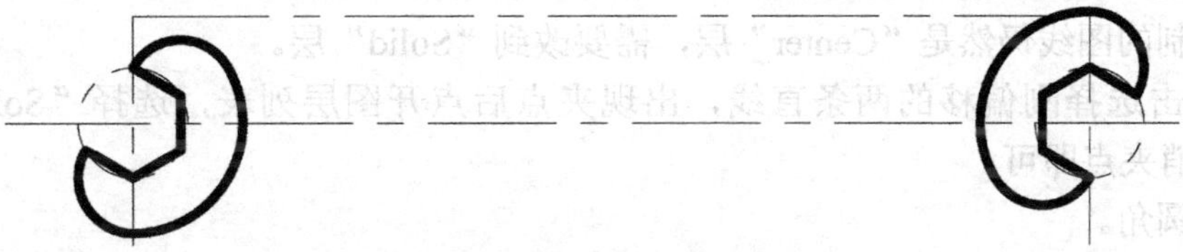

图 3-46 镜像右侧扳手头

11）删除辅助线。
将镜像操作中用到的水平辅助线删除。
单击需要删除的辅助线，按〈Delete〉键。
12）比例缩放右侧图形。
右侧的扳手头开口尺寸 14，需要将镜像过来的开口 12 的图形放大。

单击“常用”→“修改”→“缩放”按钮
命令: _scale

选择对象: **采用窗口方式选择刚复制的扳手头图线**
指定对角点: 找到 6 个
选择对象: **〈Enter〉**
指定基点:**单击右侧中心线的交点，即扳手头的中心**
指定比例因子或 [复制(C)/参照(R)] <1.1667>: **r 〈Enter〉**
指定参照长度 <12.0000>: **12 〈Enter〉**
指定新的长度或 [点(P)] <14.0000>: **14 〈Enter〉**

13）偏移复制中间水平线。

中间连接部分的上下水平线，通过偏移复制可以得到。

单击“常用”→“修改”→“偏移”按钮
命令: **_offset**
当前设置: 删除源=否　图层=源　OFFSETGAPTYPE=0
指定偏移距离或 [通过(T)/删除(E)/图层(L)] <6.0000>:**6 〈Enter〉**
选择要偏移的对象，或 [退出(E)/放弃(U)] <退出>:**单击水平中心线**
指定要偏移的那一侧上的点，或 [退出(E)/多个(M)/放弃(U)] <退出>:**在水平中心线上方单击**
选择要偏移的对象，或 [退出(E)/放弃(U)] <退出>:**再次单击水平中心线**
指定要偏移的那一侧上的点，或 [退出(E)/多个(M)/放弃(U)] <退出>:**在水平中心线下方单击**
选择要偏移的对象，或 [退出(E)/放弃(U)] <退出>: **〈Enter〉**

结果如图 3-47 所示。

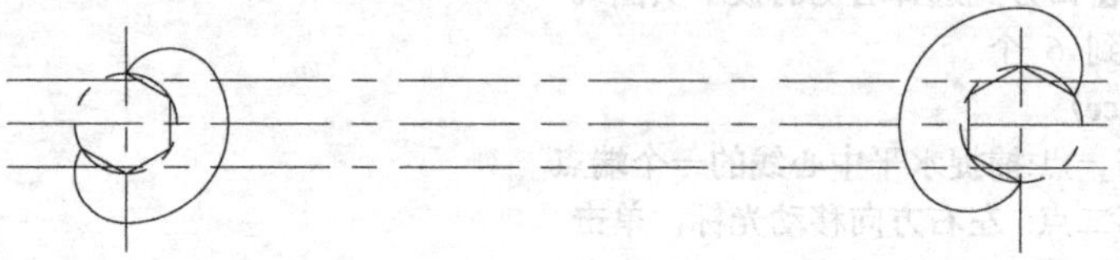

图 3-47　偏移复制水平中心线

14）调整偏移复制图线的图层。

偏移复制的图线仍然是“Center”层，需要改到“Solid”层。

分别单击选择刚偏移的两条直线，出现夹点后点开图层列表，选择“Solid”层，按〈Esc〉键取消夹点即可。

15）倒圆角。

图形中的 R12 和 R14 的圆弧通过圆角命令（Fillet）绘制。首先绘制 R12 的圆弧。

单击“常用”→“修改”→“圆角”按钮
命令: **_fillet**
当前设置: 模式 = 修剪，半径 = 14.0000
选择第一个对象或 [放弃(U)/多段线(P)/半径(R)/修剪(T)/多个(M)]: **r 〈Enter〉**
指定圆角半径 <14.0000>: **12 〈Enter〉**
选择第一个对象或 [放弃(U)/多段线(P)/半径(R)/修剪(T)/多个(M)]: **t 〈Enter〉**
输入修剪模式选项 [修剪(T)/不修剪(N)] <修剪>:**T 〈Enter〉**
选择第一个对象或 [放弃(U)/多段线(P)/半径(R)/修剪(T)/多个(M)]:**如图 3-48 所示，单击 G 点附近圆弧**
选择第二个对象，或按住〈Shift〉键选择要应用角点的对象: **单击 H 点附近直线**

用同样的方法分别单击 I、J 点，倒下侧的圆角。

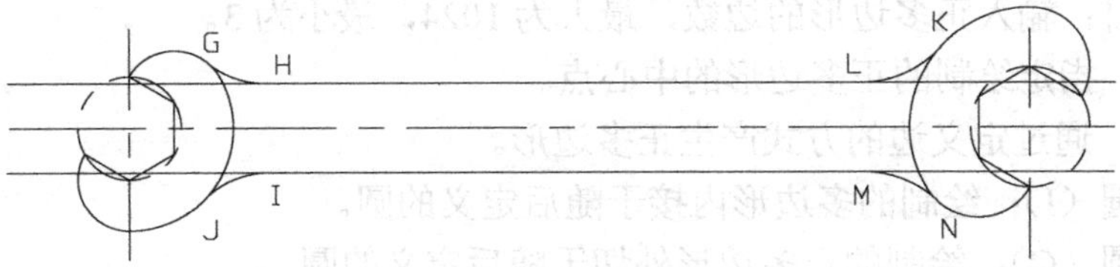

图 3-48　绘制圆角

下面绘制 R14 的圆弧。

单击“常用”→“修改”→“圆角”按钮
命令: **_fillet**
当前设置: 模式 = 不修剪，半径 = 12.0000
选择第一个对象或 [放弃(U)/多段线(P)/半径(R)/修剪(T)/多个(M)]: **r〈Enter〉**
指定圆角半径 <12.0000>: **14〈Enter〉**
选择第一个对象或 [放弃(U)/多段线(P)/半径(R)/修剪(T)/多个(M)]: **如图 3-48 所示，单击 K 点附近圆弧**
选择第二个对象，或按住〈Shift〉键选择要应用角点的对象: **如图 3-48 所示，单击 L 点附近直线**

用同样的方法分别单击 M、N 点，倒下侧的圆角。

16）修剪超出直线。

倒圆角时采用的是不修剪模式，需要将被超长的直线剪掉。

单击直线 HL，出现夹点后，单击左侧夹点，移动到 H 点附近，出现“端点”提示后单击。用同样的方法将右侧的端点移动到 L 点上。

对下面的直线 IM 同样操作。打开线宽开关，结果如图 3-49 所示。

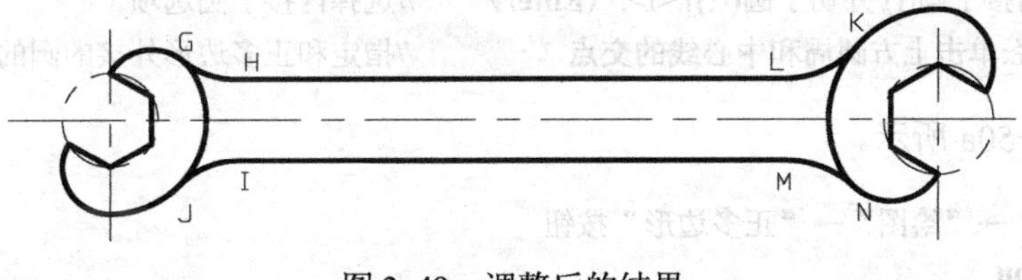

图 3-49　调整后的结果

3.3.2　绘制正多边形

AutoCAD 中绘制正多边形的方便程度远胜于手工绘制。

命令：POLYGON。

功能区：常用→绘图→正多边形。

输入该命令后系统给出以下提示。

命令: **_polygon**
输入边的数目 <X>:
指定多边形的中心点或 [边(E)]:
输入选项 [内接于圆(I)/外切于圆(C)] <I>:
指定圆的半径:

其中参数的用法如下。

- 边的数目：输入正多边形的边数，最大为1024，最小为3。
- 中心点：指定绘制的正多边形的中心点。
- 边（E）：通过定义边的方式产生正多边形。
- 内接于圆（I）：绘制的多边形内接于随后定义的圆。
- 外切于圆（C）：绘制的正多边形外切于随后定义的圆。
- 圆的半径：定义内接圆或外切圆的半径。

【例3-15】 参照图3-50分别绘制圆A的内接、圆B的外切和一条边是CD的正七边形。

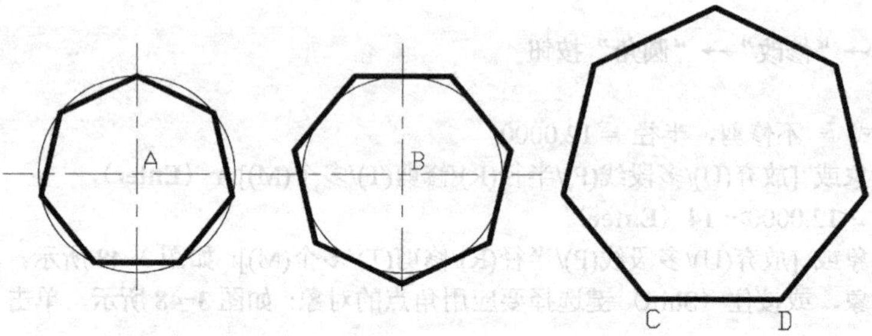

图3-50　绘制正多边形的3种方式

```
单击“常用”→“绘图”→“正多边形”按钮
命令: _polygon
输入边的数目 <4>: 7                                   //输入正多边形的边数
指定正多边形的中心点或 [边(E)]:单击 A 点
输入选项 [内接于圆(I)/外切于圆(C)] <I>:〈Enter〉      //选择内接于圆选项
指定圆的半径:单击上方圆周和中心线的交点               //指定和正多边形外接的圆的半径
```

结果如图3-50a所示。

```
单击“常用”→“绘图”→“正多边形”按钮
命令: _polygon
输入边的数目 <7>:〈Enter〉                            //按〈Enter〉键接受默认值 7
指定多边形的中心点或 [边(E)]:点取 B 点
输入选项 [内接于圆(I)/外切于圆(C)] <I>:c〈Enter〉    //选外切于圆的选项 C
指定圆的半径: 单击上方圆周和中心线的交点             //指定和正多边形内切的圆的半径
```

结果如图3-50b所示。

```
单击“常用”→“绘图”→“正多边形”按钮
命令: _polygon
输入边的数目 <7>:〈Enter〉                            //接受默认值 7
指定多边形的中心点或 [边(E)]:e〈Enter〉              //选择边选项
指定边的第一个端点:点取 C 点
指定边的第二个端点:点取 D 点
```

结果如图 3-50c 所示。

☞注意：

用 POLYGON 命令绘制的正多边形是一条多段线，编辑时是一个整体，可通过分解命令使之分解成单个的线段。

3.3.3 复制

图形中往往存在很多相同的或相近的对象，在完成一个后，通过复制命令可以快速、简单地得到另外的对象，无需重复劳动，这也是计算机绘图和手工绘图相比的一大优势。

命令：COPY。

功能区：常用→修改→复制。

输入该命令后系统有如下提示。

```
命令: _copy
选择对象:
选择对象: 〈Enter〉
当前设置:  复制模式 = 多个
指定基点或 [位移(D)/模式(O)] <位移>: O 〈Enter〉
输入复制模式选项 [单个(S)/多个(M)] <多个>:
指定基点或 [位移(D)/模式(O)] <位移>:
指定第二个点或 <使用第一个点作为位移>:
```

其中参数的用法如下。

- 选择对象：选取要复制的对象。
- 基点：定义复制对象的基准点。仅用于确定距离，和被复制的对象可以没有任何关联。
- 位移（D）：定义目标对象和原对象之间的位移。
- 模式（O）：设置复制模式为单次（S）或多次（M）。
- 指定第二个点：指定第二点来确定位移，第一点即基点。
- 使用第一个点作为位移：在提示输入第二点时按〈Enter〉键，则以第一点的坐标作为位移。

【例 3-16】 如图 3-51 所示，打开“扳手.dwg”文件，将扳手图往下方相距 100 的位置复制一份。

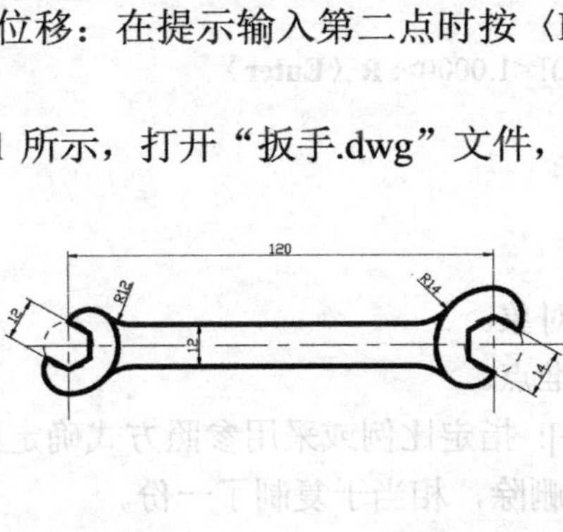

图 3-51　复制对象

```
单击“常用”→“修改”→“复制”按钮
命令: _copy
选择对象:通过“窗口”选择所有的对象                              //提示选择要复制的对象
指定对角点:  找到 26 个                                          //全部选择
选择对象:〈Enter〉                                               //按〈Enter〉键结束选择
当前设置:  复制模式 = 多个
指定基点或 [位移(D)/模式(O)] <位移>:在空白的地方单击
指定第二个点或 <使用第一个点作为位移>:鼠标向下移动，保证
正交模式打开，输入 100〈Enter〉
指定第二个点或 <使用第一个点作为位移>:〈Enter〉                  //结束复制命令
```

结果如图 3-51 所示。

☞**注意：**

1）选择被复制的对象时，应合理使用各种选择对象的方法。

2）由于图形之间总是有关联的，尤其在相对位置上。所以在确定位移时应充分利用诸如对象捕捉、栅格和捕捉等精确绘图的辅助工具。

3.3.4 缩放

使用缩放命令可以快速实现图形的大小转换。缩放时可以指定一定的比例，也可以参照某个对象进行缩放。

命令：SCALE。

功能区：常用→修改→缩放。

输入该命令后系统有如下提示。

```
命令: _scale
选择对象:
选择对象:〈Enter〉
指定基点:
指定比例因子或 [复制(C)/参照(R)] <1.0000>: R〈Enter〉
指定参照长度 <1.0000>:
指定新的长度或 [点(P)] <1.0000>:
```

其中参数的用法如下。

- 选择对象: 选择要缩放的对象。
- 指定基点: 指定缩放的基准点。
- 指定比例因子或 [参照(R)]: 指定比例或采用参照方式确定比例。
- 复制：缩放后原对象不被删除，相当于复制了一份。
- 指定参考长度 <1>: 指定参考的长度，默认为 1。
- 指定新的长度或 [点(P)] <1.0000>：指定新的长度或通过定义两个点来定长度。

【例 3-17】 如图 3-52 所示，将“扳手.dwg”文件中的扳手图形复制一份，同时放大 1.5 倍。

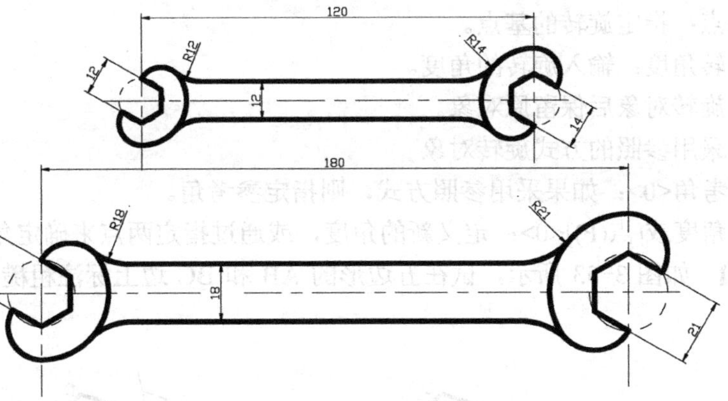

图 3-52　比例缩放实例

单击“常用”→“修改”→“缩放”按钮
命令: _scale
选择对象:采用“窗口”或“窗交”方式选择扳手图形
找到 26 个
选择对象:〈Enter〉　　//按〈Enter〉键结束选择
指定基点:在扳手图形的上方，相距约 70~80 的位置单击　　//确定比例缩放的基点
指定比例因子或 [复制(C)/参照(R)] <1>:C〈Enter〉　　//复制对象
指定比例因子或 [复制(C)/参照(R)] <1>:1.5〈Enter〉　　//放大到 1.5 倍

☞**注意:**

缩放是真正改变了图形本身的大小，和视图显示中的 ZOOM 命令缩放有本质的区别，要注意区分。ZOOM 命令相当于用放大或缩小的镜头在观察对象，仅仅改变了图形在屏幕上的显示大小，图形本身尺寸无任何大小变化。

3.3.5　旋转

在绘制的图形需要旋转一角度时，可采用旋转命令来完成。

命令：ROTATE。

功能区：常用→修改→旋转。

输入该命令后系统有以下提示。

命令: _rotate
UCS 当前的正角方向:　ANGDIR=逆时针　ANGBASE=0
选择对象:
选择对象:〈Enter〉
指定基点:
指定旋转角度，或 [复制(C)/参照(R)] <0>: R〈Enter〉
指定参照角 <0>:
指定新角度或 [点(P)] <0>:

其中参数的用法如下。

● 选择对象：选择要旋转的对象。

● 指定基点：指定旋转的基点。
● 指定旋转角度：输入旋转的角度。
● 复制：旋转对象后保留原对象。
● 参照：采用参照的方式旋转对象
✧ 指定参考角<0>：如果采用参照方式，则指定参考角。
✧ 指定新角度或[点(P)]<0>：定义新的角度，或通过指定两点来确定角度。

【例 3-18】 如图 3-53 所示，试在五边形的 AB 和 BC 边上标注粗糙度符号（左边已绘制）。

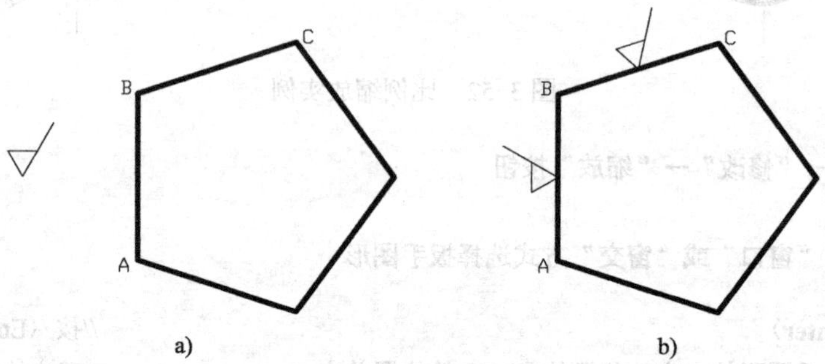

图 3-53　旋转实例

a) 原图　b) 复制并旋转后

采用复制命令以粗糙度符号的下方的尖顶为基准，分别复制到直线段 AB 和 BC 的中点。

单击“常用”→“修改”→“旋转”按钮
命令: **_rotate**
UCS 当前的正角方向:　ANGDIR=逆时针　ANGBASE=0
选择对象:**拾取 AB 线段上的粗糙度符号**
找到 1 个
选择对象:**〈Enter〉**　　//按〈Enter〉键结束对象选择
指定基点:**单击直线 AB 的中点**　　//指定旋转基点
指定旋转角度，或 [复制(C)/参照(R)] <0>:**保证正交模式打开，向上移动光标，单击。（也可直接输入 90）**　　//确定旋转角度
〈Enter〉
命令: **_rotate**
UCS 当前的正角方向:　ANGDIR=逆时针　ANGBASE=0
选择对象: **单击直线 BC 上的粗糙度符号**
选择对象: **〈Enter〉**　　找到 1 个
指定基点:**单击该粗糙度符号的尖点（即直线 BC 的中点）**
指定旋转角度，或 [复制(C)/参照(R)] <90>:　**R〈Enter〉**
指定参照角 <90>: **单击粗糙度符号的基准点（即直线 BC 的中点）**
指定第二点:**向右侧水平方向移动，单击（保证正交模式打开）**
指定新角度或 [点(P)] <0>:**单击 C 点**

结果如图 3-53b 所示。

3.3.6 圆角

圆角是很多零件上存在的一种结构，可以直接通过圆角命令绘制。

命令：FILLET。

功能区：常用→修改→圆角。

输入该命令后系统有以下提示。

命令: **_fillet**
当前设置: 模式 = 修剪，半径 = 0.0000
选择第一个对象或 [放弃(U)/多段线(P)/半径(R)/修剪(T)/多个(M)]: **u〈Enter〉**
命令已完全放弃。
选择第一个对象或 [放弃(U)/多段线(P)/半径(R)/修剪(T)/多个(M)]: **r〈Enter〉**
指定圆角半径 <XX>:
选择第一个对象或 [放弃(U)/多段线(P)/半径(R)/修剪(T)/多个(M)]: **p〈Enter〉**
选择二维多段线:
选择第一个对象或 [放弃(U)/多段线(P)/半径(R)/修剪(T)/多个(M)]: **t〈Enter〉**
输入修剪模式选项 [修剪(T)/不修剪(N)] <当前值>:
选择第一个对象或 [放弃(U)/多段线(P)/半径(R)/修剪(T)/多个(M)]: **m〈Enter〉**
选择第一个对象或 [放弃(U)/多段线(P)/半径(R)/修剪(T)/多个(M)]:
选择第二个对象，或按住〈Shift〉键选择要应用角点的对象:

其中参数的用法如下。

- 选择第一个对象：选择倒圆角的第一个对象。
- 选择第二个对象: 选择倒圆角的第二个对象
- 放弃(U)：撤销在命令中刚执行的一个操作。
- 多段线(P)：对多段线进行倒圆角。
  选择二维多段线：选择二维多段线。
- 半径(R)：设定圆角半径。
  指定圆角半径 <>：定义倒圆角的半径。
- 修剪(T)：设定修剪模式。
  输入修剪模式选项 [修剪(T)/不修剪(N)] <修剪>：选择是否采用修剪的模式。如果选择成修剪，则不论两个对象是否显式相交或相距一段距离，均自动进行延伸或修剪。如果设定成不修剪，则仅仅增加一指定半径的圆弧。
- 多个(M)：用同样的圆角半径多次给不同的对象倒圆角。圆角命令将重复显示主提示和“选择第二个对象”提示，直到用户按〈Enter〉键结束该命令。
- 按住〈Shift〉键：自动使用半径为 0 的圆角连接两个对象。即让两个对象自动准确相交，该方法可以去除多余的线条或延伸不足的线条以便调整两个对象的长度。

【例 3-19】 参照图 3-54，分别采用修剪和不修剪模式对两条直线倒圆角，圆角半径采用直线 A 的长度。

单击“常用”→“修改”→“圆角”按钮
命令: **_fillet**

当前设置：模式 = 修剪，半径 = 0.0000
选择第一个对象或 [放弃(U)/多段线(P)/半径(R)/修剪(T)/多个(M)]: **t〈Enter〉**
输入修剪模式选项 [修剪(T)/不修剪(N)] <修剪>: **n〈Enter〉**
选择第一个对象或 [放弃(U)/多段线(P)/半径(R)/修剪(T)/多个(M)]: **r〈Enter〉**
指定圆角半径 <0.0000>: **采用端点捕捉方式单击直线 A 的一个端点**
指定第二点: **采用端点捕捉方式单击直线 A 的另一个端点**
选择第一个对象或 [放弃(U)/多段线(P)/半径(R)/修剪(T)/多个(M)]:**单击直线 A**
选择第二个对象，或按住〈Shift〉键选择要应用角点的对象:**单击直线 B，靠近字母 B 的一侧〈Space〉**
命令: **fillet**
当前设置：模式 = 不修剪，半径 = 134.8280
选择第一个对象或 [放弃(U)/多段线(P)/半径(R)/修剪(T)/多个(M)]: **t〈Enter〉**
输入修剪模式选项 [修剪(T)/不修剪(N)] <不修剪>: **t〈Enter〉**
选择第一个对象或 [放弃(U)/多段线(P)/半径(R)/修剪(T)/多个(M)]: **单击直线 A**
选择第二个对象，或按住〈Shift〉键选择要应用角点的对象: **单击直线 B，靠近字母 B 的一侧**

结果如图 3-54 所示。

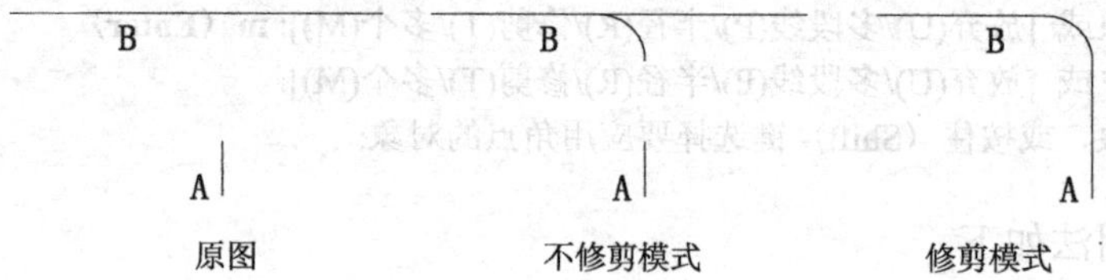

图 3-54　圆角实例

【例 3-20】　参照图 3-55，用正多边形命令绘制一内接于半径 100 的圆的正五边形，然后对之倒半径为 40 的圆角。

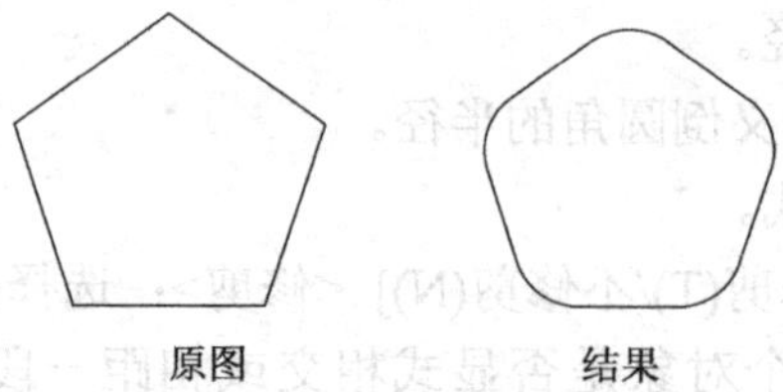

图 3-55　对多段线倒圆角

单击"常用"→"修改"→"圆角"按钮
命令: **_fillet**
当前设置：模式 = 修剪，半径 =134.8280　　//提示当前圆角模式
选择第一个对象或 [放弃(U)/多段线(P)/半径(R)/修剪(T)/多个(M)]: **r〈Enter〉**
指定圆角半径 <134.8280>:**40〈Enter〉**
选择第一个对象或 [放弃(U)/多段线(P)/半径(R)/修剪(T)/多个(M)]:**p〈Enter〉**　　//对多段线倒圆角
选择二维多段线:**单击正五边形**
5 条直线已被圆角　　//提示被倒圆角的直线数目

☞**注意：**

1）如果将圆角半径设定成 0，则在修剪模式下，不论不平行的两条直线情况如何，都将会自动准确相交。利用该特点，可以将需要精确相交的两直线倒半径为 0 的圆角。

2）对多段线倒圆角时，如果多段线本身是封闭（CLOSE）的，则在每一个顶点处自动倒出圆角。如果该多段线最后一段和开始点仅仅相连而不封闭（如使用端点捕捉而非 CLOSE 选项），则该多段线第一个顶点不会被倒圆角。

3）采用修剪模式时，拾取点的位置对结果有影响，倒圆角结果会保留拾取点所在的部分而将另一段修剪。

4）不仅在直线间可以倒圆角，在圆、圆弧、直线之间都可以倒圆角。

3.3.7 镜像

其实很多图形是对称或基本对称的，对于这样的图形，只需绘制一半甚至更少，然后采用镜像命令产生对称的部分，对基本对称的图形，再配合其他编辑绘图命令适当修改，可以大大减轻绘图工作量。

命令：MIRROR。

功能区：常用→修改→镜像

输入该命令后系统给出以下提示。

```
命令: _mirror
选择对象:
选择对象:
指定镜像线的第一点:
指定镜像线的第二点:
要删除源对象吗? [是(Y)/否(N)] <N>:
```

其中参数的用法如下。

- 选择对象：选择要镜像的对象。
- 指定镜像线的第一点：确定镜像轴线的第一点。
- 指定镜像线的第二点：确定镜像轴线的第二点。
- 要删除源对象吗？[是(Y)/否(N)] <N>：回答 Y 则删除源对象，回答 N 则保留源对象。

【例 3-21】 如图 3-56 所示，将该回转体镜像另一半。

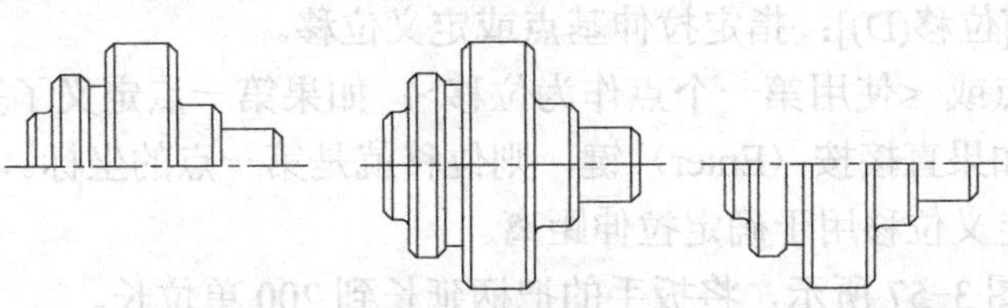

图 3-56 镜像实例

```
单击“常用”→“修改”→“镜像”按钮
命令: _mirror
```

```
选择对象:通过窗口方式选择需要镜像的对象                    //选择镜像对象
指定对角点: 找到 30 个                                    //提示选中的对象数目
选择对象:〈Enter〉                                        //按〈Enter〉键结束对象选择
指定镜像线的第一点:单击中心线的一个端点                    //通过对象捕捉端点
指定镜像线的第二点:单击中心线的另一个端点
要删除源对象吗? [是(Y)/否(N)] <N>:〈Enter〉               //按〈Enter〉键保留源对象
```

如果在“要删除源对象吗？”的提示后回答 Y，则只剩中心线以下的部分。

结果参见图 3-56。

☞注意：

对于文字的镜像，通过 MIRRTEXT 变量可以控制是否使文字和其他的对象一样被镜像。如果 MIRRTEXT 为 0，则文字不作镜像处理；如果 MIRRTEXT 为 1，文字和其他的对象一样被镜像。

3.3.8 拉伸

拉伸命令不仅可以调整图线的长短、大小，而且可以调整图线的位置。

命令：STRETCH。

功能区：常用→修改→拉伸。

输入该命令后系统给出以下提示。

```
命令: _stretch
以交叉窗口或交叉多边形选择要拉伸的对象...
选择对象:
指定对角点:
选择对象:〈Enter〉
指定基点或 [位移(D)] <位移>:
指定第二个点或 <使用第一个点作为位移>:
指定基点或 [位移(D)] <位移>:D〈Enter〉
指定位移 <0.0000, 0.0000, 0.0000>:
```

其中参数的用法如下。

- 选择对象：选择需要拉伸的对象，只能以交叉窗口或交叉多边形方式选择对象。
- 指定基点或 [位移(D)]：指定拉伸基点或定义位移。
- 指定第二个点或 <使用第一个点作为位移>：如果第一点定义了基点，定义第二点来确定位移。如果直接按〈Enter〉键，则位移就是第一点的坐标。
- 指定位移：定义位移用于确定拉伸距离。

【例 3-22】 如图 3-57 所示，将扳手的把柄延长到 200 单位长。

```
单击“常用”→“修改”→“拉伸”按钮
命令: _stretch
以交叉窗口或交叉多边形选择要拉伸的对象...               //提示选择的对象的方式
选择对象:采用交叉窗口方式选择右侧的扳手头               //点取交叉窗口或交叉多边形的第一个顶点
```

指定对角点: 找到 14 个 //指定交叉窗口的另一个顶点
选择对象:〈**Enter**〉 //按〈Enter〉键结束对象选择
指定基点或 [位移(D)] <位移>:**在任意空白位置单击**
指定第二个点或 <使用第一个点作为位移>:**向右移动鼠标，保证正交模式打开，80〈Enter〉**

结果如图 3-57 下图所示。

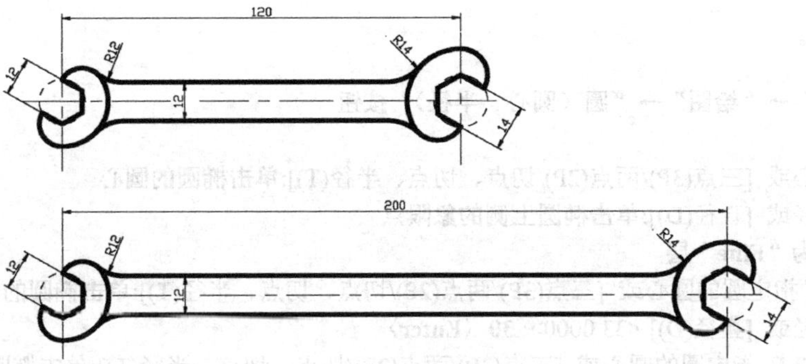

图 3-57 拉伸实例

☞**注意：**

拉伸一般只能采用交叉窗口或交叉多边形的方式来选择对象，可以采用 Remove 方式去除不需拉伸的对象，其中比较重要的是必须确定端点是否应该包含在被选择的窗口中。如果端点被包含在窗口中，则该点会同时被移动（如中间两水平粗实线的右端点），否则该端点不会被移动（如中间两水平粗实线的左端点）。如果基准点被包含，则整个图形会被移动（如右侧扳手头部组成的圆弧、多边形、圆等），否则图形位置不会移动。

3.4 挂饰平面图形绘制

3.4.1 绘制挂饰平面图形

绘制如图 3-58 所示的挂饰图形。

1）使用“模板.DWT”新建一图形。设置图形界限为 297×210，设“Solid”层为当前层，打开正交模式，设置对象捕捉模式为“中点、端点、圆心、交点、象限点”。

命令: **zoom**〈**Enter**〉
指定窗口的角点，输入比例因子 (nX 或 nXP)，或者
[全部(A)/中心(C)/动态(D)/范围(E)/上一个(P)/比例(S)/窗口(W)/对象(O)] <实时>: **a**〈**Enter**〉
正在重生成模型

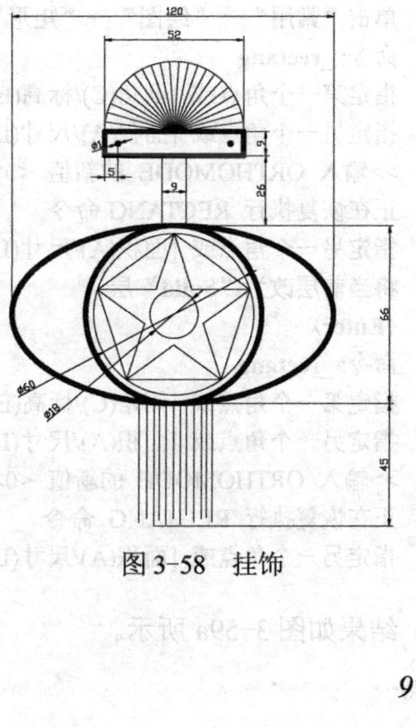

图 3-58 挂饰

2）绘制椭圆。

单击“常用”→“绘图”→“椭圆（轴、端点）”按钮
命令: _ellipse
指定椭圆的轴端点或 [圆弧(A)/中心点(C)]:单击屏幕左侧中间一点
指定轴的另一个端点: 向右移动光标，并输入 120〈Enter〉
指定另一条半轴长度或 [旋转(R)]: 向上移动光标，并输入 33〈Enter〉

3）绘制圆。

单击“常用”→“绘图”→“圆（圆心、半径）”按钮
命令: _circle
指定圆的圆心或 [三点(3P)/两点(2P)/切点、切点、半径(T)]:单击椭圆的圆心
指定圆的半径或 [直径(D)]:单击椭圆上侧的象限点
将当前层改为“Fine”层
命令: _circle 指定圆的圆心或 [三点(3P)/两点(2P)/切点、切点、半径(T)]:单击椭圆的圆心
指定圆的半径或 [直径(D)] <33.0000>: 30〈Enter〉
命令: CIRCLE 指定圆的圆心或 [三点(3P)/两点(2P)/切点、切点、半径(T)]:单击椭圆的圆心
指定圆的半径或 [直径(D)] <30.0000>: 9〈Enter〉

4）绘制正五边形。

单击“常用”→“绘图”→“正多边形”按钮
命令: _polygon
输入边的数目 <4>: 5〈Enter〉
指定正多边形的中心点或 [边(E)]:单击圆心
输入选项 [内接于圆(I)/外切于圆(C)] <I>:〈Enter〉
指定圆的半径:单击直径 60 的圆的最上面的象限点

5）绘制矩形。

单击“常用”→“绘图”→“矩形”按钮
命令: _rectang
指定第一个角点或 [倒角(C)/标高(E)/圆角(F)/厚度(T)/宽度(W)]:在空白位置单击
指定另一个角点或 [面积(A)/尺寸(D)/旋转(R)]:向右下角移动光标并单击
>>输入 ORTHOMODE 的新值 <0>:
正在恢复执行 RECTANG 命令
指定另一个角点或 [面积(A)/尺寸(D)/旋转(R)]: @9,26〈Enter〉
将当前层改为“Solid”层
〈Enter〉
命令: _rectang
指定第一个角点或 [倒角(C)/标高(E)/圆角(F)/厚度(T)/宽度(W)]: 如图 3-59 所示，在空白位置单击
指定另一个角点或 [面积(A)/尺寸(D)/旋转(R)]: 向右下角移动光标
>>输入 ORTHOMODE 的新值 <0>:
正在恢复执行 RECTANG 命令
指定另一个角点或 [面积(A)/尺寸(D)/旋转(R)]: @52,9〈Enter〉

结果如图 3-59a 所示。

6）移动矩形。

单击“常用”→“修改”→“移动”按钮
命令: _move
选择对象:单击 9×26 的矩形　找到 1 个
选择对象: **〈Enter〉**
指定基点或 [位移(D)] <位移>: **单击该矩形的下边的中点**
指定第二个点或 <使用第一个点作为位移>:**单击椭圆最上方的象限点**
〈Enter〉
命令: _move
选择对象: **单击 52×9 的矩形**　找到 1 个
选择对象: **〈Enter〉**
指定基点或 [位移(D)] <位移>: **单击该矩形下边的中点**
指定第二个点或 <使用第一个点作为位移>:**单击 26×9 矩形的上边的中点**

结果如图 3-59b 所示。

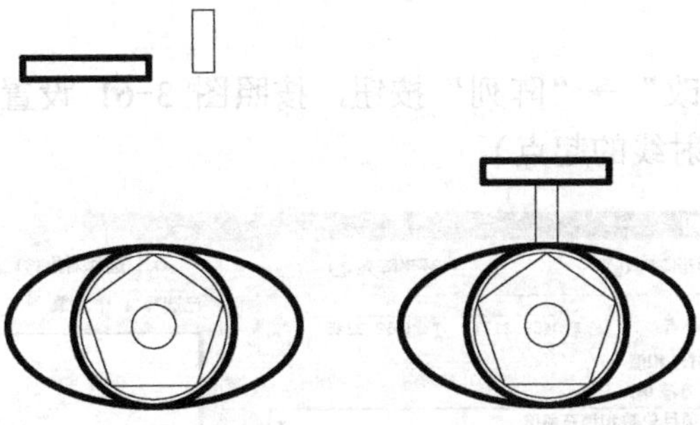

图 3-59　绘制矩形

a) 绘制矩形　b) 移动矩形

7）绘制圆环。

单击“常用”→“绘图”→“圆环”按钮
命令: _donut
指定圆环的内径 <0.5000>: **0〈Enter〉**
指定圆环的外径 <1.0000>: **〈Enter〉**
指定圆环的中心点或 <退出>:**如图 3-60 所示，移动光标到上方矩形左边中点附近，出现“中点”提示后，向右移动光标，并输入 5〈Enter〉**
指定圆环的中心点或 <退出>:**同样的方法，追踪右侧边中点，向左移动光标后输入 5〈Enter〉**
指定圆环的中心点或 <退出>: **〈Enter〉**

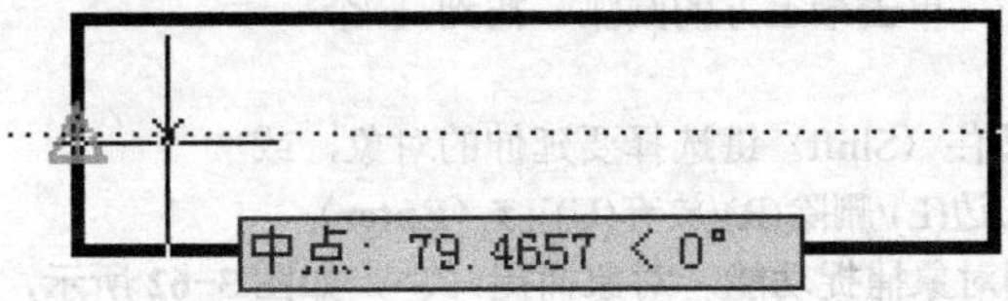

图 3-60　绘制圆环

8）绘制圆弧。

单击“常用”→“绘图”→“圆弧（圆心、起点、端点）”按钮
命令: **_arc**
指定圆弧的起点或 [圆心(C)]: **_c**
指定圆弧的圆心:**单击最上方矩形上边的中点**
指定圆弧的起点:**单击该矩形上边右侧的端点**
指定圆弧的端点或 [角度(A)/弦长(L)]:**单击该矩形上边左侧的端点**

9）绘制射线。

单击“常用”→“绘图”→“射线”按钮
命令: **_ray**
指定起点:**单击刚绘制的圆弧的圆心**
指定通过点:**向右水平移动光标，单击**
指定通过点: **〈Enter〉**

10）阵列射线。

单击“常用”→“修改”→“阵列”按钮，按照图 3-61 设置阵列参数，其中中心点选择上面的圆弧的圆心（即射线的起点）。

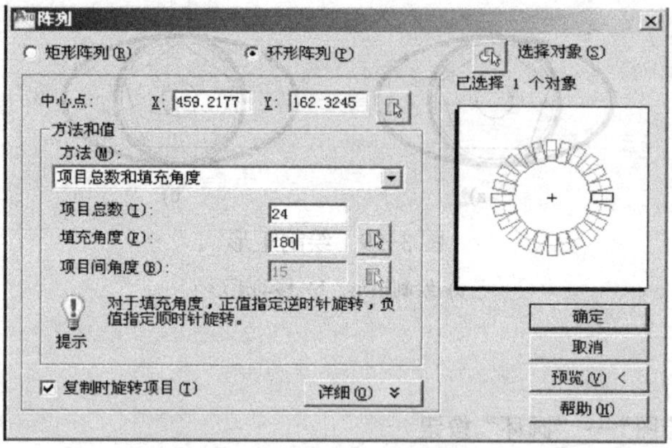

图 3-61　阵列射线

11）修剪射线。

单击“常用”→“修改”→“修剪”按钮
命令: **_trim**
当前设置:投影=视图，边=延伸
选择剪切边...
选择对象或 <全部选择>:　**单击最上方的圆弧**　找到 1 个
选择对象: **〈Enter〉**
选择要修剪的对象，或按住〈Shift〉键选择要延伸的对象，或
[栏选(F)/窗交(C)/投影(P)/边(E)/删除(R)/放弃(U)]: **f〈Enter〉**
指定第一个栏选点: **关闭对象捕捉功能** <对象捕捉 关>，**如图 3-62 所示，单击右侧的虚线的起点**
指定下一个栏选点或 [放弃(U)]: **关闭正交功能**　<正交 关>，**如图 3-62 所示，单击虚线的第二点（只要避开圆弧即可）**

指定下一个栏选点或 [放弃(U)]:**如图 3-62 所示，单击虚线的另一点**
指定下一个栏选点或 [放弃(U)]: **〈Enter〉**
选择要修剪的对象，或按住〈Shift〉键选择要延伸的对象，或
[栏选(F)/窗交(C)/投影(P)/边(E)/删除(R)/放弃(U)]: **〈Enter〉**

结果如图 3-63 所示。

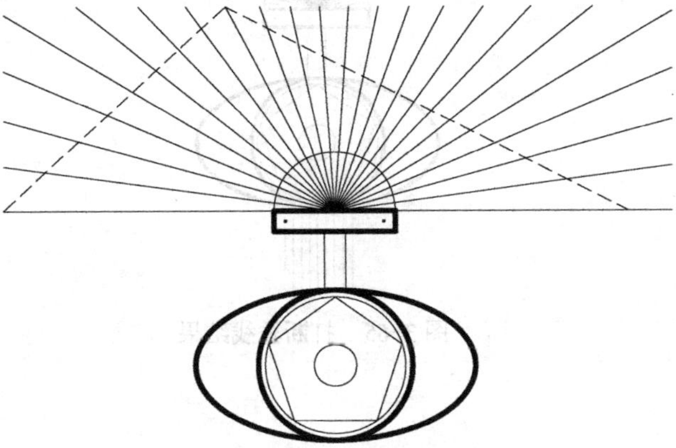

图 3-62　栏选修剪

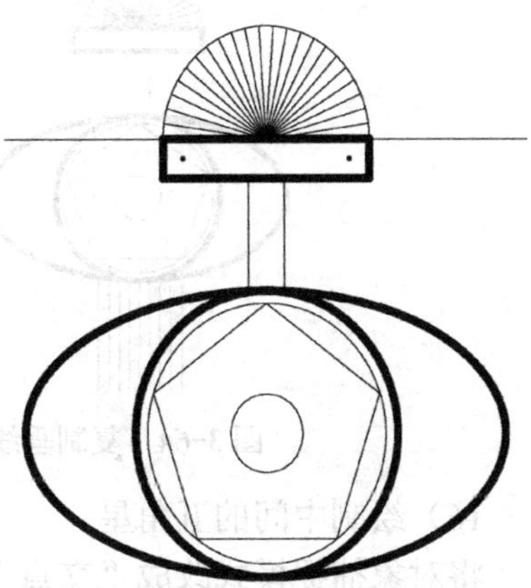

图 3-63　修剪结果

12）删除水平方向的射线。

分别单击水平方向的两条射线，按〈Delete〉删除。

13）绘制直线。

单击“常用”→“绘图”→“直线”按钮
命令: **_line**
指定第一点: **打开对象捕捉和正交功能** <对象捕捉 开> <正交 开> **单击椭圆的最下方的象限点**
指定下一点或 [放弃(U)]: **向下移动光标，并输入 45〈Enter〉**
指定下一点或 [放弃(U)]: **〈Enter〉**

14）复制直线。

将对象捕捉模式改成“象限点、最近点”

单击“常用”→“修改”→“复制”按钮
命令: **_copy**
选择对象:**单击刚绘制的垂直线** 找到 1 个
选择对象: **〈Enter〉**
当前设置: 复制模式 = 多个
指定基点或 [位移(D)/模式(O)] <位移>: **单击椭圆的下方象限点**
指定第二个点或 <使用第一个点作为位移>:**参照图 3-64 单击椭圆上的几个最近点**
指定第二个点或 [退出(E)/放弃(U)] <退出>:
指定第二个点或 [退出(E)/放弃(U)] <退出>: **〈Enter〉**

15）打断直线。

单击“常用”→“修改”→“打断”按钮

命令: _break
选择对象:在垂线的下方需要打断的位置单击（单击点即打断的第一点）
指定第二个打断点 或 [第一点(F)]:向下移动光标到图形之外，单击

参照图 3-65 进行重复同样的操作，将复制的几条垂线打断成不同的长度。

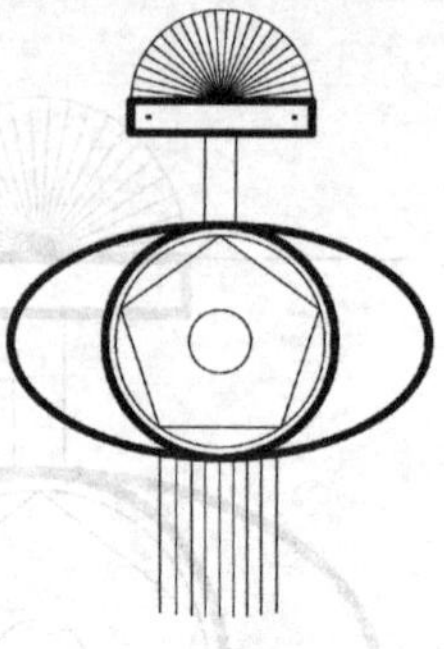

图 3-64　复制垂线

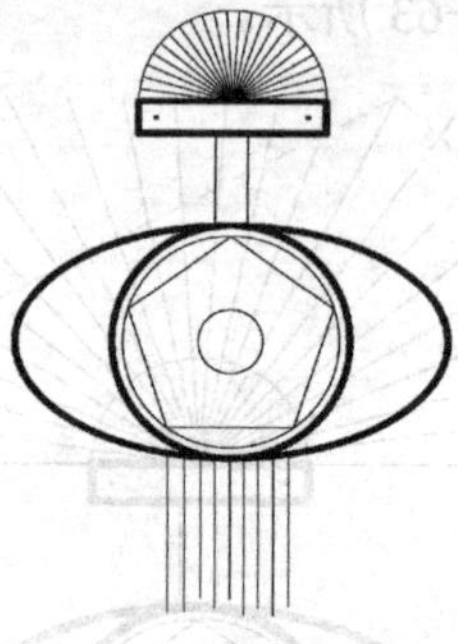

图 3-65　打断垂线结果

16）绘制中间的五角星。

将对象捕捉模式改成“交点”。

单击“常用”→“绘图”→“直线”按钮
命令: _line
指定第一点:如图 3-66 所示，将正五边形 5 个顶点对角相连
指定下一点或 [放弃(U)]:
指定下一点或 [放弃(U)]:
指定下一点或 [闭合(C)/放弃(U)]:〈Enter〉
单击“常用”→“修改”→“修剪”按钮
命令: _trim
当前设置:投影=视图，边=延伸
选择剪切边...
选择对象或 <全部选择>:　采用窗交方式选择刚绘制的 5 条直线和中间的圆
指定对角点: 找到 6 个
选择对象:〈Enter〉
选择要修剪的对象，或按住〈Shift〉键选择要延伸的对象，或
[栏选(F)/窗交(C)/投影(P)/边(E)/删除(R)/放弃(U)]:如图 3-67 所示，依次单击中间需要剪去的线段
选择要修剪的对象，或按住〈Shift〉键选择要延伸的对象，或
[栏选(F)/窗交(C)/投影(P)/边(E)/删除(R)/放弃(U)]:〈Enter〉

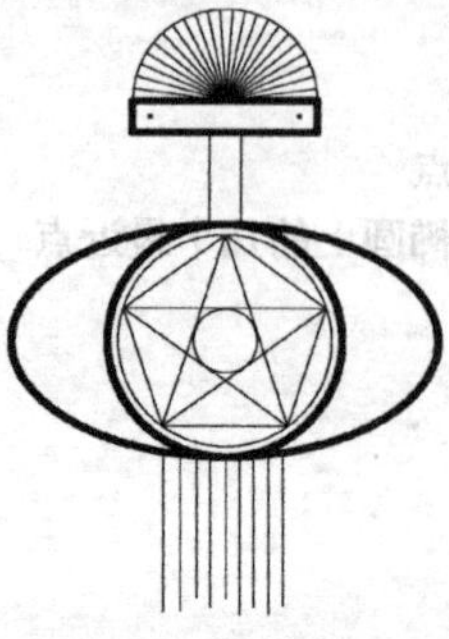

图 3-66　绘制五角星

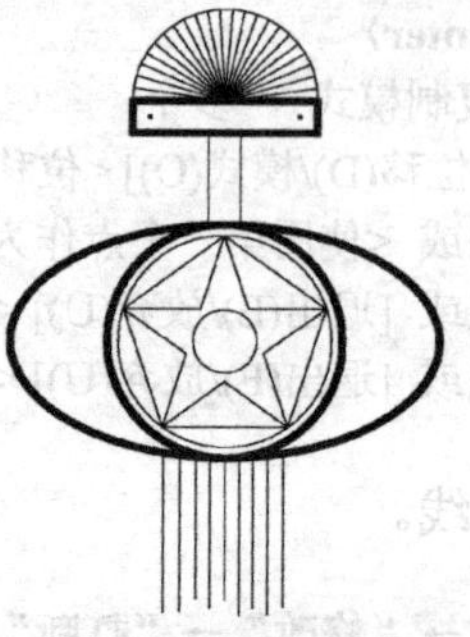

图 3-67　修剪五角星

17）保存图形。

单击“快速访问工具栏”中的“保存”按钮，将该图以“挂饰.DWG”为名保存。

3.4.2 射线

射线是一条有起点、通过另一点或指定某方向无限延伸的直线。

命令：RAY。

功能区：常用→绘图→射线。

输入该命令后系统给出如下提示。

```
命令: _ray
指定起点:
指定通过点:
```

其中参数的用法如下。

- 指定起点：输入射线起点。
- 指定通过点：输入射线通过点。连续绘制射线则指定通过点，起点不变。按〈Enter〉键或〈Space〉键退出。

可以配合角度替代等确定点的方法绘制诸如45°方向的辅助线等。

3.4.3 矩形

可通过定义矩形的两个对角点来绘制矩形，同时可以设定其宽度、圆角和倒角等。

命令：RECTANG。

功能区：常用→绘图→矩形。

输入该命令后系统有如下提示。

```
命令: _rectang
指定第一个角点或 [倒角(C)/标高(E)/圆角(F)/厚度(T)/宽度(W)]:
指定另一个角点或 [面积(A)/尺寸(D)/旋转(R)]:
```

其中参数的用法如下。

- 指定第一角点：定义矩形的一个顶点。
- 指定另一个角点：定义矩形的另一个顶点。
- 倒角（C）：绘制带倒角的矩形。
  - ✧ 第一倒角距离：定义第一倒角距离。
  - ✧ 第二倒角距离：定义第二倒角距离。
- 圆角（F）：绘制带圆角的矩形。
  矩形的圆角半径：定义圆角半径。
- 宽度（W）：定义矩形的线宽。
- 标高（E）：定义矩形的高度。
- 厚度（T）：定义矩形的厚度。
- 面积（A）：根据给定面积绘制矩形。

计算矩形尺寸时依据 [长度(L)/宽度(W)] <长度>: 按照输入的参数（长度或宽度），根据面积和长度（宽度）绘制矩形。

- 尺寸（D）：根据长度和宽度来绘制矩形。

✧ 指定矩形的长度 <0.0000>：直接给定矩形的长度

✧ 指定矩形的宽度 <0.0000>：直接给定矩形的宽度

- 旋转（R）：通过输入值、指定点或输入 p 并指定两个点来指定角度。

指定旋转角度或 [点(P)] <0>：定义旋转的角度，或通过定义一点来确定角度。

【例 3-23】 绘制如图 3-68 所示的矩形。

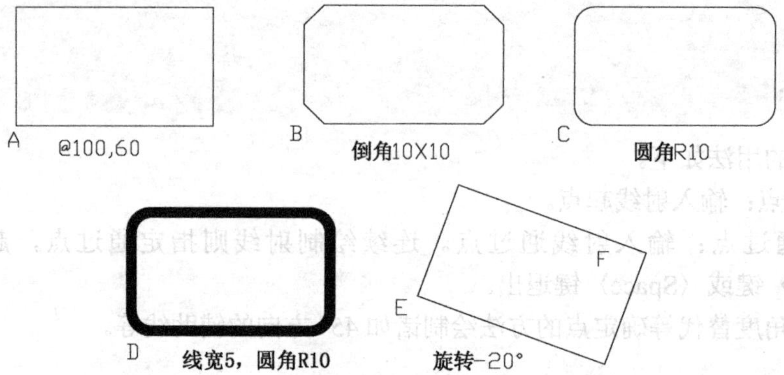

图 3-68 绘制矩形

单击“常用”→“绘图”→“矩形”按钮

命令: **_rectang**

指定第一个角点或 [倒角(C)/标高(E)/圆角(F)/厚度(T)/宽度(W)]:**点取 A 点**

指定另一个角点或 [面积(A)/尺寸(D)/旋转(R)]:**@100,60** //用相对坐标定另一顶点

〈Enter〉

命令: **rectang**

指定第一个角点或 [倒角(C)/标高(E)/圆角(F)/厚度(T)/宽度(W)]:**c〈Enter〉** //设置倒角

指定矩形的第一个倒角距离 <0.0000>:**10〈Enter〉** //设定第一倒角距离

指定矩形的另一个倒角距离 <10.0000>:**〈Enter〉** //采用默认值

指定第一个角点或 [倒角(C)/标高(E)/圆角(F)/厚度(T)/宽度(W)]:**点取 B 点**

指定另一个角点或 [面积(A)/尺寸(D)/旋转(R)] : **@100,60**

〈Enter〉

命令: **rectang**

当前矩形模式: 倒角=10.0000×10.0000 //显示当前矩形的模式

指定第一个角点或 [倒角(C)/标高(E)/圆角(F)/厚度(T)/宽度(W)]:**f〈Enter〉** //设置圆角

指定矩形的圆角半径 <0.0000>:**10〈Enter〉** //圆角半径设定为默认值 6

指定第一个角点或 [倒角(C)/标高(E)/圆角(F)/厚度(T)/宽度(W)]:**点取 C 点**

指定另一个角点或 [面积(A)/尺寸(D)/旋转(R)]: **@100,60**

〈Enter〉

命令: **rectang**

当前矩形模式: 圆角=10.0000

指定第一个角点或 [倒角(C)/标高(E)/圆角(F)/厚度(T)/宽度(W)]:**w〈Enter〉** //设定矩形的线宽

```
指定矩形的线宽 <0.0000>:5〈Enter〉                                        //宽度值设定为 5
指定第一个角点或 [倒角(C)/标高(E)/圆角(F)/厚度(T)/宽度(W)]:点取 D 点
指定另一个角点或 [面积(A)/尺寸(D)/旋转(R)]: @100,60
〈Enter〉
命令: rectang
当前矩形模式:   圆角=10.0000                                             //选择面积定矩形
指定第一个角点或 [倒角(C)/标高(E)/圆角(F)/厚度(T)/宽度(W)]: f〈Enter〉     //修改圆角为 0
指定矩形的圆角半径 <10.0000>:0〈Enter〉
指定第一个角点或 [倒角(C)/标高(E)/圆角(F)/厚度(T)/宽度(W)]:单击 E 点
指定另一个角点或 [面积(A)/尺寸(D)/旋转(R)]: r〈Enter〉                   //绘制旋转的矩形
指定旋转角度或 [拾取点(P)] <0>:-20〈Enter〉                               //旋转-20°
指定另一个角点或 [面积(A)/尺寸(D)/旋转(R)]: d〈Enter〉                   //定矩形大小
指定矩形的长度 <10.0000>:100〈Enter〉
指定矩形的宽度 <10.0000>:60〈Enter〉
指定另一个角点或 [面积(A)/尺寸(D)/旋转(R)]: 单击 F 点                     //确定矩形
```

结果如图 3-68 所示。

☞注意：

1）用矩形命令绘制的矩形是一条多段线，编辑时是一个整体，可以通过分解命令使之分解成单个的线段，但同时失去线宽性质。

2）线宽是否填充和 FILLMODE 变量的设置有关。

3.4.4 椭圆和椭圆弧

AutoCAD 中绘制椭圆和椭圆弧如同绘制正多边形一样方便，系统自动计算各点数据。

命令：ELLIPSE。

功能区：常用→绘图→椭圆。

绘制椭圆和绘制椭圆弧的命令是相同的。绘制椭圆弧即绘制椭圆的_a 参数，绘制椭圆弧只要增加夹角的两个参数即可。

输入该命令后系统会给出如下提示。

```
命令：_ellipse
指定椭圆的轴端点或[圆弧(A)/中心点(C)]：a〈Enter〉
指定椭圆的中心点：
指定轴的端点：
指定另一条半轴长度或[旋转(R)]:
指定起始角度或 [参数(P)]:
指定终止角度或 [参数(P)/包含角度(I)]:
```

其中参数的用法如下。

- 端点：指定椭圆轴的端点。
- 中心点：指定椭圆的中心点。
- 半轴长度：指定半轴的长度。

- 旋转（R）：指定一轴相对于另一轴的旋转角度。范围在 0°～89.4°之间，0°绘制一圆，大于 89.4°则无法绘制椭圆。
- 指定起始角度或[参数（P）]：绘制椭圆弧时提示输入起始角度。
- 指定终止角度或[参数（P）/包含角度（I）]：输入终止角度或输入椭圆包含的角度。

【例 3-24】 如图 3-69 所示，分别采用圆心、轴和端点等方式绘制椭圆和椭圆弧。

单击“常用”→“绘图”→“椭圆（圆心）”按钮
命令: **_ellipse**
指定椭圆的轴端点或 [圆弧(A)/中心点(C)]: **_c** //指定采用中心点的方式
指定椭圆的中心点:**单击 A 点作为椭圆的中心点**
指定轴的端点:**点取轴的端点 B**
指定另一条半轴长度或 [旋转(R)]:**点取另一根轴的端点 C** //确定另一条轴的半长

结果如图 3-69a 所示。

单击“常用”→“绘图”→“椭圆（轴、端点）”按钮
命令: **_ellipse**
指定椭圆的轴端点或 [圆弧(A)/中心点(C)]:**单击轴的一个端点 D** //确定轴的一个端点
指定轴的另一个端点:**单击轴的另一个端点 E**
指定另一条半轴长度或 [旋转(R)]:**单击另一根轴的一个端点 F** //确定另一条轴的半长

结果如图 3-69b 所示。

单击“常用”→“绘图”→“椭圆（轴、端点）”按钮
命令: **_ellipse**
指定椭圆的轴端点或 [圆弧(A)/中心点(C)]:**单击轴的一个端点 G** //确定轴的一个端点
指定轴的另一个端点:**单击轴的另一个端点 H** //确定轴的另一个端点
指定另一条半轴长度或 [旋转(R)]:**r〈Enter〉** //输入 R 采用旋转方式绘制椭圆
指定绕长轴旋转:**70〈Enter〉** //输入旋转角度 70°

结果如图 3-69c 所示。

单击“常用”→“绘图”→“椭圆弧”按钮
命令: **_ellipse**
指定椭圆的轴端点或 [圆弧(A)/中心点(C)]: **_a〈Enter〉** //绘制椭圆弧
指定椭圆弧的轴端点或 [中心点(C)]:**c〈Enter〉** //采用中心点的方式绘制椭圆
指定椭圆弧的中心点:**单击 I 点** //指定中心点
指定轴的端点:**单击 J 点**
指定另一条半轴长度或 [旋转(R)]:**单击 K 点**
指定起始角度或 [参数(P)]:**单击 L 点** //定义起始角度
指定终止角度或 [参数(P)/包含角度(I)]:**单击 M 点** //定义终止角度

结果如图 3-69d 所示。

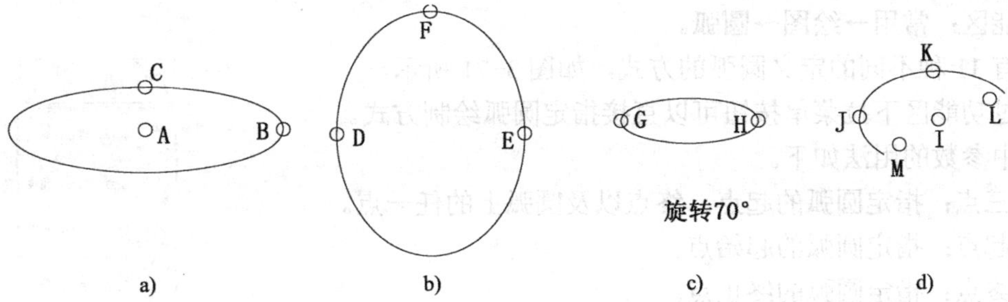

图 3-69　绘制椭圆及椭圆弧

3.4.5　圆环

圆环是一种可以填充的同心圆，其内径可以为 0，也可以和外径相等。

命令：DONUT。

功能区：常用→绘图→圆环。

输入该命令后系统给出以下提示。

```
命令: _donut
指定圆环的内径 <XX>:
指定圆环的外径 <XX>:
指定圆环的中心点 <退出>:
```

其中参数的用法如下。

- 内径：定义圆环的内圈直径。
- 外径：定义圆环的外圈直径。
- 中心点：指定圆环的圆心摆放位置。
- 退出：结束圆环绘制，否则可以连续绘制同样的圆环。

图 3-70 中的圆环为设置了不同内径的效果。

图 3-70　圆环实例

☞注意：

圆环中是否填充，与 FILLMODE 变量的设定有关。

3.4.6　圆弧

圆弧是比较常见的图素之一。圆弧可通过圆弧命令直接绘制，也可以通过打断圆成圆弧或者通过倒圆角等方法来产生。

命令：ARC。

功能区：常用→绘图→圆弧。

共有 11 种不同的定义圆弧的方式，如图 3-71 所示。

通过功能区下拉菜单按钮可以直接指定圆弧绘制方式。

其中参数的用法如下。

- 三点：指定圆弧的起点、终点以及圆弧上的任一点。
- 起点：指定圆弧的起始点。
- 终点：指定圆弧的终止点。
- 圆心：指定圆弧的圆心。
- 方向：指定和圆弧起点相切的方向。
- 长度：指定圆弧的弦长。正值绘制小于 180° 的圆弧，负值绘制大于 180° 的圆弧。
- 角度：指定圆弧包含的角度。顺时针为负，逆时针为正。
- 半径：指定圆弧的半径。按逆时针绘制，正值绘制小于 180° 的圆弧，负值绘制大于 180° 的圆弧。

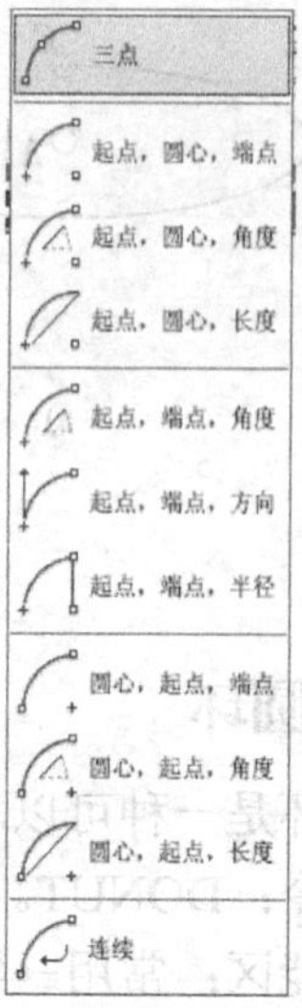

图 3-71 11 种绘制圆弧的方式

在输入 ARC 命令后，出现以下提示。

指定圆弧的起点或[圆心（CE）]：

如果此时拾取一点，则响应的是“起点”，随后的绘制方法将局限于以“起点”开始的方法；如果输入 CE，则响应的是“圆心”，随后即以已知“圆心”来绘制圆弧。

绘制圆弧需要 3 个参数，系统会逐个提示，要求用户响应。图 3-72 为 10 种圆弧绘制示意图。

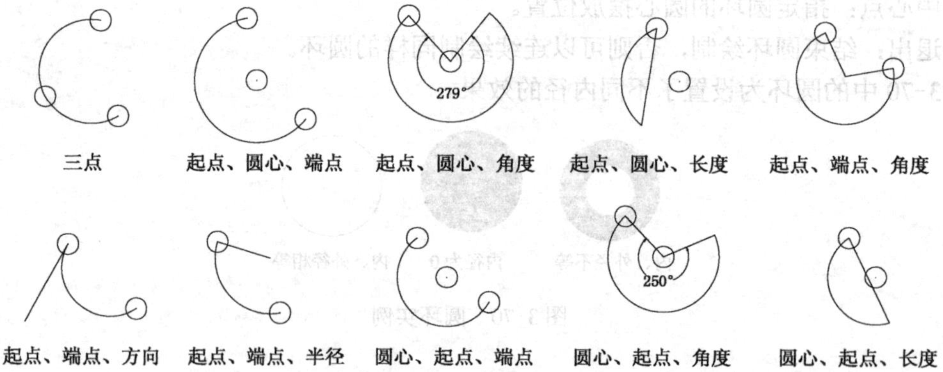

图 3-72 10 种圆弧绘制示意图

一般绘制圆弧的选项组合有以下几种。

- 三点：通过指定圆弧上的起点、终点和圆弧中间任意一点来确定圆弧。
- 起点、圆心：首先输入圆弧的起点和圆心，其余的参数为端点、角度或弦长。给定角度时按照默认的正为逆时针，负为顺时针方向绘制。给定弦长时，正值绘制小于 180° 的弧，负值绘制大于 180° 的弧。

● 起点、端点：定义圆弧的起点和端点，其余的参数为角度、半径、方向或圆心来绘制圆弧。如果提供角度，则正值按逆时针绘制圆弧，负值按顺时针绘制圆弧。如果选择半径选项，默认按逆时针绘制圆弧，负值绘制大于 180° 的圆弧，正值绘制小于 180° 的圆弧。

● 圆心、起点：输入圆弧的圆心和起点，其余的参数为角度、弦长或端点绘制圆弧。正值按逆时针绘制，负值按顺时针绘制圆弧。正的弦长绘制小于 180° 的圆弧，负的弦长绘制大于 180° 的圆弧。

● 连续：在开始绘制圆弧时如果不输入点，而是按〈Enter〉键或〈Space〉键，则采用连续的圆弧绘制方式。所谓的连续，指该圆弧的起点为上一个圆弧的终点或上一个直线的终点，并与之相切，同直线绘制时以〈Enter〉键或〈Space〉键响应第一点相同。

如图 3-73 所示，其中分别对正负角度、正负弦长和正负半径的绘制效果进行了比较，最后一个图则为先绘制 AB 直线，再绘制圆弧时用“继续”或〈Enter〉键响应，同样再以〈Enter〉键响应第二个圆弧的绘制效果。

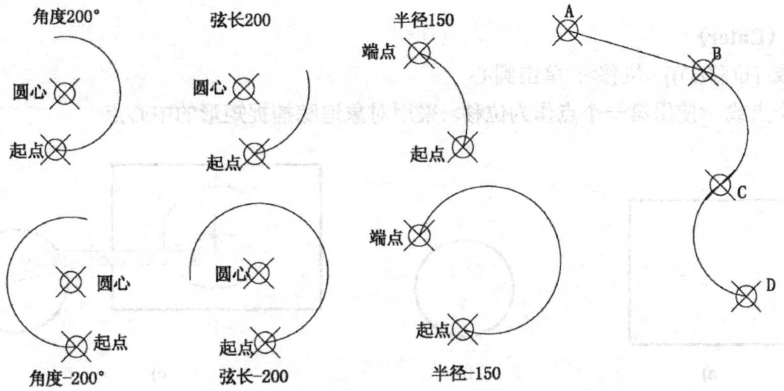

图 3-73　参数正负效果和“连续”绘制圆弧实例

☞注意：

1）在绘制圆比圆弧更容易时，应通过对圆的打断或修剪产生圆弧。

2）通过功能区面板和菜单来绘制圆弧其方式是明确的，提示自动填入对应的参数。通过工具栏或命令行输入绘制圆弧命令时，相应的提示会给出可能的多种参数，此时要注意命令行的提示。

3）定义圆弧的圆心、起点、端点等时，必要时应配合对象捕捉方式准确绘制圆弧。

3.4.7　移动

移动命令可以将一组或一个对象从一个位置移动到另一个位置。

命令：MOVE。

功能区：常用→修改→移动。

输入该命令后系统给出以下提示。

命令: **_move**
选择对象:
选择对象: **〈Enter〉**
指定基点或 [位移(D)] <位移>:
指定第二个点或 <使用第一个点作为位移>:

其中参数的用法如下。

- 选择对象：选择要移动的对象。
- 指定基点或[位移]：指定移动的基点或直接输入位移。
- 指定第二个点或 <使用第一个点作为位移>：如果点取了某点，则指定位移第二点。如果直接按〈Enter〉键，则用第一点的数值作为位移来移动对象。

【例 3-25】 将图 3-74b 中的圆移动到图 3-74a 的正中间，结果如图 3-74c 所示。

单击“常用”→“修改”→“移动”按钮
命令: **_move**
选择对象:**单击圆**
找到 1 个
选择对象:**〈Enter〉**
指定基点或 [位移(D)] <位移>: **单击圆心**
指定第二个点或 <使用第一个点作为位移>:**采用对象追踪捕捉矩形的中心点**

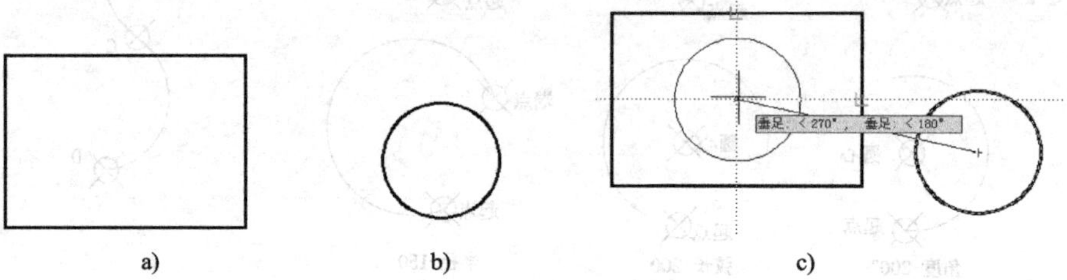

a)　　　　b)　　　　c)

图 3-74 移动实例

☞注意：

1）移动和复制需要进行的操作基本相同，但结果不同。复制在原位置保留了源对象，而移动在原位置并不保留源对象。等同于先复制后删除源对象。

2）必要时应充分利用对象捕捉等辅助绘图功能精确移动对象。

3.4.8 打断

打断命令可以将某对象一分为二。在同一点打断则可以保持原来的总长不变；否则，会使原来的图线失去一部分。圆可以被打断成圆弧。

命令：BREAK
功能区：常用→修改→打断、打断于点
输入该命令后系统给出如下提示。

命令: **_break**
选择对象:
指定第二个打断点或[第一点（F）]:

其中参数的用法如下。

- 选择对象：选择打断的对象。如果在后面的提示中不输入 F 来重新定义第一点，则此时单击的点为第一点，该点对打断结果有影响。
- 指定第二个打断点：拾取打断的第二点。如果输入@，则指第二点和第一点相同，即将选择对象分成两段而总长度不变。
- 第一点(F)：输入 F 重新定义第一点。

如果需要在同一点将一个对象一分为二，可以直接使用“打断于点”按钮。

【例 3-26】 打断练习实例。采用不同的操作打断如图 3-75 所示的直线和圆。

单击“常用”→“修改”→“打断”按钮
命令: **_break**
选择对象:如图 **3-75** 所示，单击 **A** 点
指定第二个打断点 或 [第一点(F)]: **单击 B 点（上下可以有偏差）**

对图 3-75 右上方所示直线在同一点打断。

单击“常用”→“修改”→“打断于点”按钮
命令: **_break**
选择对象:**选择直线**
指定第二个打断点 或 [第一点(F)]: **_f**
指定第一个打断点:**单击 A 点**
指定第二个打断点: **@**

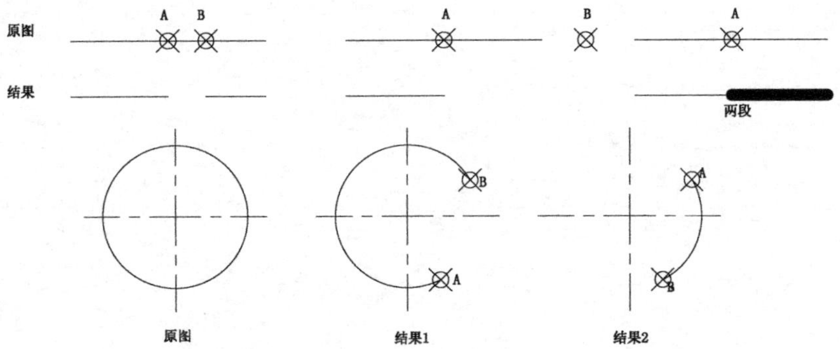

图 3-75 打断实例

☞注意：

1）打断圆（弧）时拾取点的顺序很重要，因为打断是逆时针方向，结果 1 和结果 2 因为单击了不同的选择顺序而造成结果迥异。

2）一个完整的圆不可以在同一点被打断。

思考题

1. 对象选择模式有几种？窗口方式和窗交方式有什么区别？

2．指定点方式有几种？有几种方法可以精确输入点的坐标？

3．通过哪些辅助功能可以绘制水平和垂直线？正交模式打开时是否只能绘制水平或垂直线？

4．删除图形对象的方法有哪些？

5．环形阵列中如何保证阵列的对象随圆心方向旋转？

6．修剪和延伸命令中对拾取点是否有要求？区别在哪？

7．OOPS 命令恢复对象和 U 或 UNDO 命令恢复对象有什么区别？

8．能否使用圆角命令（FILLET）将两条直线成直角精确相交？

9．拉伸命令（STRETCH）是否可以作为移动命令（MOVE）使用？如何操作？

10．绘制矩形的方法有哪些？

11．电路图中的焊点可以用什么命令绘制？

12．绘制直线后再以连续方式绘制圆弧时，该圆弧有什么特点？先绘制圆弧然后绘制直线时，直接按〈Enter〉键，绘制的直线有什么特点？

第4章　典型图形绘制

4.1　组合体三视图绘制

参照图 4-1，绘制该组合体的三视图。工程图的绘制要注意视图之间的对应关系。

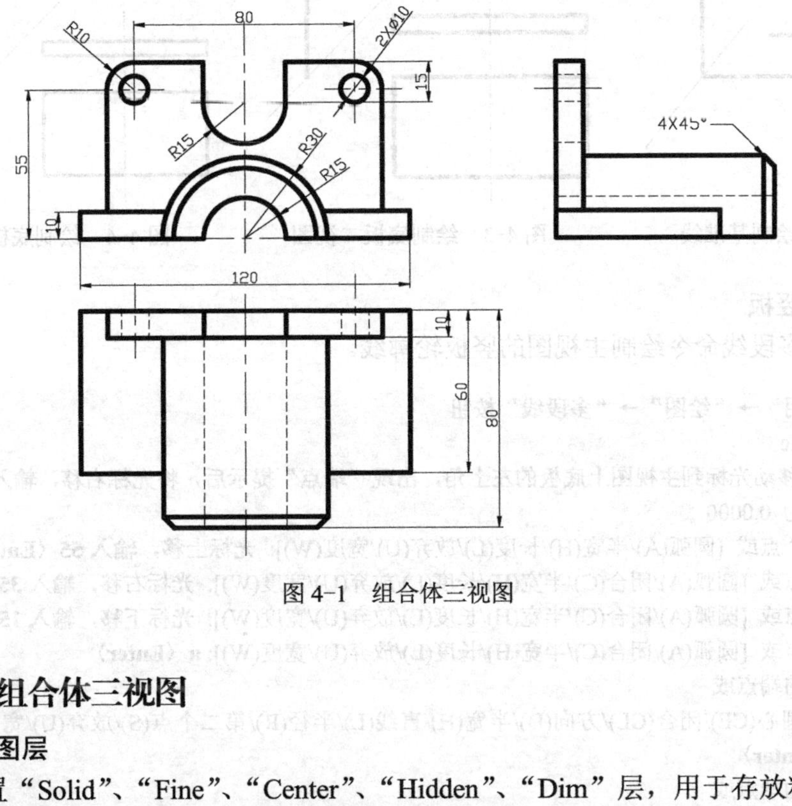

图 4-1　组合体三视图

4.1.1　绘制组合体三视图

1．设置图层

分别设置“Solid”、“Fine”、“Center”、“Hidden”、“Dim”层，用于存放粗实线、细实线、点画线、虚线和尺寸标注，并设置合适的线宽、颜色等。

2．绘制基准线

如图 4-2 所示，分别在“Center”层绘制一条垂直线，在“Solid”层绘制 3 条直线，在“Fine”层绘制一条 45° 的辅助线，辅助线绘制方法如下。该辅助线一旦绘制，请勿轻易移动。

单击“常用”→“绘图”→“构造线”按钮
命令: **_xline**
指定点或 [水平(H)/垂直(V)/角度(A)/二等分(B)/偏移(O)]: **a〈Enter〉**
输入构造线的角度 (0) 或 [参照(R)]: **−45〈Enter〉**
指定通过点:**参照图 4-2，单击两条粗实线的交点**

指定通过点:〈**Enter**〉

3．绘制底板

采用复制命令或偏移命令，复制底板的轮廓直线。采用修剪命令编辑成矩形。选中偏移复制的垂直线，单击图层列表，选择“Solid”层，将轮廓线调整到“Solid”层，结果如图 4-3 所示。

再通过三视图之间的对应关系绘制左视图，结果如图 4-4 所示。

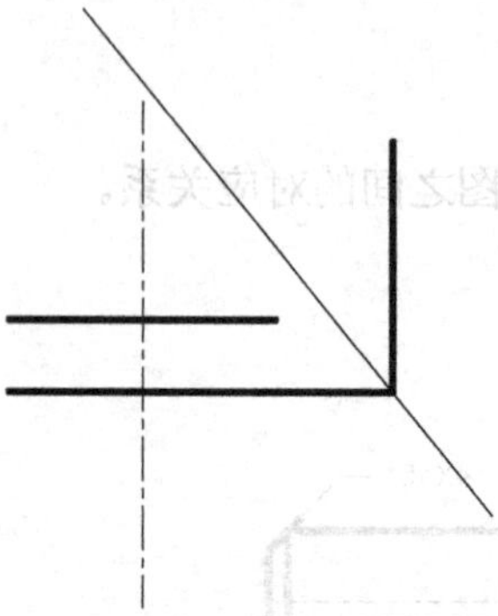

图 4-2　绘制基准线

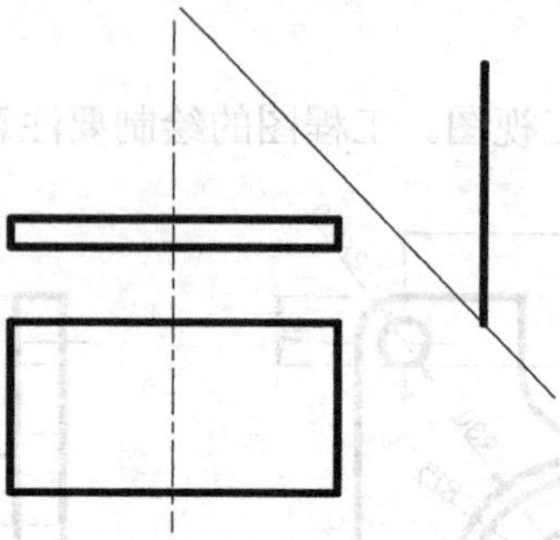

图 4-3　绘制底板二视图

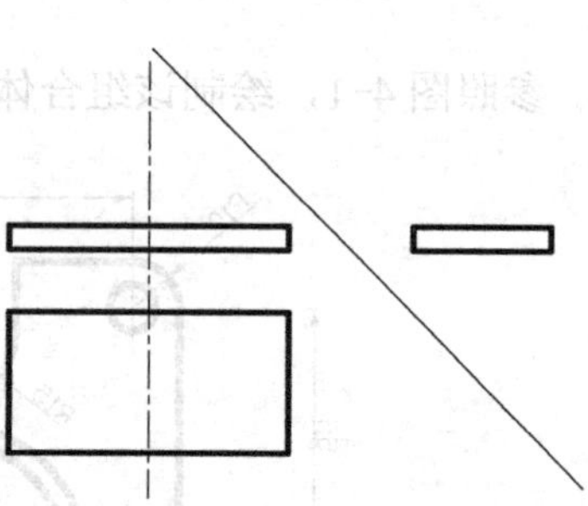

图 4-4　绘制底板左视图

4．绘制竖板

1）通过多段线命令绘制主视图的竖板轮廓线。

单击“常用”→“绘图”→“多段线”按钮
命令: **_pline**
指定起点:**移动光标到主视图上底板的左上角，出现“端点”提示后，将光标右移，输入 10〈Enter〉**
当前线宽为 0.0000
指定下一个点或 [圆弧(A)/半宽(H)/长度(L)/放弃(U)/宽度(W)]: **光标上移，输入 55〈Enter〉**
指定下一点或 [圆弧(A)/闭合(C)/半宽(H)/长度(L)/放弃(U)/宽度(W)]: **光标右移，输入 35〈Enter〉**
指定下一点或 [圆弧(A)/闭合(C)/半宽(H)/长度(L)/放弃(U)/宽度(W)]: **光标下移，输入 15〈Enter〉**
指定下一点或 [圆弧(A)/闭合(C)/半宽(H)/长度(L)/放弃(U)/宽度(W)]: **a〈Enter〉**
指定圆弧的端点或
[角度(A)/圆心(CE)/闭合(CL)/方向(D)/半宽(H)/直线(L)/半径(R)/第二个点(S)/放弃(U)/宽度(W)]: **光标右移，输入 30〈Enter〉**
指定圆弧的端点或
[角度(A)/圆心(CE)/闭合(CL)/方向(D)/半宽(H)/直线(L)/半径(R)/第二个点(S)/放弃(U)/宽度(W)]: **l〈Enter〉**
指定下一点或 [圆弧(A)/闭合(C)/半宽(H)/长度(L)/放弃(U)/宽度(W)]:**光标上移，输入 15〈Enter〉**
指定下一点或 [圆弧(A)/闭合(C)/半宽(H)/长度(L)/放弃(U)/宽度(W)]:**光标右移，输入 35〈Enter〉**
指定下一点或 [圆弧(A)/闭合(C)/半宽(H)/长度(L)/放弃(U)/宽度(W)]:**光标下移输入 55〈Enter〉**
指定下一点或 [圆弧(A)/闭合(C)/半宽(H)/长度(L)/放弃(U)/宽度(W)]: **〈Enter〉**

结果如图 4-5 所示。

2）通过偏移复制、修剪等命令或直线命令，绘制俯视图和左视图竖板的轮廓投影。结果如图 4-6 所示。

3）再通过偏移命令，将主视图底板的下边线向上复制一根到圆弧的中心。

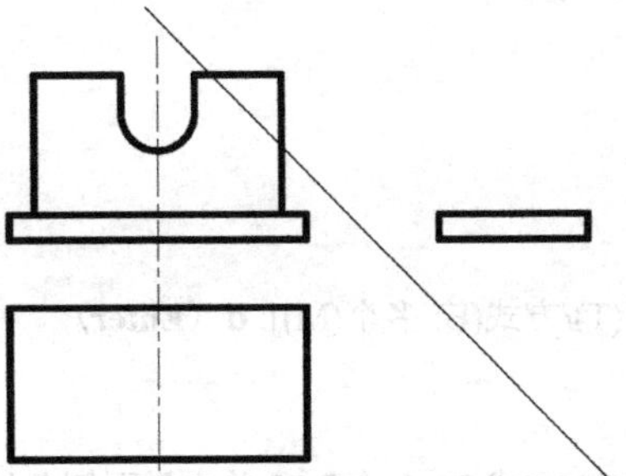

图 4-5　绘制竖板外围轮廓线

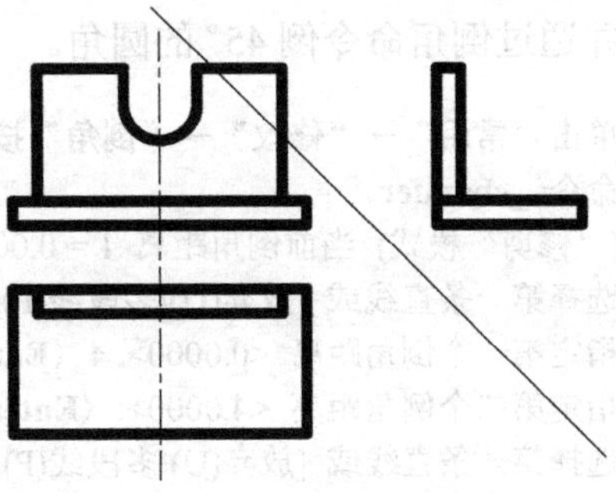

图 4-6　绘制主视图缺口

4）通过特性匹配命令，将偏移复制的直线匹配成中心线的属性。

单击“常用”→“剪贴板”→“特性匹配”按钮

命令: '_matchprop

选择源对象:单击垂直中心线

当前活动设置： 颜色 图层 线型 线型比例 线宽 厚度 打印样式 标注 文字 填充图案 多段线 视口 表格材质 阴影显示 多重引线

选择目标对象或 [设置(S)]:单击刚偏移复制的通过圆弧中心的水平线

选择目标对象或 [设置(S)]:〈Enter〉

5）通过对应关系，绘制俯视图和左视图缺口的投影。

6）在主视图上倒 R10 的角，绘制同心圆，结果如图 4-7 所示。

7）在“Center”层，通过“注释”→“标注”→“圆心标记”命令，给绘制的圆补上中心线。

8）通过三视图的对应关系，在相应的层上绘制俯视图和左视图上的圆孔的投影。

9）调整相应的中心线的长度到合适的位置，结果如图 4-8 所示。

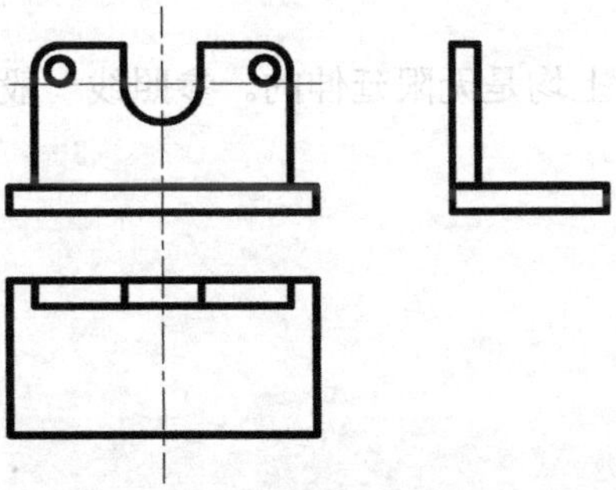

图 4-7　绘制圆孔及倒角

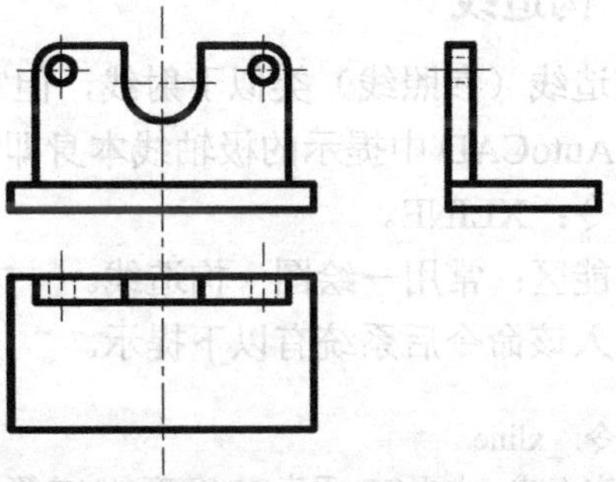

图 4-8　绘制其他两视图上的投影

5．绘制半圆柱

1）在主视图上绘制 3 个半径分别为 30、26、15 的圆，并修剪成半圆，并将中间的一条水平直线段修剪到位，如图 4-9 所示。

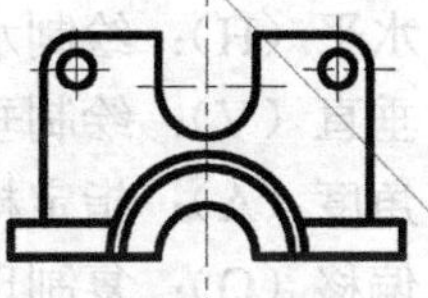

图 4-9　绘制圆柱主视图投影

2）通过对应关系，绘制俯视图和左视图上对应的投影，并通过倒角命令倒 45° 的圆角。

```
单击“常用”→“修改”→“倒角”按钮
命令: _chamfer
(“修剪”模式) 当前倒角距离 1 = 0.0000，距离 2 = 0.0000
选择第一条直线或 [放弃(U)/多段线(P)/距离(D)/角度(A)/修剪(T)/方式(E)/多个(M)]: d〈Enter〉
指定第一个倒角距离 <0.0000>: 4〈Enter〉
指定第二个倒角距离 <4.0000>:〈Enter〉
选择第一条直线或 [放弃(U)/多段线(P)/距离(D)/角度(A)/修剪(T)/方式(E)/多个(M)]:单击需要倒角的直线
选择第二条直线，或按住〈Shift〉键选择要应用角点的直线:单击另一根需要倒角的直线
```

依次在 3 个位置完成倒角，结果如图 4-10 所示。

3）绘制中间孔的投影，连接倒角后产生的投影线，并修剪俯视图中底板下边的投影线，结果如图 4-11 所示。删除辅助线并标注好尺寸即完成该组合体图形的绘制。

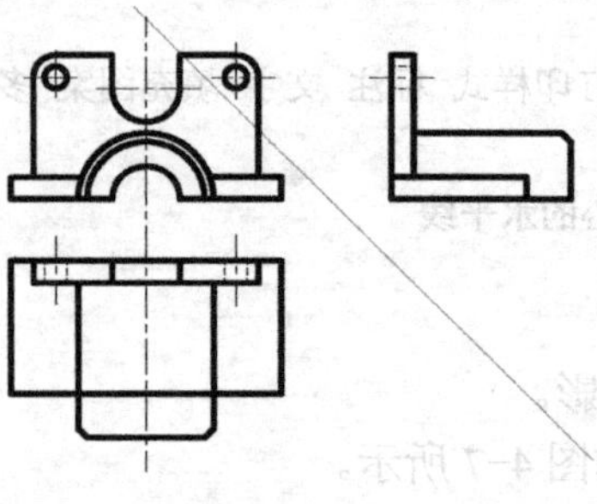

图 4-10　绘制俯视图和左视图并倒角

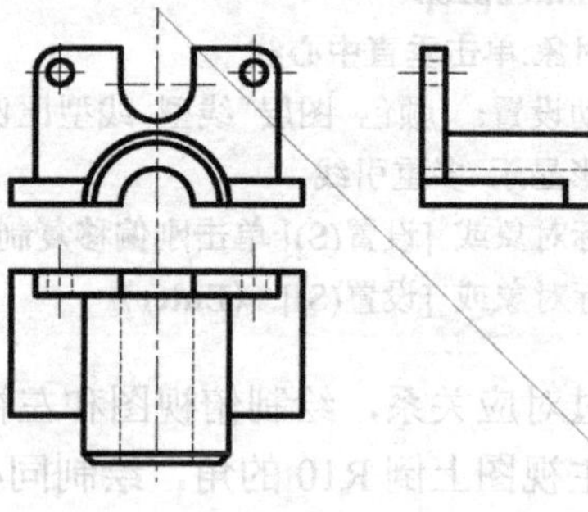

图 4-11　绘制孔及倒角的投影

6．保存图形

将绘制好的图形以“组合体三视图.dwg”为名保存。

4.1.2　构造线

构造线（参照线）类似于射线，但它在两个方向上均是无限延伸的。参照线一般用做辅助线。AutoCAD 中提示的极轴线本身即是构造线。

命令：XLINE。

功能区：常用→绘图→构造线。

输入该命令后系统有以下提示。

```
命令: _xline
指定点或 [水平(H)/垂直(V)/角度(A)/二等分(B)/偏移(O)]:
```

其中参数的用法如下。

- 水平（H）：绘制水平构造线，随后要求指定该水平线的通过点。
- 垂直（V）：绘制垂直构造线，随后要求指定该垂直线的通过点。
- 角度（A）：指定构造线角度，随后要求指定该线的通过点。
- 偏移（O）：复制现有的构造线，指定偏移通过点。
- 二等分（B）：以构造线绘制指定角的平分线。

【例 4-1】 如图 4-12 所示，绘制角 BAC 的平分线。

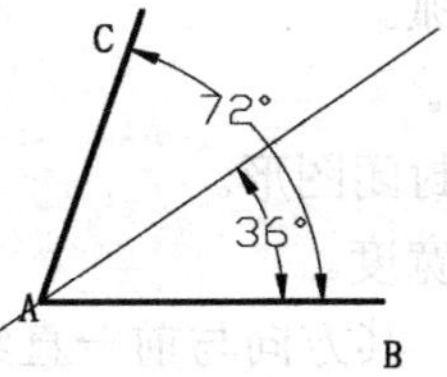

图 4-12 用构造线绘制角平分线

```
命令: _xline
指定点或 [水平(H)/垂直(V)/角度(A)/二等分(B)/偏移(O)]:b〈Enter〉
指定角的顶点:单击顶点 A
指定角的起点:单击 B 点
指定角的端点:单击 C 点
指定角的端点:〈Enter〉
```

结果如图 4-12 所示。

4.1.3 多段线

顾名思义，多段线是由多条直线段或圆弧段组成的单一实体，同时它还具有可变宽度等特性。

命令：PLINE。

功能区：常用→绘图→多段线。

输入该命令后系统有以下提示。

```
命令: _pline
指定起点:
当前线宽为 0.0000
指定下一个点或 [圆弧(A)/半宽(H)/长度(L)/放弃(U)/宽度(W)]:
指定下一点或 [圆弧(A)/闭合(C)/半宽(H)/长度(L)/放弃(U)/宽度(W)]: a〈Enter〉
指定圆弧的端点或
[角度(A)/圆心(CE)/闭合(CL)/方向(D)/半宽(H)/直线(L)/半径(R)/第二个点(S)/放弃(U)/宽度(W)]:
```

其中参数的用法如下。

- 圆弧(A)：转换为绘制圆弧的方式。

✧ 端点：定义圆弧的端点。

✧ 角度(A)：定义圆弧的角度。

✧ 圆心(CE)：定义圆弧的圆心。

✧ 闭合(CL)：将多段线首尾相连封闭图形，封闭和仅仅端点相连性质不同。

✧ 方向(CP)：定义圆弧方向。

✧ 半宽(H)：定义多段线一半的宽度。

✧ 直线(L)：转换成直线绘制方式。

✧ 半径(R)：定义圆弧的半径。

✧ 第二个点(S)：定义圆弧上的第二点。
✧ 放弃(U)：放弃最后绘制的圆弧。
✧ 宽度(W)：定义多段线的宽度。
● 闭合(C)：将多段线首尾相连封闭图形。
● 半宽(H)：定义多段线一半的宽度。
● 长度(L)：定义直线段的长度，其方向与前一直线相同或与前一圆弧相切。
● 放弃(U)：放弃最后绘制的一段多段线。
● 宽度(W)：定义多段线的宽度。

【例 4-2】 用多段线命令绘制如图 4-13 所示的波形图。

单击“常用”→“绘图”→“多段线”按钮。

从 A 点出发，水平方向 20，然后垂直方向距离 20，水平方向距离 10 绘制连续的多段线波形，然后以距离 20 绘制到 B 点，此时修改 w（宽度）参数为起始点 5，终止点 0，距离 20 绘制到 C 点结束，结果如图 4-13 所示。

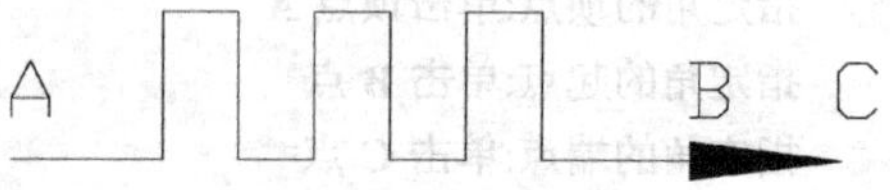

图 4-13 多段线

☞注意：

1）多段线分解后不再是一个整体，而变成单独的线段和圆弧，同时失去线宽属性。

2）多段线的宽度填充是否显示和 FILLMODE 变量的设置有关。

4.1.4 倒角

倒角和圆角一样，是机械图上常见的结构。倒角除了在诸如矩形命令中可以直接产生外，也可以在任何时候通过倒角命令产生。

命令：CHAMFER。

功能区：常用→修改→倒角。

输入该命令后系统会给出以下提示。

命令: **_chamfer**
(“修剪”模式) 当前倒角距离 1 = xx，距离 2 = xx
选择第一条直线或 [放弃(U)/多段线(P)/距离(D)/角度(A)/修剪(T)/方式(E)/多个(M)]:
选择第二条直线，或按住〈Shift〉键选择要应用角点的直线:
选择第一条直线或 [放弃(U)/多段线(P)/距离(D)/角度(A)/修剪(T)/方式(E)/多个(M)]: **p〈Enter〉**
选择二维多段线:
选择第一条直线或 [放弃(U)/多段线(P)/距离(D)/角度(A)/修剪(T)/方式(E)/多个(M)]: **d〈Enter〉**
指定第一个倒角距离 <>:
指定第二个倒角距离 <>:
选择第一条直线或 [放弃(U)/多段线(P)/距离(D)/角度(A)/修剪(T)/方式(E)/多个(M)]:**a〈Enter〉**
指定第一条直线的倒角长度 <>:
指定第一条直线的倒角角度 <>:
选择第一条直线或 [放弃(U)/多段线(P)/距离(D)/角度(A)/修剪(T)/方式(E)/多个(M)]: **m〈Enter〉**
输入修剪方法 [距离(D)/角度(A)] <>:
选择第一条直线或 [放弃(U)/多段线(P)/距离(D)/角度(A)/修剪(T)/方式(E)/多个(M)]:**t〈Enter〉**
输入修剪模式选项 [修剪(T)/不修剪(N)] <>:

其中参数的用法如下。

- 选择第一条直线：选择倒角的第一条直线。
- 选择第二条直线，或按住〈Shift〉键选择要应用角点的直线：选择倒角的第二条直线。选择对象时如按住〈Shift〉键，则以 0 替代当前的倒角距离。
- 放弃(U)：撤销刚进行的一次倒角。
- 多段线(P)：对多段线倒角。

  选择二维多段线：提示选择二维多段线。
- 距离(D)：设置倒角的距离。有两个距离，默认相等。

✧ 指定第一个倒角距离 < >：指定第一个倒角距离。

✧ 指定第二个倒角距离 < >：指定第二个倒角距离。

- 角度(A)：通过距离和角度来设置倒角大小。

✧ 指定第一条直线的倒角长度 < >：设定第一条直线的倒角长度。

✧ 指定第一条直线的倒角角度 < >：设定第一条直线的倒角角度。

- 修剪(T)：设定修剪模式。

  输入修剪模式选项 [修剪(T)/不修剪(N)] < >：选择修剪或不修剪。如果为修剪方式，则倒角时自动将不足的补齐，超出的剪掉。如果为不修剪方式，则仅仅增加一倒角，原有图线不变。
- 方式(M)：设定修剪方法为距离或角度。

  输入修剪方法 [距离(D)/角度(A)] < >：选择修剪方法是距离或角度以确定倒角大小。
- 多个(M)：为多组对象的边倒角。将重复显示主提示和“选择第二个对象”的提示，直到用户按〈Enter〉结束。

【例 4-3】 比较不同修剪模式的倒角。

采用修剪模式和不修剪模式的倒角结果参见图 4-14，类似于利用圆角命令绘制的结果。

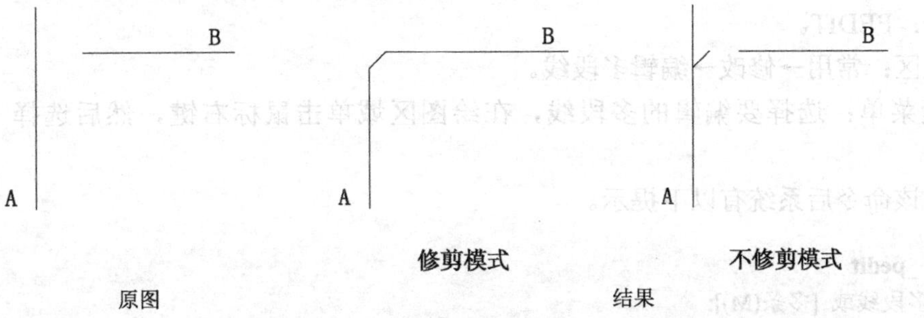

图 4-14　倒角实例

【例 4-4】 对如图 4-15 所示的采用多段线绘制的波形图进行倒角。

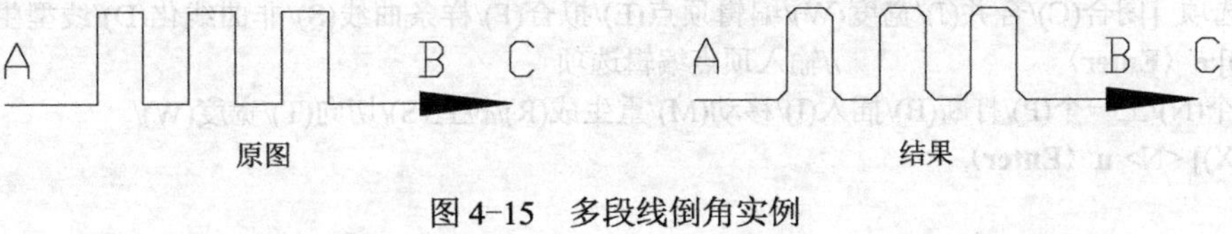

图 4-15　多段线倒角实例

单击“常用”→“修改”→“倒角”按钮
命令: **_chamfer**
(“修剪”模式) 当前倒角距离 1 = 0.0000，距离 2 = 0.0000
选择第一条直线或 [放弃(U)/多段线(P)/距离(D)/角度(A)/修剪(T)/方式(E)/多个(M)]: **d〈Enter〉**
指定第一个倒角距离 <0.0000>: **2〈Enter〉**
指定第二个倒角距离 <2.0000>:〈**Enter**〉
选择第一条直线或 [放弃(U)/多段线(P)/距离(D)/角度(A)/修剪(T)/方式(E)/多个(M)]: **p〈Enter〉**
选择二维多段线:单击波形图
12 条直线已被倒角
1 条 平行

结果如图 4-15 右侧图形所示。

☞注意:

1）如果设定两距离为 0 和修剪模式，不论这两条不平行直线是否相交或需要延伸才能相交，可以通过倒角命令修齐两直线。或在提示选第二条直线时按住〈Shift〉键。

2）对多段线进行倒角时，如该多段线是封闭（Close）的，才会对所有线段倒角。如果该多段线最后一条线不成封闭，而仅仅是相连，则最后一条线和第一条线之间不会自动形成倒角。用户可以绘制两条多段线，其中一条最后一段直接相连，另一条使用封闭（Close）参数完成，再进行倒角比较其效果。

3）选择直线时的拾取点对修剪的位置有影响，倒角发生在拾取点一侧。修剪模式下，一般保留拾取点侧的线段，而超过倒角的线段自动被修剪。

4.1.5 编辑多段线

多段线是一个整体，可采用多段线编辑命令来编辑。可以修改其宽度、打开或闭合、增减顶点数、样条化、直线化和拉直等。

命令：PEDIT。

功能区：常用→修改→编辑多段线。

快捷菜单：选择要编辑的多段线，在绘图区域单击鼠标右键，然后选择“编辑多段线”。

输入该命令后系统有以下提示。

命令: **_pedit**
选择多段线或 [多条(M)]:
所选对象不是多段线
是否将其转换为多段线? <Y>:〈**Enter**〉
输入选项 [闭合(C)/合并(J)/宽度(W)/编辑顶点(E)/拟合(F)/样条曲线(S)/非曲线化(D)/线型生成(L)/反转(R)/放弃(U)]:**w〈Enter〉** //输入 W 选择宽度设定
输入选项 [闭合(C)/合并(J)/宽度(W)/编辑顶点(E)/拟合(F)/样条曲线(S)/非曲线化(D)/线型生成(L)/反转(R)/放弃(U)]:**e〈Enter〉** //输入顶点编辑选项
[下一个(N)/上一个(P)/打断(B)/插入(I)/移动(M)/重生成(R)/拉直(S)/切向(T)/宽度(W)/
退出(X)] <N>:**n〈Enter〉**

其中参数的用法如下。

- 选择多段线或 [多条(M)]：选择要编辑的多段线。如果输入 M，则可以选择多条多段线同时进行修改。如果选择了非多段线的直线或圆弧，则系统提示是否转换成多段线，回答"Y" 则将普通线条转换成多段线。（如将 Peditaccept 变量设置为 1，不出现提示，直接改成多段线）。
- 闭合(C)/打开(O)：如果该多段线本身是闭合的，则提示为打开(O)。选择了打开，则将最后一条封闭该多段线的线条删除，形成一不封口的多段线。如果所选多段线是打开的，则提示为闭合(C)。选择了闭合，则将该多段线首尾相连，形成一封闭的多段线。
- 合并(J)：将和开口多段线端点精确相连的其他直线、圆弧、多段线等合并成一条多段线。
- 宽度(W)：设置该多段线的全程宽度。对于其中某一条线段的宽度，可以通过顶点编辑来修改。
- 编辑顶点(E)：对多段线的各个顶点进行单独的编辑。选择该项后，提示如下：

✧ 下一个(N)：选择下一个顶点。
✧ 上一个(P)：选择上一个顶点。
✧ 打断(B)：将多段线一分为二，或是删除顶点处的一条线段。
✧ 插入(I)：在标记处插入一顶点。
✧ 移动(M)：移动顶点到新的位置。
✧ 重生成(R)：重新生成多段线以观察编辑后的效果，一般情况下重生成是不必要的。
✧ 拉直(S)：删除所选顶点间的所有顶点，用一条直线替代。
✧ 切向(T)：在当前标记顶点处设置切矢方向以控制曲线拟合。
✧ 宽度(W)：设置每一独立的线段的宽度，始末点宽度可以设置成不同。
✧ 退出(X)]：退出顶点编辑，回到 PEDIT 命令提示下。

- 拟合(F)：产生通过多段线所有顶点、彼此相切的各圆弧段组成的光滑曲线。
- 样条曲线(S)：产生通过多段线首末顶点，其形状和走向由多段线其余顶点控制的样条曲线。其类型由系统变量来确定。
- 非曲线化(D)：取消拟合或样条曲线，回到直线状态。
- 线型生成(L)：控制多段线在顶点处的线型，选择该项后出现以下提示：
  输入多段线线型生成选项 [开(ON)/关(OFF)]：如果选择开（ON），则为连续线型；如果选择关（OFF），则为点画线型。
- 反转（R）：将多段线的顶点顺序反转。
- 放弃(U)：取消最后的编辑。

【例 4-5】 在上面倒角后的多段线上再绘制 3 条直线与之相连，如图 4-16a 所示，进行编辑多段线练习。

单击"常用"→"修改"→"编辑多段线"
命令: **_pedit**
选择多段线或 [多条(M)]:**单击选择多段线 ABC**

输入选项 [闭合(C)/合并(J)/宽度(W)/编辑顶点(E)/拟合(F)/样条曲线(S)/非曲线化(D)/线型生成(L)/反转(R)/放弃(U)]: **j〈Enter〉**

选择对象: **采用窗交方式选择下面绘制的 3 条直线**　　指定对角点: 找到 3 个

选择对象:**〈Enter〉**

多段线已增加 3 条线段

输入选项 [打开(O)/合并(J)/宽度(W)/编辑顶点(E)/拟合(F)/样条曲线(S)/非曲线化(D)/线型生成(L)/反转(R)/放弃(U)]: **w〈Enter〉**　　//修改宽度

指定所有线段的新宽度: 1**〈Enter〉**　　//结果如图 4-16b 所示。

输入选项 [打开(O)/合并(J)/宽度(W)/编辑顶点(E)/拟合(F)/样条曲线(S)/非曲线化(D)/线型生成(L)/反转(R)/放弃(U)]: **s〈Enter〉**　　//样条化

输入选项 [打开(O)/合并(J)/宽度(W)/编辑顶点(E)/拟合(F)/样条曲线(S)/非曲线化(D)/线型生成(L)/反转(R)/放弃(U)]:**〈Enter〉**

结果如图 4-16c 所示。

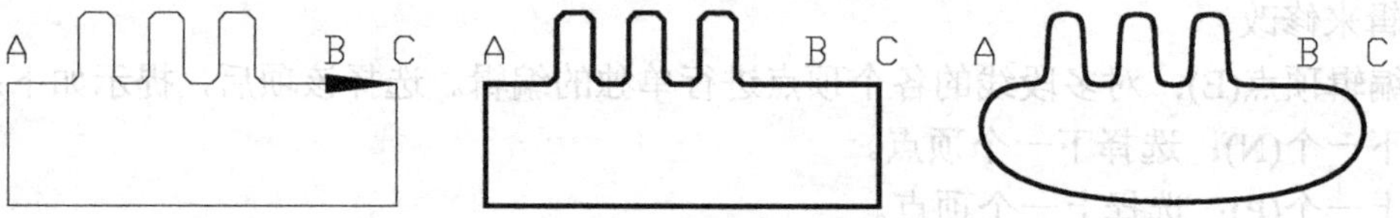

a)　b)　c)

图 4-16　多段线编辑

a) 合并 3 条直线　b) 改变宽度　c) 样条化

☞注意:

1）多段线编辑中的宽度选项和特性中的线宽是不同的。分解后的多段线不再具有宽度性质，而线宽不受是否被分解的影响。在一些特殊场合，往往需要通过多段线来调整线宽得到精确的效果。细心的用户可以发现，有宽度的多段线在角点上连接是无缺角的，而仅仅设置了线宽的两条线的角点默认情况下是有缺口的。

2）多段线本身作为一个实体可以被其他的编辑命令处理。

3）矩形、正多边形、图案填充等命令产生的边界同样是多段线。

4.1.6 合并

在上面的多段线编辑中，利用合并参数可以将多个对象合并起来。AutoCAD 也提供了独立的合并命令，可以将分开的两对象在满足一定的条件时合并。对多段线的合并和对普通直线或者圆弧的合并并不相同。

命令：JOIN。

功能区：常用→修改→合并。

输入该命令后系统有以下提示。

命令: **_join**

选择源对象:　　//根据选择对象的不同，出现提示也各不相同

选择要合并到源的直线:　　//选择直线的提示

选择要合并到源的对象:　　//选择多段线的提示

选择圆弧，以合并到源或进行 [闭合(L)]:　　//选择圆弧的提示

```
选择椭圆弧，以合并到源或进行 [闭合(L)]:          //选择椭圆弧的提示
选择要合并到源的样条曲线或螺旋:                  //选择样条曲线或螺旋的提示
已将 x 条 xx 合并到源，操作中放弃了 n 个对象
```

其中参数的用法如下。

- 选择源对象：选择一个对象，随后选择的符合条件的对象将加入该对象成为一个整体。最终形成的一个对象具有该对象的属性。
- 选择要合并到源的直线：如果源对象为直线，提示选择要合并的直线。待合并的直线，必须和源对象共线，中间允许有间隙，也可以有重叠。
- 选择要合并到源的对象：提示选择对象可以是直线、多段线或圆弧。对象之间要准确相交，且应位于与 UCS 的 XY 平面平行的同一平面上。
- 选择圆弧，以合并到源或进行 [闭合(L)]：源对象为圆弧时要求选择可以合并的圆弧以便合并，也可将圆弧本身闭合成一个整圆。圆弧必须位于假想的圆上，可以有间隙，按逆时针方向合并。
- 选择椭圆弧以合并到源或进行 [闭合(L)]：源对象为椭圆弧时要求选择椭圆弧以便合并。也可将椭圆弧本身闭合成一个椭圆。椭圆弧必须位于假想的椭圆上，可以有间隙，按逆时针方向合并。
- 选择要合并到源的样条曲线或螺旋：螺旋对象必须相接（端点对端点）。结果对象是单个样条曲线。样条曲线和螺旋对象必须相接（端点对端点）。结果对象是单个样条曲线。

执行完毕提示合并了多少个对象，放弃了多少不能合并的对象。

【例 4-6】 分别对图 4-17 中的图形进行合并操作。

执行合并命令后分别先选择粗实线，再选择细实线进行合并。从图 4-17 中可以看出，合并后继承的是第一个选择对象（源）的属性。对最后一组圆弧的合并，是逆时针合并，所以先选 A 后选 B 时得到的是一个整圆，而先选 B 后选 A 时，得到的是圆弧。

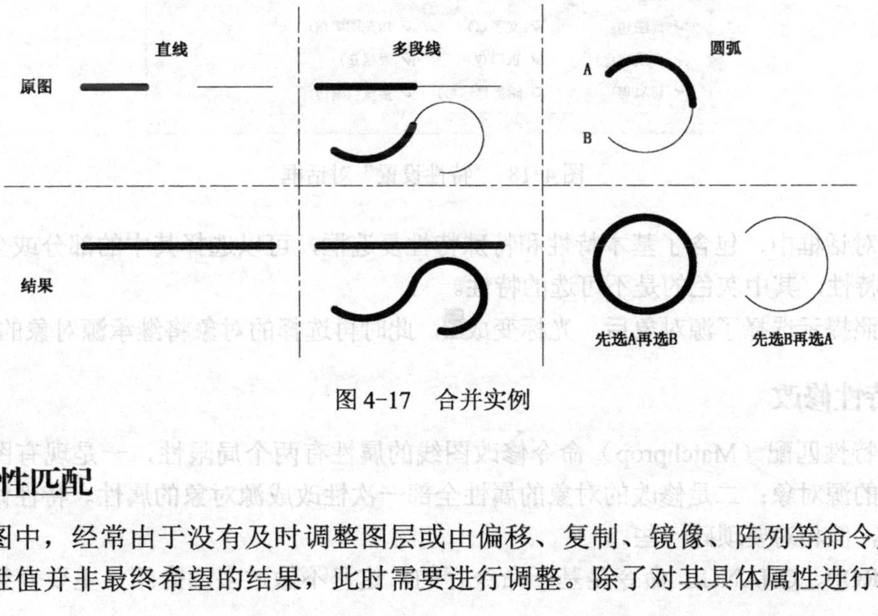

图 4-17　合并实例

4.1.7　特性匹配

在绘图中，经常由于没有及时调整图层或由偏移、复制、镜像、阵列等命令产生的对象，其属性值并非最终希望的结果，此时需要进行调整。除了对其具体属性进行逐个修改

外，如果图形中已经存在某个对象具有其目标属性，则可以通过特性匹配简单快速地将其属性继承过来。此时无须逐个修改该对象的具体特性。其功能类似于 Word 中的格式刷。

命令：MATCHPROP。

快速访问工具栏：特性匹配。

功能区：常用→剪贴板→特性匹配。

输入该命令后系统有以下提示。

命令: **'_matchprop**
选择源对象:
选择源对象:
当前活动设置: 颜色 图层 线型 线型比例 线宽 厚度 打印样式 标注 文字 填充图案 多段线 视口 表格材质 阴影显示 多重引线
选择目标对象或 [设置(S)]: **s〈Enter〉** //弹出“特性设置”对话框
选择目标对象或 [设置(S)]:

其中参数的用法如下。

- 选择源对象：该对象的全部或部分特性是要被复制的特性。
- 选择目标对象：该对象的全部或部分特性是要改动的特性。
- 设置(S)：设置复制的特性，输入该参数后，弹出如图 4-18 所示对话框。

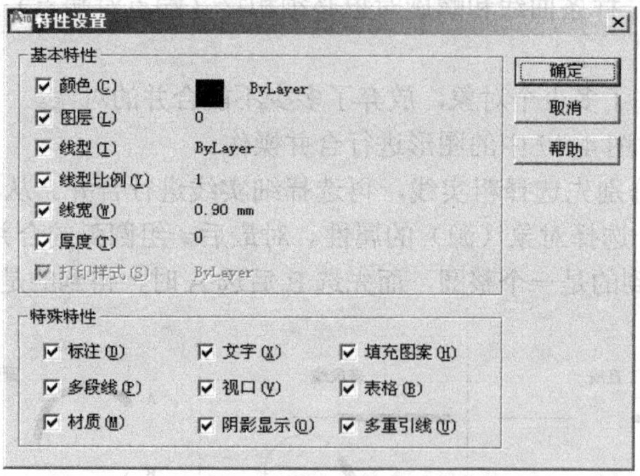

图 4-18 “特性设置”对话框

在该对话框中，包含了基本特性和特殊特性复选框，可以选择其中的部分或全部特性为要复制的特性，其中灰色的是不可选的特性。

在按照提示选择了源对象后，光标变成，此时再选择的对象将继承源对象的属性。

4.1.8 特性修改

使用特性匹配（Matchprop）命令修改图线的属性有两个局限性，一是现有图形上应该存在合适的源对象；二是修改的对象的属性全部一次性改成源对象的属性。特性修改则可以分别修改，但相对要琐碎一些。

CHPROP、CHANGE 命令是基于命令行的，这里不做过多的介绍，主要介绍通过特性选项板的修改方法。

在“命令”提示后选择对象，出现夹点。此时会同时弹出如图 4-19 所示的特性面板。根据选择对象的不同和多少，该选项板中的内容不同。如果选择了多个对象，如图 4-20 所示，则默认显示可以同时修改的特性，同时在下拉列表中也可以选择单独的对象进行特性修改。

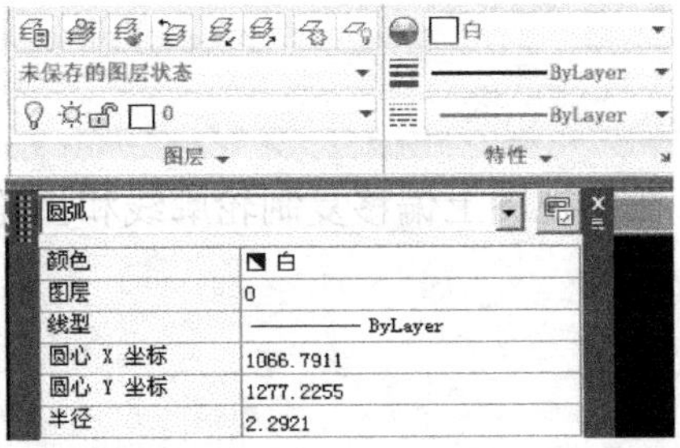

图 4-19　单个对象特性面板

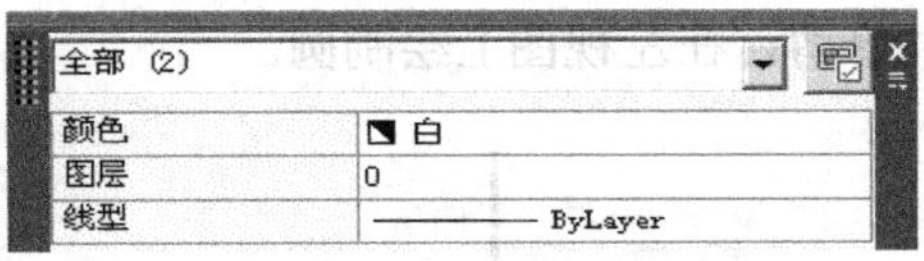

图 4-20　多个对象特性面板

选择了对象后，修改对象特性的方法为：

在相应的图层、特性面板中，通过下拉列表选择合适的图层、线型、颜色、线宽等；图层改变后，如果其他属性设置的是“随层”（Bylayer），则属性也会相应发生变化。

在弹出的“特性”选项板中单击对应的属性，通过下拉列表选择，也可以修改图形对象的具体参数。修改后图形对象会产生相应的变化。

4.2　齿轮零件图绘制

参照图 4-21，绘制该齿轮零件图。

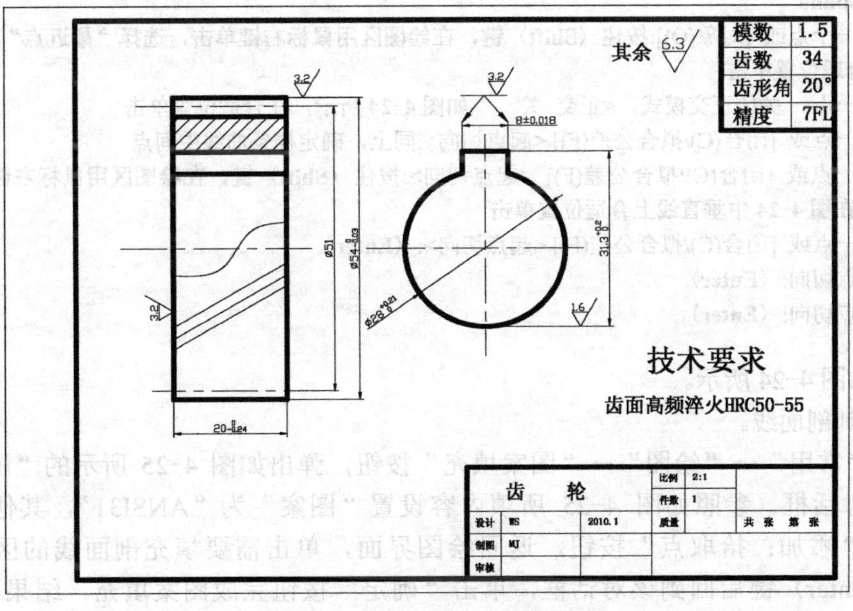

图 4-21　斜齿圆柱齿轮零件图

该零件图形比较简单，但包含的内容相对比较多。有图形、尺寸标注、文字注写、公差、技术要求、块的建立和插入、属性利用、表格制作等。还包括图层、线型、线宽、颜色、标题栏等基础知识。

4.2.1 绘制齿轮零件图

绘图过程如下：

1）以“模板.DWG”文件为模板，新建一图形。

2）如图 4-22 所示，绘制基准线。

3）如图 4-23 所示，按照如图 4-20 所示尺寸，在主视图上偏移复制轮廓线和齿轮轮齿线，并修剪。在左视图上绘制圆。

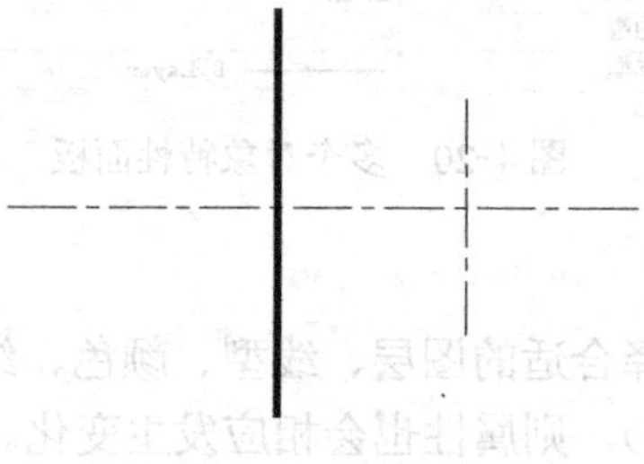

图 4-22 基准线

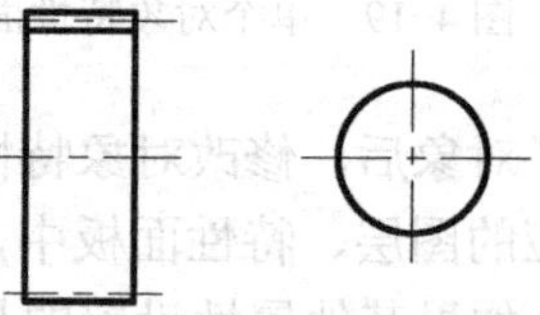

图 4-23 绘制齿轮轮廓线

4）如图 4-24 所示，在左视图上通过偏移复制命令绘制键槽并修剪。根据两视图的对应关系，在主视图上绘制键槽的投影线，并绘制 3 条 30° 斜线表示斜齿轮。然后绘制一样条曲线表示剖视和视图之分界线。

单击“常用”→“绘图”→“样条曲线”按钮

命令: **_spline**

指定第一个点或 [对象(O)]:**按住〈Shift〉键，在绘图区用鼠标右键单击，选择“最近点”，在图 4-24 中垂直线上合适位置单击**

指定下一点: **关闭正交模式，**<正交 关> **如图 4-24 所示，在合适位置单击**

指定下一点或 [闭合(C)/拟合公差(F)] <起点切向>:**同上，确定样条曲线中间点**

指定下一点或 [闭合(C)/拟合公差(F)] <起点切向>:**按住〈Shift〉键，在绘图区用鼠标右键单击，选择“最近点”，在图 4-24 中垂直线上合适位置单击**

指定下一点或 [闭合(C)/拟合公差(F)] <起点切向>:**〈Enter〉**

指定起点切向:**〈Enter〉**

指定端点切向:**〈Enter〉**

结果如图 4-24 所示。

5）绘制剖面线。

单击“常用”→“绘图”→“图案填充”按钮，弹出如图 4-25 所示的“图案填充和渐变色”对话框。参照如图 4-25 所填内容设置“图案”为“ANSI31”，其他保留默认值。单击“添加：拾取点”按钮，返回绘图界面，单击需要填充剖面线的区域中任一点，按〈Enter〉键后回到该对话框，单击“确定”按钮完成图案填充，结果如图 4-26 所示。

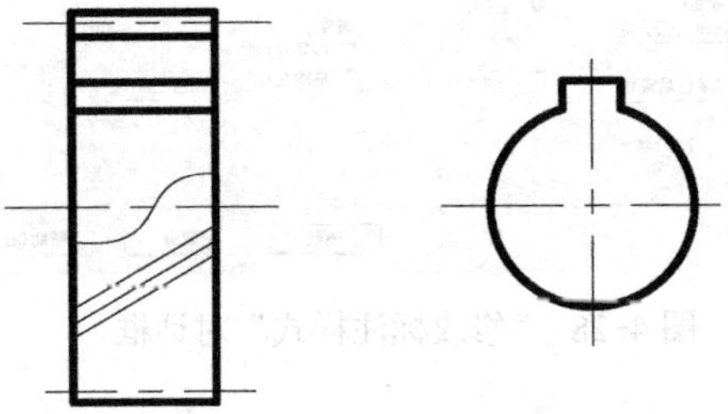

图 4-24　绘制斜线、键槽、样条曲线

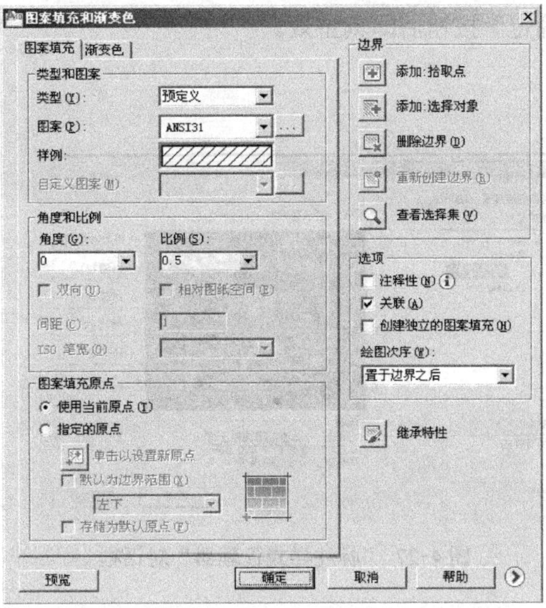

图 4-25　“图案填充和渐变色”对话框

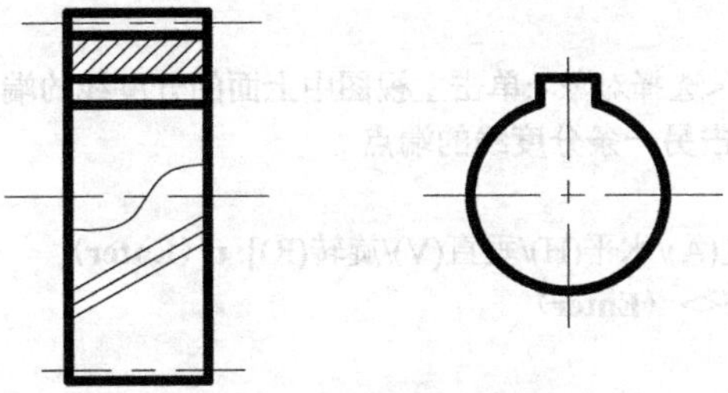

图 4-26　绘制剖面线

6）插入标题栏。

可以直接将前面绘制过的标题栏插入进来，无需重新绘制。

① 打开“绘图流程.DWG”文件，选择标题栏及图框等图线，单击“常用”→“剪贴板”→“复制剪贴”按钮。命令行提示“_copyclip　找到 X 个”。

② 回到齿轮零件图绘图界面，按〈Ctrl〉+〈V〉组合键，提示为“_pasteclip 指定插入点:”，在空白区域单击鼠标，标题栏将被插入。

7）将绘制的齿轮图形利用缩放（Scale）命令放大两倍，并移动到图框中。调整视图到合适的位置。注意留下标注尺寸的空间，绘制右上角表格的空间。

8）标注尺寸。

① 修改标注参数。

单击“注释”→“标注、标注样式”按钮（指向右下角的小箭头），弹出类似如图 4-27 所示的“标注样式管理器”对话框。单击“修改”按钮，弹出如图 4-28 所示的“修改标注样式”对话框。在其中设置标注参数。因此图放大了一倍，采用的是 2∶1 的比例绘制的，故必须设置“比例因子”为 0.5。如果标注后发现其他参数不合适，可以再次修改。单击

“确定”按钮后即刻生效。

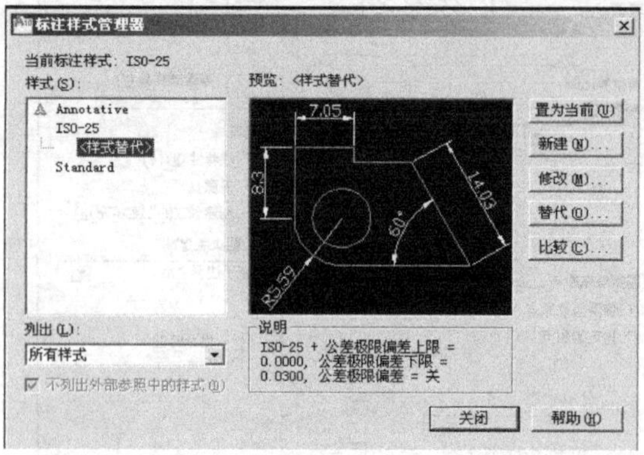

图 4-27 “标注样式管理器”对话框

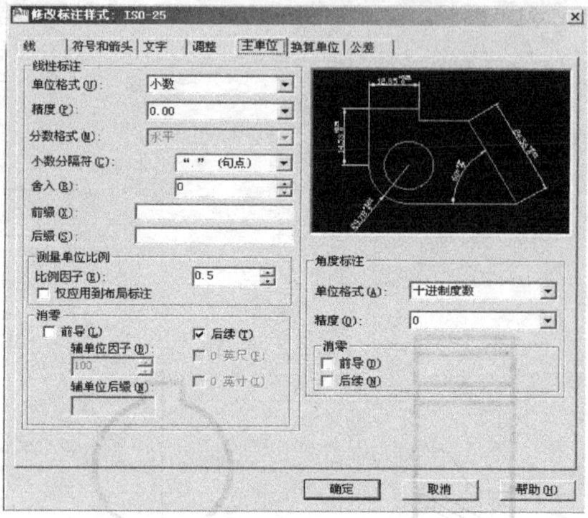

图 4-28 “修改标注样式”对话框

② 参照图 4-21 所示尺寸，标注不带公差的线性尺寸$\phi 51$。

单击“注释”→“标注”→“线性”按钮

命令: **_dimlinear**

指定第一条延伸线原点或 <选择对象>:**单击主视图中上面的分度线的端点**

指定第二条延伸线原点:**单击另一条分度线的端点**

指定尺寸线位置或

[多行文字(M)/文字(T)/角度(A)/水平(H)/垂直(V)/旋转(R)]: **t〈Enter〉**

输入标注文字 <51>: **%%c<>〈Enter〉**

指定尺寸线位置或

[多行文字(M)/文字(T)/角度(A)/水平(H)/垂直(V)/旋转(R)]:**在合适的位置单击**

标注文字 = 51

③ 标注带公差的线性尺寸。

单击“注释”→“标注、标注样式”按钮，弹出“标注样式管理器”对话框，此时单击“替代”按钮。弹出类似图 4-29 所示的“替代当前样式”对话框。在“公差”选项卡中，按照图 4-29 设置公差形式、上下偏差、高度比例、对齐方式等。单击“确定”、“关闭”按钮后回到绘图屏幕进行尺寸标注。

采用和标注$\phi 51$ 同样的方法标注 $\phi 54^{0}_{-0.03}$ 尺寸。

再次使用类似的方法，设置不同的公差值，标注其他线性尺寸。

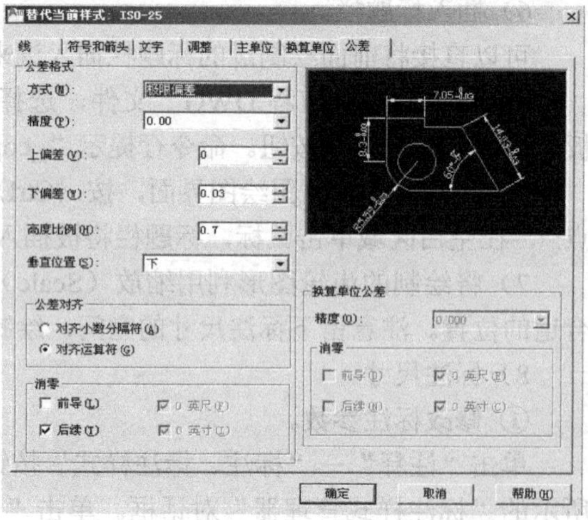

图 4-29 公差设置

④ 标注带公差的直径尺寸。

设置公差值后，单击“注释”→“标注”→“直径”按钮，选择直径$\phi 28$ 的圆弧，在合适位置单击摆放尺寸即可。

9）定制块。

将图形中需要多次使用的粗糙度符号制成块，不仅在绘制本图时使用方便，而且可以供其他图形使用。

① 按照图 4-30 所示尺寸绘制一个粗糙度符号。

② 定义属性

单击“常用”→“块”→“定义属性”，弹出“属性定义”对话框。按照图 4-31 填写。单击“确定”按钮后在粗糙度符号的水平线上方适合注写数字的地方单击。

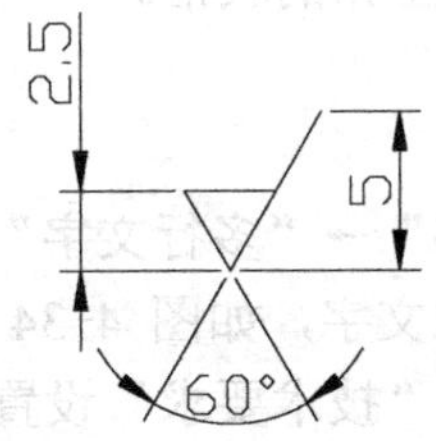

图 4-30　粗糙度符号

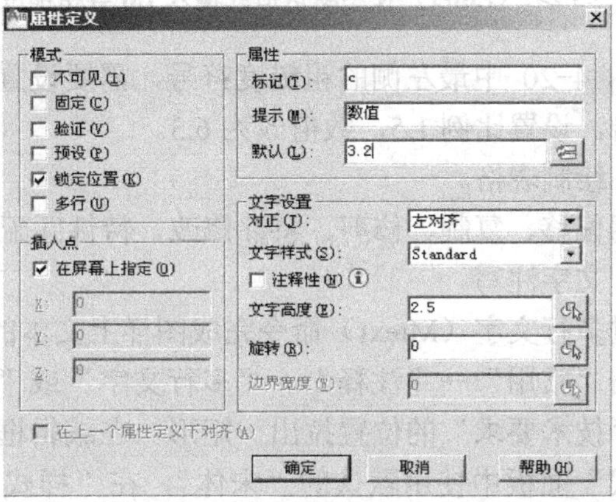

图 4-31 “属性定义”对话框

③ 定义块。

定义块“ccd1”供以后调用。单击“常用”→“块”→“创建”按钮。弹出如图 4-32 所示的“块定义”对话框。单击“基点”区的“拾取点”按钮，返回绘图屏幕后单击粗糙度符号的最下方的顶点。单击“对象”区的“选择对象”按钮，在绘图区选择粗糙度符号和属性定义，按〈Enter〉键后返回“块定义”对话框。名称输入“ccd1”，其余采用默认值，单击“确定”按钮完成块定义。

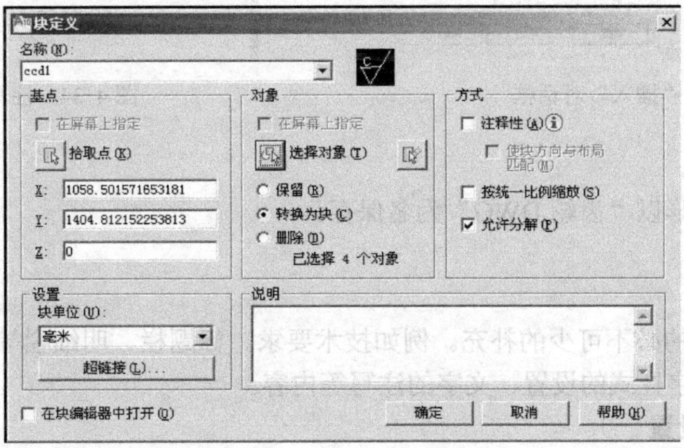

图 4-32 “块定义”对话框

10）插入块。

参照图 4-20，添加粗糙度标注。

单击“常用”→“块”→“插入”按钮，弹出如图 4-33 所示“插入”对话框。选择“ccd1”，单击“确定”。

命令: _insert

指定插入点或 [基点(B)/比例(S)/X/Y/Z/旋转(R)]:**通过捕捉“最近点”的方式，在图形上需要添加粗糙度符号的位置单击**

输入属性值

数值 <3.2>:**〈Enter〉使用默认值或输入 1.6 等粗糙度数值，具体参照图形要求。**

对图 4-20 中最左侧的粗糙度符号，需要设置旋转角度 90°。对右上角“其余”后的粗糙度符号，设置比例 1.5，数值改为 6.3。

11）绘制表格。

采用偏移、复制、修剪、特性修改、特性匹配等命令，绘制右上角的表格。

12）文字注写。

通过多行文字（Mtext）命令完成图样上文本的注写。

单击“常用”→“注释”→“多行文字”或“注释”→“文字”→“多行文字”按钮。在注写“技术要求”的位置拉出一矩形。在编辑框中填写技术要求文字，如图 4-34 所示。在“格式”面板中使用默认的“宋体”，在“样式”面板中将标题“技术要求”设置成高度为 10，内容高度设置成为 7。采用同样的方法填写右上角的表格，并将标题栏中的图名改成“齿轮”，比例改为“2∶1”，同时填写其他内容。

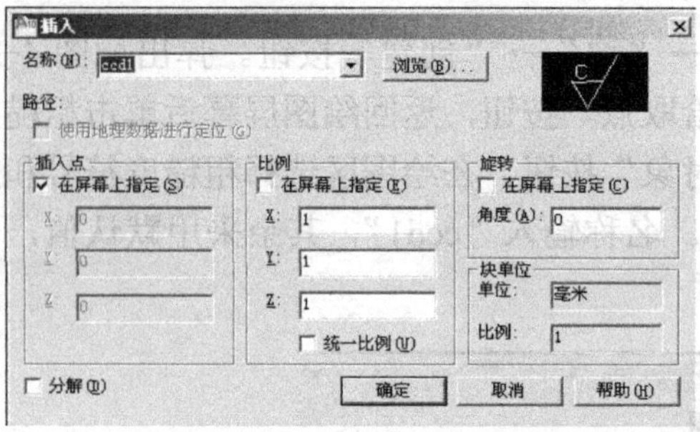

图 4-33 “插入”对话框

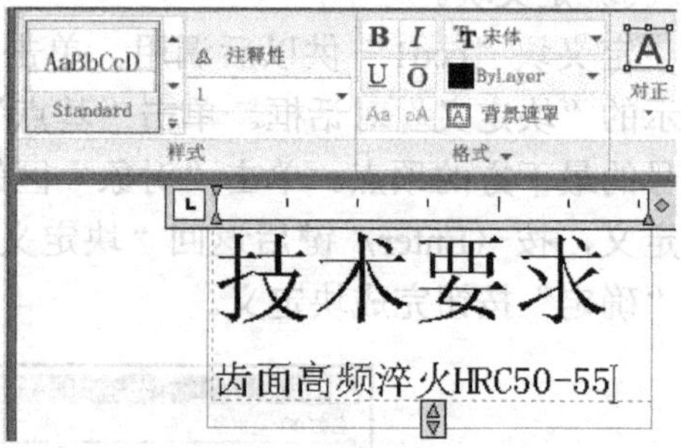

图 4-34 注写多行文本

13）保存文件。

将绘制好的图形以“齿轮.DWG”为名保存。

4.2.2 文字

文本是对图样的必不可少的补充。例如技术要求、标题栏、明细栏等均需要注写清晰的文本。下面介绍文字样式的设置、文字的注写等内容。

1. 文字样式设置

文字的属性包括字体、大小，以及各种效果等。其中字体包含汉字字体、英文字体等，需要设置正确才能正确显示。

命令：STYLE。

功能区：注释→文字→管理文字样式、文字样式（文字面板右侧箭头）。

执行该命令后，系统将显示如图 4-35 所示的“文字样式”对话框。

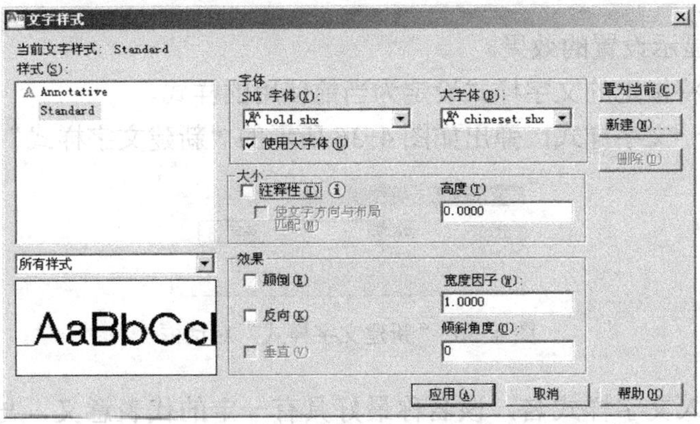

图 4-35 “文字样式”对话框

在该对话框中，可以设置文字样式，将某种字体对应到指定的样式上。该对话框包含了“样式名”区、“字体”区、“大小”区、“效果”区、“预览”区等。

（1）“样式名”区

样式名下拉列表框：显示当前文字样式，列表框显示所有已创建的样式。选中对应的样式后，其他对应的项目相应显示该样式的设置。其中 Standard 样式为 AutoCAD 自身携带的样式，采用的字体为 bold.shx，该文字样式可以被修改而不可以被删除。

（2）“字体”区

- 字体名：该下拉列表框中包含了各种 AutoCAD 提供的字体。它们是已注册的 TrueType 字体和编译过的形文件。
- 使用大字体：选择了某种字体后，该复选框有效时用于指定某种大字体。
- 大字体：勾选“使用大字体”复选框后，该列表框有效，用于选择某种大字体。图 4-35 显示了设定“bold.shx”字体后使用大字体的情况。

（3）“大小”区

- 注释性：该复选框用于确定是否设置成注释性特性，即是否根据注释比例设置进行缩放。
- 使文字方向与布局匹配：如果选择了“注释性”，则用于设置是否指定图纸空间视口中的文字方向与布局方向匹配。
- 高度/图纸文字高度：用于设置字体的高度。如果设定了>0 的高度，则在使用该种文字样式注写文字时统一使用该高度，不再提示输入高度。如果设定的高度为 0，则在使用该种样式注写文字时需要确定高度。每次使用均需要重新确定。

（4）“效果”区

- 颠倒：上下颠倒效果，即以水平线作为镜像轴线的垂直镜像效果。
- 反向：左右反向效果，即以垂直线作为镜像轴线的水平镜像效果。
- 垂直：文字垂直书写，类似书脊的格式。

以上 3 种效果，其中有些效果对一些特殊字体是不可选的。

- 宽度因子：设定文字的宽和高的比例。
- 倾斜角度：设定文字的倾斜角度，正值向右斜，负值向左斜，角度范围为−84°～84°。

（5）“预览”区

预览框：直观显示设置的效果。

- 置为当前：将指定的文字样式设定为当前使用的样式。
- 新建：新建一文字样式，弹出如图 4-36 所示的“新建文字样式”对话框。

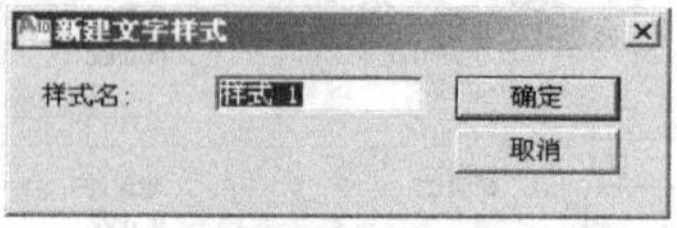

图 4-36 “新建文字样式”对话框

在文本框中输入文字样式名，该名称最好具有一定的代表意义，与随即选择的字体对应起来或和它的用途对应起来，这样使用时比较方便，不至于混淆。单击“确定”按钮完成取名。

- 删除：将选定的文字样式删除。被使用过的文字样式无法删除，但如果已经删除该样式注写的所有文字，则可以通过清理（Purge）命令清除该样式。
- 应用：将设置的样式应用到图形中。单击该按钮后，“取消”按钮变成“关闭”按钮。
- 关闭：结束“文字样式”对话框，完成文字样式的设置。
- 取消：放弃所有设定。在应用之后，该按钮变成“关闭”。
- 帮助：提供文字样式对话框有关设置内容的帮助。

图 4-37 表示了几种不同设置的文字样式效果。

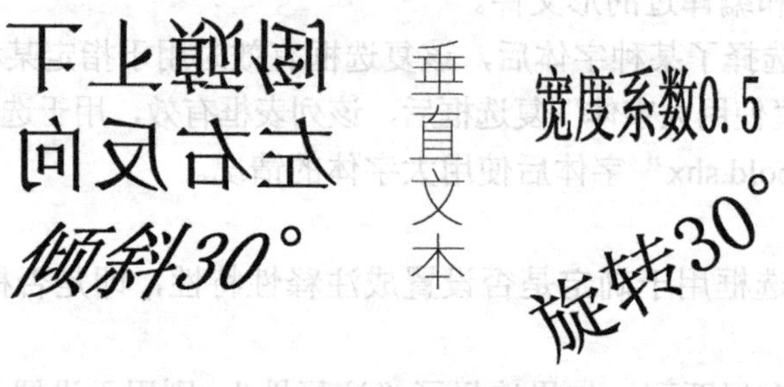

图 4-37 不同文字样式效果比较

☞注意：

文字样式的改变直接影响到单行文本（TEXT 和 DTEXT）命令注写的文字，而多行文本（MTEXT）注写的文字字体可以在“格式”面板中单独设置。

2. 文字注写

文字注写命令分为单行文本输入命令 TEXT、DTEXT 和多行文本输入命令 MTEXT。另外，也可以将外部文本文件输入到 AutoCAD 中，还可以对文本进行拼写检查。

（1）单行文本输入命令 TEXT 或 DTEXT

在 AutoCAD 2010 中，TEXT 和 DTEXT 命令的功能相同，用于输入单行文本。

命令：TEXT、DTEXT。

功能区：常用→注释→单行文字、注释→文字→单行文字。

输入该命令后系统给出如下提示。

命令: **_dtext**
当前文字样式: “宋体字” 文字高度: XXX 注释性: 否
指定文字的起点或 [对正(J)/样式(S)]: **j〈Enter〉**
[对齐(A)/布满(F)/居中(C)/中间(M)/右对齐(R)/左上(TL)/中上(TC)/右上(TR)/左中(ML)/正中(MC)/右中(MR)/左下(BL)/中下(BC)/右下(BR)]:
指定文字的起点或 [对正(J)/样式(S)]: **s〈Enter〉**
输入样式名或 [?] <当前>:

其中参数的用法如下。

- 起点：定义文本输入的起点，默认为左对齐。如果前面输入过文本，此处以〈Enter〉响应起点提示，则不再提示输入高度和旋转角度，而使用前面设定好的参数，起点自动定义为最后绘制的文本的下一行并可以直接输入文字。
- 对正(J)：定义对正方式。各种对正类型如下：

✧ 对齐(A)：确定文本的起点和终点，AutoCAD 会自动调整文本的高度，使文本放置在两点之间，字体本身的高和宽之比不变。

✧ 布满(F)：确定文本的起点和终点，AutoCAD 调整文字的宽度以便将文本放置在两点之间，此时文字的高度不变。

✧ 中心(C)：确定文本基线的水平中点。

✧ 中间(M)：确定文本基线的水平和垂直中点。

✧ 右对齐(R)：确定文本基线的右侧终点。

✧ 左上(TL)：文本以第一个字符的左上角为对齐点。

✧ 中上(TC)：文本以字串的顶部中间为对齐点。

✧ 右上(TR)：文本以最后一个字符的右上角为对齐点。

✧ 左中(ML)：文本以第一个字符的左侧垂直中点为对齐点。

✧ 正中(MC)：文本以字串的水平和垂直中点为对齐点。

✧ 右中(MR)：文本以最后一个字符的右侧中点为对齐点。

✧ 左下(BL)：文本以第一个字符的左下角为对齐点。

✧ 中下(BC)：文本以字串的底部中间为对齐点。

✧ 右下(BR)：文本以最后一个字符的右下角为对齐点。

对齐和布满效果比较如图 4-38 所示。

- 样式(S)：确定随后输入文本的样式。

✧ 输入样式名：输入随后书写文字的样式名称。

✧ ?：如果不清楚已经设定的样式，可键入“？”则会列表显示已经设定的样式。

不同对正类型的基准点如图 4-39 所示。

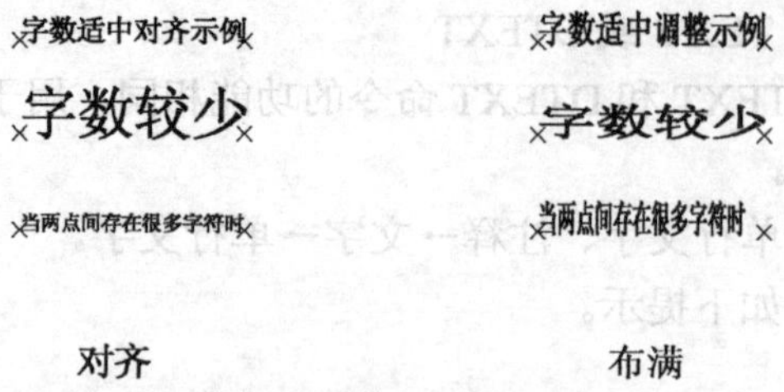

图 4-38　对齐和布满效果比较

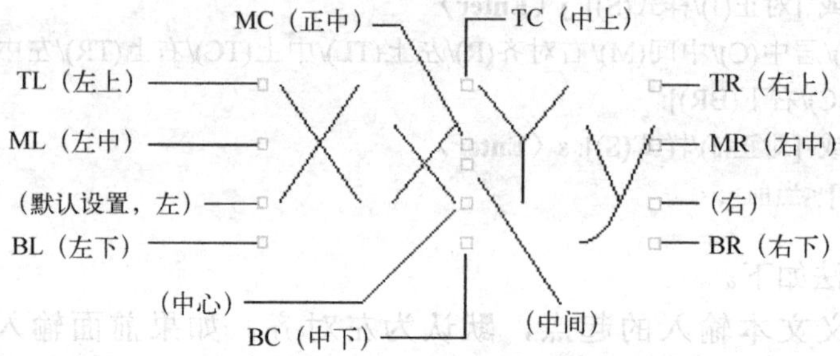

图 4-39　不同对正类型的基准点

（2）多行文字输入命令 MTEXT

在 AutoCAD 中可以一次输入多行文本，而且可以设定其中的不同文字具有不同的字体或样式、颜色、高度等特性。可以插入一些特殊字符、堆叠式分数等，设置不同的行距，进行文本的查找与替换，导入外部文件等。

命令：MTEXT

功能区：常用→注释→多行文字、注释→文字→多行文字

执行该命令后，命令行提示如下。

```
命令: _mtext 当前文字样式: "Standard" 文字高度: 10 注释性: 否
指定第一角点:
指定对角点或 [高度(H)/对正(J)/行距(L)/旋转(R)/样式(S)/宽度(W)/栏(C)]:
```

在设定了矩形的两个顶点后，弹出如图 4-40 所示“文字编辑器”选项卡界面。

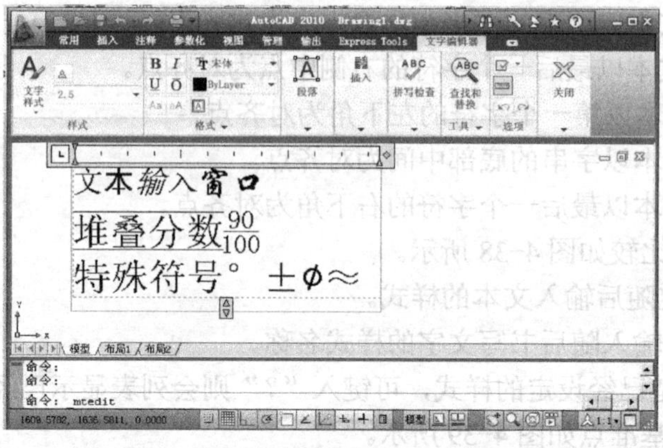

图 4-40 “文字编辑器”选项卡界面

该选项卡包含了“样式”、“格式”、“段落”、“插入”、“拼写检查”、“工具”、“选项”、“关闭”等面板，和其他文字排版编辑工具的功能基本相同。补充说明如下。

1）“样式”面板：用于选择输入文本的样式，在“文字样式”下拉列表中显示了所定义过的文字样式，选择即可。右侧是高度编辑框，可以选择使用过的高度或输入新的高度。

2）“格式”面板：用于控制输入文本的格式，如加粗、倾斜、选择字体、上画线、下画线、颜色、大小写等。下拉箭头还可以设置宽度因子、倾斜角度、字符间距等。

3）段落：用于设置段落对齐方式或合并段落等。

4）单击“文字编辑器”→“段落”右下角的按钮，弹出如图 4-41 所示的“段落”对话框，用户可以设置段落的属性。

5）插入：用于插入分栏格式、特殊符号或插入字段。

6）在“文字编辑器”选项卡绘图区单击鼠标右键，弹出如图 4-42 所示的快捷菜单。用户可以通过快捷菜单执行部分功能。该菜单因选择对象不同略有差异。

7）选择快捷菜单中的“编辑器设置”会出现如图 4-43 所示的子菜单，或单击“文字编辑器”→“选项”→“更多”→“编辑器设置”按钮执行编辑器的设置。

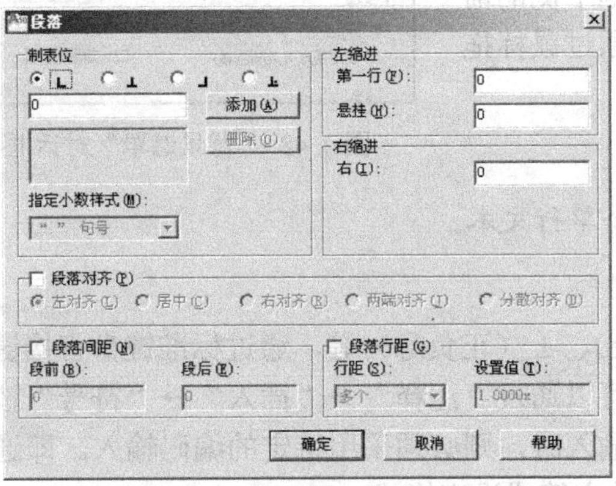

图 4-41 “段落”对话框

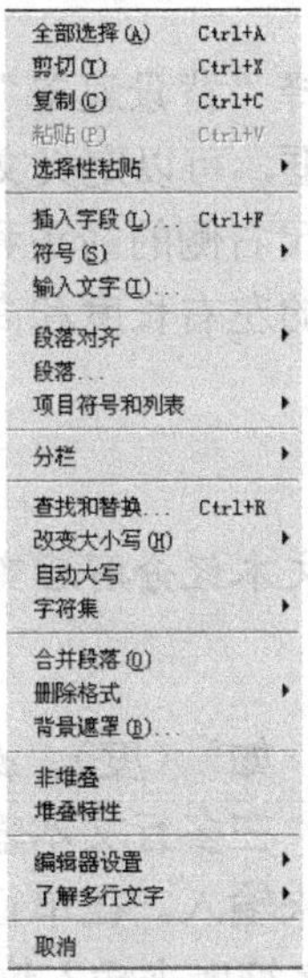

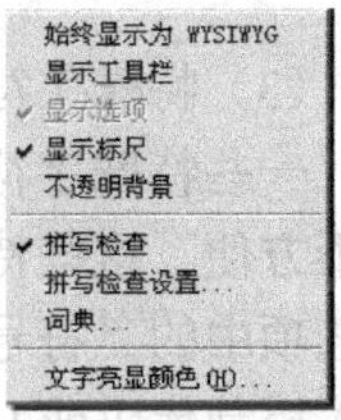

图 4-42 快捷菜单　图 4-43 编辑器设置菜单

8）堆叠设置参见图 4-44 和图 4-45。

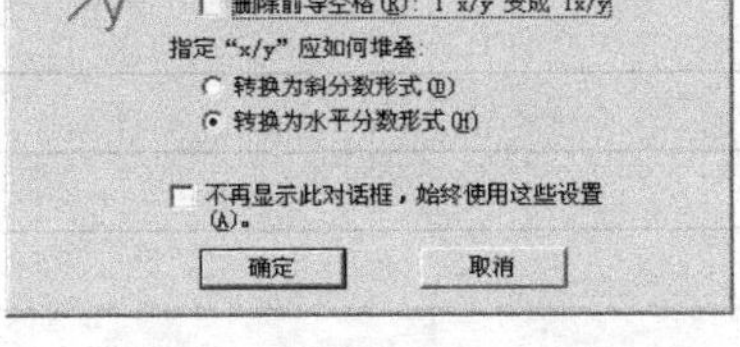

图 4-44 自动堆叠特性

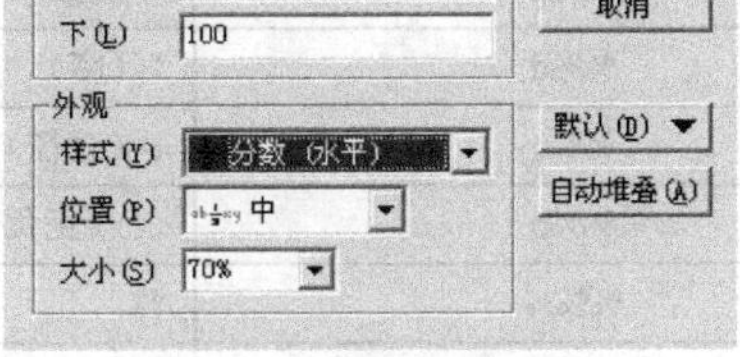

图 4-45 堆叠特性设置

9）单击“文字编辑器”→“工具”→“查找和替换”按钮，弹出如图 4-46 所示的“查找和替换”对话框，可以按照设定条件进行查找或替换文本。

10）单击“文字编辑器”→“拼写检查”右下角的按钮，弹出如图 4-47 所示的“拼写检查设置”对话框，用户可以设置拼写检查的内容和选项。

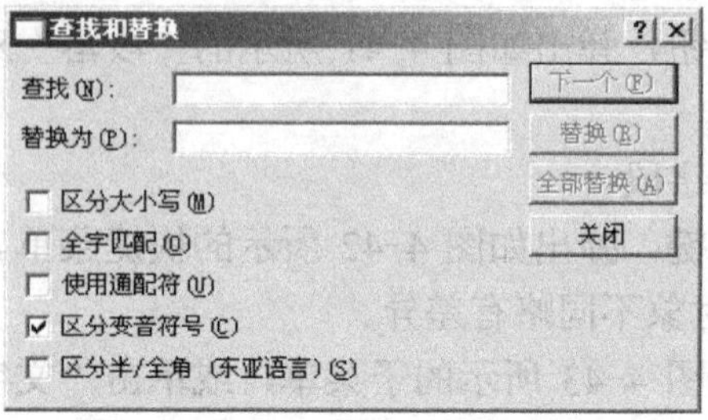

图 4-46 “查找和替换”对话框

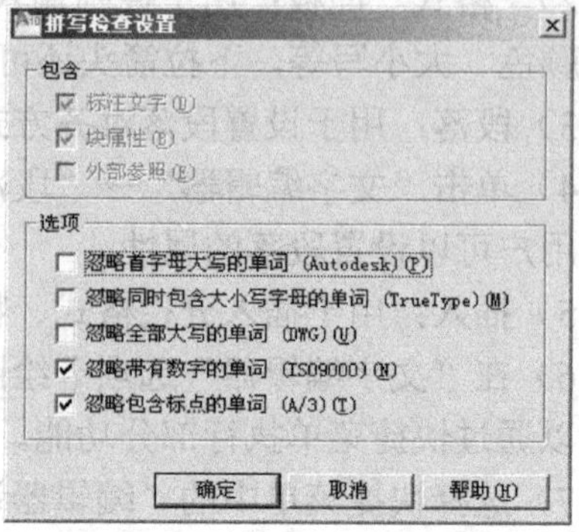

图 4-47 “拼写检查设置”对话框

11）在快捷菜单中选择“背景遮罩”，弹出如图 4-48 所示的“背景遮罩”对话框，可以定义文字的背景特性。

12）在图 4-40 中标尺右侧的箭头和文本框下侧的箭头，用于控制输入编辑框的左右长度和高度，通过鼠标拖动可以改变编辑框的大小。

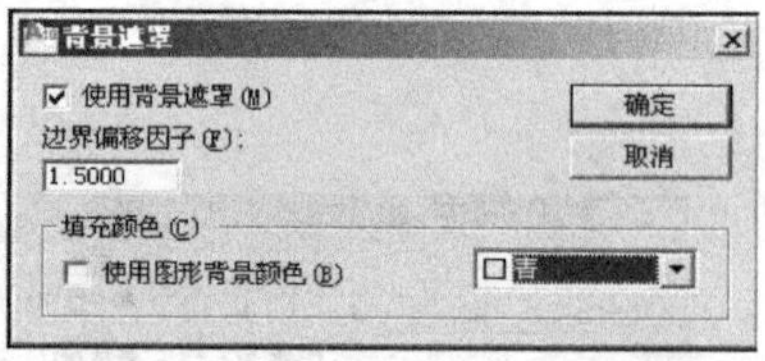

图 4-48 “背景遮罩”对话框

☞注意：

具有多行字串的多行文本经分解后变成多个单行文本。

（3）特殊字符输入

一些特殊字符和格式，如°（度）、ϕ（直径）、±（正负号）等，通过标准键盘直接键入并不方便。这些特殊字符，在多行文本输入时可以通过“注释”→“插入”→“符号”按钮或选项中的“符号”菜单来输入。在单行文本输入时，则必须采用特定的编码输入。即通过输入控制代码或 Unicode 字符串来输入这些特殊字符或设定格式。

表 4-1 列出了以上几种特殊字符的代码，大小写通用。

表 4-1 特殊字符代码

代　码	对 应 字 符
%%o	上画线
%%u	下画线
%%d	°（度）
%%c	ϕ（直径）
%%p	±（正负号）
%%%	%
%%nnn	ASCII nnn 码对应的字符

如在“输入文本”提示后键入“%%u 特殊字符%%O 实例%%U%%O:%%c71，1%%d，%%p12，\u+2261，68%%%，\u+226010，\U+224826”，结果为：

特殊字符实例：φ71，1°，±12，≡，68%，≠10，≈26

在多行文本输入时，单击“注释”→“插入”→“符号”按钮或在选项菜单中选择“符号”，弹出如图 4-49 所示的符号列表，从中可以很方便地选择需要的特殊符号。

单击符号列表最下方的“其他”，弹出如图 4-50 所示的“字符映射表”，从中可以选择特殊符号插入。

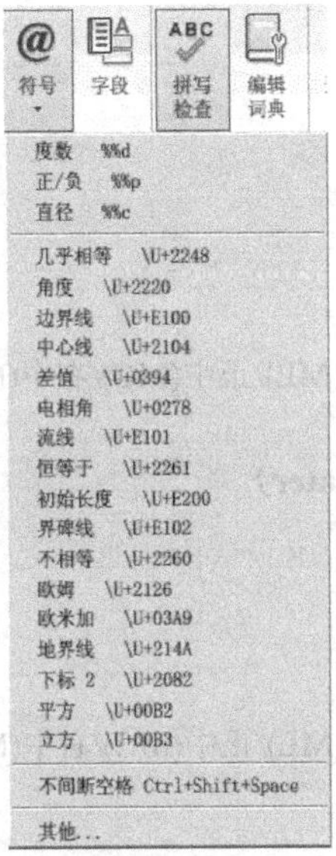

图 4-49 符号列表

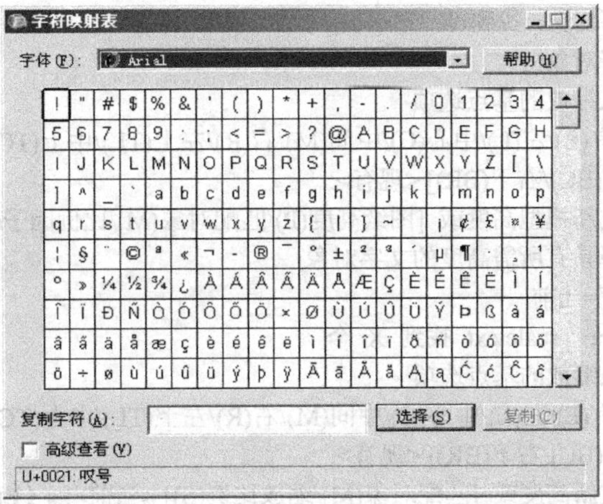

图 4-50 字符映射表

特殊符号不支持在垂直文字中使用，而且一般只支持部分 TrueType（TTF）字体和 SHX 字体。包括 Simplex、RomanS、Isocp、Isocp2、Isocp3、Isoct、Isoct2 、Isoct3、Isocpeur（仅 TTF 字体）、Isocpeur italic（仅 TTF 字体）、Isocteur（仅 TTF 字体）、Isocteur italic（仅 TTF 字体）。

☞注意：

应该注意字体和特殊字符的兼容。如果一些特殊字符（包括汉字），使用的字体无法辨认时，则会显示若干“？”来替代输入的字符，改正字体方可正确显示。

3. 文字编辑修改

经常需要对已经输入的文字进行编辑修改，如内容、字体、颜色、高度等。作为图形中的一个对象，普通的特性修改编辑适用于文本对象。另外，还有诸如 DDEDIT 等命令，专用于文本的编辑修改。修改编辑文本比较简单，双击后弹出相应的对话框或编辑框供修改文字内容和属性。

如果选择的对象为单行文字，双击后的操作将和输入单行文字类似，直接修改即可。

如果选择的对象为多行文字，双击后的操作和输入多行文字相同。

用户也可以通过“对象特性”伴随对话框来编辑修改文字及属性。单击文本对象后，同样出现“对象特性”对话框，用户不仅可以修改文本的内容，而且可以重新选择该文本的文字样式、设定新的对正类型、定义新的高度、旋转角度、宽度比例、倾斜角度、文本位置以及颜色等该文本的所有特性。对多行文本而言，单击后同样出现两个箭头，选中后拖动可改变文本输入框的大小。

4．缩放文字

可以在注写文字后再修改文字的大小比例。

命令：SCALETEXT。

功能区：注释→文字→缩放。

输入该命令后系统有以下提示。

命令：**scaletext**
选择对象：找到 X 个
选择对象:
输入缩放的基点选项
[现有(E)/左(L)/中心(C)/中间(M)/右(R)/左上(TL)/中上(TC)/右上(TR)/左中(ML)/正中(MC)/右中(MR)/左下(BL)/中下(BC)/右下(BR)] <现有>:
指定新模型高度或 [图纸高度(P)/匹配对象(M)/比例因子(S)] <2.5>: **m〈Enter〉**
选择具有所需高度的文字对象:
高度=当前
命令：_scaletext 找到 X 个
输入缩放的基点选项
[现有(E)/左(L)/中心(C)/中间(M)/右(R)/左上(TL)/中上(TC)/右上(TR)/左中(ML)/正中(MC)/右中(MR)/左下(BL)/中下(BC)/右下(BR)] <现有>:
指定新高度或 [匹配对象(M)/缩放比例(S)] <当前>: **s〈Enter〉**
指定缩放比例或 [参照(R)] <2>: **r〈Enter〉**
指定参照长度 <1>:
指定新长度:
指定新模型高度或 [图纸高度(P)/匹配对象(M)/比例因子(S)] <5>: **p〈Enter〉**
指定新图纸高度 <5>:
X 个非注释性对象已忽略

上述参数中，缩放基点的各选项和绘制文字时相同，相当于 SCALE 中指定的缩放基准点。不同的有以下几种。

- 现有(E)：保持原有的绘制基准点不变。
- 指定新高度：输入新的高度替代原先绘制时指定的文字高度。
- 匹配对象(M)：选择一个已有的文本对象，使用该对象的高度来替代原来的高度。
- 选择具有所需高度的文字对象：选择要修改成的文本高度的文字对象。
- 缩放比例(S)：定义一个比例系数来修改文本的高度。
- 指定缩放比例：输入比例系数，文本高度变成该系数和原先高度的乘积。
- 参照(R)：通过定义参照长度来修改文本的高度。

✧ 指定参照长度：输入参照的长度。

✧ 指定新长度：输入新的长度，通过和参照长度相比得到新的高度。

✧ 指定新图纸高度：根据注释性特性缩放文字高度。

5．对正文字

文字的对正基准也可以在输入之后再重新修改。

命令：JUSTIFYTEXT。

功能区：注释→文字→对正。

输入该命令后系统有以下提示。

```
命令: _justifytext
选择对象: 找到 1 个
选择对象:
输入对正选项
[左(L)/对齐(A)/调整(F)/中心(C)/中间(M)/右(R)/左上(TL)/中上(TC)/右上(TR)/左中(ML)/正中(MC)/右中(MR)/左下(BL)/中下(BC)/右下(BR)] <左>:
```

该命令用于改变原先文字的基准点。如原先绘制的文字是采用的左对齐方式，采用该命令并输入 R 后，该文本的对正点即改为右（R），而文本本身的位置不变。用户可以通过执行该命令后查看夹点的变化来体会该命令的效果。

4.2.3 表格

为方便诸如明细栏等的绘制，在 AutoCAD 2010 中可以直接插入表格，无需手工绘制。

命令：TABLE。

功能区：注释→表格→表格、常用→注释→表格。

执行该命令后，弹出如图 4-51 所示的“插入表格”的对话框。在其中设置表格样式（通过单击表格样式后的按钮可以进一步设计）、插入方式、设置行数和列数以及行高和列宽等。

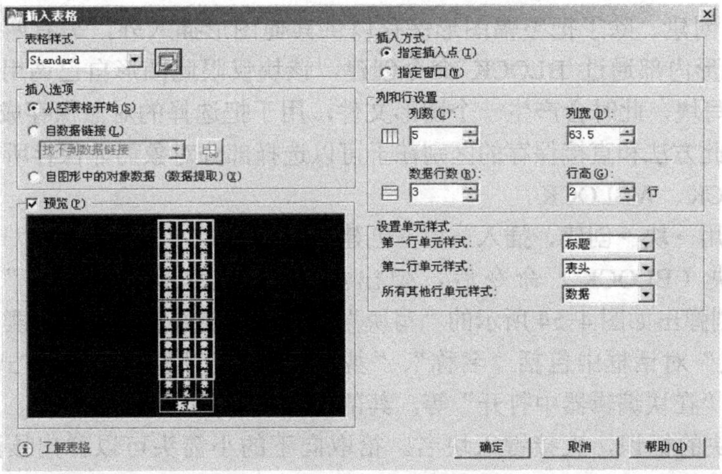

图 4-51 “插入表格”对话框

在图形中插入表格后，立即就可以输入数据，也可以双击单元格输入数据，如图 4-52 所示。

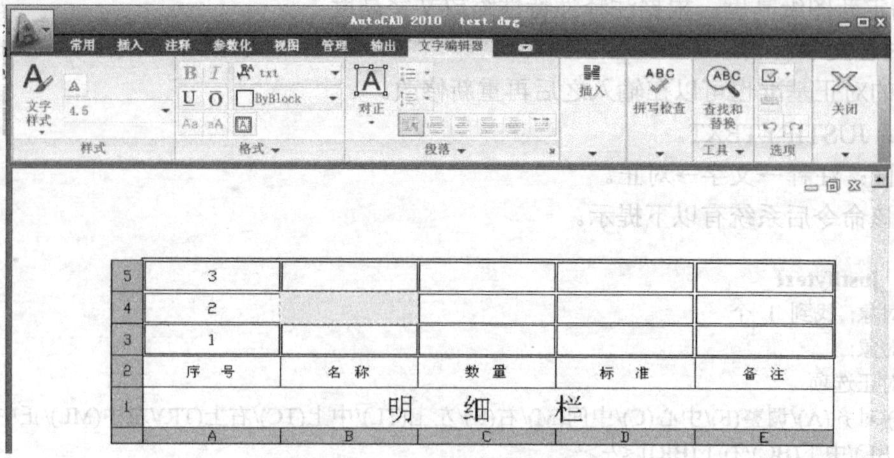

图 4-52　在表格中输入数据

4.3　块操作

块，指一个或多个对象的集合，可以作为一个单一的对象被处理。创建块后可以通过插入的方式引用。使用块有一些好处，如不论该块多么复杂，在图形中只保留块的引用信息和该块的定义。在一张图中多次引用同一块时，将会明显减少图形的存储空间。通过将常用图形（如标准件等）制成块，无限次引用，便于管理，减轻工作量。块可以附加属性，可以通过外部程序和指定的格式抽取图形中的数据等。一幅图形本身可以作为一个块被引用。

外部参照是一幅图形对另一幅图形的引用，功能类似于块。

4.3.1　创建块和写块

块首先要被创建。除了把整幅图形保存以供其他图形插入外，另有两种方法可以创建块：一种是在图形内部通过 BLOCK 命令创建，该块仅限此图形自己调用；另一种是通过 WBLOCK 命令写块，此时会产生一个图形文件，用于把选择的对象保存成一个文件，可供其他图形调用。此方法和直接保存的区别在于可以选择部分对象而非保存所有对象。

命令：BLOCK、WBLOCK。

功能区：常用→块→创建、插入→块→创建。

执行创建块（BLOCK）命令后，弹出如图 4-53 所示“块定义”对话框，执行 WBLOCK 命令则弹出如图 4-54 所示的“写块”对话框。需要设置的内容类似。

1）“块定义”对话框中包括“名称”、“基点”区、“对象”区、“方式”区、“设置”区、“说明”区、“在块编辑器中打开”等。其部分含义如下：

① 名称：块的标识，直接键入块名。拾取向下的小箭头可以弹出该图形中已定义的块名列表。

②“基点”区：定义块的基点，该基点在插入时作为基准点使用。

- 在屏幕上指定：类似于命令行方式，需要随后在提示输入基点时指定点作为基点。
- 拾取点：返回绘图屏幕，要求拾取某点作为基点，此时 AutoCAD 自动获取拾取点的坐标并分别填入其下的 X、Y、Z 文本框中。

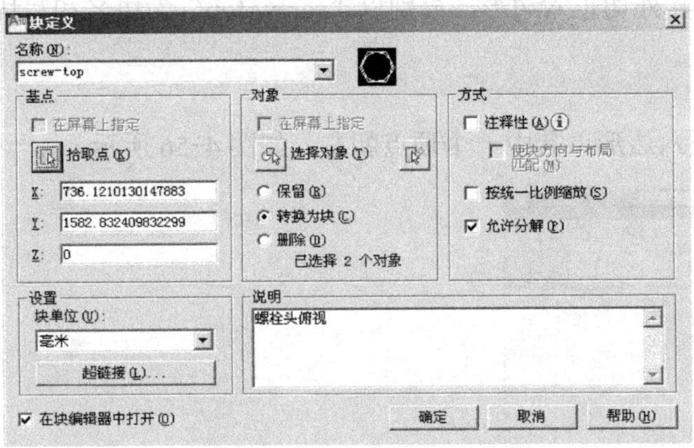

图 4-53 “块定义”对话框

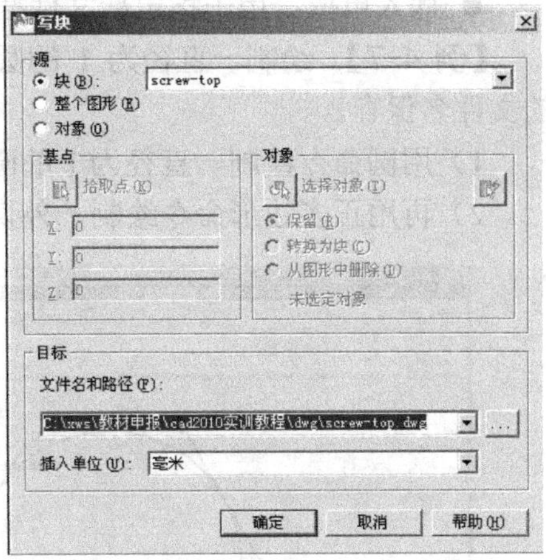

图 4-54 “写块”对话框

● X、Y、Z：在文本框中分别键入 X、Y、Z 坐标。默认基点是原点。

③“对象”区：定义块中包含的对象。

● 在屏幕上指定：随后在命令行中提示选择对象。

● 选择对象：返回绘图屏幕要求用户选择图形作为块中的对象。

● 快速选择：弹出“快速选择”对话框供用户设定块中包含的对象。

● 保留：在选择了组成块的对象后，保留被选择的对象不变。

● 转换为块：在选择了组成块的对象后，将被选择的对象转换成块。

● 删除：在选择了组成块的对象后，将被选择的对象删除。

④“设置”区。

● 块单位：通过下拉列表选择块的单位。

● 超链接：将块和某个超链接对应。

⑤“方式”区。

● 注释性：是否作为注释性定义块。如果是，则还要定义方向。

● 按统一比例缩放：确定是否按统一比例缩放块。

● 允许分解：指定块是否可以分解。

⑥ 在块编辑器中打开。

单击“确定”按钮后将在“块编辑器”中打开该块的定义，如图 4-55 所示。

2）“写块”对话框中除了和“块定义”对话框中相同的内容外，还包括：

① 源：定义创建块的对象来源。

● 块：选择该图形中已定义的一个块写出去。

● 整个图形：以整个图形作为写块的对象，类似于直接保存。以上两种情况都将使“基点”区和“对象”区不可用。

● 对象：通过再次选择的方法确定写块的对象。

②“目标”区。

● 文件名和路径：确定写块的文件名称以及保存位置，也可单击后面的浏览按钮，通过“浏览图形文件”对话框选择和输入。

● 插入单位：用于指定新文件插入时所使用的单位。

【例 4-7】 绘制一直径为 1 的圆及其外切正六边形，分别以“screw-top”为块名和写块的文件名保存。

1）用圆命令绘制一直径为 1 的圆。

2）再用正多边形命令绘制一外切正六边形，其中一个顶点朝左，如图 4-56 所示。

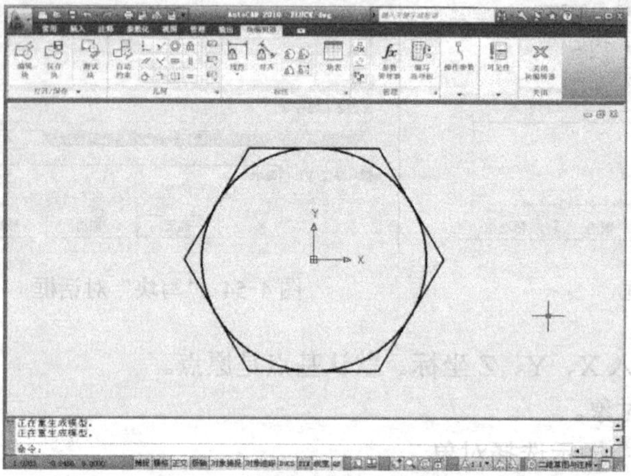

图 4-55 “块编辑器”选项卡

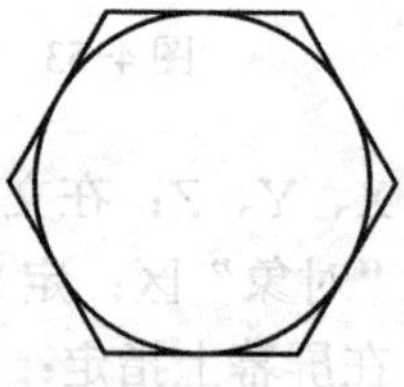

图 4-56 块中包含对象

3）单击“常用”→“块”→“创建”按钮，弹出如图 4-53 所示的“块定义”对话框，输入块名“screw-top”。

4）单击“拾取点”按钮，然后选择圆心。

5）单击“选择对象”按钮，然后将圆和正六边形全部选中。

6）其他采用默认值，单击“确定”按钮完成块的创建。

7）在命令行输入“WBLOCK”并按〈Enter〉键。

8）弹出如图 4-54 所示的“写块”对话框，在“源”处选择“块”，并在下拉列表中选择“screw-top”。

9）在“文件名和路径”中输入“screw-top.dwg”。

10）单击“确定”按钮完成写块。

4.3.2 属性定义

若把块看成商品，则其属性就是附在商品上面的标签，包含有该商品的各项信息，如商品的原材料、型号、制造商、价格等。在一些场合，定义块属性的目的在于图形输入时的方便，在另一些场合，定义块属性的目的是因为其他程序要使用这些数据，如数据库中计算设备的成本等。

属性需要先定义后使用。

命令：ATTDEF、DDATTDEF。

功能区：常用→块→定义属性、插入→属性→定义属性。

执行该命令后，弹出“属性定义”对话框，如图 4-57 所示。该对话框中包含了“模式”、“属性”、“插入点”、“文字设置”四个区，含义如下。

1）模式区：通过复选框设定属性的模式。

可以设定属性为“不可见”、“固定”、“验证”、“预设”、“锁定位置”、“多行”等模式。

2）“属性”区：设置属性。

● 标记：属性的标签，该项是必需的。
● 提示：输入时用于提示用户的信息。
● 默认：默认的属性值。
●“插入字段”按钮：弹出“字段”对话框，供插入字段。

3）“插入点”区：设置属性插入点。

● 在屏幕上指定：在屏幕上拾取某点作为插入点的 X、Y、Z 坐标。
● X、Y、Z 文本框：输入插入点的坐标值。

4）“文字设置”区：控制属性文本的性质。

● 对正：下拉列表框包含了所有的文本对正类型，可以从中选择一种对正方式。
● 文字样式：下拉列表框包含了该图形中设定好的文字样式，可以选择某种文字样式。
● 注释性：设置是否是注释性文本。
● 文字高度：定义文字的高度。如单击“文字高度”按钮，则回到绘图区，通过在屏幕上拾取两点来确定高度，可以在命令提示行直接键入高度。
● 旋转：定义旋转角度。如单击“旋转”按钮回到绘图区，通过拾取两点来定义旋转角度或直接在命令提示行中键入旋转角度。
● 边界宽度：定义多行文字属性中文字行的最大长度，用于换行。值 0.000 表示对文字行的长度没有限制。此选项不适用于单行文字属性。

5）在上一个属性定义下对齐：如果前面定义过属性，则该项复选框可以使用。选中该项，则当前属性定义的插入点和文字样式将继承上一个属性的性质，不需再定义。

【例 4-8】 重新定义块“screw-top”，在圆心处增加一表示大小的属性值。

1）打开“screw-top.dwg”，执行“插入”→“块”→“定义属性”命令。

2）如图 4-57 所示，弹出“属性定义”对话框。按照图 4-57 所示设定填写。

3）单击“确定”按钮，返回绘图界面，单击圆心，如图 4-58 所示，如果文字未能显示正确，修改字体为“宋体”即可。

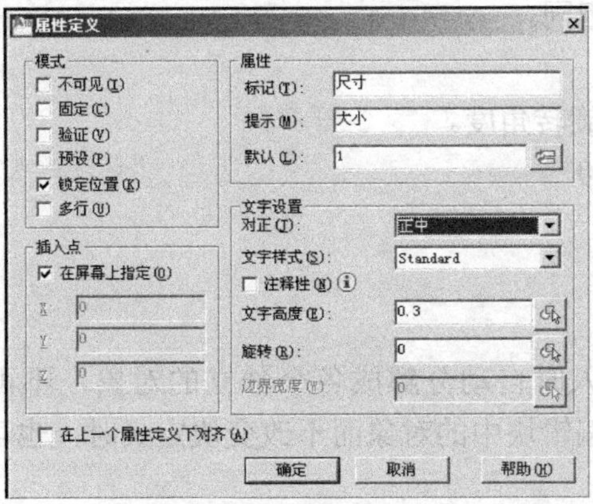

图 4-57 “属性定义”对话框

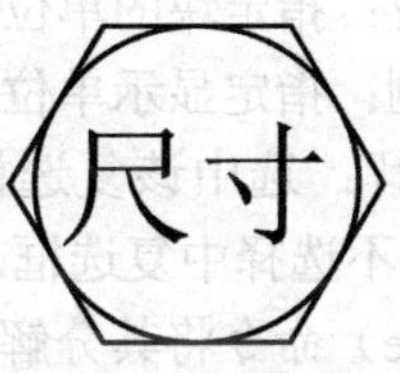

图 4-58 增加属性

4）执行“SAVE”命令即可。

类似属性定义实例也可参见“齿轮”绘制过程中的粗糙度符号定义。

4.3.3 插入块

块可以被直接插入到图形中而被引用，也可以作为尺寸终端或等分标记被引用。

命令：INSERT。

功能区：常用→块→插入、插入→块→插入。

执行该命令后，将弹出如图 4-59 所示的“插入”对话框。

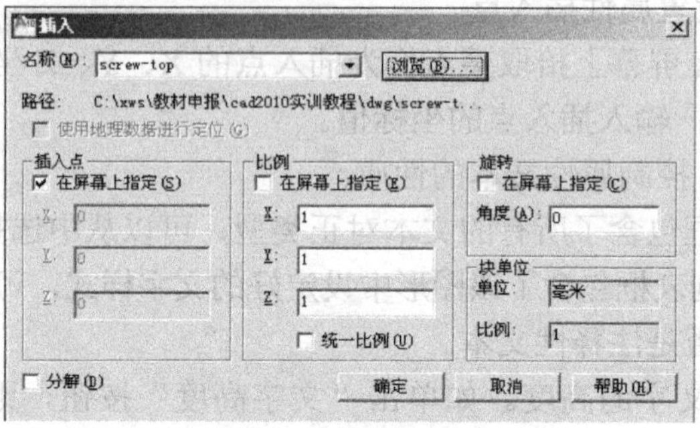

图 4-59 “插入”对话框

该对话框中包含“名称”、“路径”、“插入点”区、“比例”区、“旋转”区、“块单位”以及“分解”复选框等内容。各项含义如下。

1）名称：下拉列表，供选择要插入的块名。

2）浏览：单击该按钮后，弹出“选择图形文件”对话框，用于选择插入的图形文件。

3）“插入点”区。

- 在屏幕上指定：单击“确定”按钮后，在绘图区屏幕上拾取插入点。
- X、Y、Z：分别输入插入点的 X、Y、Z 坐标。

4）“比例”区。

- 在屏幕上指定：命令行提示缩放比例，用户可以在屏幕上指定缩放比例。
- X、Y、Z：分别在对应的位置中键入 3 个方向的比例，默认值为 1。
- 统一比例：3 个方向的缩放比例均相同。

5）“旋转”区。

- 在屏幕上指定：在绘图界面上确定旋转角度。
- 角度：键入旋转角度值，默认值为 0°。

6）块单位。

- 单位：指定块的单位。
- 比例：指定显示单位比例因子。

7）分解：选中该复选框，则块在插入时自动分解成各个独立的对象，不再是一个整体。默认是不选择中复选框。如确实需要编辑块中的对象而不改变块定义时，也可以采用分解（Explode）命令将其分解。

8）确定：单击该按钮，则按照对话框中的设定插入块。如果有需要在屏幕上指定的参数，则在绘图屏幕上会提示拾取必要的点来确定。

9）取消：放弃插入。

10）帮助：有关插入对话框的联机帮助。

【例 4-9】 插入实例。如图 4-60 所示，采用不同的参数分别插入“Screw-top.dwg”。

比例为 8，属性为 8　比例为 10，属性为 10　旋转-15°　X 比例 10，Y 比例 5

图 4-60　不同参数的块带属性插入效果

☞**注意：**

1）可以通过资源管理器直接将需要插入的图形拖放到新的图形中。

2）可以通过“设计中心”（ADCENTER）插入图形或图形中的符号库等。AutoCAD 本身带有一些专业的符号库，是分别存放在相应的图形文件中的块。因此，可以将我们自己需要的组件或部件、标准件、常用的元器件等按比例绘制好，保存在特定的文件中，以后需要时直接通过拖放插入的方式来调用。

3）以图形文件作为插入对象时，AutoCAD 提供了 BASE 命令用来为图形文件设定基点。BASE 命令可以通过菜单或命令执行。

4.3.4 属性编辑

属性定义后可以通过属性编辑来修改。在 AutoCAD 2010 中，属性编辑命令分为单个属性修改和多个属性修改，也可以通过“块属性管理器”来修改属性。

1．单个属性编辑

命令：EATTEDIT。

功能区：常用→块→单个、插入→属性→编辑属性→单个。

执行该命令后，弹出如图 4-61 所示“增强属性编辑器”对话框。其中有 3 个选项卡，分别是“属性”、“文字选项”和“特性”，如图 4-61～图 4-63 所示。用户可以在其中进行编辑修改。

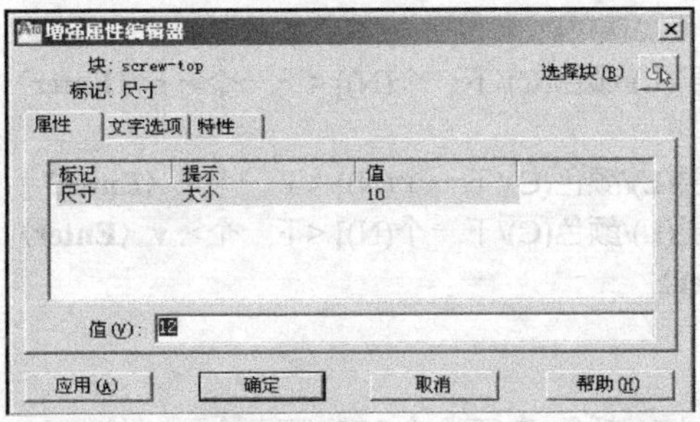

图 4-61　增强属性编辑器——“属性”选项卡

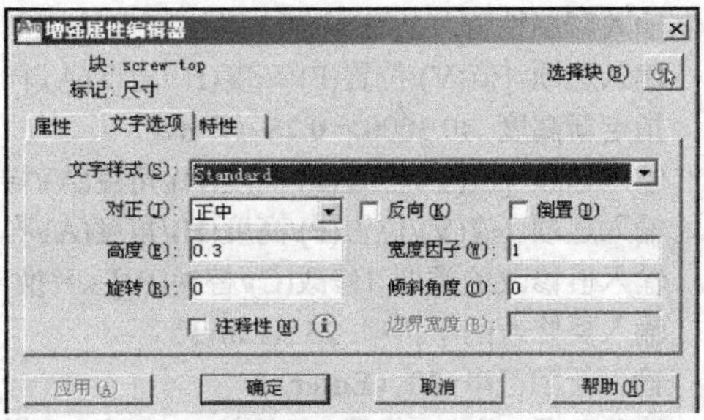

图 4-62　增强属性编辑器——“文字选项”选项卡

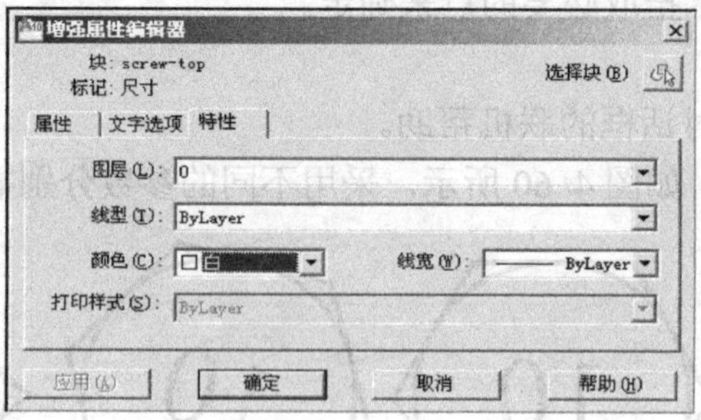

图 4-63　增强属性编辑器——“特性”选项卡

2. 多个属性编辑

命令：-ATTEDIT。

功能区：插入→属性→编辑属性→多个、常用→块→多个。

该命令是基于命令行执行的。可以实现独立于块的属性值和特性的编辑修改。

【例 4-10】 参照图 4-64，该图插入了 3 个“screw-top”块，现要将其属性修改成如图 4-65 所示的效果。通过多个属性编辑命令完成。

图 4-64　属性编辑原图

图 4-65　属性编辑结果

单击“插入”→“属性”→“编辑属性”→“多个”

命令: **_-attedit**

是否一次编辑一个属性? [是(Y)/否(N)] <Y>: **〈Enter〉**

输入块名定义 <*>: **〈Enter〉**

输入属性标记定义 <*>: **〈Enter〉**

输入属性值定义 <*>: **〈Enter〉**

选择属性:一次选择 3 个属性　　找到 1 个......

选择属性: **〈Enter〉**

已选择 3 个属性.

输入选项 [值(V)/位置(P)/高度(H)/角度(A)/样式(S)/图层(L)/颜色(C)/下一个(N)] <下一个>: **v 〈Enter〉**

输入值修改的类型 [修改(C)/替换(R)] <替换>: **〈Enter〉**

输入新属性值: **12 〈Enter〉**

输入选项 [值(V)/位置(P)/高度(H)/角度(A)/样式(S)/图层(L)/颜色(C)/下一个(N)] <下一个>: **h 〈Enter〉**

指定新高度 <0.3000>: **0.25 〈Enter〉**

输入选项 [值(V)/位置(P)/高度(H)/角度(A)/样式(S)/图层(L)/颜色(C)/下一个(N)] <下一个>: **〈Enter〉**

输入选项 [值(V)/位置(P)/高度(H)/角度(A)/样式(S)/图层(L)/颜色(C)/下一个(N)] <下一个>: **v 〈Enter〉**

输入值修改的类型 [修改(C)/替换(R)] <替换>: **c 〈Enter〉**

输入要修改的字符串: **25 〈Enter〉**

输入新字符串: **20 〈Enter〉**

输入选项 [值(V)/位置(P)/高度(H)/角度(A)/样式(S)/图层(L)/颜色(C)/下一个(N)] <下一个>: **c 〈Enter〉**

```
输入新颜色 [真彩色(T)/配色系统(CO)] <7 (白)>: 5〈Enter〉
输入选项 [值(V)/位置(P)/高度(H)/角度(A)/样式(S)/图层(L)/颜色(C)/下一个(N)] <下一个>:〈Enter〉
输入选项 [值(V)/位置(P)/高度(H)/角度(A)/样式(S)/图层(L)/颜色(C)/下一个(N)] <下一个>: v〈Enter〉
输入值修改的类型 [修改(C)/替换(R)] <替换>:〈Enter〉
输入新属性值: 1-2〈Enter〉
输入选项 [值(V)/位置(P)/高度(H)/角度(A)/样式(S)/图层(L)/颜色(C)/下一个(N)] <下一个>:
```

如果在上面回答“是否一次编辑一个属性？[是(Y)/否(N)] <Y>:”时回答了否，则出现如下提示。

```
命令: -attedit
是否一次编辑一个属性？[是(Y)/否(N)] <Y>: N
正在执行属性值的全局编辑。
是否仅编辑屏幕可见的属性？[是(Y)/否(N)] <Y>:
输入块名定义 <*>:
输入属性标记定义 <*>:
输入属性值定义 <*>:
选择属性: 找到 x 个
选择属性:
已选择 x 个属性.
输入要修改的字符串:
输入新字符串:
```

以上执行结果类似于替换，用新字符串替代要修改的字符串，如果被修改的字符串不止一处，则同时会被替换。

3. 块属性管理器

“块属性管理器”用来管理当前图形中块的属性定义。可以在块中编辑属性定义、从块中删除属性以及更改插入块时的提示顺序，并选定属性列表中包括哪些块的属性。

命令：BATTMAN。

功能区：插入→属性→管理、常用→块→管理属性。

执行该命令后弹出如图4-66所示“块属性管理器”对话框。

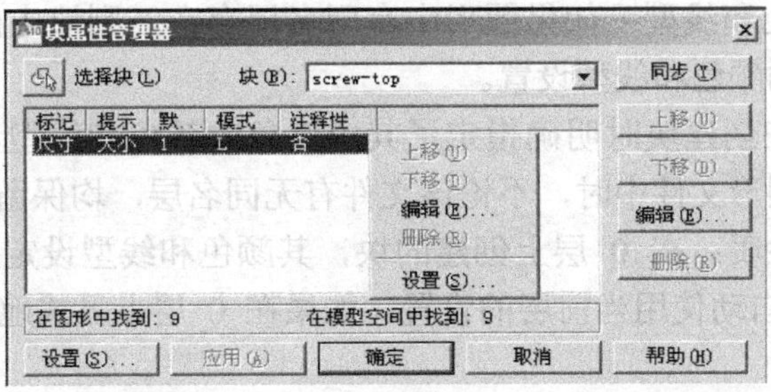

图4-66 “块属性管理器”对话框

- 选择块：可以让用户在绘图区的图形中选择一个带有属性的块。选择后将出现在列表中。
- 块：列表显示带属性的块。用户可以从中选择需要编辑的块。选择后出现在下面的列表中。

- 同步：同步更新具有当前定义的属性特性的选定块的全部引用。不会影响在每个块中指定给属性的任何值。
- 上移：在提示序列的早期阶段移动选定属性标签。选定固定属性时，上移按钮无效。
- 下移：在提示序列的后期阶段移动选定属性标签。选定固定属性时，下移按钮无效。
- 编辑：打开“编辑属性”对话框，进行属性修改。具体参见图 4-61～图 4-63。
- 删除：从块定义中删除选定的属性。如果在选择该按钮之前已选择了“设置”对话框中的“将修改应用到现有参照”，将删除当前图形中全部块引用的属性。对于仅具有一个属性的块，“删除”按钮无效。
- 设置：也可在选择块后用鼠标右键单击后选择“设置”菜单，弹出如图 4-67 所示的“块属性设置”对话框。
- 应用：用新定义的属性更新图形，同时将“块属性管理器”保持为打开状态。

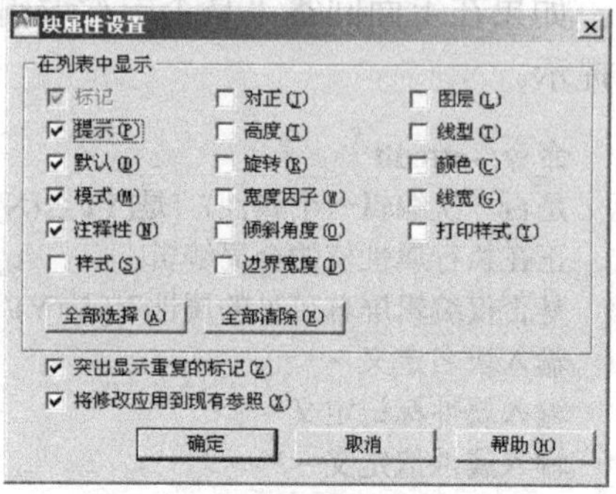

图 4-67 “块属性设置”对话框

4.3.5 块编辑

使用块编辑器，可以重新编辑块中的组成元素。

1. 块中对象的特性

首先了解一下图形对象中线型和颜色的设置。块中对象有如下一些特点：

- 随层特性：指在创建块时，其颜色和线型被设置为“随层”（Bylayer）。此时，该块会有如下表现：如果插入块的图形中有同名层，则块中对象的颜色和线型均被该图形中的同名图层设置的颜色和线型替代；如果插入块的图形中没有同名层，则块中的对象保持原有的颜色和线型，并且为当前的图形增加相应的图层定义。
- 随块特性：指在创建块时，其颜色和线型被设置为“随块”（Byblock），则它们在插入前并没有明确的颜色和线型。插入后，如果图形中没有同名层，则块中的对象采用当前层的颜色和线型；如果图形中有同名层存在，则块中的对象采用当前图形文件中的同名层的颜色和线型设置。
- 显式特性：指在创建块时明确指定了其中对象的颜色和线型，即显式设置。该块插入到其他任何图形文件中时，不论该文件有无同名层，均保留原有的颜色和线型。
- 0 层上的特殊性质：在 0 层上创建的块，其颜色和线型设定不论是“随层”或“随块”，在插入时自动使用当前层的设置。如果在 0 层上显式地指定了颜色和线型，则不会改变。

2. 块编辑器

块本身是一个整体，对早期版本的 AutoCAD，如果要编辑块中的单个元素，必须将块分解，使之变成普通的图形对象，并失去块的特性才可以。新的版本提供了块编辑器，可以对块进行详细的编辑修改，甚至还可以通过参数化、添加约束、动作等建立动态块。

命令：BEDIT。

功能区：常用→块→编辑、插入→块→编辑。

执行该命令后，在界面上会增加“块编辑器”选项卡，如图 4-68 所示。

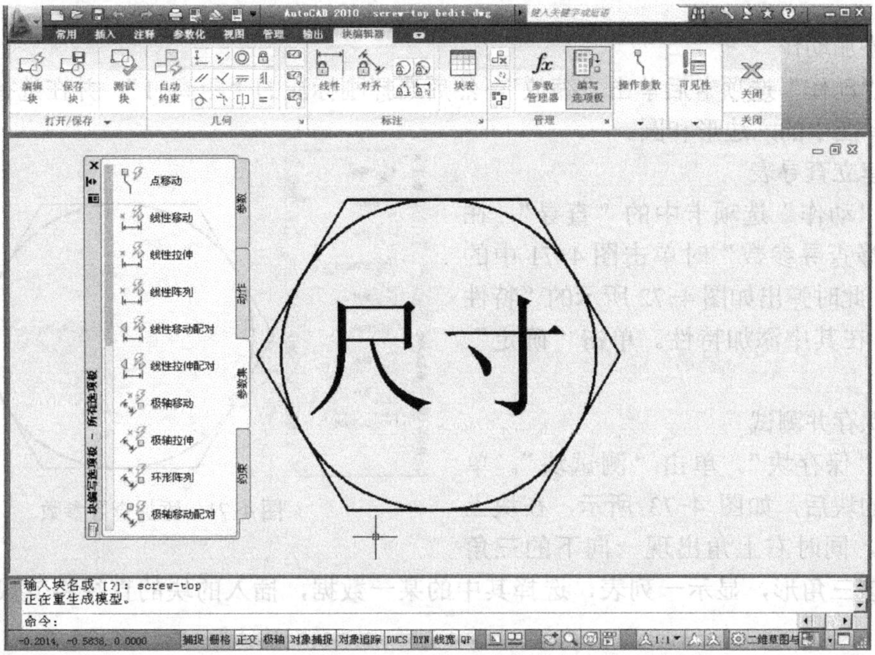

图 4-68 “块编辑器”选项卡

下面通过一实例说明建立动态块的方法。

【例 4-11】 建立一螺栓俯视图的动态块，插入时其大小尺寸在 8、10、12、14、16、20、24 范围内可根据附表选择。

（1）启动块编辑器

单击“常用”→“块”→“编辑”，启动“块编辑器”，弹出如图 4-69 所示的“编辑块定义”对话框。选择“screw-top”，单击“确定”按钮退出。

（2）添加参数

如图 4-70 所示，在“块编写选项板”中选择“参数”选项卡，单击“线性”，采用“中点”捕捉方式分别捕捉对边的中点，标上线性尺寸“距离 1”。

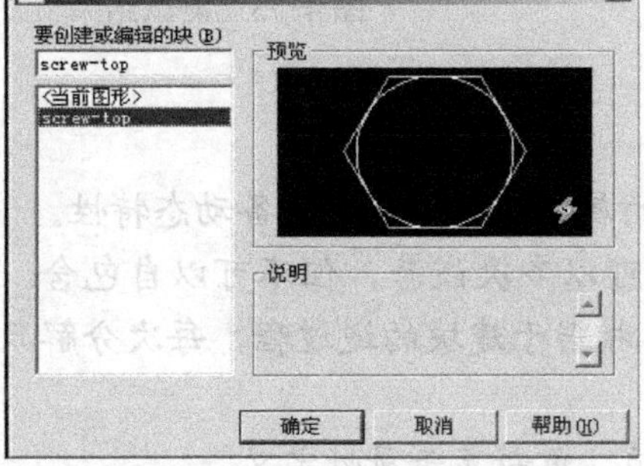

图 4-69 “编辑块定义”对话框

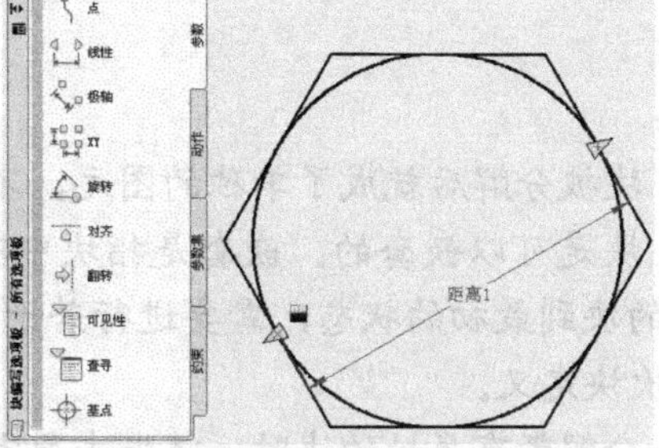

图 4-70 添加参数

（3）添加查寻表

选择“参数”选项卡，单击“查寻”，在提示“指定参数位置”时，在图形的右上方单击。

（4）添加动作

选择“动作”选项卡后单击“缩放”，然后选择刚标注的“距离 1”，并在选择对象的提示下，选择图中的六边形和圆。

（5）建立查寻表

单击“动作”选项卡中的“查寻”，在提示“选择查寻参数”时单击图 4-71 中的“查寻 1”。此时弹出如图 4-72 所示的“特性查寻表”。在其中添加特性。单击“确定”按钮退出。

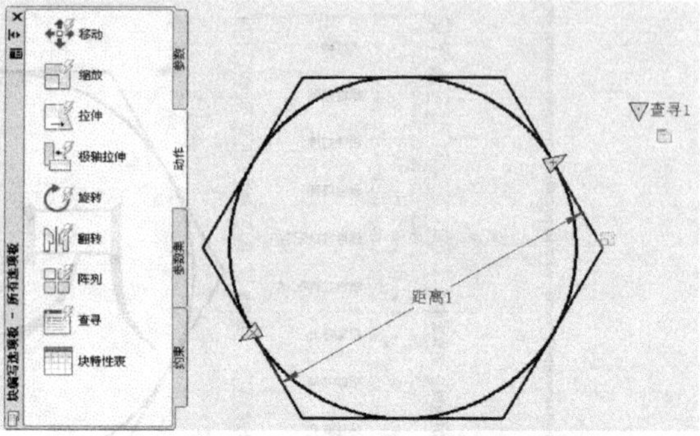

图 4-71　添加查寻参数

（6）保存并测试

单击“保存块”。单击“测试块”。单击屏幕上的块后，如图 4-73 所示，在块上出现夹点，同时右上角出现一向下的三角形。单击该三角形，显示一列表，选择其中的某一数据，插入的块的直径将变成所选择的数据大小。

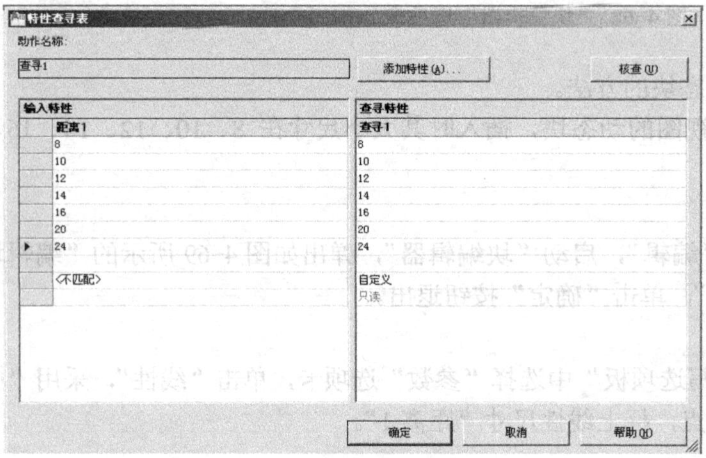

图 4-72　添加查寻表

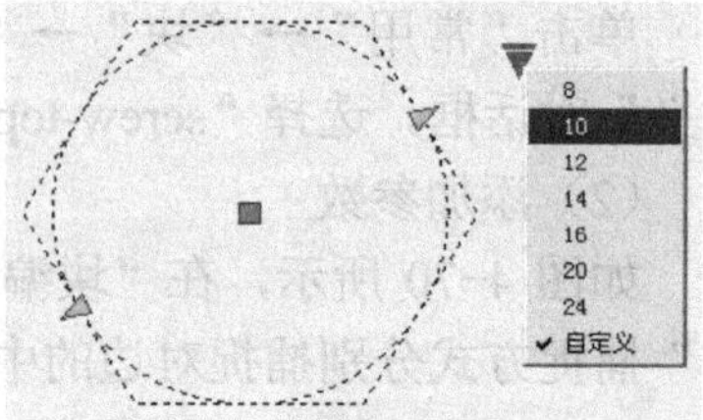

图 4-73　测试结果

☞注意：

1）块被分解后就成了单独的图元，不具有块的属性，同样也不具备动态特性。

2）块是可以嵌套的。嵌套是指块中有块。块可以多次嵌套，但不可以自包含。如要分解嵌套的块到最初的状态，需要进行若干次分解。相当于建块的逆过程，每次分解只会取消最后一次块定义。

3）分解带有属性的块时，将失去原定的属性值，重新显示属性定义。

4.4　外部参照

外部参照是一种类似于块图形引用方式，它和块最大的区别在于块在插入后，其图形数据会存储在当前图形中，而使用外部参照，其数据并不增加在当前图形中，始终存储在原始文件中，当前文件只包含对外部文件的一个引用。一旦原始被参照图形有了修改更新，引用的文件也将同步更新。

4.4.1　外部参照附着

通过外部参照附着命令可将需要参照的图形“插”到现有图形中。

命令：ATTACH。

功能区：插入→参照→附着。

执行该命令后，首先弹出“选择参照文件”对话框，供用户选择参照文件。一旦选定了参照文件后，将弹出如图 4-74 所示的“附着外部参照”对话框。用户可以插入的文件类型主要有 DWG、DWF、DWFX、DGN、PDF、图像文件等。

用户通过该对话框可以重新选择附着文件，确定比例、参照文件的路径、旋转角度、插入点、块单位、附着类型等，具体内容根据插入的文件类型不同而有所不同。单击“确定”按钮后即在图形中插入了参照文件的引用。参照文件的显示透明度，可以在“插入”→“参照”→“外部参照淡入”中进行调节，如图 4-75 所示。

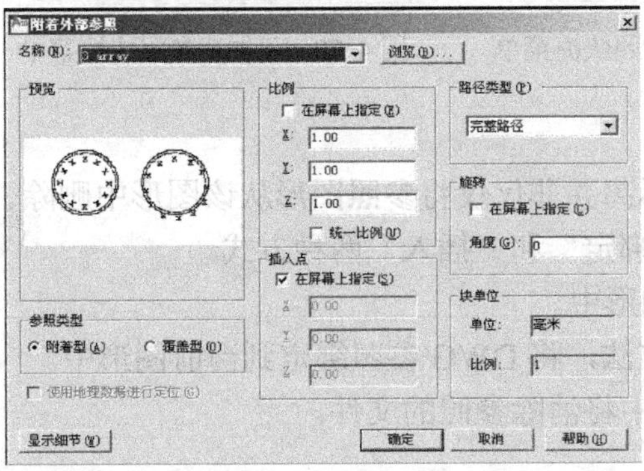

图 4-74 “附着外部参照”对话框

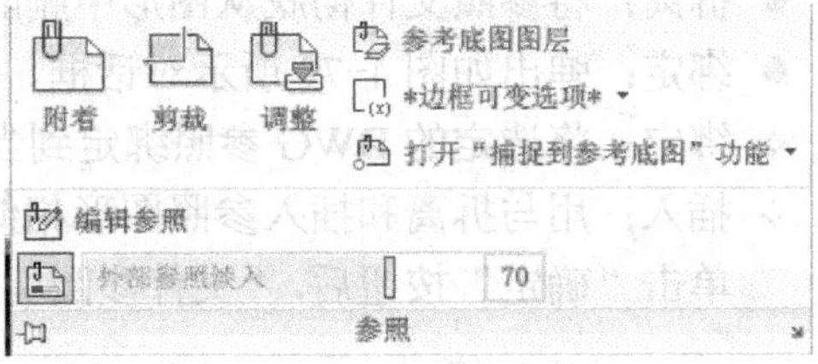

图 4-75 “参照”面板

4.4.2　外部参照选项板

通过“外部参照”选项板可以完成外部参照的“附着”、“卸载”、“重载”、“拆离”、“绑定”、“刷新”等。

命令：XREF。

功能区：插入→参照→外部参照。

执行该命令将弹出如图 4-76 所示的“外部参照”选项板。如图 4-76 所示，单击“附着”按钮后向下的箭头，或在如图 4-77 所示的“文件参照”列表中空白位置用鼠标右键单击，均可弹出带有“附着...”的快捷菜单，通过该菜单可实现外部参照的附着。如图 4-78 所示，在已经加载文件名上用鼠标右键单击，则可以实现“打开”、“附着”、“卸载”、“重载”、“拆离”、“绑定”等任务。

- 打开：打开选择的文件。
- 附着：打开“外部参照”对话框，可再次附着该图形，其参数可调。
- 卸载：将选定的参照文件从图形中删除。

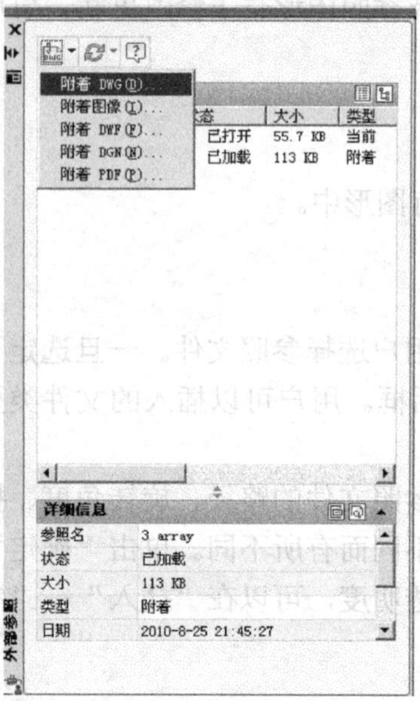

图 4-76 “外部参照”选项板-附着菜单

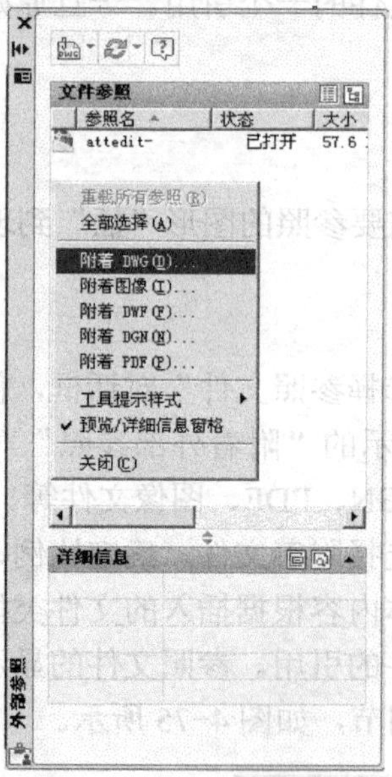

图 4-77 外部参照快捷菜单

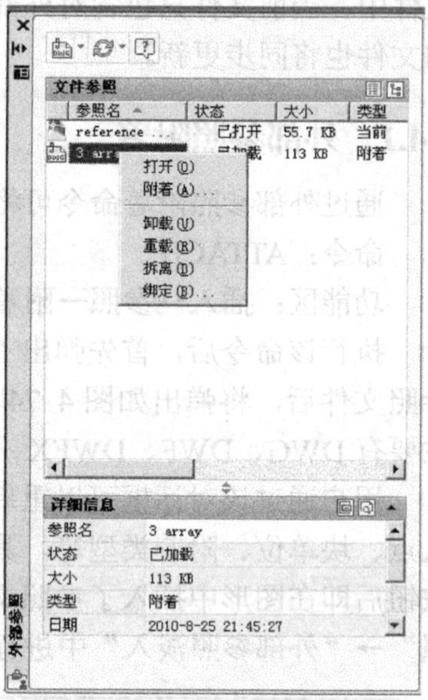

图 4-78 已加载参照快捷菜单

- 重载：重新加载被卸载的参照文件。
- 拆离：将参照文件彻底从图形中删除。拆离并非仅仅将参照图形从该图形中删除。
- 绑定：弹出如图 4-79 所示对话框。分“绑定”和“插入”两种方式。

✧ 绑定：将选定的 DWG 参照绑定到当前图形中。

✧ 插入：用与拆离和插入参照图形相似的方法，将 DWG 参照绑定到当前图形中。单击“确定”按钮后，“文件参照”窗格中将消除参照的文件。

4.4.3 外部参照编辑

外部参照附着后，单击参照图形，则会弹出如图 4-80 所示的“外部参照”选项板。其中“编辑”面板中包括“在位编辑参照”和“打开参照”两个按钮。

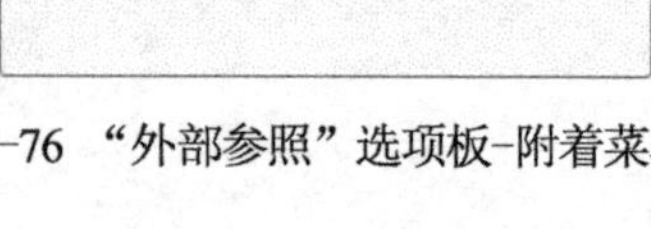

图 4-79 绑定外部参照

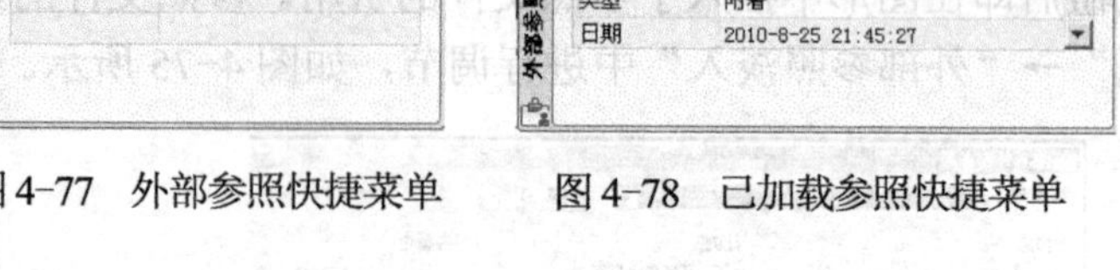

图 4-80 “外部参照”选项板

- 在位编辑参照：可以选择参照，修改其对象，然后存回对参照图形的修改。此方法无需在图形之间来回切换。适合改动不大的情况，否则会明显增大当前图形。

● 打开参照：新窗口单独打开参照原始图形供编辑。适合改动较大的编辑。

4.4.4 外部参照裁剪

在外部参照附着或插入块后，可以定义一个裁剪边界来决定显示或遮挡范围。

命令：XCLIP。

功能区：插入→参照→裁剪、外部参照→裁剪→创建裁剪边界、外部参照→裁剪→删除裁剪。也可在选择了外部参照后，用鼠标右键单击，选择“裁剪外部参照”。

输入该命令后系统会给出以下提示。

```
命令: _xclip
选择对象:
输入剪裁选项 [开(ON)/关(OFF)/剪裁深度(C)/删除(D)/生成多段线(P)/新建边界(N)] <新建>:c〈Enter〉
指定前剪裁点或 [距离(D)/删除(R)]:
指定后剪裁点或 [距离(D)/删除(R)]:
指定与边界的距离:
输入剪裁选项 [开(ON)/关(OFF)/剪裁深度(C)/删除(D)/生成多段线(P)/新建边界(N)] <新建>:〈Enter〉
是否删除旧边界? [是(Y)/否(N)] <是>:
指定剪裁边界:
[选择多段线(S)/多边形(P)/矩形(R)] <矩形>:
外部模式 - 边界外的对象将被隐藏。
指定剪裁边界或选择反向选项:
[选择多段线(S)/多边形(P)/矩形(R)/反向剪裁(I)] <矩形>:
指定第一个角点: 指定对角点:
```

其中参数的用法如下。

- 开（ON）：不显示外部参照或块的剪裁边界以外的部分。
- 关（OFF）：显示外部参照或块的全部几何信息，忽略剪裁边界。
- 剪裁深度（C）：设置前剪裁平面和后剪裁平面，由边界和指定深度所定义的区域外的对象将不显示。随后提示要求定义前后剪裁面。
- 删除（D）：删除剪裁边界。
- 生成多段线（P）：自动绘制一条与剪裁边界重合的多段线。
- 新建边界（N）：定义一个矩形或多边形剪裁边界，或者用多段线生成一个多边形剪裁边界。如果原有边界已存在，则提示是否删除，只有在删除后方可继续。
- 反向裁剪（I）：将显示或不显示的范围反转，即原来是显示边界以内图形，则现在是隐藏边界以内图形，而显示边界以外的图形。

4.5 使用夹点编辑

夹点即图形对象上可以控制对象位置、大小的关键点。例如直线就有 3 个夹点，其中点可以控制位置，而两个端点可以控制其长度。

当在“命令”提示状态下选中图形对象时，图形对象上会显示出小方框表示的夹点，默认的夹点为蓝色空心，夹点被选中时是红色实心状态。部分图形对象的夹点如图 4-81 所示。

夹点是可以编辑的，但功能有限。如文字，通过夹点编辑只能改变其插入点，如要改变文字的大小、字体、颜色等，必须采用其他的编辑命令。

通过夹点编辑时，先选中某个或几个夹点，再用鼠标右键单击，此时会弹出如图 4-82 所示的夹点编辑快捷菜单。在该菜单中，列出了可以进行的编辑项目，用户可以点取相应的菜单命令进行编辑。

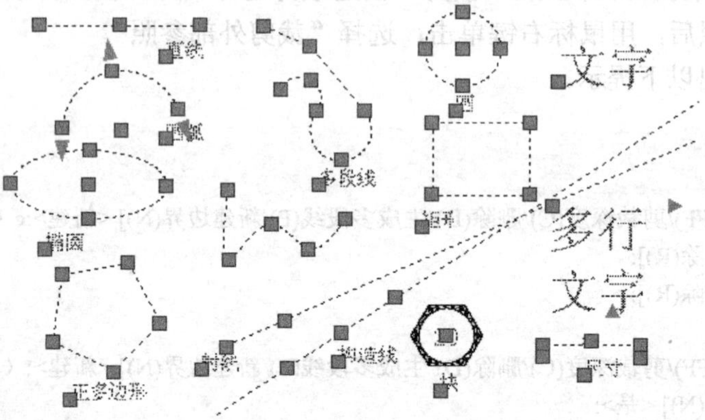

图 4-81 部分常见对象的夹点

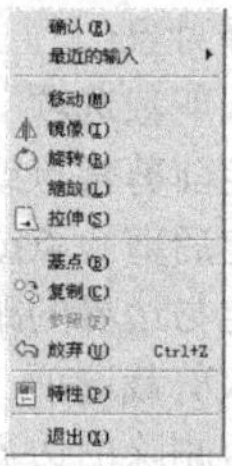

图 4-82 夹点编辑快捷菜单

采用夹点进行编辑时，会在命令提示行中出现类似下面的提示：

```
**拉伸**
指定拉伸点或 [基点(B)/复制(C)/放弃(U)/退出(X)]:
```

不同的编辑命令提示各不相同。用户根据提示进行操作即可。

☞注意：

夹点编辑比较简洁、直观，一般用在不太复杂的编辑修改中。其中改变夹点到新的目标位置时，拾取点会受到环境设置的影响和控制，所以可以利用诸如对象捕捉、正交模式等辅助功能进行夹点的精确编辑。

4.6 图案填充和渐变色

在一些专业图样中，如机械图、建筑图上，需要在剖视图、断面图上绘制填充图案。在很多设计图上，也经常需要将某一区域填充某种图案或渐变色。下面介绍图案填充命令 BHATCH 和渐变色命令 GRADIENT 的用法。

4.6.1 图案填充和渐变色简介

1. 图案填充

通过“图案填充和渐变色”对话框，就可以轻松完成图案和渐变色的填充。

命令：HATCH、BHATCH。

功能区：常用→绘图→图案填充。

执行 BHATCH 命令后弹出如图 4-83 所示“图案填充和渐变色”对话框。

在“图案填充”选项卡中，各列表框及按钮的含义如下。

（1）类型和图案区

- 类型：用于选择图案填充类型，包括“预定义”、“用户定义”和“自定义”3 种。“预定义”指该图案已经在 ACAD.PAT 中定义好；“用户定义”指使用当前线型定义的图案；“自定义”指定义在除 ACAD.PAT 外的其他文件中的图案。
- 图案：该下拉列表显示目前图案名称。点取向下的小箭头会列出图案名称，可以通过滑块上下搜索选择一种填充图案。如果点取了图案右侧的按钮，则弹出如图 4-84 所示的“填充图案选项板”对话框。通过切换选项卡选择不同类别的图案集并从中选择一种图案进行填充操作。

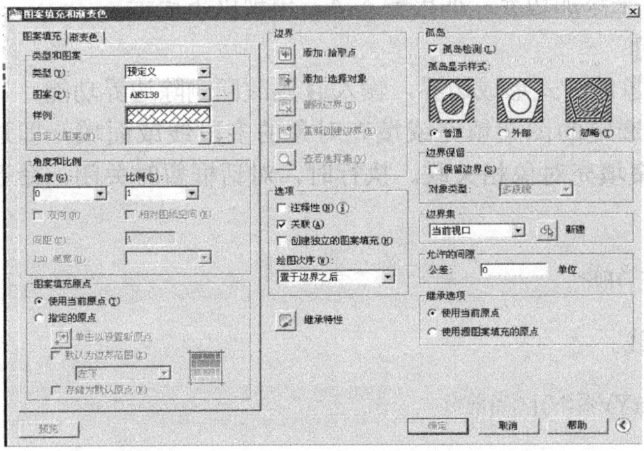

图 4-83 “图案填充和渐变色”对话框

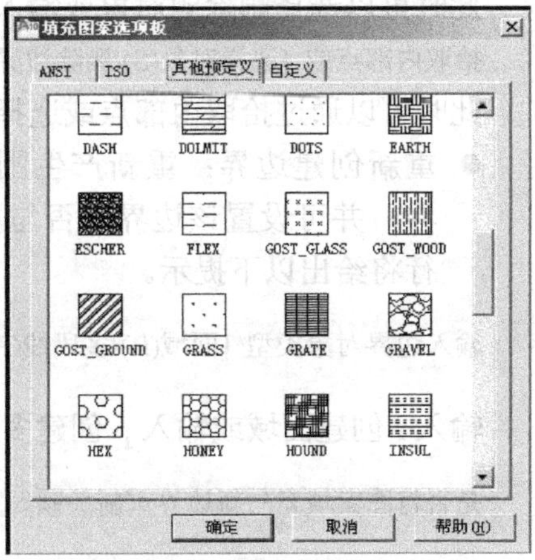

图 4-84 “填充图案选项板”对话框

- 样例：显示选择的图案样式。单击显示的图案式样，同样会弹出“填充图案选项板”对话框。
- 自定义图案：如“类型”设置成“自定义”，则该项有效。其他同预定义图案。

（2）角度和比例区

- 角度：设置填充图案的角度。可以通过下拉列表选择，也可以直接输入。
- 比例：设置填充图案的大小比例。影响到图线之间的间距。
- 双向：对于用户定义的图案，将绘制第二组直线，这些直线与原来的直线成 90°，构成交叉线。只有“用户定义”的类型才可用此选项。
- 相对图纸空间：相对于图纸空间单位缩放填充图案。使用此选项，很容易地做到以适合于布局的比例显示填充图案。该选项仅适用于布局。
- 间距：指定“用户定义”图案中的直线间距。
- ISO 笔宽：基于选定笔宽缩放 ISO 预定义图案。只有“类型”是“预定义”，并且“图案”为可用的 ISO 图案的一种，此选项才可用。

（3）图案填充原点

“图案填充原点”对话框控制填充图案生成的起始位置。某些图案填充（如砖块图案）需要与图案填充边界上的一点对齐。默认情况下，所有图案填充原点都对应于当前的 UCS 原点。

用户可以使用默认原点，或使用新的原点，该原点可以通过在绘图屏幕拾取一点来确定，也可以设置成由默认的边界范围来确定。设定的原点可以保存。

（4）边界区

- 添加：拾取点：通过返回绘图屏幕拾取点的方式自动产生一围绕该拾取点的边界。默认该边界必须是封闭的，也可以在“允许的间隙”中设置一允许的间隙大小。
- 添加：选择对象：通过返回绘图屏幕并选择对象的方式产生一封闭的填充边界。
- 删除边界：从边界定义中删除以前添加的对象。同样要返回绘图屏幕进行选择。此时命令行出现以下提示。

```
选择对象或 [添加边界(A)]:
```

此时可以选择删除的对象或输入 A 来添加边界，如果输入 A，出现以下提示。

```
拾取内部点或 [选择对象(S)/删除边界(B)]:
```

此时可以通过拾取内部点或选择对象的方式形成边界，输入 B 则改回删除边界功能。

- 重新创建边界：重新产生围绕选定的图案填充或填充对象的多段线或面域，即边界，并可设置该边界是否与图案填充对象相关联。执行时，对话框暂时关闭，命令行将给出以下提示。

```
输入边界对象类型 [面域(R)/多段线(P)] <当前>:
```

输入 r 创建面域或输入 p 创建多段线。

```
是否将图案填充与新边界重新关联？ [是(Y)/否(N)] <当前>:
```

输入 y 或 n 来确定是否要关联。

- 查看选择集：定义了边界后，该按钮才有效。执行时，暂时关闭该对话框，在绘图屏幕上显示定义的边界。

（5）选项区

- 关联：控制图案填充和边界是否关联，如果关联，则用户修改边界时，填充图案同时更改。
- 创建独立的图案填充：当选择的边界相互独立时，控制填充图案是各自独立，还是一个整体。
- 绘图次序：控制图案填充和其他对象的绘图次序，可以设置在前或在后。

（6）继承特性

利用“继承特性”可通过继承现有的图案填充特性设置新的图案填充。

单击“继承特性”时，对话框将暂时关闭，命令行将显示提示选择源对象（填充图案）。在选定图案填充要继承其特性的图案填充对象之后，可以在绘图区中用鼠标右键单击，在快捷菜单中“选择对象”和“拾取内部点”之间进行切换以创建边界。

（7）预览

单击“预览”按钮可预视填充图案的最后结果。如果不合适，可以进一步调整。

当单击“更多选项”按钮⊙时，将显示图 4-83 右侧部分。

（8）孤岛

不同孤岛检测的区别如图 4-83 中的预览图案所示。在绘图屏幕上进行边界定义时，用鼠标右键单击将弹出如图 4-85 所示的快捷菜单。同样可以选择孤岛检测的类型。

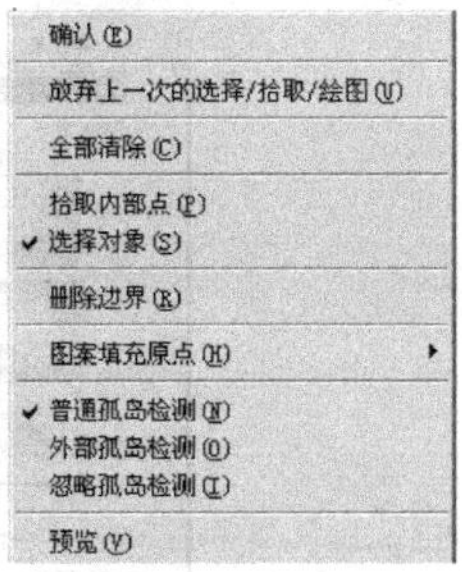

图 4-85　用鼠标右键单击快捷菜单

（9）边界保留

- 保留边界：勾选则保留图案填充的临时边界，增加到图形中。
- 对象类型：选择边界的类型，可以是多段线或面域之一。

（10）边界集

“边界集”用于定义当使用“指定点”方式定义边界时要分析的对象集。如使用“选择对象”定义边界，选定的边界集无效。

- 当前视口：根据当前视口范围中的所有对象定义边界集。同时将放弃当前的所有边界集。
- 现有集合：从使用“新建”选定的对象定义边界集。如果还没有用“新建”创建边界集，则“现有集合”选项不可用。
- 新建：选择对象以便用来定义一个新的边界集。

（11）允许的间隙

“允许的间隙”用于设置将对象用做图案填充边界时可以忽略的最大间隙。默认值为 0，即指对象必须封闭没有间隙。可以在（0,5000）中设置一个值，小于或等于该值的间隙均被视为封闭。

（12）继承选项

使用“继承特性”创建图案填充时，这些设置将控制图案填充原点的位置。

- 使用当前原点：使用当前的图案填充原点。
- 使用源图案填充的原点：以源图案填充的原点为原点。

☞注意：

如果要在指定范围填充成实心的图案，则应该选择的图案类型是“SOLID”，或者使用下面介绍的渐变色填充。

2．渐变色填充

渐变色填充是在一种颜色的不同灰度之间或两种颜色之间使用过渡，用来增强演示图形的效果。

命令：GRADIENT。

功能区：常用→绘图→渐变色。

执行该命令后弹出如图 4-86 所示的“图案填充和渐变色”对话框，此时直接打开“渐变色”选项卡。

在该选项卡中，左侧部分主要用于设置渐变色的颜色，包括单色的颜色 1 和双色的两种颜色。同时可以设置渐变格式、方向、角度等。右侧的部分和“图案填充”选项卡一致，不再赘述。

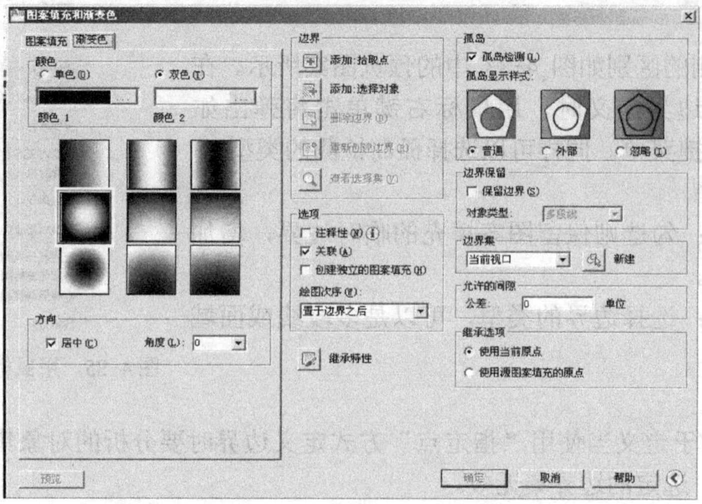

图 4-86 “渐变色”选项卡

选择颜色时，单击颜色后的按钮，弹出“选择颜色”对话框，从中选择渐变填充的颜色即可。再在中间的 9 种填充类型中选择一种合适的渐变方式。在下方的角度中选择一个填充方向，同时可以设置方向是否居中。

设置好后的操作和前面介绍的“图案填充”基本相同。

【例 4-12】 实体填充和渐变色填充练习。如图 4-87 所示，分别在由矩形、正七边形和圆组成的图形中间填充 ANSI38 图案和两色渐变色。

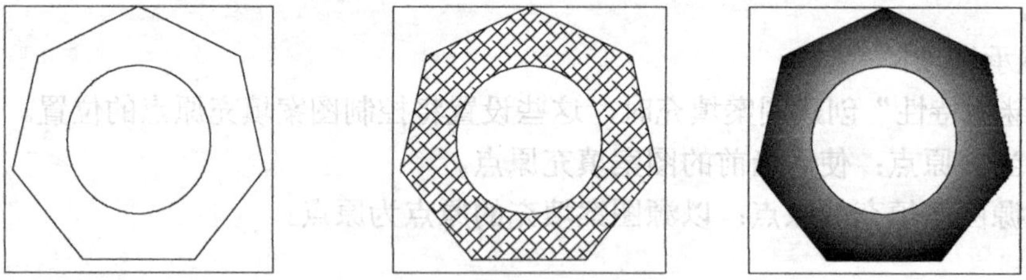

图 4-87 实体填充和渐变色填充

（1）图案填充

1）单击“图案填充”按钮，弹出如图 4-83 所示的对话框。

2）参照图 4-83 进行设置：类型为预定义；图案为 ANSI38；其他默认。

3）单击“拾取点”按钮，在图形上单击多边形和圆之间的任意点。

4）单击“确定”按钮完成图案填充。

（2）渐变单色填充

1）单击“渐变色”按钮，弹出类似如图 4-86 所示对话框。

2）参照图 4-86 进行设置。

3）单击“选择对象”按钮，在图形屏幕上选择多边形和矩形，按〈Enter〉键返回。

4）单击“确定”按钮，完成双色渐变色填充。

结果如图 4-87 所示。

4.6.2 编辑图案填充和渐变色

绘制完的填充图案可以通过 HATCHEDIT 命令进行编辑。

命令：HATCHEDIT。

功能区：常用→修改→编辑图案填充。

执行 HATCHEDIT 命令后提示要求选择需要编辑修改的填充图案，也可以在执行 HATCHEDIT 命令之前选择好填充图案，或直接双击填充图案，随即弹出“图案填充编辑”对话框，如图 4-88 所示。

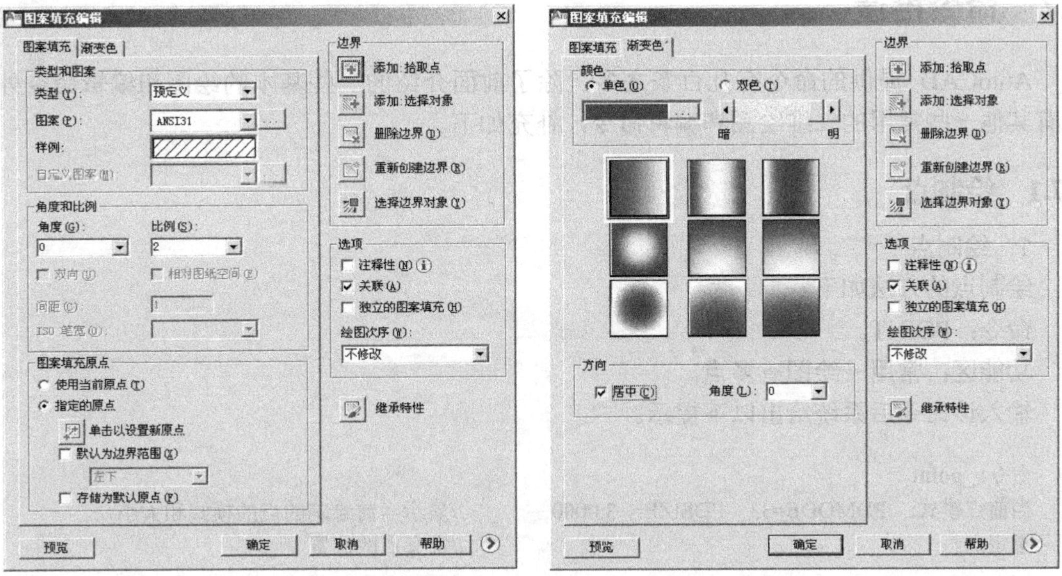

a) b)

图 4-88 “图案填充编辑”对话框

a)“图案填充”选项卡 b)“渐变色”选项卡

从图中可以看出，“图案填充编辑”对话框和“图案填充和渐变色”对话框基本相同，只是其中有一些选项按钮被禁止，其他项目均可以更改设置，单击“确定”按钮后更改生效。

【例 4-13】 将图 4-89 中的圆通过夹点更改其半径超过矩形，在选项区中分别勾选“关联”和不勾选“关联”，比较其效果。

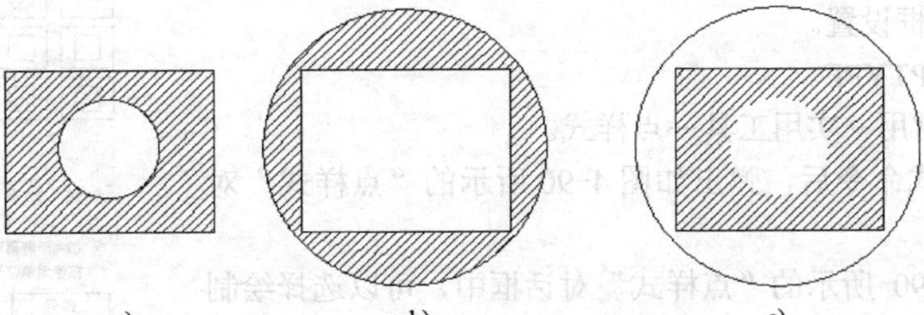

a) b) c)

图 4-89 关联和不关联图案填充实例

a) 开始 b) 关联图案填充结果 c) 不关联图案填充结果

从图中可以看出，关联填充图案和边界密切相关，而不关联则和边界无关，填充后即成为一个独立的对象。

☞注意：

填充的图案是一个整体，一般需要通过上面介绍的专用图案填充编辑命令进行编辑修改。特殊情况下，也可以将填充图案分解。分解后会成为多条单独的图线。渐变填充不可以分解。

4.7 命令拾遗

AutoCAD 提供的命令有几百条之多，除了前面介绍的一些基本的绘图和编辑命令外，还有其他一些常用的二维绘图和编辑命令，补充如下。

4.7.1 绘制点

1. 绘制点

绘制点的方法如下。

命令：POINT。

功能区：常用→绘图→多点。

输入该命令后系统给出以下提示。

```
命令: _point
当前点模式:  PDMODE=33   PDSIZE=-3.0000          //显示当前绘制的点的模式和大小
指定点:                                          //定义点的位置
```

☞注意：

1）产生点的方式除了使用 POINT 命令直接绘制外，还可以使用 DIVIDE 和 MEASURE 命令产生。

2）点显示的形式和大小可以由点样式确定。

3）点为连续绘制方式，一般通过按〈Esc〉键中断。执行其他命令也可以终止点命令。

2. 点样式设置

AutoCAD 提供了 20 种不同式样的点供选择，可以通过“点样式”对话框设置。

命令：DDPTYPE。

功能区：常用→实用工具→点样式。

执行点样式命令后，弹出如图 4-90 所示的“点样式”对话框。

在如图 4-90 所示的“点样式”对话框中，可以选择绘制点的形式，输入“点大小”百分比，该百分比可以是“相对于屏幕设置大小”，也可以是“按绝对单位设置大小”。单击“确定”按钮后，系统自动采用新的设定重新生成图形。

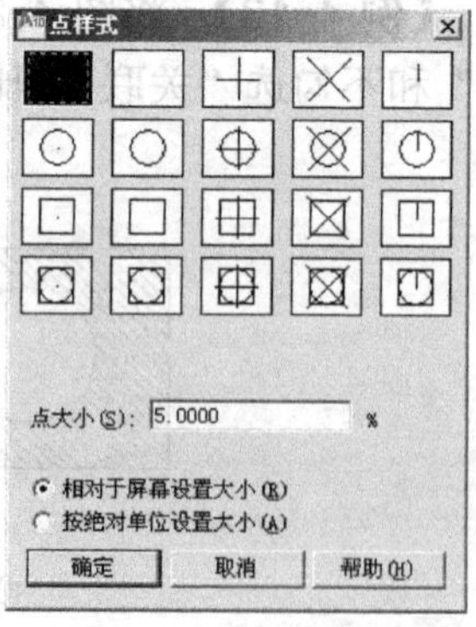

图 4-90 “点样式”对话框

4.7.2 绘制徒手线

虽然大多数图线是规范的，但有时候也会要求进行徒手绘制。例如要数字化地理、气象、天文等专业的图形，其上的曲线采用徒手描绘就是比较合适的方法。AutoCAD 通过记录光标的轨迹来绘制徒手线。此时采用数字化仪及光笔要比用鼠标绘制徒手线更好控制。

命令：SKETCH。

输入该命令后系统有以下提示。

```
命令: sketch
记录增量 <1.0000>:
徒手画。画笔(P)/退出(X)/结束(Q)/记录(R)/删除(E)/连接(C)
<笔 落>
<笔 提>
已记录 XX 条直线
```

其中参数的用法如下。

- 记录增量：控制记录的步长，值越小，记录越精确，数据量也越大。
- 画笔（P）：控制笔的起落开关，即决定光标移动时是否在图面上留下轨迹，单击鼠标左键也可以进行切换。
- 退出（X）：退出徒手画线，将光标轨迹转换成记录并回到命令行状态。
- 结束（Q）：结束徒手画线，对光标的轨迹不进行记录。功能等同于按〈Esc〉键。
- 记录（R）：将光标的轨迹转变成记录，退出 SKETCH 命令。此时在图形文件中存储已生成的轨迹，不可以通过 E 选项删除轨迹。
- 删除（E）：删除所有未记录的轨迹。
- 连接（C）：将光标位置用一条线与最近绘制的端点连起来。

☞注意：

1）任何徒手线都是由较短的线段模拟而成。绘制徒手线时，为了保证更逼真的效果，应该关闭正交模式。

2）在徒手画线时对状态栏的开关切换必须采用键盘上的功能键来进行，不应移动鼠标去切换。如果捕捉设置大于记录增量，捕捉设置将代替记录增量；反之，记录增量将代替捕捉设置。

3）如果希望在低速计算机上保证记录精度，可以将记录增量设置成负值。此时，计算机将按照记录增量的绝对值的两倍检测鼠标移动时接受的点。如果由于速度过快而使得某点的移动超过了两倍记录增量，计算机将发出警告，用户应当降低光标移动的速度。

4.7.3 修订云线

可以通过 REVCLOUD 命令绘制云线，用于图样的批阅、注释、标记等场合。

命令：REVCLOUD。

功能区：常用→绘图→修订云线、注释→标记→修订云线。

输入该命令后系统有以下提示。

```
命令: revcloud
最小弧长: 0.5000  最大弧长: 0.5000
指定起点或 [弧长(A)/对象(O)/样式(S)] <对象>:
沿云线路径引导十字光标...
```

其中参数的用法如下。

- 起点：指定云线开始绘制的端点。
- 弧长(A)：指定云线中弧线的长度。
- 指定最小弧长<x>：指定最小弧长的值。
- 指定最大弧长<x>：指定最大弧长的值。最大弧长不能大于最小弧长的 3 倍。
- 对象(O)：指定要转换为云线的对象。
- 选择对象：选择要转换为修订云线的闭合对象。
- 反转方向 [是(Y)/否(N)]：输入“Y”则反转修订云线中的弧线方向，或输入“N”保留弧线的原样。
- 样式(S)：指定修订云线的样式。
- 选择圆弧样式 [普通(N)/手绘(C)] <默认/上一个>：选择修订云线的样式。

图 4-91 为一云线图形。

图 4-91　云线

4.7.4 定数等分

定数等分即按照固定的段数来等分某条线段，采用 DIVIDE 命令可以实现。

命令：DIVIDE。

功能区：常用→绘图→点→定数等分。

输入该命令后系统有以下提示。

```
命令: _divide
选择要定数等分的对象:
输入线段数目或 [块(B)]: b〈Enter〉
输入要插入的块名:
是否对齐块和对象? [是(Y)/否(N)] <Y>:
输入线段数目:
```

其中参数的用法如下。

- 对象：选择要定数等分的对象。
- 线段数目：指定等分的数目。
- 块(B)：以块作为符号来定数等分对象。在等分点上将插入块。

● 是否对齐块和对象？[是(Y)/否(N)] <Y>：是否将块和对象对齐。如果对齐，则将块沿选择的对象对齐，必要时会旋转块。如果不对齐，则直接在定数等分点上复制块。

4.7.5 定距等分

如果要将某条直线、多段线、圆环等按照一定的距离等分，可以直接采用 MEASURE 命令在符合要求的位置上放置点。

命令：MEASURE。

功能区：常用→绘图→点→定距等分。

输入该命令后系统有以下提示。

```
命令: _measure
选择要定距等分的对象:
指定线段长度或 [块(B)]:b
输入要插入的块名:
是否对齐块和对象？[是(Y)/否(N)] <Y>:
指定线段长度:
```

其中参数的用法如下。

该提示中只有“线段长度”和定数等分中的“输入线段数目”不同，其余均相同。

● 线段长度：指定等分的长度。

定数等分和定距等分如图 4-92 所示。

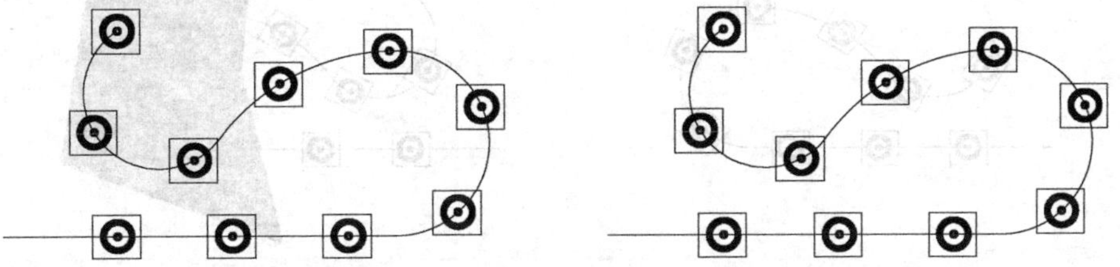

a) b)

图 4-92 定数等分和定距等分

a) 对齐块和对象 b) 不对齐块和对象

4.7.6 区域覆盖

区域覆盖对象是一块多边形区域，它使用当前背景色屏蔽底层的对象。此区域以区域覆盖线框为边框。区域覆盖对象可以被编辑，也可以被关闭以便打印覆盖的内容。一般用于添加注释等。

区域覆盖主要是要产生一条区域覆盖的边界。通过一系列点来指定多边形的区域，也可以将闭合多段线转换成区域覆盖对象。

命令：WIPEOUT。

功能区：常用→绘图→区域覆盖、注释→标记→区域覆盖。

输入该命令后系统有以下提示。

```
命令: _wipeout
指定第一点或 [边框(F)/多段线(P)] <多段线>:f〈Enter〉
输入模式 [开(ON)/关(OFF)]:
指定第一点或 [边框(F)/多段线(P)] <多段线>:〈Enter〉
选择闭合多段线:
多段线必须闭合，并且只能由直线段构成。
是否要删除多段线？[是/否] <否>:
指定下一点:
指定下一点或 [放弃(U)]:
指定下一点或 [闭合(C)/放弃(U)]:
```

其中参数的用法如下。

- 下一点：根据一系列点确定区域覆盖对象的边界。
- 边框（F）：确定是否显示所有区域覆盖对象的边。ON 为显示，OFF 为不显示。
- 多段线（P）：选择一由直线段组成的封闭的多段线为区域边界。
- 是否删除多段线?[是/否]：确定是否要保留多段线。
- 闭合（C）：将区域边界闭合。
- 放弃（U）：放弃绘制的多边形的最后一段。

区域覆盖前后的效果如图 4-93 所示。图 4-93b 中的黑色区域为覆盖区域，背景是黑色的。

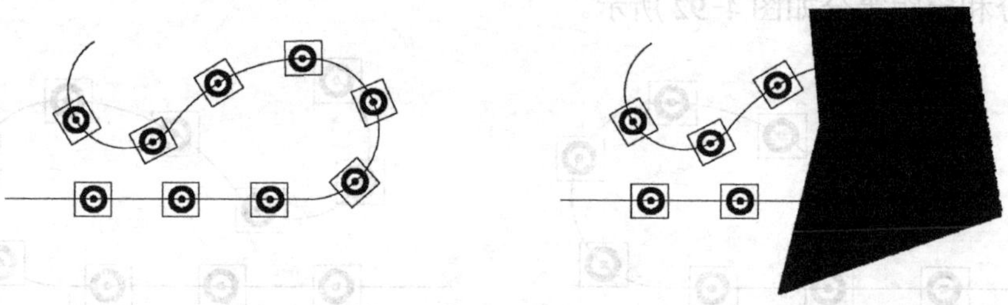

a)　　b)

图 4-93　区域覆盖效果

a) 覆盖前　b) 覆盖后

4.7.7　分解

多段线、块、尺寸、填充图案、修订云线、多行文字、多线、体、面域、多面网格、引线等各自都是一个整体。如果要对其中的组成元素进行单独编辑，一般的编辑命令无法做到，通过专用的编辑命令（如块编辑器）有时也难以满足要求。在许可的情况下，如果将这些整体的对象分解，使之变成单独的元素，则可以进行非常灵活的编辑修改了。一旦分解，这些对象就不再具有整体时的特性，如多段线的宽度等将不复存在。

命令：EXPLODE。

功能区：常用→修改→分解。

输入该命令后系统有以下提示。

命令: _explode
选择对象:

其中参数的用法如下。

- 选择对象：选择要分解的对象，包括块、尺寸、多线、多段线、修订云线、多线、多行文字、体、面域、引线等，而独立的直线、圆、圆弧、单行文字、点等是不能被分解的。

☞注意：

1）利用 XPLODE 命令同样可以分解大部分对象，同时还可以改变对象的特性。

2）对于块中的圆、圆弧等，如果比例不一致，分解后成为椭圆或椭圆弧。

4.7.8 反转

该命令可以反转选定直线、多段线、样条曲线和螺旋线的顶点顺序。

命令：REVERSE。

功能区：常用→修改→反转。

输入该命令后系统给出以下提示。

命令: _reverse
选择要反转方向的直线、多段线、样条曲线或螺旋:
选择对象: 找到 X 个
选择对象:
已反转对象的方向。

其中参数的用法如下。

- 选择对象：选择要反转方向的直线、多段线、样条曲线或螺旋。

【例 4-14】 绘制一带箭头的多段线，并反转之。

绘制如图 4-94a 所示的多段线，其中包括一段起始宽度和终点宽度不一致的箭头。

执行反转命令 REVERSE，选择该多段线。

结果如图 4-94b 所示。从中可以看出，图 4-94a 中箭头存在于从左上到右下的第三段，反转后的图 4-94b 图箭头仍存在于第三段，而顺序是从右下到左上。

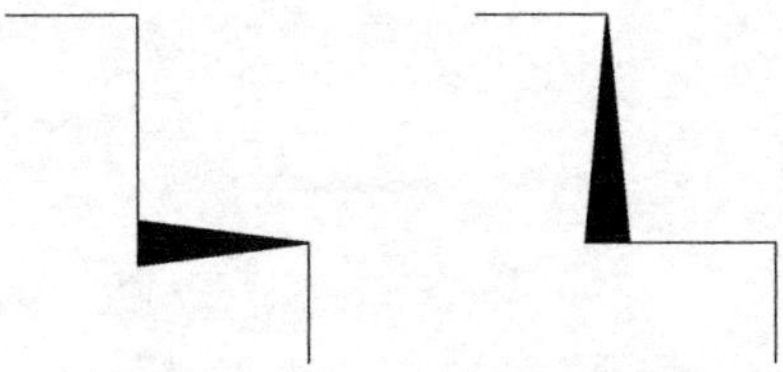

a)　　　　b)

图 4-94　反转多段线

a) 反转前　b) 反转后

思考题

1. 多段线和一般线条有哪些区别？多段线中的宽度和特性中的宽度是否相同？
2. 两不相连的对象能否合并？
3. 单行文本输入和多行文本输入有哪些主要区别？各适用于什么场合？
4. 单行文本中如何输入特殊字符？
5. 文字样式中的倾斜和旋转的含义分别是什么？
6. 是否可以设定一种文字样式包含多种字体？
7. 修改文字样式是否会影响采用该样式已经注写的文字？
8. 若 X、Y、Z 方向比例不同，插入的块能否分解？
9. 创建块时为什么要设置基点？
10. 块中能否包含块？嵌套块能否分解？
11. 编辑块的方法有哪些？
12. 什么是孤岛？删除孤岛的含义是什么？
13. 关联图案和不关联图案有何区别？
14. 实心图案填充的方法有哪些？

第5章 显示控制

图形有复杂的也有简单的，在屏幕上显示的时候，必然会要放大显示细节或缩小以便观察更大范围。这就使得显示控制命令的使用十分频繁。AutoCAD 的显示控制功能非常强大，但一般绘图时只需要用到其中的很少部分。下面介绍最常用的显示控制方法。

5.1 鼠标滚轮控制缩放

在绘图时，使用最频繁的缩放功能通过鼠标滚轮就可以完成，操作非常简单。

在绘图区，滚动鼠标中间的滚轮，向前时为放大，向后时为缩小。需要注意的是，光标位置是缩放的中心点，通过控制光标位置配合滚轮，可以实现图形的放大和缩小显示，而且可以将需要缩放的部分显示在屏幕的中央。熟悉了该方法，一般通过几次缩放就可以实现希望的效果，也无需执行其他的缩放命令。

5.2 显示缩放

AutoCAD 提供 ZOOM 命令来完成显示缩放和移动观察功能。该命令的功能比较多。

命令：ZOOM。

功能区：视图→导航→缩放。

应用程序状态栏：缩放。

功能区中的“缩放”按钮如图 5-1 所示。

输入该命令后系统有以下提示。

命令: **'_zoom**
指定窗口角点，输入比例因子 (nX 或 nXP)，或
[全部(A)/中心(C)/动态(D)/范围(E)/上一个(P)/比例(S)/窗口(W) /对象(O)] <实时>:
按〈Esc〉或〈Enter〉键退出，或单击鼠标右键显示快捷菜单

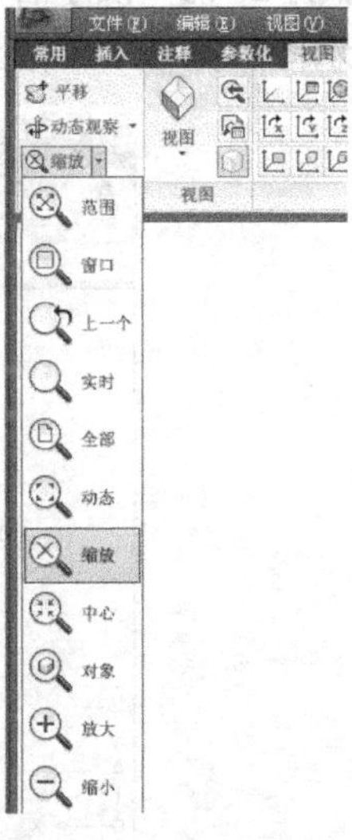

图 5-1 功能区“缩放”按钮

其中参数的用法如下。

- 指定窗口角点：默认的模式，即窗口模式。通过定义一窗口来确定放大范围，分别拾取两点确定一窗口范围即可。
- 输入比例因子（nX 或 nXP）：按照一定的比例来进行缩放。大于 1 为放大，小于 1 为缩小。X 指相对于模型空间缩放，XP 指相对于图纸空间缩放。
- 全部（A）：在当前视口中显示整个图形。其范围取决于图形所占范围和绘图界限中

较大的一个。

- 中心（C）：指定一缩放的中心点。随后提示要求指定缩放系数或高度，AutoCAD 根据给定的缩放系数（nX）或要显示的高度进行缩放。直接按〈Enter〉键即使用默认的中心点。
- 动态（D）：动态显示图形。该选项集成了平移（PAN）命令和显示缩放（ZOOM）命令中的“全部（A）”和“窗口（W）”功能。当使用该选项时，系统显示一可平移的观察框，拖动它到适当的位置并单击，随即出现一向右的箭头用来调整观察框的大小。如果再单击鼠标左键，还可以移动观察框，直到合适的位置。按〈Enter〉键或用鼠标右键单击，在当前视口中将显示观察框中的内容。
- 范围（E）：将图形在当前视口中最大限度地显示。
- 上一个（P）：恢复上一个视口内显示的图形，最多可以恢复 10 个图形显示。
- 比例（S）：根据输入的比例显示图形，对模型空间，比例系数后加一（X），对于图纸空间，比例后加上（XP）。显示的中心为当前视口中图形的显示中心。
- 窗口（W）：放大显示由两点定义的窗口范围内的图形。
- 对象（O）：缩放以便尽可能大地显示一个或多个选定的对象并使其位于绘图区域的中心。
- <实时>：在提示后直接按〈Enter〉键，进入实时缩放状态。按住鼠标向上或向左放大图形显示，按住鼠标向下或向右为缩小图形显示。
- 放大（ZOOM 2X）：相当于比例缩放中的比例为 2X。
- 缩小（ZOOM .5X）：相当于比例缩放中的比例为 0.5X。

下面通过图例解释显示缩放命令的效果。

【例 5-1】 演示各种视图显示用法及效果。打开 3.4 节完成的图形“挂饰视图.dwg”，初始显示图形如图 5-2 所示。

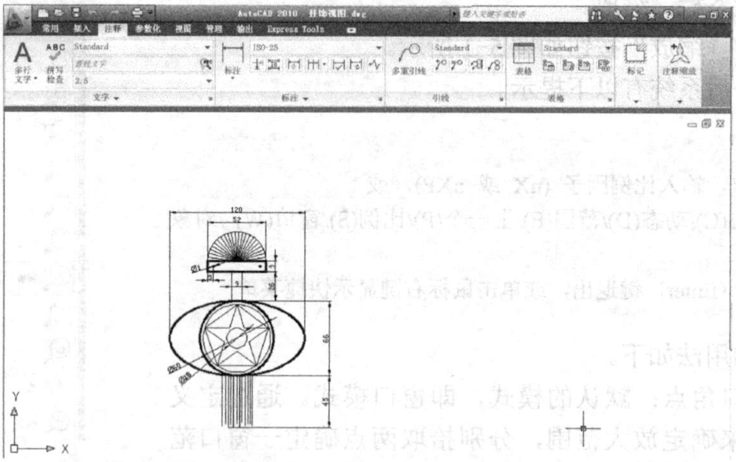

图 5-2　初始图形显示

1）显示窗口（ZOOM　W）。采用缩放窗口放大显示图 5-2 中的椭圆范围。

单击“视图”→“导航”→“窗口”按钮

命令: '_zoom
指定窗口的角点，输入比例因子 (nX 或 nXP)，或者
[全部(A)/中心(C)/动态(D)/范围(E)/上一个(P)/比例(S)/窗口(W)/对象(O)] <实时>: _w
指定第一个角点: 如图 5-3 所示，单击其中 A 点
指定对角点: 单击 B 点

结果如图 5-4 所示。

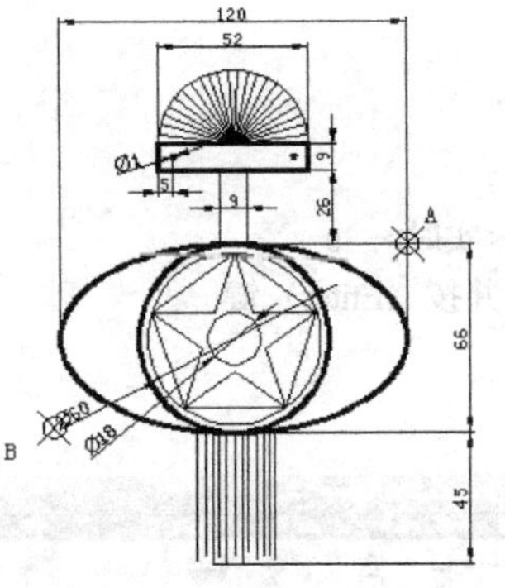

图 5-3　确定窗口范围

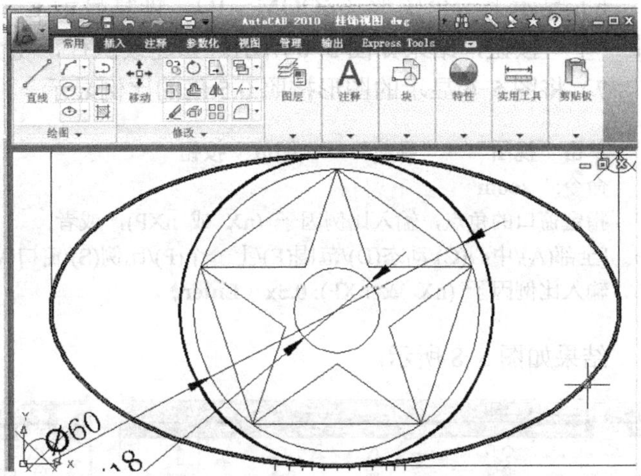

图 5-4　放大显示窗口范围结果

2）显示全部（ZOOM　A）。

3）单击“视图”→“导航”→“全部”按钮，结果如图 5-5 所示。此时图形界限范围是（420X297），而图形所处位置比较偏，右上角坐标接近（2000,1300），故整体图形显示到屏幕的右上角。如果要无论什么样的图纸界限和图形位置均能最大限度地显示图形，应使用显示范围（ZOOM　E）。

4）显示范围（ZOOM　E）。将图形部分充满整个视口。

单击“视图”→“导航”→“范围”按钮，结果如图 5-6 所示。

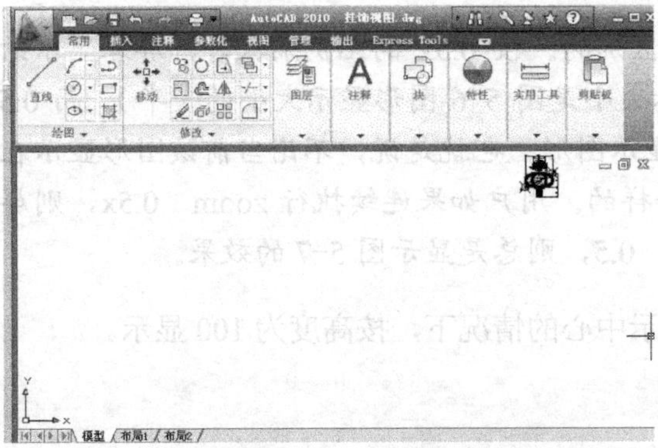

图 5-5　显示全部

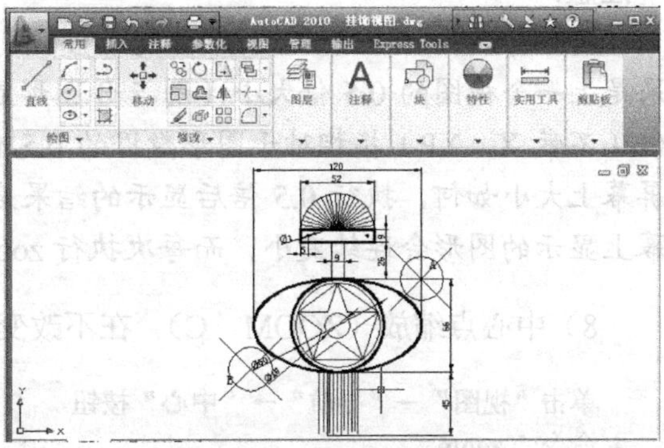

图 5-6　显示范围

5）比例缩放（ZOOM　S）。将如图 5-6 所示的显示结果按照 0.5 倍的比例显示。

单击“视图”→“导航”→“缩放”按钮
命令: '_zoom
指定窗口的角点，输入比例因子 (nX 或 nXP)，或者
[全部(A)/中心(C)/动态(D)/范围(E)/上一个(P)/比例(S)/窗口(W)/对象(O)] <实时>: _s
输入比例因子 (nX 或 nXP): **0.5〈Enter〉** //输入 0.5 并按〈Enter〉键

结果如图 5-7 所示。

6）显示上一个图形（ZOOM P）。恢复显示上一个图形。单击“视图”→“导航”→“上一个”按钮，结果如图 5-6 所示。如连续执行，将会再显示之前的视图。

7）将图 5-6 显示的图形按照 0.5 倍的比例显示。

单击“视图”→“导航”→“缩放”按钮
命令: '_zoom
指定窗口的角点，输入比例因子 (nX 或 nXP)，或者
[全部(A)/中心(C)/动态(D)/范围(E)/上一个(P)/比例(S)/窗口(W)/对象(O)] <实时>: _s
输入比例因子 (nX 或 nXP): **0.5x〈Enter〉** //输入 0.5x 并按〈Enter〉键

结果如图 5-8 所示。

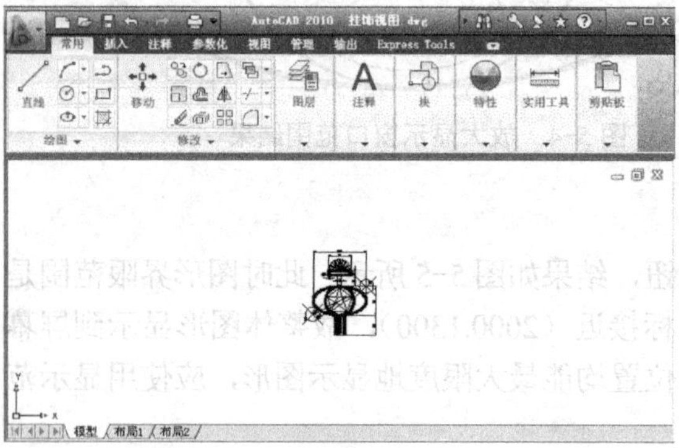

图 5-7 比例缩放示例（0.5）

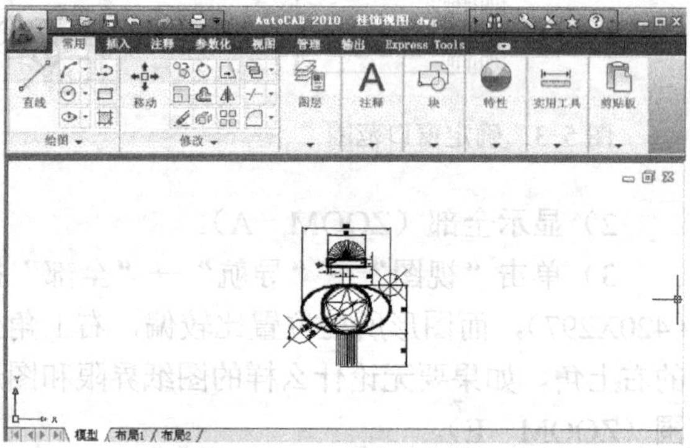

图 5-8 比例缩放示例（0.5x）

☞**注意:**

仔细比较图 5-7 和图 5-8 会发现它们是有区别的。按 0.5x 的比例缩放时，屏幕显示结果是上一个视图的 0.5 倍大小（图 5-8 图形显示大小是图 5-6 图形显示大小的一半）。而 0.5 倍（不带 X、XP）指相对于图形数据的 0.5 倍显示图形。也就是说，不论当前该图形显示在屏幕上大小如何，执行 0.5 倍后显示的结果是一样的。用户如果连续执行 zoom 0.5x，则屏幕上显示的图形会连续变小，而每次执行 zoom 0.5，则总是显示图 5-7 的效果。

8）中心点缩放（ZOOM C）。在不改变显示中心的情况下，按高度为 100 显示。

单击“视图”→“导航”→“中心”按钮
命令: '_zoom
指定窗口的角点，输入比例因子 (nX 或 nXP)，或者
[全部(A)/中心(C)/动态(D)/范围(E)/上一个(P)/比例(S)/窗口(W)/对象(O)] <实时>: _c
指定中心点: **〈Enter〉**

输入比例或高度 <396.9010>: **100〈Enter〉** //输入高度 100

结果如图 5-9 所示。

9）动态显示图形（ZOOM　D）。通过动态显示功能，放大显示实例图形的上半部分。

单击“视图”→“导航”→“动态”按钮，在屏幕上出现如图 5-10 所示的画面。该画面中，绿色虚线框表示当前屏幕范围，蓝色虚线框中是图形界限范围（ZOOM　A 范围），随光标移动的中间带 X 的白色线框是即将显示的范围，其初始大小和绿色线框相同。

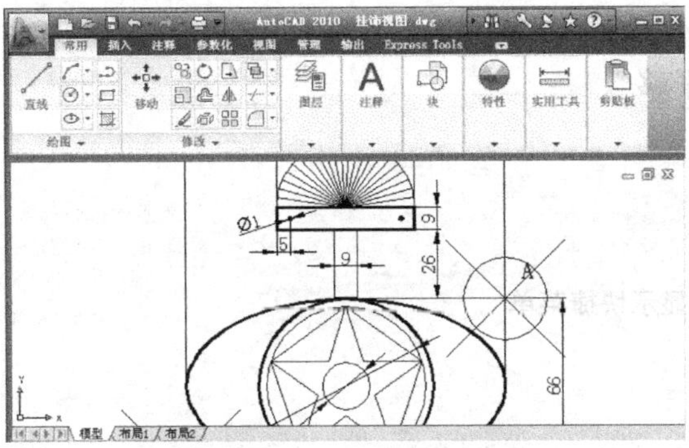

图 5-9　中心点缩放

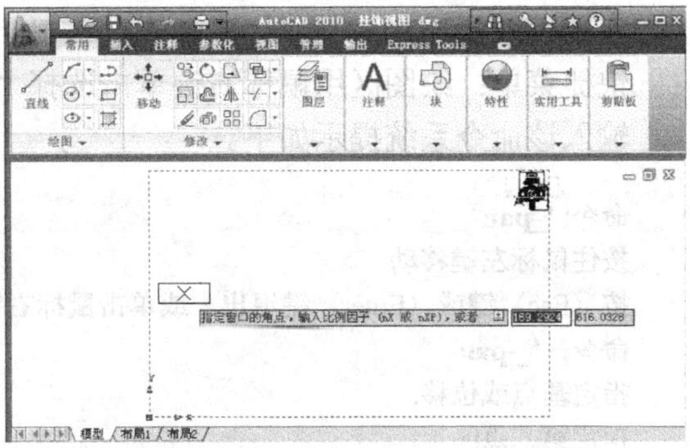

图 5-10　动态显示确定范围

移动光标到如图 5-11 所示位置，单击，此时白色框中间的 X 消失，在框的右侧出现一箭头，左右移动鼠标会改变矩形的大小，上下移动会改变矩形的位置。如图 5-12 所示，将方框控制在图示位置和大小。

按〈Enter〉键或按空格键或用鼠标右键单击“确定”按钮，在方框中的图形被放大充满当前视口，结果如图 5-13 所示。

图 5-11　移动方框位置

图 5-12　调整方框大小

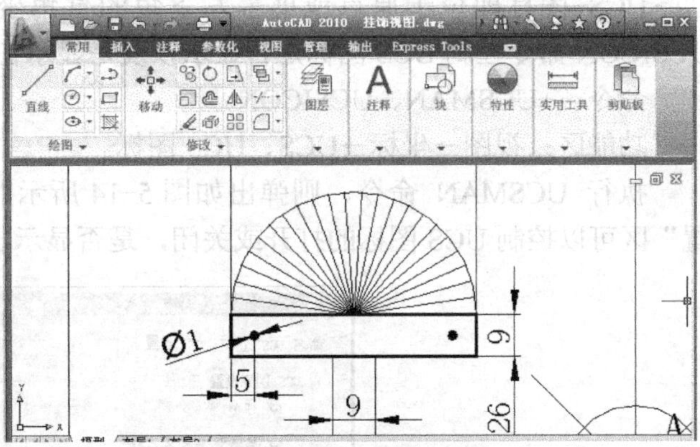

图 5-13　动态显示结果

10）实时显示图形（ZOOM　R）。实时显示图形，可以放大或缩小。

单击“视图”→“导航”→“实时”按钮，此时光标变成 ${}^{\text{Q}+}$，按住鼠标左键向上移动，图形渐渐放大，向下移动，图形渐渐缩小，按〈Esc〉键或〈Enter〉键退出。

应用程序状态栏上以及在绘图区用鼠标右键单击的快捷菜单中均有此命令。

5.3　实时平移

利用实时平移功能可以在不改变显示比例的情况下，观察图形的不同部分，相当于移动图纸。

命令：PAN。

功能区：视图→导航→平移。

应用程序状态栏：平移。

快捷菜单：绘图区用鼠标右键单击选择“平移”。

输入该命令系统提示如下。

命令: **'_pan**
按住鼠标左键移动
按〈Esc〉键或〈Enter〉键退出，或单击鼠标右键显示快捷菜单
命令：**'_-pan**
指定基点或位移:
指定第二点:

执行该命令后，光标变成一只手的形状（），按住鼠标左键即可移动图形。定点平移需要提供基点或位移。上、下、左、右则每次移动屏幕范围的 1/10。

实时平移时 AutoCAD 记录的画面较多，随后再使用 ZOOM　P 命令意义不大。

5.4　图标显示控制

UCS 图标即位于原点或屏幕左下角的直角坐标系图，可以通过“UCS”对话框或 UCSICON 命令控制 UCS 图标是否显示以及是显示在原点还是始终显示在绘图区的左下角。

命令：+UCSMAN、UCSICON。

功能区：视图→坐标→UCS、UCS 图标。

执行 UCSMAN 命令，则弹出如图 5-14 所示的“UCS”对话框。其中“UCS 图标设置”区可以控制 UCS 图标的打开或关闭，是否显示于原点等。

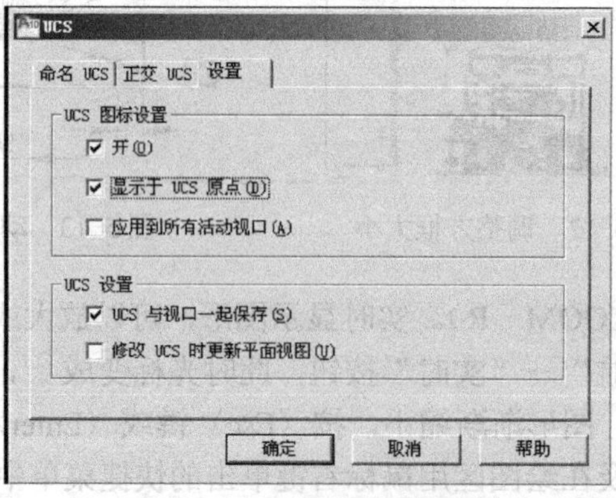

图 5-14　“UCS”对话框

执行 UCSICON 命令，则命令提示如下。

```
命令: _ucsicon
输入选项 [开(ON)/关(OFF)/全部(A)/非原点(N)/原点(OR)/特性(P)] <开>:
```

其中参数的用法如下。

- 开(ON)：打开 UCS 图标的显示。
- 关(OFF)：不显示 UCS 图标。
- 全部(A)：显示所有视口的 UCS 图标。
- 非原点(N)：UCS 图标可以不在原点显示，显示在绘图区的左下角。
- 原点(OR)：UCS 图标始终在原点显示。
- 特性(P)：显示“UCS 图标”对话框，可用于设置 UCS 图标的样式、可见性和位置，如图 5-15 所示。

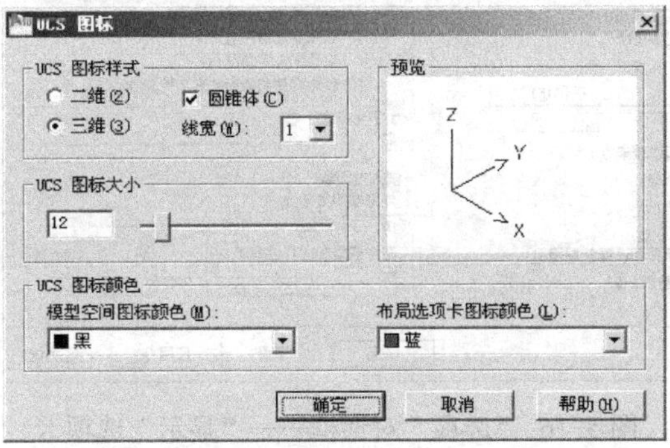

图 5-15 “UCS 图标”对话框

5.5 显示精度设置

通常情况下，圆在屏幕上显示的会是一个光滑的圆，但如果显示精度设置过低，显示出来的可能就不是圆，而看上去更像一个多边形。这不是圆本身变成了多边形，而是显示的精度不够。对于不太复杂的图形，可以设置很高的显示精度。尤其在需要屏幕截图，或需要在屏幕上看到逼真的效果时，此时强调的是显示精度。对于非常复杂的图形，则可以适当降低显示精度而提高显示速度。通过 VIEWRES 命令可以设定不同的显示精度。

命令：VIEWRES

输入该命令后系统给出以下提示。

```
命令: viewres
是否需要快速缩放? [是(Y)/否(N)] <Y>:
输入圆的缩放百分比 (1-20000) <1000>:
正在重生成模型
```

其中参数的用法如下。

- 是否需要快速缩放？[是(Y)/否(N)] <Y>：设置是否需要快速缩放。（“快速缩放”不再是此命令的功能选项，只是为了保持脚本的兼容性才保留了此选项。）

- 输入圆的缩放百分比（1-20000）：定义圆的缩放百分比，数值范围为 1～20000。AutoCAD 显示图形的精度通过圆的缩放百分比来提供参考。数值越小，显示精度越低，数值越大，显示越精确。

在“选项”对话框的“显示”选项卡的可设置默认的显示精度。如图 5-16 所示，在“显示精度”区输入圆弧和圆的平滑度即可。

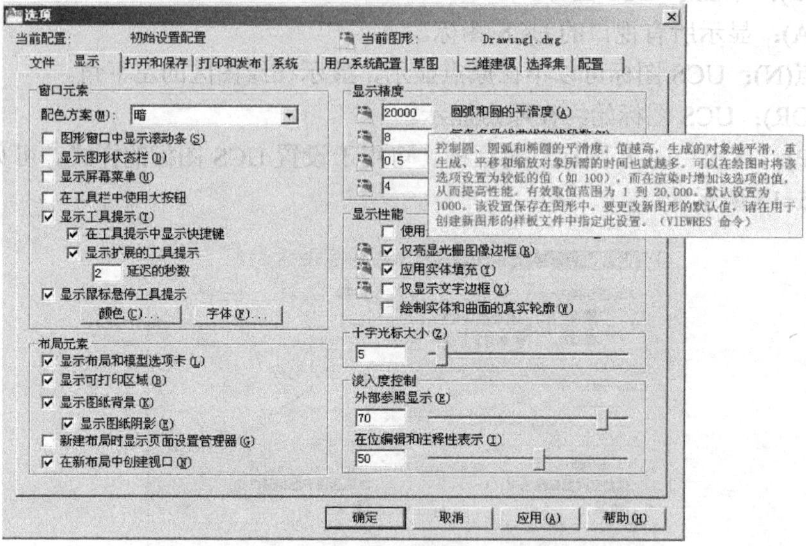

图 5-16 “选项”对话框——“显示”选项卡

图 5-17 表示了两种不同的显示精度之间的区别。

圆缩放百分比 12　　圆缩放百分比 200

图 5-17 不同显示精度示意图

5.6 命名视图

使用显示缩放命令可以按希望的比例显示希望范围的图形，但对于非常复杂的图形，在多个跨度比较大的位置交叉进行编辑时，往往需要频繁执行显示缩放命令来显示编辑范围。此时显示缩放操作就比较耗时。AutoCAD 可以在图形中通过命名视图的方式将任意的图形显示永久保留，随时可以调出重现。同时，通过命名视图，可以让 AutoCAD 进行基于视图的局部打开等。

命令：VIEW。

功能区：视图→视图→视图→视图管理器、视图→视图→命名视图。

执行该命令后，弹出如图5-18所示的“视图管理器”对话框。该对话框包含了可用的视图列表及其特性，可以新建、设置当前视图、更新图层、编辑边界、删除视图并可以预设视图。

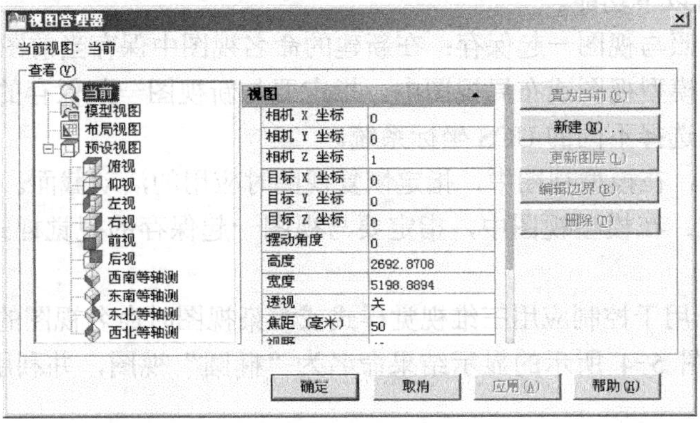

图5-18 “视图管理器”对话框

单击“查看”中的视图名称，在右边中间栏会显示其各种设置值或相关说明。

- 当前：在中间栏显示当前视图及其“视图”和“剪裁”特性。
- 模型视图：显示命名视图和相机视图列表，并列出选定视图的“基本”、“视图”和“剪裁”特性。
- 布局视图：在定义视图的布局上显示视口列表，并列出选定视图的“基本”和“视图”特性。
- 预设视图：显示正交视图和等轴测视图列表，并列出选定视图的“基本”特性。
- 置为当前：将当前视图恢复成选定的视图。
- 新建：以当前屏幕视口中的显示状态或重新定义一矩形范围保存为新的视图。单击该按钮后，弹出如图5-19所示的“新建视图/快照特性”对话框。

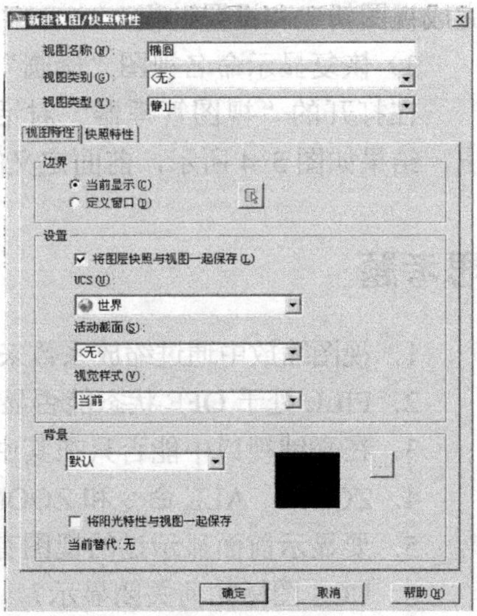

图5-19 “新建视图/快照特性”对话框

“新建视图/快照特性”对话框中各项的含义如下。

- 视图名称：输入新建视图的名称，如果和已有的视图名称重复，即覆盖原有视图。
- 视图类别：指定命名视图的类别。可从下拉列表中选择一个类别，也可输入新的类别或空缺。
- 视图类型：在电影式、静止、录制的漫游中选择一种类型。
- “边界”区：包括“当前显示”和“定义窗口”两个单选按钮和一个“定义视图窗口”按钮。
  - ✧ 当前显示：将当前显示的状态保存为新的视图。

◇ 定义窗口：重新定义一窗口以便确定视图边界。选择了该项后，可以单击其右侧的按钮，回到绘图界面，用户通过确定两点来定义一窗口。

◇“定义视图窗口”按钮：暂时关闭“新建视图”和“视图管理器”对话框，回到绘图界面，可以使用定点设备来定义一个矩形范围作为视图边界。

●“设置”区有以下功能。

◇ 将图层快照与视图一起保存：在新建的命名视图中保存当前图层可见性设置。

◇ UCS：在模型视图或布局视图中，指定要与新视图一起保存的 UCS。在其下拉列表中可以选择不同的 UCS 坐标系统。

◇ 活动截面：在模型视图中，指定恢复视图时应用的活动截面。

◇ 视觉样式：在模型视图中，指定要与视图一起保存的视觉样式。在下拉列表中选择即可。

●“背景”区：用于控制应用三维视觉样式或渲染视图时命名视图的背景外观。

【例 5-2】 将图 5-4 所示的显示结果命名为“椭圆”视图，并利用保存的视图来恢复显示。

1）恢复显示图 5-4 效果。

2）命名视图。

单击“视图”→“视图”→“命名视图”按钮，弹出“视图管理器”对话框。再单击“新建”按钮，弹出“新建视图/快照特性”对话框，如图 5-19 所示。在视图名称文本框中输入“椭圆”。

单击“确定”按钮退回“视图管理器”对话框，如图 5-20 所示。单击“确定”按钮完成视图新建和设置过程。

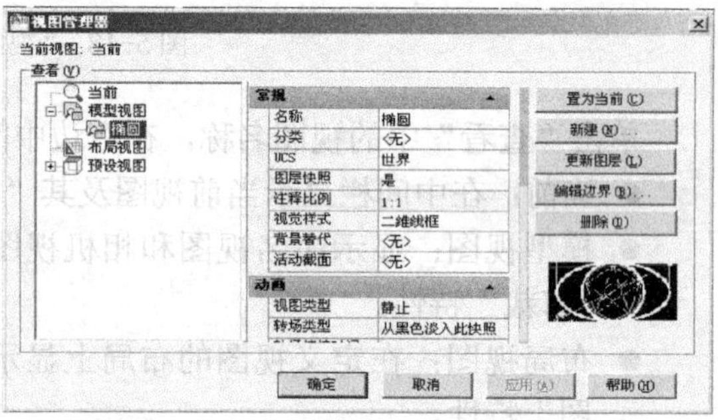

图 5-20 “视图管理器”对话框

3）恢复显示命名视图“椭圆”（可以在任何时候执行）。

在打开的“视图管理器”对话框中选择“椭圆”，“置为当前”再单击“确定”按钮退出，结果如图 5-4 所示，前面定义的视图被恢复显示。

思考题

1. 视图缩放中通过缩放系数来改变屏幕显示结果，n 和 nX 以及 nXP 之间有什么区别？
2. FILL 处于 OFF 状态能否显示填充的箭头？
3. 在平铺视口中能否只在其中一个视口关闭某层而在其他视口显示该层？
4. ZOOM ALL 命令和 ZOOM E 命令有什么区别？
5. 要显示前面显示过的视图有哪些方法？
6. UCS 图标如何关闭显示？

第6章　尺寸、引线及公差

图样中的图形只是表达形状结构，而不能准确表示大小。大小则需要通过尺寸来表达，所以尺寸也是图样中不可缺少的组成部分。下面介绍尺寸的组成要素、标注规则、尺寸样式设置的方法、各种尺寸标注的方法以及尺寸公差和形位公差的标注方法。

6.1　尺寸组成及尺寸标注规则

6.1.1　尺寸组成

一个完整的尺寸一般由 4 个组成要素组成：尺寸线、尺寸界线（即延伸线）、尺寸终端、尺寸数值。各部分定义如图 6-1 所示。

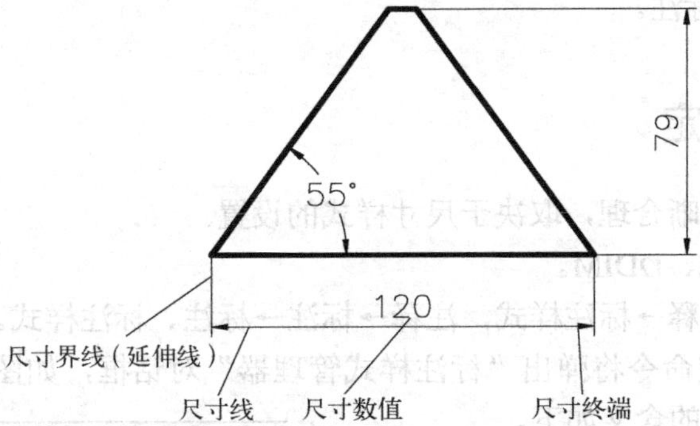

图 6-1　尺寸组成的 4 个要素

6.1.2　尺寸标注规则

尺寸标注首先必须满足相应的制图标准；其次，为了便于尺寸标注的统一和绘图的方便，在 AutoCAD 中标注尺寸时还应遵守以下的规则：

- 为尺寸标注建立专用的图层。建立专用的图层，可以控制尺寸的显示和隐藏，与其他的图线可以迅速分开，便于修改、浏览。
- 为尺寸文本建立专门的文字样式。对照制图标准，应设定好文字的字体、文字高度、宽度系数、倾斜角度等。
- 设定好尺寸标注样式。按照制图标准，创建系列尺寸标注样式以便用于不同的场合，其内容包括直线和终端、文字样式、调整对齐特性、单位、尺寸精度、公差格式和比例因子等。
- 保存尺寸格式及其格式簇，必要时使用替代标注样式。

- 采用 1∶1 的比例绘图。由于尺寸标注时 AutoCAD 是自动测量尺寸大小，所以采用 1∶1 的比例绘图时不需要换算，在标注尺寸时也不仅能自动获取大小数值，而且可以检查绘制图形大小是否正确。如果最后需统一修改绘图比例，则相应修改尺寸标注的全局比例因子即可。
- 标注尺寸时应该充分利用对象捕捉功能准确标注尺寸，以便获得正确的尺寸数值。尺寸标注为了便于修改，应该设定成关联的。
- 在标注尺寸时，为了减少其他图线的干扰，应该将不必要的层关闭，如剖面线层等。

一般情况下，尺寸标注的流程为：

1）设置尺寸标注图层。

2）设置供尺寸标注用的文字样式。

3）设置尺寸标注样式。

4）标注尺寸。

5）设置尺寸公差样式。

6）标注带公差尺寸。

7）设置形位公差样式。

8）标注形位公差。

9）修改调整尺寸标注。

6.2 尺寸样式设定

标注的尺寸是否清晰合理，取决于尺寸样式的设置。

命令：DIMSTYLE、DDIM。

功能区：常用→注释→标注样式，注释→标注→标注、标注样式。

执行尺寸样式设定命令将弹出“标注样式管理器”对话框，如图 6-2 所示。“标注样式管理器”对话框中各项的含义如下。

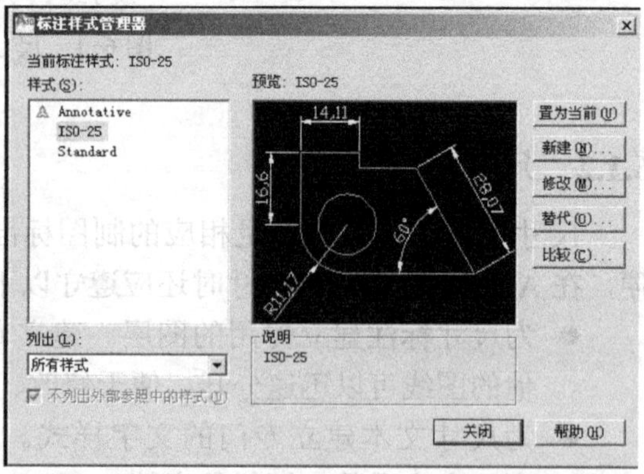

图 6-2 “标注样式管理器”对话框

- 样式：该列表框中显示了目前图形中定义的标注样式。
- 预览：通过图形预览显示设置的结果。
- 列出：在该下拉列表中选择列出“所有样式”或只列出“正在使用的样式”。
- 置为当前：将所选的样式设定为当前的样式，随后标注时将采用该样式标注尺寸。
- 新建：新建一种标注样式。单击该按钮，将弹出如图 6-3 所示的“创建新标注样式”对话框。在“新样式名”文本框中键入新建标注的名称；在“基础样式”下拉列表中选择一种已有的样式作为该新样式的基础样式；在“用于”下拉列表中可以选择该新样式所适用的标注类型，如图 6-4 所示。

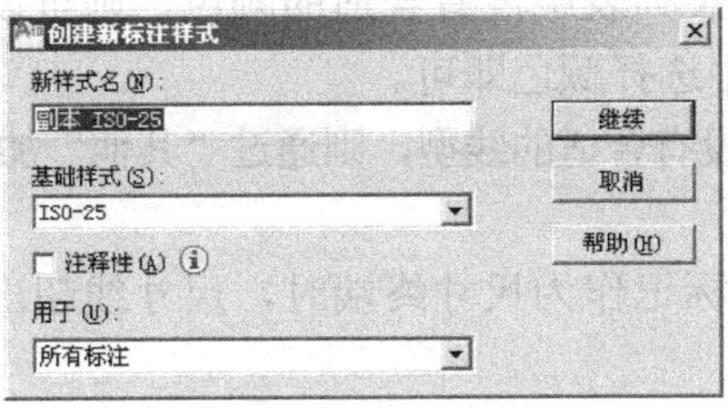

图 6-3 “创建新标注样式”对话框

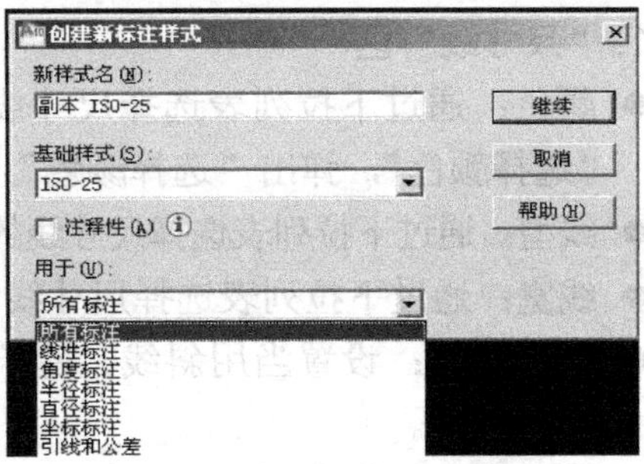

图 6-4 适用类型列表

单击“创建新标注样式”对话框中的“继续”按钮，将弹出如图 6-5 所示的“新建标注样式”对话框。

- 修改：修改选定的标注样式。单击该按钮后，将弹出类似图 6-5 但标题为“修改标注样式”的对话框。
- 替代：为当前标注样式定义“替代标注样式”。在特殊的场合需要对某个细小的地方进行修改，而又不想创建一种新的样式，可以为该标注定义一替代样式。单击该按钮后，将弹出类似图 6-5 但标题为“替代当前样式”的对话框。
- 比较：单击该按钮，弹出“比较标注样式”对话框，列表显示两种样式设定的区别。如果没有区别，则显示尺寸变量值，否则显示两样式之间变量的区别，如图 6-6 所示。

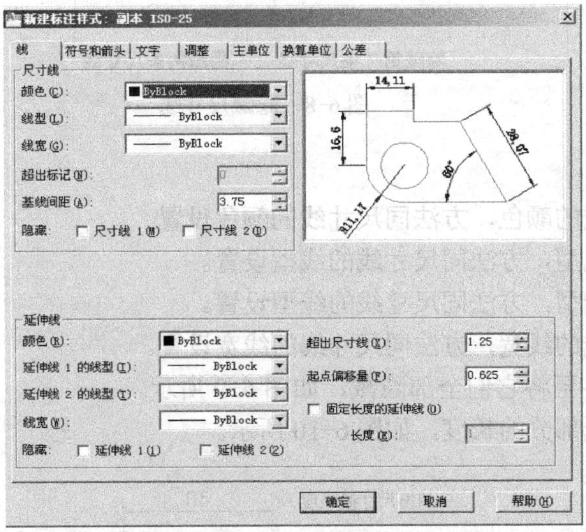

图 6-5 “新建标注样式”对话框

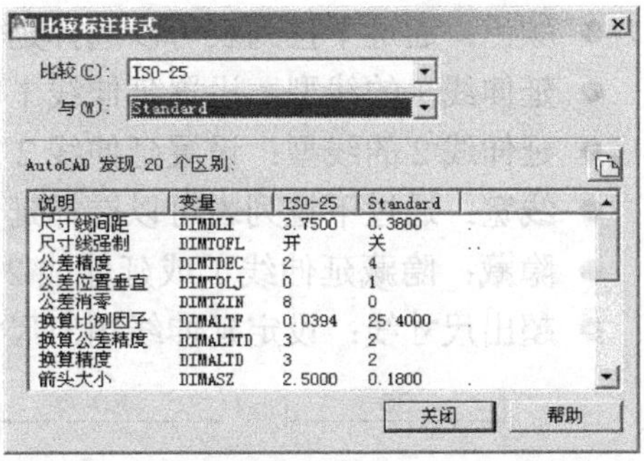

图 6-6 “比较标注样式”对话框

不论是“新建”、“替代”还是“修改”，它们的对话框基本相同，操作方式也相同，选项卡的设定方法是通用的。

6.2.1 线设定

尺寸中有关线的设置均在“线”选项卡中进行。“线”选项卡如图 6-5 所示。该选项卡包括了“尺寸线”区、“延伸线”区，各项含义如下：

1．“尺寸线”区

- 颜色：通过下拉列表选择尺寸线的颜色。如果列表中没有合适的颜色，则可以选择“选择颜色”，弹出“选择颜色”对话框，从中选择颜色即可。
- 线型：通过下拉列表选择尺寸线的线型，如果没有合适的线型，则通过“其他”加载。
- 线宽：通过下拉列表选择尺寸线的线宽。
- 超出标记：设置当用斜线、建筑、积分和无标记作为尺寸终端时，尺寸线超出延伸线的大小。
- 基线间距：设定采用基线标注方式时尺寸线之间的间距大小。可以直接键入，也可以通过上下箭头来增减，如图 6-7 所示。
- 隐藏：可以在“尺寸线 1”和“尺寸线 2”两个复选框中选择是否隐藏尺寸线 1、尺寸线 2，如图 6-8 所示。

图 6-7 示意了基线间距，图 6-8 示意了隐藏尺寸线的含义（标注时先单击左侧点再单击右侧点）。

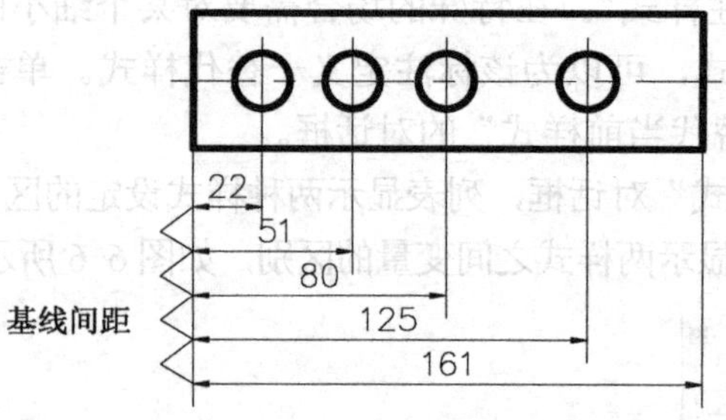

图 6-7　基线间距

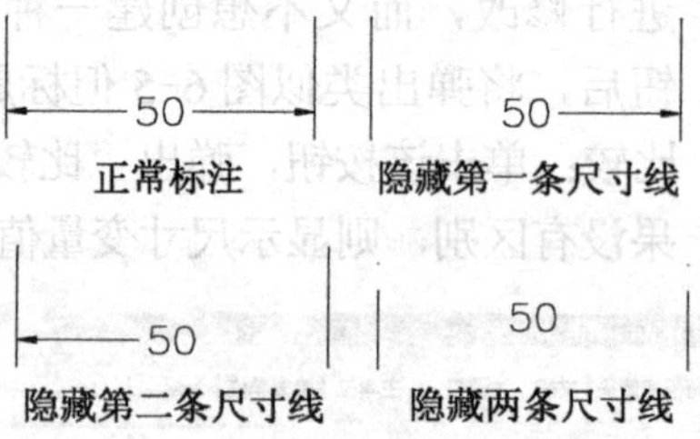

图 6-8　隐藏尺寸线

2．“延伸线”区

- 颜色：通过下拉列表可以选择延伸线的颜色，方法同尺寸线的颜色设置。
- 延伸线 1 的线型：设置延伸线 1 的线型，方法同尺寸线的线型设置。
- 延伸线 2 的线型：设置延伸线 2 的线型，方法同尺寸线的线型设置。
- 线宽：通过下拉列表可以选择延伸线的线宽，方法同尺寸线的线宽设置。
- 隐藏：隐藏延伸线 1 或延伸线 2，甚至将它们全部隐藏，如图 6-9 所示。
- 超出尺寸线：设定延伸线超出尺寸线部分的长度，如图 6-10 所示。

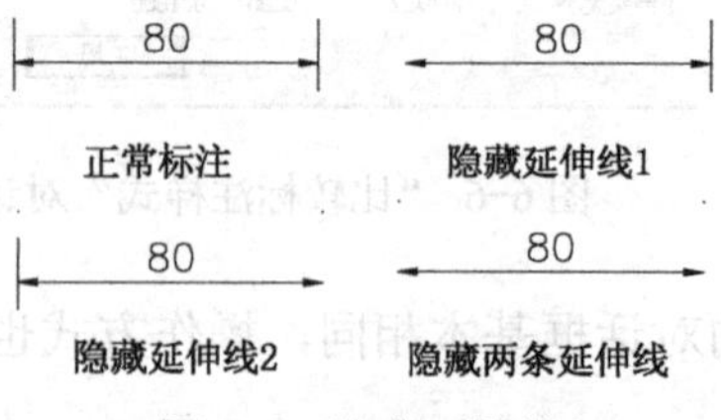

图 6-9　隐藏延伸线

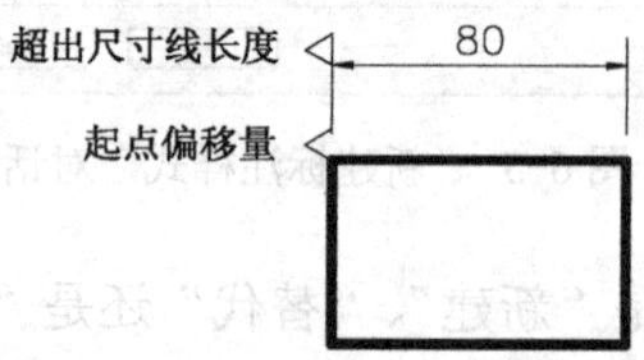

图 6-10　起点偏移量和超出尺寸线

- 起点偏移量：设定延伸线和标注尺寸时的拾取点之间的偏移量，如图 6-10 所示。
- 固定长度的延伸线：设置成长度固定的延伸线。在随后的长度编辑框中输入设定的长度值。

6.2.2 符号和箭头设定

“符号和箭头”选项卡如图 6-11 所示，包括“箭头”区、“圆心标记”区、“弧长符号”区、“半径折弯标注”区等 6 个区。

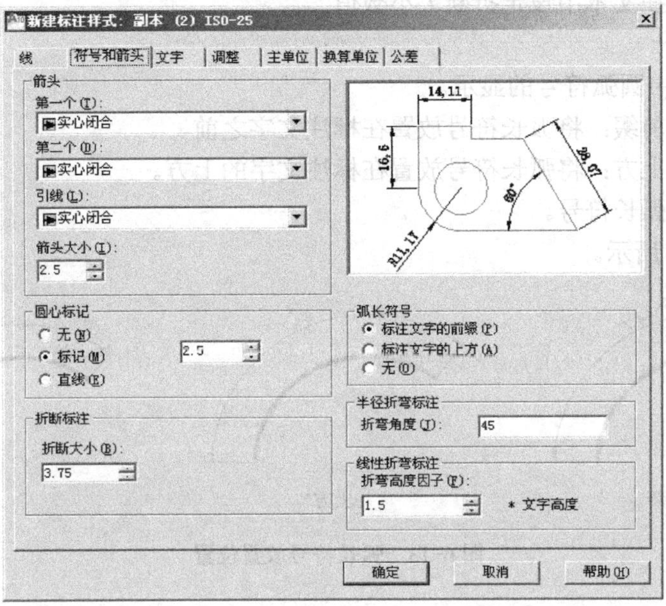

图 6-11 “符号和箭头”选项卡

1．箭头

- 第一个：设定第一个终端的形式。
- 第二个：设定第二个终端的形式。
- 引线：设定指引线终端的形式。
- 箭头大小：设定终端符号的大小。

AutoCAD 提供了 20 种不同的终端形式可供选择。用户也可以设定其他的形式，保存成块，以块的方式调用。绘制这里用的块时应注意以一个单位的大小来绘制，这样设置箭头大小时可以直观地控制其大小。

2．圆心标记

- 控制圆心标记的类型为“无”、“标记”、或“直线”，如图 6-12 所示。

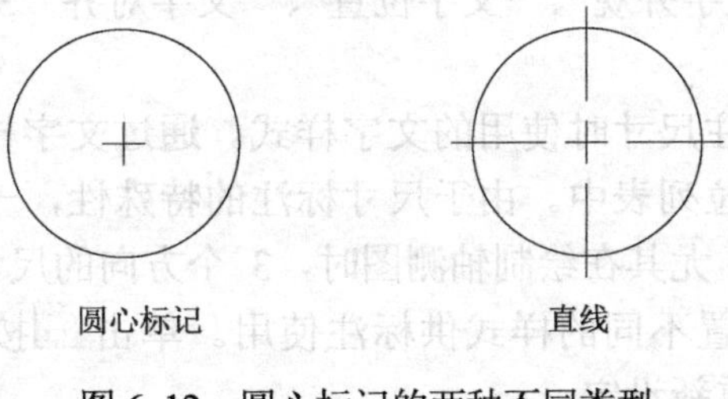

图 6-12 圆心标记的两种不同类型

● 大小：设定圆心标记的大小。如果类型为标记，则指标记的长度大小；如果类型为直线，则指中间的标记长度以及直线超出圆或圆弧轮廓线的长度。

3．折断标注

控制折断标注的间距宽度。

● 折断大小：在文本中设定折断大小数值。

4．弧长符号

控制弧长标注中圆弧符号的显示。

● 标注文字的前缀：将弧长符号放置在标注文字之前。

● 标注文字的上方：将弧长符号放置在标注文字的上方。

● 无：不显示弧长符号。

效果如图 6-13 所示。

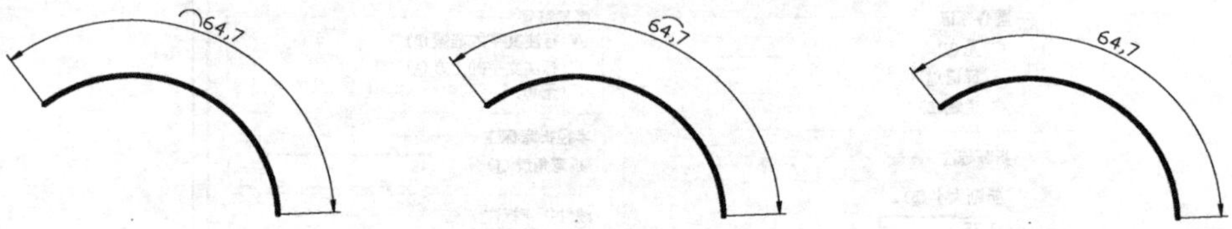

前缀　　　　上方　　　　无

图 6-13　弧长符号放置位置

5．半径折弯标注

控制折弯（Z 字形）半径标注的显示。当中心点位于图纸之外不便于直接标注时，往往采用折弯半径标注的方法。

● 折弯角度：在折弯半径标注中，确定尺寸线的横向线段的角度。

6．线性折弯标注

控制线性标注折弯的显示。当标注不能精确表示实际尺寸时，通常将折弯线添加到线性标注中。

● 折弯高度因子：通过形成折弯角度的两个顶点之间的距离确定折弯高度。

6.2.3　文字设定

尺寸标注中尺寸数值采用的文字形式，在“文字”选项卡中进行设置。“文字”选项卡如图 6-14 所示。

该选项卡中包含了“文字外观”、“文字位置”、“文字对齐”3 个区。

1．文字外观

● 文字样式：设定标注尺寸时使用的文字样式。通过文字样式设定命令设定好的文字样式均会出现在下拉列表中。由于尺寸标注的特殊性，一般需要专门为尺寸标注设定专用的文字样式。尤其在绘制轴测图时，3 个方向的尺寸各不相同，倾斜角度不一致，就需要分别设置不同的样式供标注使用。单击按钮，同样会弹出“文字样式”对话框，可以重新设定。

● 文字颜色：设定文字的颜色。

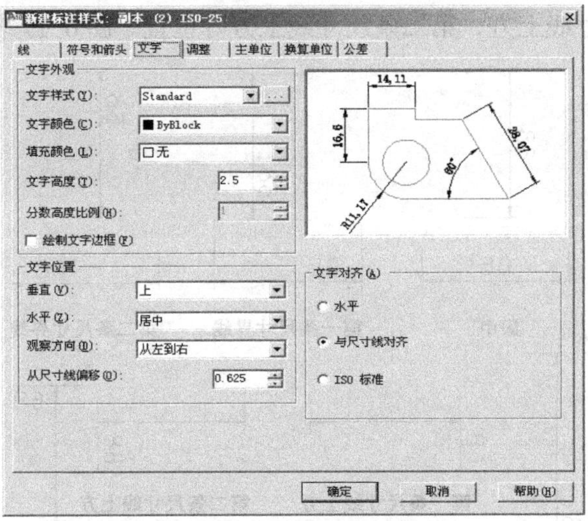

图 6-14 “文字”选项卡

- 填充颜色：设置文字背景的颜色，默认为无背景色。
- 文字高度：设定标注文字的高度。该高度值仅在选择的文字样式中文字高度设定为 0 才有效。如果所选文字样式的高度不为 0，则尺寸标注中的文字高度即是文字样式中设定的固定高度。
- 分数高度比例：用来设定分数和公差标注中公差部分文字的高度比例。该值为一系数，具体的高度等于该系数和文字高度的乘积。
- 绘制文字边框：该复选框控制是否在绘制文字时增加边框。

“文字外观”区各种设定的含义如图 6-15 所示。

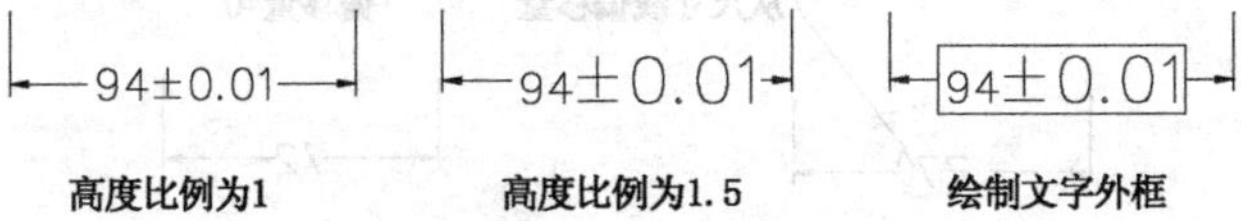

图 6-15　文字外观设置效果

2．文字位置

- 垂直：设置文字在垂直（上下）方向上的位置。可以选择居中、上方、外部或 JIS 位置。图 6-16 表示了它们的区别。

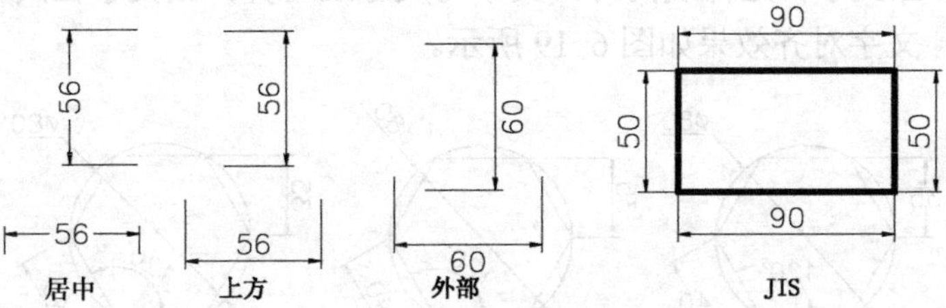

图 6-16　垂直文字不同位置

- 水平：设置文字在水平方向上的位置。可以选择居中、第一条延伸线、第二条延伸线、第一条尺寸线上方、第二条尺寸线上方等位置。图 6-17 表示了它们的区别。

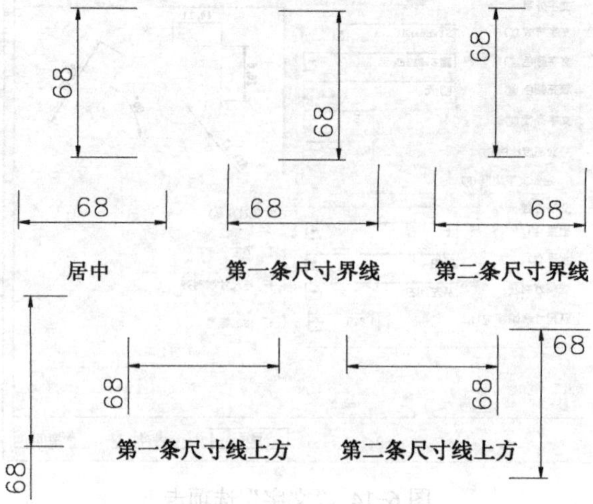

图 6-17　水平文字不同位置

- 观察方向：控制标注文字的观察方向。
  - ✧ 从左到右：按从左到右阅读的方式放置文字。数字方向为朝向左、上。
  - ✧ 从右到左：按从右到左阅读的方式放置文字。数字方向为朝向右、下。
- 从尺寸线偏移：设置文字和尺寸线之间的间隔。图 6-18 示意了尺寸线偏移的含义。左边的图是有一定偏移量的效果，右边的图是偏移量为 0 的效果。

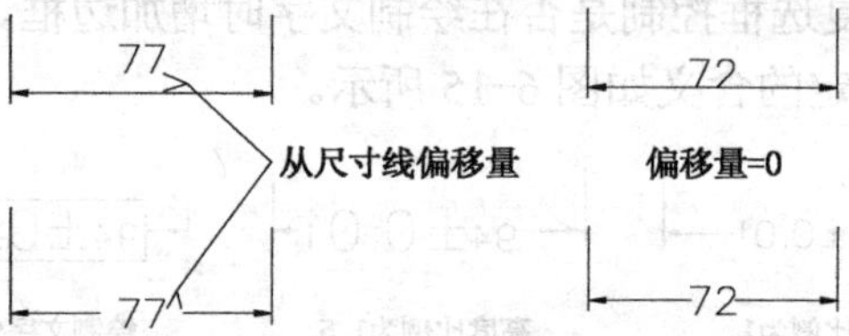

图 6-18　从尺寸线偏移

3．文字对齐

- 水平：文字一律水平放置。如在我国标准中，标注角度时其数字应水平。
- 与尺寸线对齐：文字方向与尺寸线平行。
- ISO 标准：当文字在延伸线内时，文字与尺寸线对齐；当文字在尺寸线外时，文字成水平放置。文字对齐效果如图 6-19 所示。

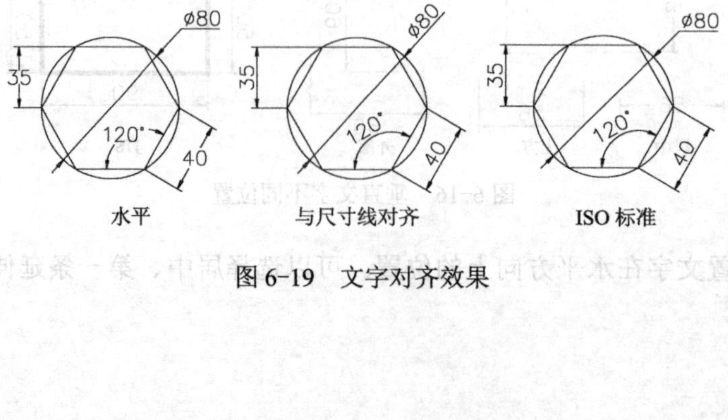

图 6-19　文字对齐效果

6.2.4 调整设定

由于图形本身大小不一，标注的尺寸线间的距离、文字大小、箭头大小更是各不相同，标注的尺寸无法适应各种情况，势必要进行适当的调整。利用“调整”选项卡，可以预先设定在尺寸线间距较小时，对文字、尺寸数字、箭头、尺寸线的注写方式；当文字不在默认位置时，应该注写在什么位置，是否要指引线；设定标注的特征比例；控制是否强制绘制尺寸线；是否可以手动放置文字等。“调整”选项卡如图 6-20 所示。

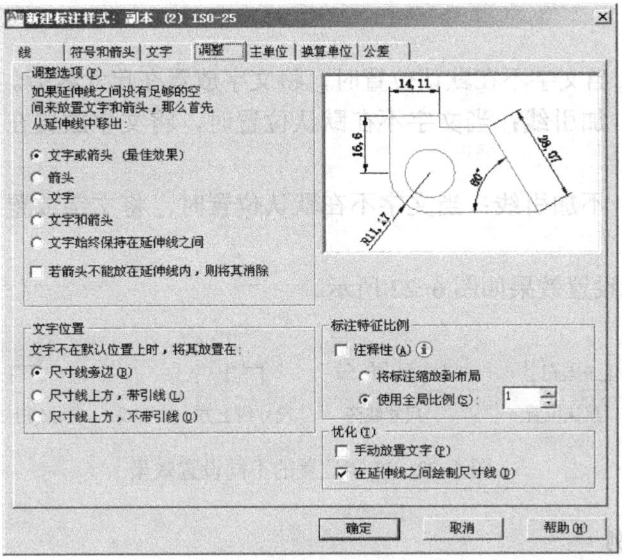

图 6-20 “调整”选项卡

该选项卡包含了 4 个区，分别是“调整选项”、“文字位置”、“标注特征比例”和“优化”。该选项卡的各项含义如下：

1. 调整选项

- 文字或箭头（最佳效果）：当延伸线之间空间不足以放置文字和箭头时，AutoCAD 自动选择最佳放置位置。该项为默认设置。
- 箭头：当延伸线之间的空间不足以放置文字和箭头时，首先将箭头从尺寸线间移出去。
- 文字：当延伸线之间的空间不足以放置文字和箭头时，首先将文字从尺寸线间移出去。
- 文字和箭头：当延伸线之间的空间不足以放置文字和箭头时，首先将文字和箭头从尺寸线间移出去。
- 文字始终保持在延伸线之间：不论延伸线之间的空间是否足够放置文字和箭头，将文字始终保持在尺寸线之间。
- 若箭头不能放在延伸线内，则将其消除：该复选框设定了当延伸线之间的空间不足以放置文字和箭头时，将箭头消除。

图 6-21 所示为调整选项的不同设置效果。

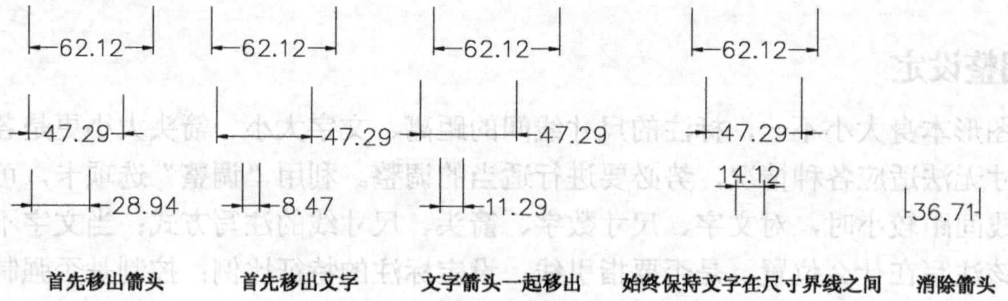

图 6-21　调整选项设置

2．文字位置

- 尺寸线旁边：当文字不在默认位置时，将文字放置在尺寸线旁。
- 尺寸线上方，加引线：当文字不在默认位置时，将文字放置在尺寸线上方，加上指引线。
- 尺寸线上方，不加引线：当文字不在默认位置时，将文字放置在尺寸线上方，不加指引线。

文字位置的不同设置效果如图 6-22 所示。

图 6-22　文字位置的不同设置效果

3．标注特征比例

- 注释性：指定标注为注释性。
- 将标注缩放到布局：让 AutoCAD 按照当前模型空间视口和图纸空间的比例设置比例因子。
- 使用全局比例：设置全局比例因子，使之与当前图形的比例相符。例如：绘图时设定了文字、箭头的高度为 5，要求输出时也严格等于 5，而输出的比例为 1：2，则全局比例因子应设置成 2。

4．优化

- 手动放置文字：根据需要，手动放置文字。
- 在延伸线之间绘制尺寸线：不论延伸线之间的空间如何，强制在延伸线之间绘制尺寸线。

6.2.5　主单位设定

“主单位”选项卡用来设置不同的单位格式、不同的精度位数、控制前缀和后缀、设置角度单位格式等，如图 6-23 所示。

“主单位”选项卡包括“线性标注”和“角度标注”的设置。

1．线性标注

- 单位格式：设置除标注类型为角度外的单位格式。根据绘制图形的类型来选择。有效选项为科学、小数、工程、建筑、分数以及 Windows 桌面。

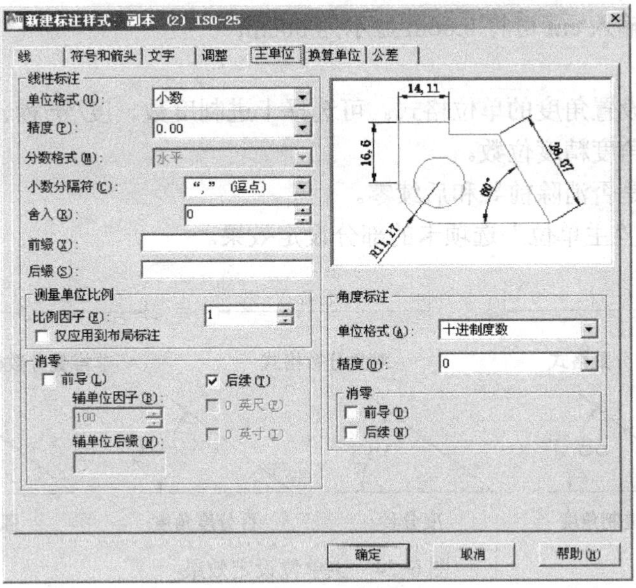

图 6-23 “主单位”选项卡

- 精度：设置精度位数。
- 分数格式：在单位格式为分数时有效，设置分数的堆叠格式。有水平、对角和非堆叠等供选择。
- 小数分隔符：设置小数部分和整数部分的分隔符，有句点（.）、逗点（,）、空格（ ）等供选择。如 71.0112，对应这 3 种不同的分隔符的结果为 71.0112，71,0112，71 0112。
- 舍入：设定小数精确位数，将超出长度的小数舍去。如 71.0112，当设定舍入为 0.01 时，标注结果为 71.01。
- 前缀：用于设置增加在数字前的字符。如设定前缀为“4X”，则可以表示该结构有 4 个。如果仅仅少数几个标注需要增加前缀，在标注时手工键入即可，无须设置前缀。
- 后缀：用于设置增加在数字后的字符。如设定后缀为“m”，则在标注的单位为“米”而非“毫米”时，直接增加单位符号。一般多处使用时设置；否则，可以在标注时手工键入。
- 测量单位比例：设置单位比例并可以控制该比例是否仅应用到布局标注中。“比例因子”设定了除角度外的所有标注测量值的比例因子。如设定比例因子为 0.5，则 AutoCAD 在标注尺寸时，自动将测量的值乘上 0.5 后标注。“仅应用到布局标注”指该比例因子仅在布局中创建的标注有效。
- 消零：控制前导和后续零以及英尺和英寸中的零是否显示。勾选了“前导”，即消除前导 0。如 0.25，消零结果为.25。勾选了“后续”，则消除数值中后续零。如 2.500，结果为 2.5。
- 辅单位因子：将辅单位的数量设置为一个单位。它用于在距离小于一个单位时以辅单位为单位计算标注距离。例如，如果后缀为 m 而辅单位后缀为 mm 显示，则输入 1000。
- 辅单位后缀：在标注文字辅单位中包含后缀。可以输入文字或使用控制代码显示特殊符号。如输入 cm 可将 0.66m 显示为 66cm。

2．角度标注

● 单位格式：设置角度的单位格式。可选择十进制度数、度/分/秒、百分度或弧度。

● 精度：设置角度精度位数。

● 清零：设置是否消除前导和后续零。

图 6-24 所示为“主单位”选项卡的部分设定效果。

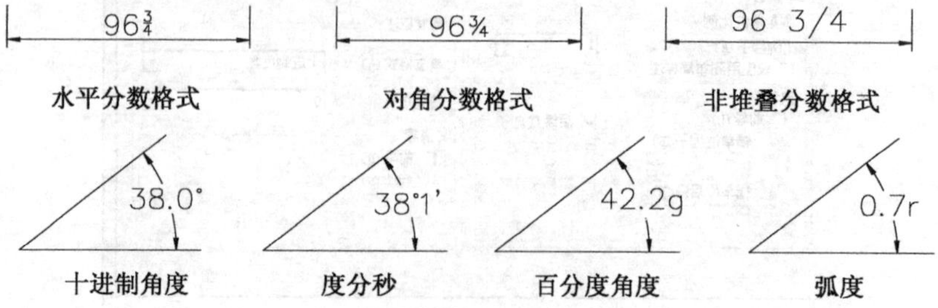

图 6-24　主单位设定效果

6.2.6　换算单位设定

由于有不同的单位制（如国际单位制、公制和英制等），常常需要进行单位换算。人为换算相当麻烦且容易出错。AutoCAD 提供了在标注尺寸时同时提供不同单位的标注方式，可以同时适合使用不同制式的用户。“换算单位”选项卡如图 6-25 所示。

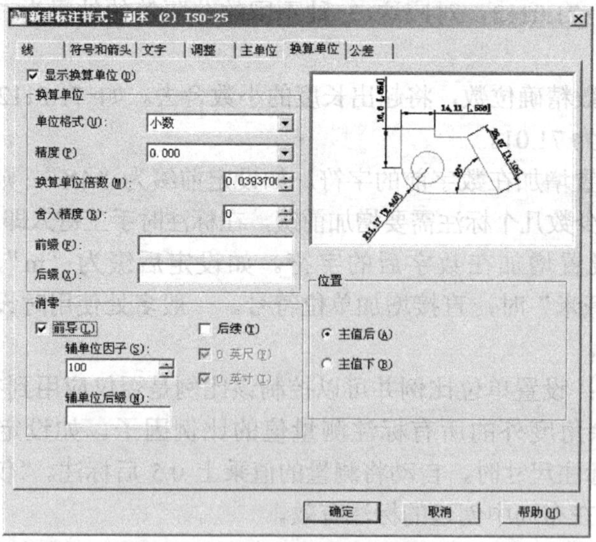

图 6-25 “换算单位”选项卡

该选项卡包含了“显示换算单位”复选框和“换算单位”区、“清零”区、“位置”区。

1．显示换算单位

该复选框控制是否显示经换算后标注文字的值。只有选中了该复选框，才可进行以下各项设置。

2．换算单位

通过和其他选项卡相近的设置来控制换算单位的格式、精度、舍入精度、前缀、后缀，并可以设置换算单位乘法器。该乘法器即主单位和换算单位之间的比例因子。如主单位为公制的毫米，换算单位为英制寸，则其间的换算乘法器应该是（1/25.4），即 0.03937007874016。标注尺寸为 100，精度为 0.1 时，结果为 100[3.9]。

3．清零

和其他选项卡中的含义相同，控制前导和后续零以及英尺和英寸零的显示与否。

4．位置

设定换算后的数值放置在主值的后面或前面。

6.2.7 公差设定

在许多机械图样中，公差是必不可少的。在 AutoCAD 中通过“公差”选项卡进行相应的设置即可进行带公差的尺寸标注。“公差”选项卡如图 6-26 所示。

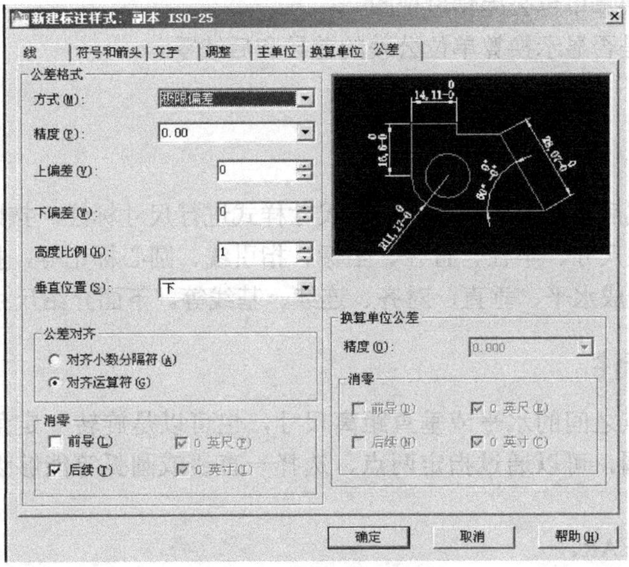

图 6-26 “公差”选项卡

该选项卡中包含了“公差格式”和“换算单位公差”两个区。

1．公差格式

- 方式：设定公差标注方式，包括无、对称、极限偏差、极限尺寸和基本尺寸等标注方式。
- 精度：设置公差的精度位数。
- 上偏差：设置公差的上偏差。
- 下偏差：设置公差的下偏差。对称公差无须设置。
- 高度比例：设置公差数字相对于尺寸数字的高度比例。
- 垂直位置：控制公差在垂直位置上和尺寸数字的对齐方式。
- 清零：设置是否显示前导和后续零以及英尺和英寸零。

"公差"选项卡中的部分设定效果如图 6-27 所示。

图 6-27 "公差"选项卡设定效果

2．换算单位公差

- 精度：设置换算单位公差精度位数。
- 清零：设置是否显示换算单位公差的前导和后续零。

6.3 尺寸标注

设定好尺寸样式后，即可采用设定好的尺寸样式进行尺寸标注。按照所标对象的不同，可以将尺寸分成线性尺寸、半径、直径、坐标、指引线、圆心标记等，按照尺寸标注的形式不同，可以将尺寸分成水平、垂直、对齐、连续、基线等。下面介绍尺寸标注的方法。

6.3.1 线性尺寸标注

线性尺寸指两点之间的水平或垂直距离尺寸，也可以是旋转一定角度的直线尺寸。需要定义两点确定范围，可以通过指定两点、选择一直线或圆弧等能够识别两个端点的对象来确定。

命令：DIMLINEAR。

功能区：常用→注释→线性、注释→标注→线性。

输入该命令后系统有如下提示。

```
命令: _dimlinear
指定第一条延伸线原点或 <选择对象>:〈Enter〉
选择标注对象:
指定尺寸线位置或[多行文字(M)/文字(T)/角度(A)/水平(H)/垂直(V)/旋转(R)]:m〈Enter〉
指定第一条延伸线原点或 <选择对象>:〈Enter〉
选择标注对象:
指定尺寸线位置或[多行文字(M)/文字(T)/角度(A)/水平(H)/垂直(V)/旋转(R)]:t〈Enter〉
输入标注文字 <>:
指定尺寸线位置或[多行文字(M)/文字(T)/角度(A)/水平(H)/垂直(V)/旋转(R)]:a〈Enter〉
指定标注文字的角度:
指定尺寸线位置或[多行文字(M)/文字(T)/角度(A)/水平(H)/垂直(V)/旋转(R)]:h〈Enter〉
```

```
指定尺寸线位置或 [多行文字(M)/文字(T)/角度(A)]:
指定尺寸线位置或[多行文字(M)/文字(T)/角度(A)/水平(H)/垂直(V)/旋转(R)]:r〈Enter〉
指定尺寸线的角度 <0>:
指定尺寸线位置或[多行文字(M)/文字(T)/角度(A)/水平(H)/垂直(V)/旋转(R)]:v〈Enter〉
指定尺寸线位置或 [多行文字(M)/文字(T)/角度(A)]:
```

其中参数的用法如下。

- 指定第一条延伸线原点：定义第一条延伸线的位置，如果直接按〈Enter〉键，则出现选择对象的提示。
- 指定第二条延伸线原点：在定义了第一条延伸线原点后，定义第二条延伸线的位置。
- 选择对象：选择对象以定义线性尺寸的大小。对象的两个端点即两条延伸线的原点。
- 指定尺寸线位置：确定尺寸线的位置。
- 多行文字(M)：打开多行文字编辑器，用户可以通过多行文字编辑器来编辑注写的文字。测量的数值在“< >”中，用户可以将其删除，也可以在其前后增加其他文字。“<>”（中间不带任何内容）则表示测量的原始数据。
- 文字(T)：单行文字输入。测量值同样在“<>”中。
- 角度(A)：设定文字的倾斜角度。
- 水平(H)：强制标注两点间的水平尺寸；否则，AutoCAD 通过尺寸线的位置来决定标注水平尺寸或垂直尺寸。
- 垂直(V)：强制标注两点间的垂直尺寸；否则，由 AutoCAD 根据尺寸线的位置来决定标注水平尺寸或垂直尺寸。
- 旋转(R)：设定一旋转角度来标注该方向的尺寸。

图 6-28 所示为线性尺寸标注效果。

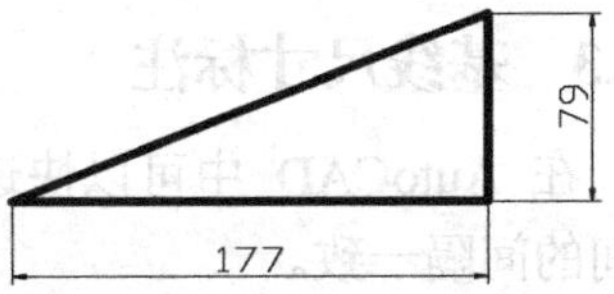

图6-28 线性尺寸标注实例

6.3.2 连续尺寸标注

首尾相连排成一排的尺寸即连续尺寸，通过“连续”标注非常方便。

命令：DIMCONTINUE。

功能区：注释→标注→连续。

输入该命令后系统给出以下提示。

```
命令: _dimcontinue
选择连续标注:需要线性、坐标或角度关联标注。
指定第二条延伸线原点或 [放弃(U)/选择(S)] <选择>:
指定点坐标或 [放弃(U)/选择(S)] <选择>:
```

其中参数的用法如下。

- 选择连续标注：选择一个基准标注，应该是线性标注、坐标标注或角度标注。如上一个标注为符合以上要求的标注，则不出现该提示，自动以上一个标注为基准标注；否则，应先进行一次符合要求的标注。要注意标注时两个点的次序。
- 指定第二条延伸线原点：定义连续标注中第二条延伸线，第一条延伸线由标注基准尺寸的第二个原点确定。

- 放弃(U)：放弃上一个连续标注。
- 选择(S)：重新选择连续标注的基准。
- 点坐标：如果选择了坐标标注，则出现该提示，要求指定点坐标。该选项效果相当于连续输入坐标标注命令 DIMORDINATE。

连续标注实例如图 6-29 所示。

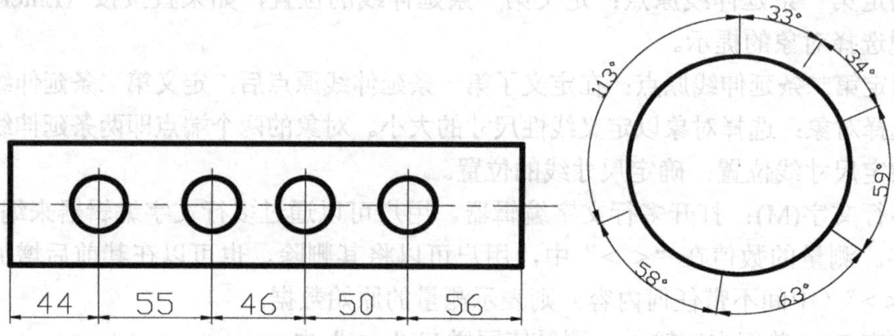

a)　　b)

图 6-29　连续尺寸标注实例

a) 线性尺寸连续标注　b) 角度尺寸连续标注

6.3.3　基线尺寸标注

在 AutoCAD 中可以快速进行从一条延伸线出发的基线尺寸标注，而且可以保证尺寸线之间的间隔一致。

命令：DIMBASELINE。

功能区：注释→标注→基线。

输入命令后系统有以下提示。

```
命令: _dimbaseline
选择基准标注: 需要线性、坐标或角度关联标注。
指定第二条延伸线原点或 [放弃(U)/选择(S)] <选择>:
指定点坐标或 [放弃(U)/选择(S)] <选择>:
```

其中参数的用法如下。

- 选择基准标注：选择基线标注的基准标注，后面的尺寸以此为基准进行标注。如果上一个命令进行了线性尺寸或角度标注，则不出现该提示，除非在随后的参数中输入了“选择”项。
- 指定第二条延伸线原点：定义第二条延伸线的位置，第一条延伸线由基准确定。
- 放弃(U)：放弃上一个基线尺寸标注。
- 选择(S)：选择基线标注基准。
- 点坐标：如果选择了坐标标注，则出现该提示，要求指定点坐标。该选项同样相当于连续输入坐标标注命令 DIMORDINATE。

基线标注实例如图 6-30 所示。

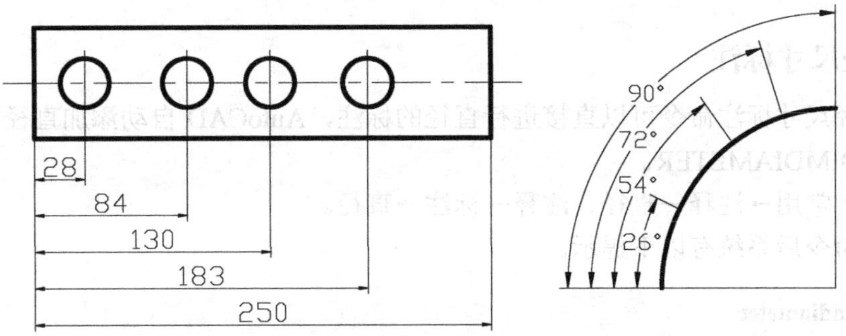

a)　　　　　　　　b)

图 6-30　基线标注实例

a) 线性基线标注　b) 角度基线标注

6.3.4　对齐尺寸标注

如果要标注倾斜的线性尺寸，通过对齐尺寸标注可以自动获取其尺寸进行平行于起始点和终止点连线的标注。

命令：DIMALIGNED。

功能区：常用→注释→对齐、注释→标注→对齐。

输入该命令后系统给出以下提示。

命令: **_dimaligned**
指定第一条延伸线原点或 <选择对象>:**〈Enter〉**
选择标注对象:
指定尺寸线位置或[多行文字(M)/文字(T)/角度(A)]:

其中参数的用法如下。

- 指定第一条延伸线原点：定义第一条延伸线的起点。按〈Enter〉键则要求“选择标注对象”。
- 指定第二条延伸线原点：定义第二条延伸线的起点。
- 选择标注对象：通过选择标注的对象来确定两条延伸线。系统自动获取选择对象的两个端点作为延伸线的两个原点。
- 指定尺寸线位置：定义尺寸线的位置。
- 多行文字(M)：通过多行文字编辑器输入文字。
- 文字(T)：输入单行文字。
- 角度(A)：定义文字的旋转角度。

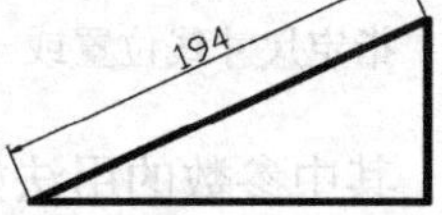

图 6-31　对齐尺寸标注

【例 6-1】　采用对齐尺寸标注方式标注如图 6-31 所示的斜边边长。

命令: **_dimaligned**
指定第一条延伸线原点或 <选择对象>:**〈Enter〉**
选择标注对象:**单击斜线**
指定尺寸线位置或[多行文字(M)/文字(T)/角度(A)]:**在合适位置单击**
标注文字 =194

6.3.5 直径尺寸标注

通过直径尺寸标注命令可以直接进行直径的标注，AutoCAD 自动添加直径符号“ϕ”。

命令：DIMDIAMETER。

功能区：常用→注释→直径、注释→标注→直径。

输入该命令后系统有以下提示。

```
命令: _dimdiameter
选择圆弧或圆:
标注文字=XX
指定尺寸线位置或 [多行文字(M)/文字(T)/角度(A)]:
```

其中参数的用法如下。

- 选择圆弧或圆：选择要标注直径的对象。
- 指定尺寸线位置：定义尺寸线的位置，尺寸线通过圆心。确定尺寸线位置的拾取点对文字的位置有影响，和“尺寸样式”对话框中文字、直线、箭头的设置有关。
- 多行文字(M)：通过多行文字编辑器输入标注文字。
- 文字(T)：输入单行文字。
- 角度(A)：定义文字旋转角度。

直径标注效果如图 6-32 所示。

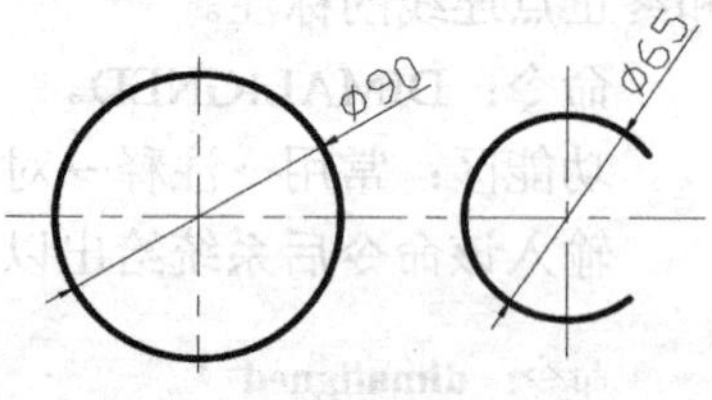

图 6-32　直径标注实例

6.3.6 半径尺寸标注

标注圆或圆弧的半径时，AutoCAD 同样可以自动获取其半径大小进行标注，并且自动添加半径符号“R”。

命令：DIMRADIUS。

功能区：常用→注释→半径、注释→标注→半径。

输入该命令后系统有以下提示。

```
命令: _dimradius
选择圆弧或圆:
标注文字 =XX
指定尺寸线位置或 [多行文字(M)/文字(T)/角度(A)]:
```

其中参数的用法如下。

- 选择圆弧或圆：选择标注半径的对象。
- 指定尺寸线位置：定义尺寸线的位置，尺寸线通过圆心。确定尺寸线位置的拾取点对文字的位置有影响，和“尺寸样式”对话框中文字、直线、箭头的设置有关。
- 多行文字(M)：通过多行文字编辑器输入标注文字。
- 文字(T)：输入单行文字。
- 角度(A)：定义文字旋转角度。

圆及圆弧的半径标注如图 6-33 所示。

6.3.7 圆心标记

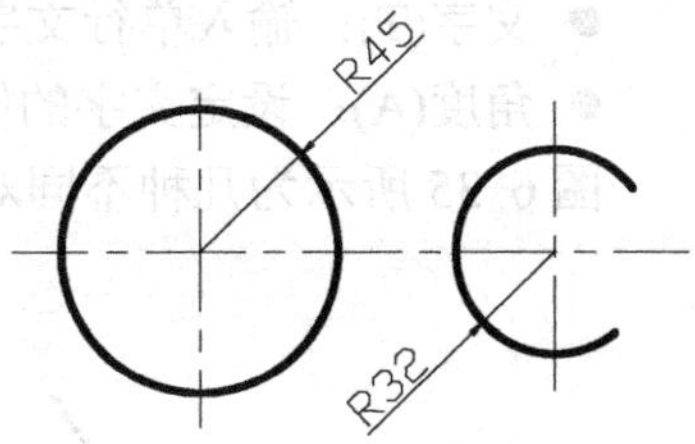

图 6-33　半径标注实例

手工绘图时要求先定圆心位置再绘制圆或圆弧，否则绘出了圆或圆弧再找圆心就很麻烦。AutoCAD 中可以先产生圆或圆弧，由系统自动找到圆心，并绘制标记。

命令：DIMCENTER。

功能区：注释→标注→圆心标记。

输入该命令后系统有如下提示。

```
命令: _dimcenter
选择圆弧或圆:
```

其中参数的用法如下。

- 选择圆弧或圆：选择要加标记的圆或圆弧。

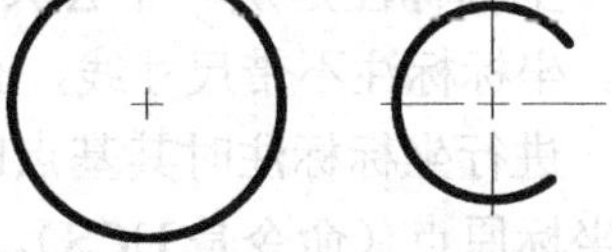

图 6-34　圆心标记实例

图 6-34 为给圆及圆弧中间分别增加圆心“标记”和“直线”的效果。有关“标记”和“直线”的长短请参见尺寸样式设置。

6.3.8 角度标注

对于不平行的两条直线、圆弧或圆以及指定的 3 个点，AutoCAD 可以自动测量它们的夹角并进行角度标注。

命令：DIMANGULAR。

功能区：常用→注释→角度、注释→标注→角度。

输入该命令后系统有如下提示。

```
命令: _dimangular
选择圆弧、圆、直线或 <指定顶点>:
指定角的顶点:
指定角的第一个端点:
指定角的第二个端点:
选择第二条直线:
指定标注弧线位置或 [多行文字(M)/文字(T)/角度(A)]:
```

其中参数的用法如下。

- 选择圆弧、圆、直线：选择角度标注的对象。按〈Enter〉键则为要求指定顶点。
- 指定顶点：指定角度的顶点和两个端点来确定角度。
- 指定角的第二个端点：如果选择了圆，则出现该提示。角度以圆心为顶点，以选择圆时的拾取点为第一个端点，此时要求指定第二个端点。
- 指定标注弧线位置：定义尺寸弧线摆放位置。
- 多行文字(M)：打开多行文字编辑器，用户可以通过多行文字编辑器来编辑注写的文字。测量的数值用“<>”来表示，用户可以将其删除，也可以在其前后增加其他文字。

- 文字(T)：输入单行文字。测量值在“<>”中。
- 角度(A)：设定文字的倾斜角度。

图 6-35 所示为几种不同对象的角度标注。

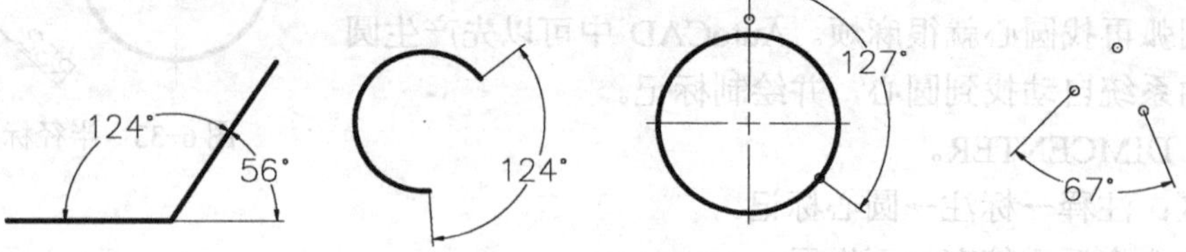

图 6-35　角度标注实例

6.3.9　坐标尺寸标注

坐标标注是从一个公共基点（原点）出发，标注指定点相对于基点的偏移量的标注方法。坐标标注不带尺寸线，有一条延伸线和文字引线。

进行坐标标注时其基点即当前 UCS 的坐标原点，所以在进行坐标标注之前，应该设定好坐标原点（命令是 UCS）。

命令：DIMORDINATE。

功能区：常用→注释→坐标、注释→标注→坐标。

输入该命令后系统有以下提示。

```
命令: _dimordinate
指定点坐标:
指定引线端点或 [X 基准(X)/Y 基准(Y)/多行文字(M)/文字(T)/角度(A)]:
标注文字=XX
```

其中参数的用法如下。

- 指定点坐标：指定需要标注坐标的点。
- 指定引线端点：指定坐标标注中引线的端点。
- X 基准(X)：强制标注 X 坐标。
- Y 基准(Y)：强制标注 Y 坐标。
- 多行文字(M)：通过多行文字编辑器输入文字。
- 文字(T)：输入单行文字。
- 角度(A)：指定文字旋转角度。

图 6-36 是用坐标标注方法标注圆孔位置的示意图，其中左下角设定为坐标原点。

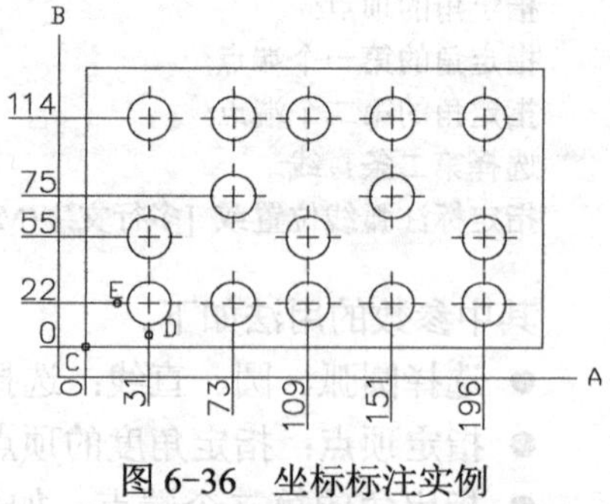

图 6-36　坐标标注实例

☞注意：

坐标标注时要把数字摆放整齐，一般需要绘制一条辅助线，然后采用“垂直”捕捉方式捕捉到辅助线上即可。

6.3.10 弧长标注

AutoCAD 2010 可以自动测量弧的长度并进行标注。

命令：_DIMARC。

功能区：常用→注释→弧长、注释→标注→弧长。

输入该命令后系统有以下提示。

```
命令: _dimarc
选择弧线段或多段线弧线段:
指定弧长标注位置或 [多行文字(M)/文字(T)/角度(A)/部分(P)/引线(L)]:p〈Enter〉
指定弧长标注的第一个点:
指定弧长标注的第二个点:
标注文字 = XX
指定弧长标注位置或 [多行文字(M)/文字(T)/角度(A)/部分(P)/引线(L)]:l〈Enter〉
指定弧长标注位置或 [多行文字(M)/文字(T)/角度(A)/部分(P)/无引线(N)]:
```

其中参数的用法如下。

- 选择弧线段或多段线弧线段：选择要标注的弧线段。
- 指定弧长标注位置：确定标注的弧长数字位置。
- 多行文字(M)：打开多行文字编辑器，输入多行文本。
- 文字(T)：输入单行文本。
- 角度(A)：设置标注文字的角度。
- 部分(P)：缩短弧长标注的长度，即只标注圆弧中的部分弧线的长度。
  - ✧ 指定弧长标注的第一个点：设定标注圆弧的起点。
  - ✧ 指定弧长标注的第二个点：设定标注圆弧的终点。
- 引线(L)：添加引线对象。仅当圆弧（或圆弧段）大于 90° 时才会显示此选项。引线是按径向绘制的，指向所标注圆弧的圆心。

弧长标注实例如图 6-37 中的 88 和 400。

6.3.11 折弯标注

折弯标注用在有些弧或圆半径很大，圆心超出了图纸范围，不宜直接标注半径的情况。

命令：DIMJOGGED。

功能区：常用→注释→折弯、注释→标注→折弯。

输入该命令后系统有以下提示。

```
命令: _dimjogged
选择圆弧或圆:
指定中心位置替代:
标注文字 = xx
指定尺寸线位置或 [多行文字(M)/文字(T)/角度(A)]:
指定折弯位置:
```

其中参数的用法如下。

- 选择圆弧或圆：选择需要标注的圆或圆弧。
- 指定中心位置替代：指定一个点以便取代正常半径标注的圆心。
- 指定尺寸线位置：确定尺寸线摆放的位置。
- 多行文字(M)：打开多行文字编辑器，输入多行文本。
- 文字(T)：输入单行文本。
- 角度(A)：设置标注文字的角度。
- 指定折弯位置：指定折弯的中点。

折弯方式标注如图 6-37 中的 R500。

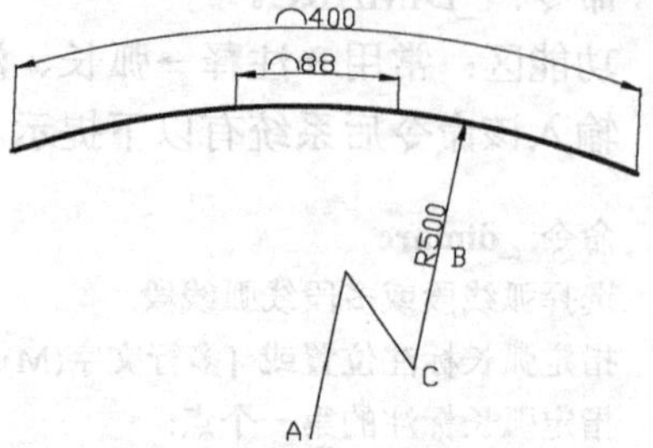

图 6-37　弧长和折弯标注

6.3.12　快速尺寸标注

快速尺寸标注可以对多个同样的尺寸（如直径、半径、基线、连续、坐标等）进行标注，可以同时选择多个对象并自动对齐数值位置。

命令：QDIM。

功能区：注释→标注→快速标注。

输入该命令后系统给出以下提示。

命令: **_qdim**
选择要标注的几何图形:
指定尺寸线位置或 [连续(C)/并列(S)/基线(B)/坐标(O)/半径(R)/直径(D)/基准点(P)/编辑(E)/设置(T)] <半径>:**t〈Enter〉**
关联标注优先级 [端点(E)/交点(I)] <端点>:
指定尺寸线位置或 [连续(C)/并列(S)/基线(B)/坐标(O)/半径(R)/直径(D)/基准点(P)/编辑(E)/设置(T)] <半径>:**e〈Enter〉**
指定要删除的标注点或 [添加(A)/退出(X)] <退出>:

其中参数的用法如下。

- 选择要标注的几何图形：选择对象用于快速标注尺寸，可以同时选择多个对象，在标注时，将忽略不可标注的对象。例如同时选择了直线和圆，标注直径时，将忽略直线对象。
- 指定尺寸线位置：定义尺寸线的位置。
- 连续(C)：采用连续方式进行标注。
- 并列(S)：采用并列方式进行标注。
- 基线(B)：采用基线方式进行标注。
- 坐标(O)：采用坐标方式进行标注。
- 半径(R)：对所选圆或圆弧进行半径标注。
- 直径(D)：对所选圆或圆弧进行直径标注。
- 基准点(P)：设定坐标标注或基线标注的基准点。
- 编辑(E)：对标注点进行编辑。

✧ 指定要删除的标注点：删除标注点，否则由 AutoCAD 自动设定标注点。

✧ 添加(A)：添加标注点，否则由 AutoCAD 自动设定标注点。

✧ 退出(X)：退出编辑提示，返回上一级提示。

● 设置（T）：为指定延伸线原点设置默认对象捕捉。

✧ 端点(E)：将关联标注优先级设置为端点。

✧ 交点(I)：将关联标注优先级设置为交点。

几种快速尺寸标注的实例如图 6-38 所示。

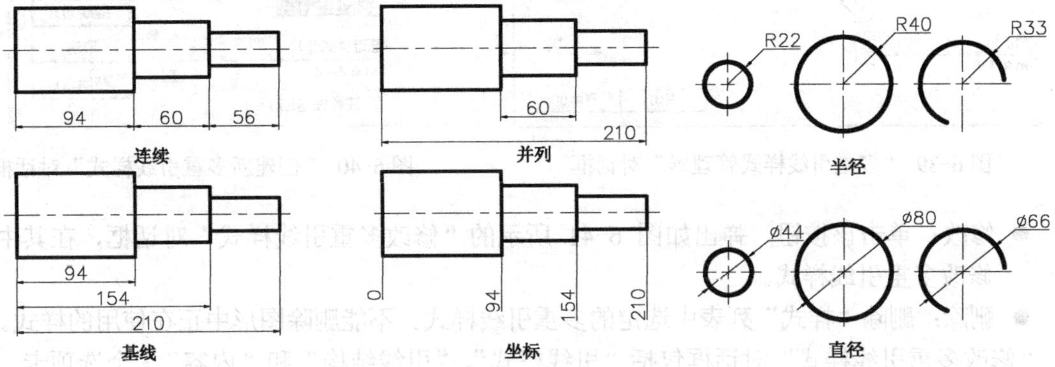

图 6-38 快速标注实例

6.4 多重引线标注

图样中如注释、零件序号等均需要绘制引线。AutoCAD 2010 中将引线命令（LEADER）增强为多重引线命令 MLEADER。

6.4.1 多重引线样式

使用多重引线应该先设置好多重引线样式。

命令：MLEADERSTYLE。

功能区：注释→引线→多重引线样式。

执行多重引线命令后，弹出如图 6-39 所示的“多重引线样式管理器”对话框。

该对话框中包括样式、预览、置为当前、新建、修改、删除等内容。

● 当前多重引线样式：显示应用于所创建的多重引线的多重引线样式的名称。

● 样式：显示多重引线样式列表。高亮显示当前样式。

● 列出：过滤“样式”列表的内容。如选择“所有样式”，则显示图形中可用的所有多重引线样式。如选择“正在使用的样式”，仅显示当前图形中正使用的多重引线样式。

● 预览：显示“样式”列表中选定样式的预览效果。

● 置为当前：将“样式”列表中选定的多重引线样式设置为当前样式。随后新的多重引线都将使用此多重引线样式进行创建。

● 新建：单击该按钮，弹出如图 6-40 所示的“创建新多重引线样式”对话框，用于定义新多重引线样式。单击“继续”，则弹出如图 6-41 所示的“修改多重引线样式”对话框。

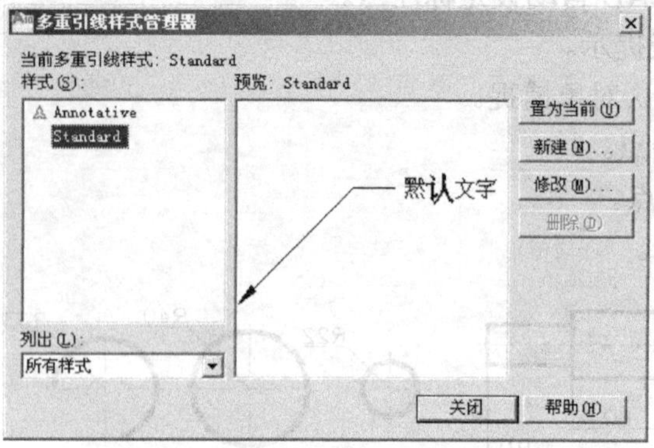

图 6-39 “多重引线样式管理器”对话框

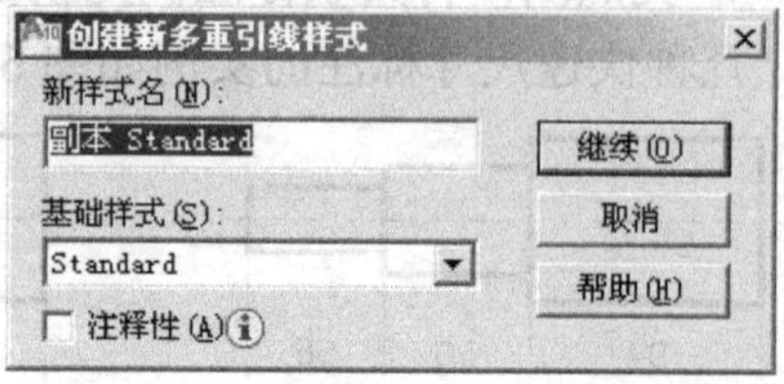

图 6-40 “创建新多重引线样式”对话框

● 修改：单击该按钮，弹出如图 6-41 所示的“修改多重引线样式”对话框，在其中可修改多重引线样式。

● 删除：删除“样式”列表中选定的多重引线样式。不能删除图形中正在使用的样式。

“修改多重引线样式”对话框包括“引线格式”、“引线结构”和“内容”3 个选项卡。

● 引线格式：在引线格式中，可设置引线的类型（直线、样条曲线、无）、引线的颜色、引线的线型、引线的宽度等属性。还可以设置箭头的形式、大小以及控制将折断标注添加到多重引线时使用的大小设置，如图 6-41 所示。

● 引线结构：控制多重引线的约束，包括引线中最大点数、两点的角度、自动包含基线、基线间距，并通过比例控制多重引线的缩放，如图 6-42 所示。

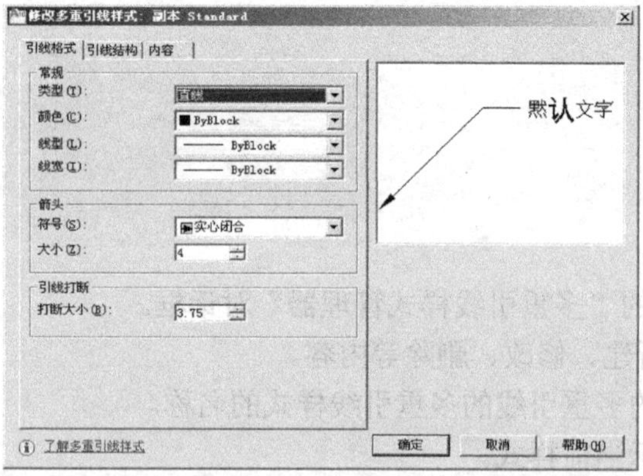

图 6-41 “引线格式”选项卡

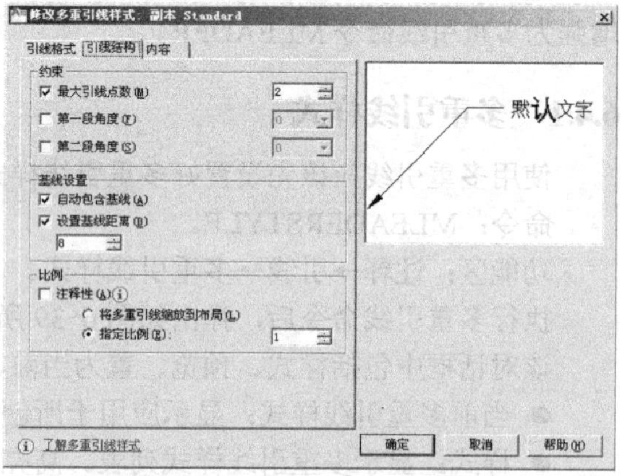

图 6-42 “引线结构”选项卡

● 内容：如图 6-43 所示设置多重引线的内容。多重引线的类型包括：多行文字、块、无。如果选择了“多行文字”，如图 6-43 所示，则下方可以设置文字的各种属性，如默认文字的内容、文字样式、文字角度、文字颜色、文字高度、文字对正方式、是否文字加框以及设置引线连接的特性（包括是水平连接或垂直连接）、连接位置、基线间隙等；如果选择了“块”，如图 6-44 所示，提示设置源块，包括提供的 5 种，也可以选择用户定义的块。同时设置附着的位置、颜色、比例等特性。

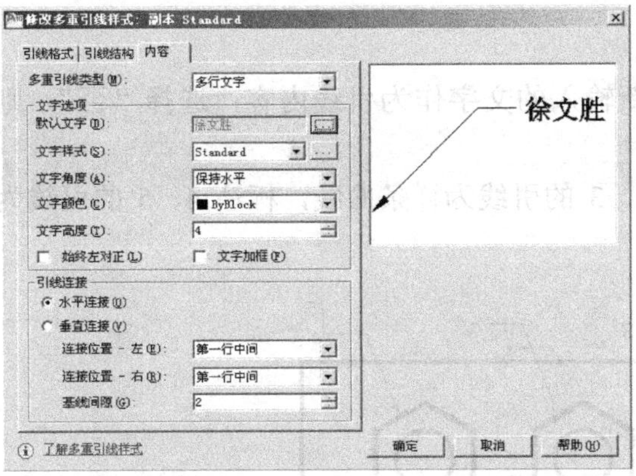

图 6-43 “内容”（多行文字）选项卡

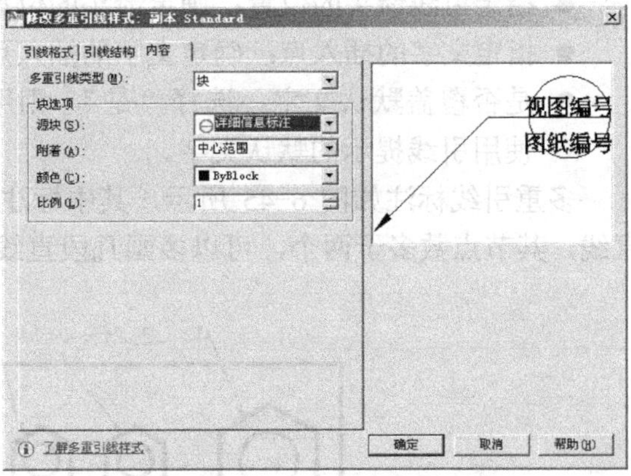

图 6-44 “内容”（块）选项卡

6.4.2 标注多重引线

设定好合适的多重引线的样式后，即可进行多重引线的标注了。

命令：MLEADER。

功能区：注释→引线→多重引线。

输入该命令后系统有以下提示。

命令: **_mleader**

指定引线箭头的位置或 [引线基线优先(L)/内容优先(C)/选项(O)] <选项>:

输入选项 [引线类型(L)/引线基线(A)/内容类型(C)/最大节点数(M)/第一个角度(F)/第二个角度(S)/退出选项(X)] <退出选项>:

指定引线箭头的位置或 [引线基线优先(L)/内容优先(C)/选项(O)] <选项>:

指定引线基线的位置: <正交 关>

覆盖默认文字 [是(Y)/否(N)] <否>: **y〈Enter〉**

指定引线箭头的位置或 [引线基线优先(L)/内容优先(C)/选项(O)] <选项>: **l〈Enter〉**

指定引线基线的位置或 [引线箭头优先(H)/内容优先(C)/选项(O)] <选项>:

指定引线箭头的位置:

指定引线基线的位置或 [引线箭头优先(H)/内容优先(C)/选项(O)] <选项>: **c〈Enter〉**

指定文字的插入点或 [覆盖(OV)/引线箭头优先(H)/引线基线优先(L)/选项(O)] <选项>:

指定引线箭头的位置:

其中参数的用法如下。

- 指定引线箭头的位置：在图形上定义箭头的起始点。
- 引线箭头优先(H)：首先确定箭头。
- 引线基线优先(L)：首先确定基线。
- 内容优先(C)：首先绘制内容
- 选项(O)：设置多重引线格式。
- [引线类型(L)/引线基线(A)/内容类型(C)/最大节点数(M)/第一个角度(F)/第二个角度(S)/退出选项(X)]：与上小节参数的用法相同。
- 指定引线基线的位置：确定引线基线的位置。

- 指定引线箭头的位置：确定箭头的位置。
- 指定文字的插入点：确定文字的插入点。
- 是否覆盖默认文字：选择“是”，则用新输入的文字作为引线内容；选择“否”，则使用引线提示的默认文字。

多重引线标注如图 6-45 所示，其中标注 2、3 的引线为样条曲线，标注 4、5 的引线为直线，其节点数多于两个，可以多画几段直线。

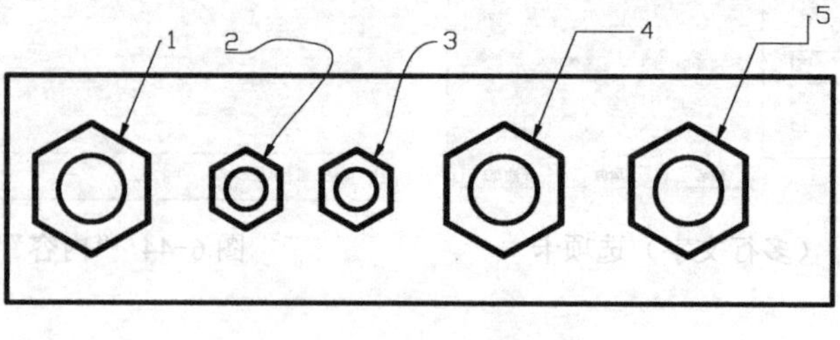

图 6-45　多重引线标注

6.4.3　添加/删除引线

MLEADEREDIT 命令可以对标注的多重引线进行添加或删除操作。

命令：MLEADEREDIT。

功能区：常用→注释→添加引线/删除引线、注释→引线→添加引线/删除引线。

输入该命令后系统有以下提示。

```
命令：mleaderedit
选择多重引线:
指定引线箭头位置或 [删除引线(R)]:R〈Enter〉
指定要删除的引线或 [添加引线(A)]:
```

其中参数的用法如下。

- 选择多重引线：选择要编辑修改的多重引线。
- 指定引线箭头位置：确定箭头指向位置。
- 删除引线(R)：将指定的引线删除。
- 添加引线(A)：添加引线到多重引线中，随后要指定箭头位置。

将图 6-45 中的多重引线标注 2、3、4、5 删除后并重新添加 2、4、5 后的效果如图 6-46 所示。

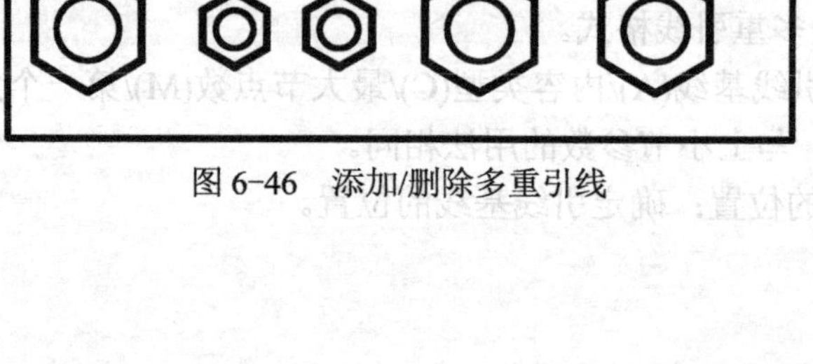

图 6-46　添加/删除多重引线

6.4.4 对齐引线

一般有多条引线存在时，应该将它们排列整齐，使用对齐引线命令可以非常方便实现。

命令：MLEADERALIGN。

功能区：常用→注释→对齐引线、注释→引线→对齐引线。

输入该命令后系统有如下提示。

命令: **_mleaderalign**

选择多重引线:

指定对角点: 找到 X 个，总计 X 个

选择多重引线:

当前模式: 使用当前间距

选择要对齐到的多重引线或 [选项(O)]:**o〈Enter〉**

输入选项 [分布(D)/使引线线段平行(P)/指定间距(S)/使用当前间距(U)] <使用当前间距>: **s〈Enter〉**

指定间距 <0.000000>:

输入选项 [分布(D)/使引线线段平行(P)/指定间距(S)/使用当前间距(U)] <指定间距>: **d〈Enter〉**

指定第一点或 [选项(O)]:

指定第二点:

输入选项 [分布(D)/使引线线段平行(P)/指定间距(S)/使用当前间距(U)] <使段平行>: **p〈Enter〉**

选择要对齐到的多重引线或 [选项(O)]:**o〈Enter〉**

其中参数的用法如下。

- 选择多重引线：选择要对齐的多重引线。
- 选择要对齐到的多重引线：选择一个目标多重引线，其他引线向它对齐。
- 选项(O)：设置用于对齐并分隔选定的多重引线的选项。选项如下：

✧ 分布(D)：等距离隔开两个选定点之间的内容。

✧ 使引线线段平行(P)：调整内容位置，使选定多重引线中的每条最后的引线线段均平行。

✧ 指定间距(S)：指定选定的多重引线内容之间的间距。

✧ 使用当前间距(U)：使用多重引线内容之间的当前间距。

将图 6-46 所示的多重引线对齐后（指定方向为水平）的效果如图 6-47 所示。

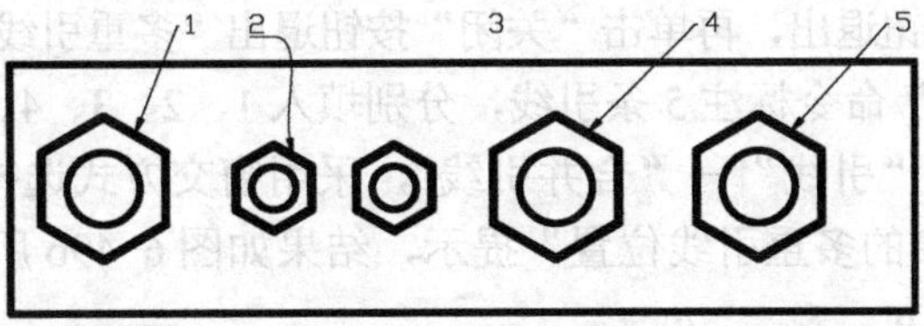

图 6-47 对齐多重引线

6.4.5 合并引线

在图样中经常有同一规格尺寸的图形或零部件存在，标注时需要统一指向一个标注，此时可以采用合并引线功能，将它们统一进行标注。

命令：MLEADERCOLLECT。

功能区：常用→注释→合并引线、注释→引线→合并引线。

输入该命令后系统有如下提示。

```
命令: _mleadercollect
选择多重引线:
指定对角点: 找到 X 个
选择多重引线:
指定收集的多重引线位置或 [垂直(V)/水平(H)/缠绕(W)] <水平>:W
指定缠绕宽度或 [数量(N)]:
```

其中参数的用法如下。

- 选择多重引线：选择要合并的多重引线。
- 指定收集的多重引线位置：确定多重引线摆放位置。
- 垂直(V)：在垂直方向上放置多重引线。
- 水平(H)：在水平方向上放置多重引线。
- 缠绕(W)：指定缠绕合并的多重引线的宽度。

✧ 数量(N)：指定合并的多重引线每行中块的最大数量。

【例 6-2】 对如图 6-47 所示的图形重新标注多条引线，并将它们合并。

1）单击“注释”→“引线”→“多重引线样式”按钮，弹出“多重引线样式管理器”，再单击“修改”按钮，弹出如图 6-48 所示的“修改多重引线样式”对话框。

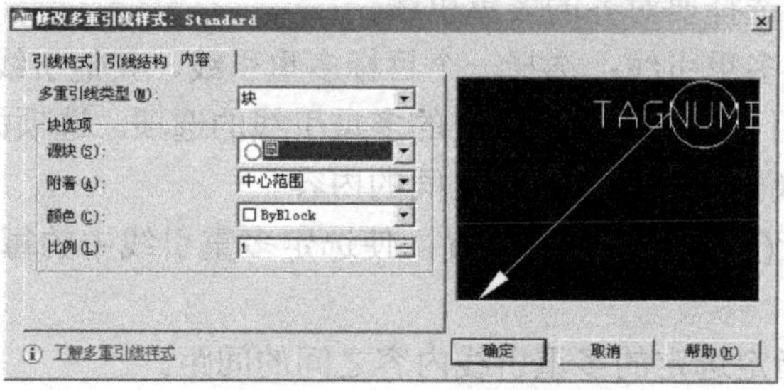

图 6-48 “修改多重引线样式”对话框

2）在“内容”选项卡中，将“多重引线类型”改为“块”、“源块”改为“圆”，其他采用默认值。单击“确定”按钮退出，再单击“关闭”按钮退出“多重引线样式管理器”对话框。

3）采用“多重引线”命令标注 5 条引线，分别填入 1、2、3、4、5，如图 6-49a 所示。

4）单击“注释”→“引线”→“合并引线”，采用窗交方式选择所有的引线。在合适位置单击以响应“指定收集的多重引线位置”提示，结果如图 6-49b 所示。

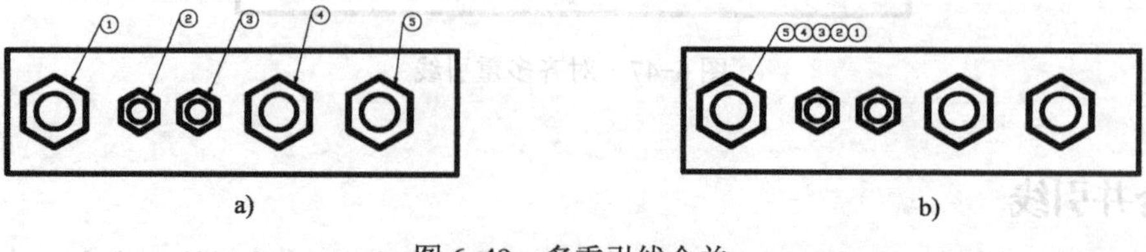

图 6-49 多重引线合并

a) 合并前 b) 合并后

6.5 尺寸编辑

有时候需要对已经标注的尺寸进行编辑修改，如调整格式、折断尺寸、设置间距等。尺寸编辑命令主要有 DIMOVERRIDE、DIMTEDIT、DIMEDIT、DIMSTYLE、DDIM、DDEDIT 等，同时还可以通过 EXPLODE 命令将尺寸分解成文本、箭头、直线等单一的对象。

6.5.1 调整间距

对标注好的尺寸可以通过间距调整命令调整线性标注或角度标注之间的间距。

命令：DIMSPACE。

功能区：注释→标注→调整间距。

输入该命令后系统有如下提示。

```
命令: _dimspace
选择基准标注:
选择要产生间距的标注: 找到 X 个
选择要产生间距的标注: 〈Enter〉
输入值或 [自动(A)] <自动>:
```

其中参数的用法如下。

- 选择基准标注：选择作为调整间距的基准尺寸。
- 选择要产生间距的标注：选择要修改间距的尺寸，可以采用交叉窗口选择多个标注。
- 输入值：指定间距值。
- 自动(A)：使用自动间距值，一般是文字高度的两倍。

图 6-50 是采用调整间距命令将水平标注和垂直标注调整后的效果。

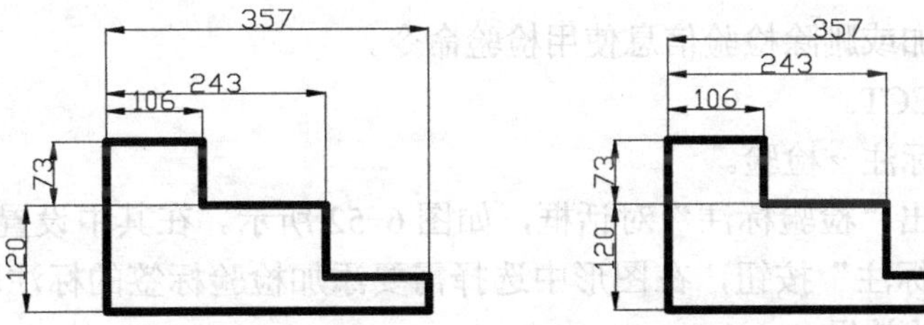

图 6-50 调整尺寸间距

6.5.2 打断标注

标注好的尺寸也可以通过打断标注命令打断。

命令：DIMBREAK。

功能区：注释→标注→打断。

输入该命令后系统有如下提示。

```
命令：dimbreak
选择要添加/删除折断的标注或 [多个(M)]: M〈Enter〉
选择标注: 找到 X 个
选择标注:〈Enter〉
选择要折断标注的对象或 [自动(A)/手动(M)/删除(R)] <自动>:
```

其中参数的用法如下。

- 选择要添加/删除折断的标注：选择需要修改的标注。
- 多个(M)：如果同时更改多个，则输入 M。随后不再提示手动选项。
- 选择要折断标注的对象：选择和尺寸相交并且需要在其上断开尺寸的对象。
- 自动(A)：自动放置折断标注。
- 删除(R)：删除选中的折断标注。
- 手动(M)：手工设置折断位置。

标注被打断后的效果如图 6-51 所示。

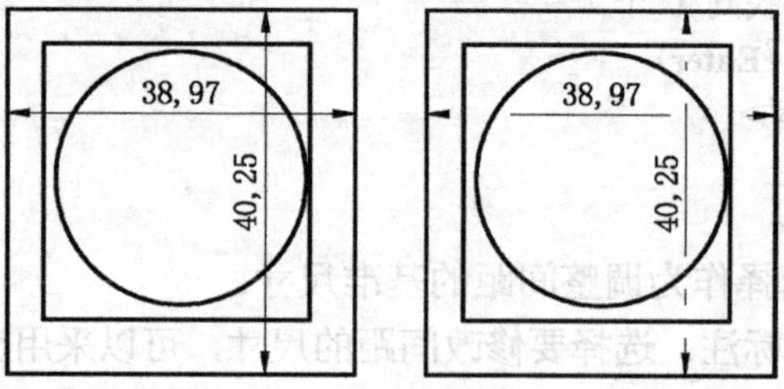

折断前　　折断后

图 6-51　打断标注

6.5.3　检验

为选定的标注添加或删除检验信息使用检验命令。

命令：DIMINSPECT。

功能区：注释→标注→检验。

执行该命令后弹出“检验标注”对话框，如图 6-52 所示。在其中设置好形状、标签/检验率等。单击“选择标注”按钮，在图形中选择需要添加检验标签的标注即可。图 6-53 所示为给尺寸添加标签的效果。

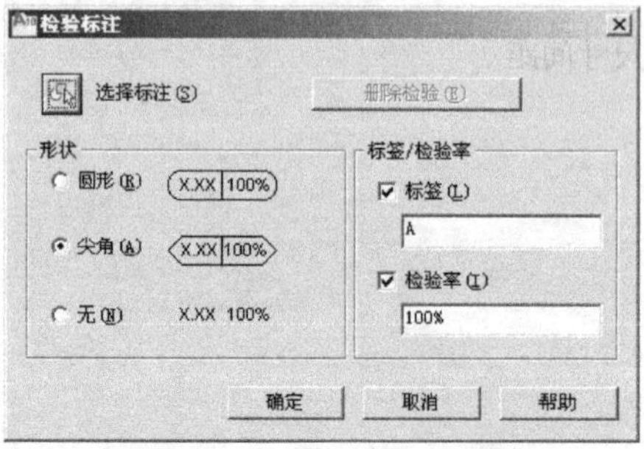

图 6-52 “检验标注”对话框

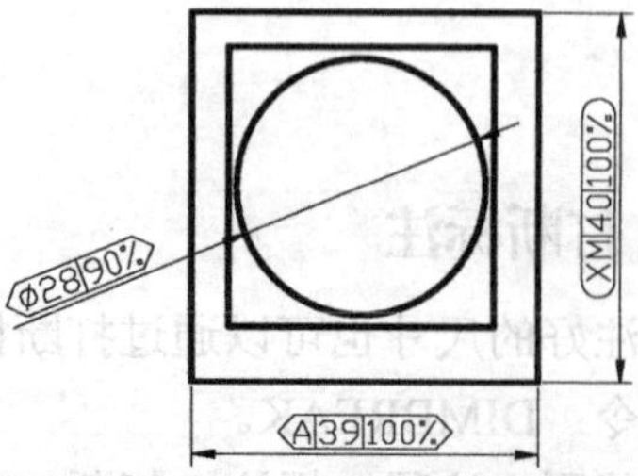

图 6-53　添加检验标签结果

6.5.4　折弯标注

如果绘制的图形在某个方向很长而且结构都相同，此时一般要断开绘制，标注尺寸时也一般要求折弯尺寸线，标注的数值为真实大小。

命令：DIMJOGLINE。

功能区：注释→标注→折弯标注。

输入该命令后系统有如下提示。

```
命令：dimjogline
选择要添加折弯的标注或 [删除(R)]: R〈Enter〉
选择要删除的折弯:
选择要添加折弯的标注或 [删除(R)]:
指定折弯位置 (或按〈Enter〉键):
标注已解除关联。
```

其中参数的用法如下。

- 选择要添加折弯的标注：选择需要添加折弯的线性或对齐标注。
- 删除(R)：删除折弯标注。
- 选择要删除的折弯：选择需要去掉折弯的标注。
- 指定折弯位置（或按〈Enter〉键）：定义折弯位置，按〈Enter〉键则使用默认位置。

折弯线性尺寸如图 6-54 所示。

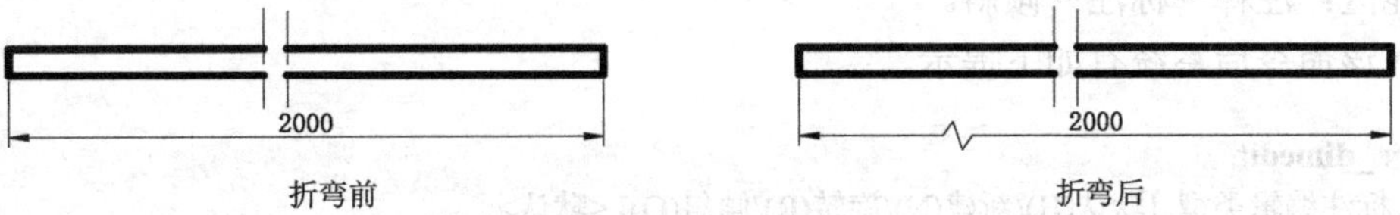

图 6-54　折弯标注

6.5.5　尺寸替换

该命令可以在不影响当前尺寸类型的前提下，覆盖某一尺寸变量。要正确使用该命令，应知道要修改的尺寸变量名。

命令：DIMOVERRIDE。

功能区：注释→标注→替代。

输入该命令后系统有如下提示。

```
命令: dimoverride
输入要替代的标注变量名或 [清除替代(C)]:
输入标注变量的新值 <XX1>:XX2
输入要替代的标注变量名或 [清除替代(C)]:c
选择对象:
```

其中参数的用法如下。

- 输入要替代的标注变量名：输入要替代的尺寸变量名。
- 清除替代(C)：清除替代，恢复原来的变量值。
- 选择对象：选择要替代的尺寸。

图 6-55b 表示了图 6-55a 的尺寸 129 字高由 10 改为 20、尺寸 96 的箭头由 5 改为 10 的覆盖效果。

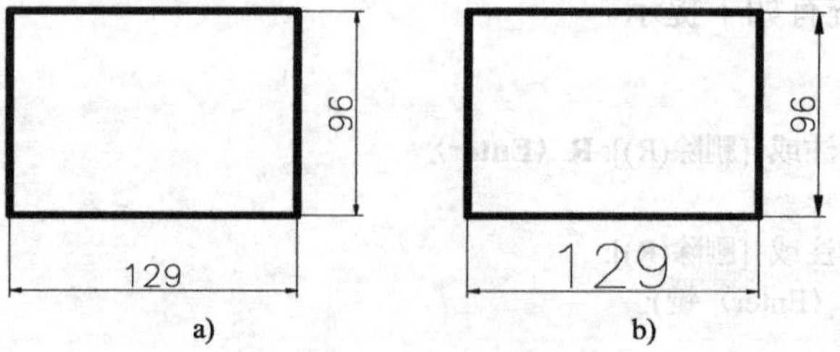

图 6-55　尺寸变量覆盖实例

a) 覆盖前　b) 覆盖后

6.5.6　尺寸倾斜

尺寸倾斜命令可以将标注的尺寸重新指定新文本、调整文本到默认位置、旋转文本和倾斜延伸线。

命令：DIMEDIT。

功能区：注释→标注→倾斜。

输入该命令后系统有如下提示。

```
命令: _dimedit
输入标注编辑类型 [默认(H)/新建(N)/旋转(R)/倾斜(O)] <默认>:
```

其中参数的用法如下。

- 默认(H)：将指定的尺寸文字调整到默认位置，即回到原始点。
- 新建(N)：通过在位文字编辑器输入新的文本。
- 旋转(R)：按指定的角度旋转文字。
- 倾斜(O)：将延伸线倾斜指定的角度。
- 选择对象：选择要修改的尺寸标注。

图 6-56 所示为经过倾斜和旋转后的尺寸。

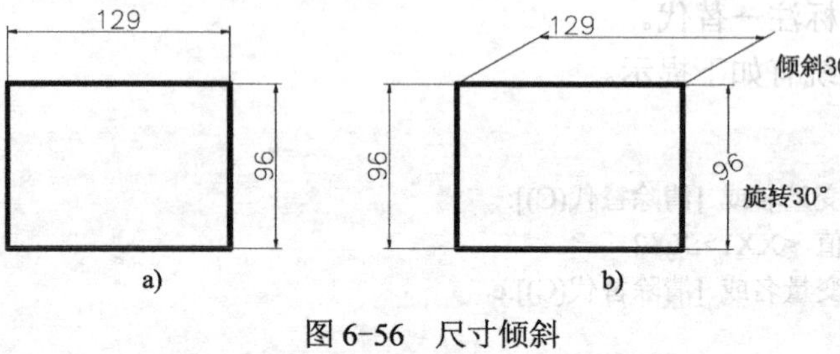

图 6-56　尺寸倾斜

a) 原图　b) 倾斜后

6.5.7 尺寸文本位置修改

通常情况下，尺寸文本位置可以通过夹点直观修改，也可以使用 DIMTEDIT 命令精确修改。DIMEDIT 命令可以使文字按左、中、右对正或将文字旋转一角度。

命令：DIMTEDIT。

功能区：注释→标注→文字角度、左对正、居中对正、右对正。

输入该命令后系统给出如下提示。

```
命令: dimtedit
选择标注:
为标注文字指定新位置或 [左对齐(L)/右对齐(R)/居中(C)/默认(H)/角度(A)]:
```

其中参数的用法如下。

- 选择标注：选择标注的尺寸进行修改。
- 指定标注文字的新位置：在屏幕上指定文字的新位置。
- 左对齐(L)：沿尺寸线左对齐文本（对线性尺寸、半径、直径尺寸适用）。
- 右对齐(R)：沿尺寸线右对齐文本（对线性尺寸、半径、直径尺寸适用）。
- 居中(C)：将尺寸文本放置在尺寸线的中间。
- 默认(H)：放置尺寸文本在默认位置。
- 角度(A)：将尺寸文本旋转指定的角度。该选项和 dimedit 中的旋转效果相同。

6.5.8 重新关联标注

标注的尺寸如果和几何图形对象之间是关联的，则当图形变化时，尺寸随之而变，否则，图形改变时尺寸却不会更新。AutoCAD 2010 允许在标注的尺寸和图形对象之间补充关联关系或修改关联关系。

命令：DIMREASSOCIATE。

功能区：注释→标注→重新关联。

输入该命令后系统有如下提示。

```
命令: dimreassociate
选择要重新关联的标注...
选择对象:
……（以下提示和具体的标注类型相关，限于篇幅，不一一列举。）
```

依次亮显每个选定的标注，并显示适于选定标注的关联点的提示。每个关联点提示都显示一个标记。如果当前标注的定义点与几何对象没有关联，标记将显示为蓝色的 X，如果定义点与其相关联，标记将显示为带框的 X。

其中参数的用法如下。

- 选择对象：选择标注的尺寸进行关联操作，可以连续选择多个，在随后的关联中将依次进行。按〈Enter〉键结束尺寸标注对象的选择。
- 其他参数和具体的标注类型相关：线性尺寸需要指定图形对象两个点分别和尺寸的两个端点对应；角度尺寸需要指定两条直线或 3 个点等。

☞注意：

1）如果使用鼠标进行平移或缩放，标记将消失。

2）选择新的关联点时，要注意识别选中的目标点是否有效。

6.5.9 标注更新

AutoCAD 2010 中可以用一种尺寸样式来更新另一种尺寸样式。

命令：DIMSTYLE。

功能区：注释→标注→更新。

输入该命令后系统会给出如下提示。

```
命令:dimstyle
当前标注样式:XXXXXX
输入标注样式选项
 [注释性(AN)/保存(S)/恢复(R)/状态(ST)/变量(V)/应用(A)/?] <恢复>:s〈Enter〉
输入新标注样式名或 [?]:
[注释性(AN)/保存(S)/恢复(R)/状态(ST)/变量(V)/应用(A)/?] <恢复>:r〈Enter〉
输入标注样式名，[?] 或 <选择标注>:
[注释性(AN)/保存(S)/恢复(R)/状态(ST)/变量(V)/应用(A)/?] <恢复>:v〈Enter〉
输入标注样式名，[?] 或 <选择标注>:
 [注释性(AN)/保存(S)/恢复(R)/状态(ST)/变量(V)/应用(A)/?] <恢复>:a〈Enter〉
选择对象: 找到 1 个
选择对象:
[注释性(AN)/保存(S)/恢复(R)/状态(ST)/变量(V)/应用(A)/?] <恢复>:st〈Enter〉
```

其中参数的用法如下。

- 当前标注样式：提示当前的标注样式，该样式将用来取代被选中尺寸的样式。
- 注释性(AN)：设置注释性特性。
- 保存(S)：将标注系统变量的当前设置保存到标注样式。
- 恢复(R)：将标注系统变量设置恢复为选定标注样式的设置。
- 状态(ST)：显示所有标注系统变量的当前值。
- 变量(V)：列出某个标注样式或选定标注的系统变量设置，但不改变当前设置。
- 应用(A)：执行命令。自动使用当前的样式取代随后选择的尺寸的样式。

6.6 形位公差

形位公差在机械图中是必不可少的。

6.6.1 形位公差标注

标注形位公差同样需要先设定形位公差项目再进行标注。标注方法如下。

命令：TORLERANCE。

功能区：注释→标注→公差。

执行公差命令后，弹出如图 6-57 所示的“形位公差”对话框。

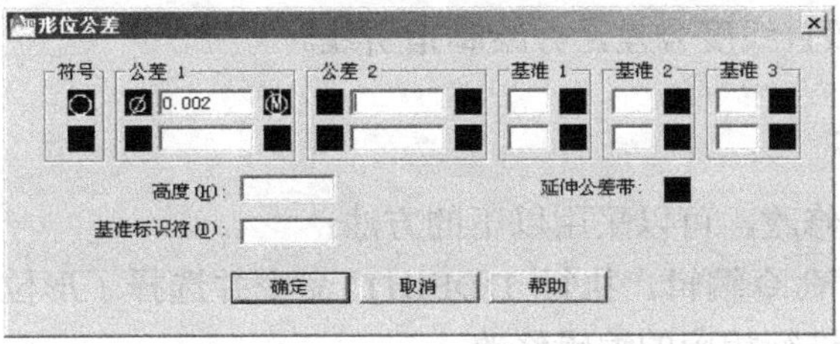

图 6-57 “形位公差”对话框

该对话框中各项的含义如下。

- “符号”区：用于设置公差符号。单击符号下的小黑框，弹出“符号”对话框，如图 6-58 所示。
- “公差”区：“公差”区左侧的小黑框为直径符号“ϕ”是否打开的开关。单击右侧的小黑框，弹出“附加符号”对话框，用于设置被测要素的包容条件，如图 6-59 所示。

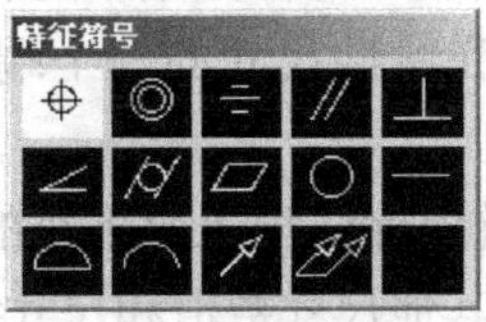

图 6-58 “符号”对话框

图 6-59 “附加符号”对话框

- “基准”区：单击基准下的小黑框，弹出包容条件，用于设置基准的包容条件。
- 高度：用于设置最小的投影公差带。
- 延伸公差带：除指定位置公差外，可以设定投影公差带。单击其后的小黑框进行。
- 基准标识符：设置该公差的基准符号。

【例 6-3】 标注如图 6-60 所示轴的直线度公差。

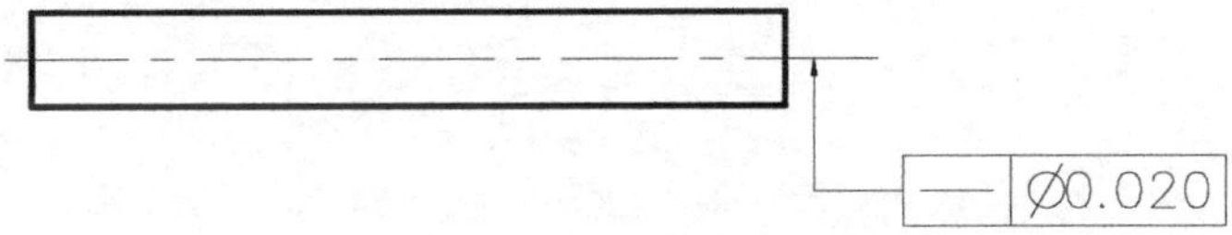

图 6-60 形位公差标注实例

1）单击“注释”→“标注”→“公差”，弹出如图 6-61 所示的“形位公差”对话框。

2）在该对话框中按照图 6-61 进行设定。

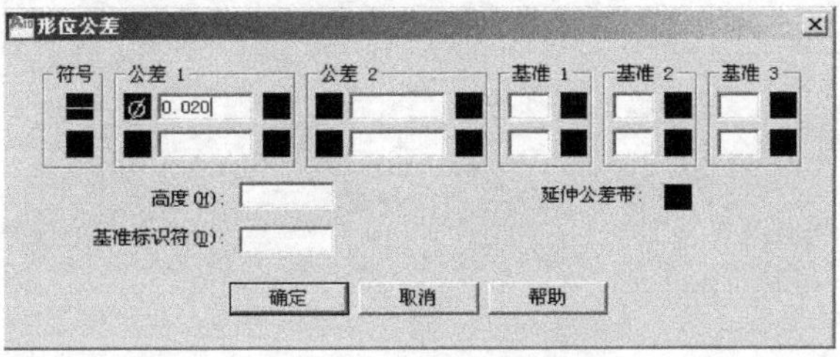

图 6-61 形位公差设定

3）在图样中标注该直线度公差，并绘制指引线。

6.6.2 形位公差编辑

对形位公差的编辑修改，可以采用以下的方法：

1）通过 DDEDIT 命令编辑。执行 DDEDIT 命令并选择了形位公差后，弹出“形位公差”对话框，用户可以进行相应的编辑修改。

2）通过“特性”对话框来修改。在“特性”对话框中，单击“文字替代”后的小按钮…，同样可以打开“形位公差”对话框，用户可以进行相应的编辑修改。

思考题

1．标注尺寸时采用的字体和文字样式是否有关？

2．连续标注和基线标注的第一个尺寸的尺寸界线拾取顺序对标注结果是否有影响？

3．关联尺寸和非关联尺寸有何区别？如果改变了关联线性尺寸的一个端点，其自动测量的尺寸数值是否相应发生变化？

4．尺寸公差的上下偏差其符号是如何控制的？如何避免标注出上负下正的公差格式？

5．如何设置一种尺寸标注样式，角度数值始终水平，其他尺寸数值和尺寸线方向相同？

6．标注形位公差的方法有哪些？

7．线性标注和对齐标注有什么区别？

8．在线性标注中如何标注直径尺寸？

9．装配图中的零件序号该采用什么命令标注？

第 7 章　参数化设计及实用工具

目前，大部分的 CAD 软件都有参数驱动设计功能，AutoCAD 2010 也同样具有这些功能。同时，AutoCAD 还集成了一些实用工具，如查询、测量、计算器、核查、清理、CAD 标准、动作录制等。

7.1　参数化设计

参数化设计包括尺寸约束和几何约束。给几何图形添加了约束后，可确保设计符合特定要求。例如，可以在绘制的图形中保持某些图元的相对关系（平行、垂直、相切、重合、水平、竖直、共线、同心、锁定、相等、平滑、对称等）。尺寸约束则可以保持某些图元的尺寸大小或者和其他图元的尺寸对应关系。设置的约束，在编辑时不会轻易被修改，除非用户删除或替代了该约束。

参数化绘图是目前图形绘制的发展方向，符合正常设计的思路。大部分的三维设计软件均实现了在二维草图的绘制中的参数化功能。AutoCAD 2010 通过约束可以保证在进行设计、修改时能保持满足特定要求。也使得用户可以在保留指定关系的情况下尝试各种创意，高效率地对设计进行修改。

7.1.1　几何约束

几何约束就是使指定对象或对象上的点之间保持一定的几何关系，在进行其他编辑修改时，不会改变。图 7-1 为位于“参数化”选项卡下的“几何”面板，其中包括下列几何约束类型。

图 7-1　几何约束类型

- 重合：约束使两个点重合，或者约束某个点使其位于某对象或其延长线上。
- 共线：约束两条或多条直线使其在同一个方向上。
- 同心：约束选定的圆、圆弧或椭圆，使其同心。
- 固定：约束某点或曲线在世界坐标系特定的方向和位置上。
- 平行：约束两条直线使它们保持平行。
- 垂直：约束两条直线或多段线相互垂直。
- 水平：约束某直线或两点，使其与当前的 UCS 的 X 轴平行。
- 竖直：约束某直线或两点，使其与当前的 UCS 的 Y 轴平行。
- 相切：约束两曲线或曲线与直线，使其相切或在延长线上相切。
- 平滑：约束一条样条曲线，使其与其他的样条曲线、直线、圆弧、多段线彼此相连并保持连续性。
- 对称：约束对象上两点或两曲线，使其相对于选定的直线对称。

● 相等：约束两对象具有相同的大小，如直线的长度，圆弧的半径等。
● 自动约束：将多个几何约束应用于选定的对象。
● 显示：显示选定对象相关的几何约束。
● 全部显示：显示所有对象的几何约束。
● 全部隐藏：隐藏所有对象的几何约束。

7.1.2 标注约束

标注约束用于控制设计的大小和比例。图 7-2 为“参数化”选项卡下“标注”面板，其中包括的约束类型有线性（水平、竖直）、角度、半径、直径等。

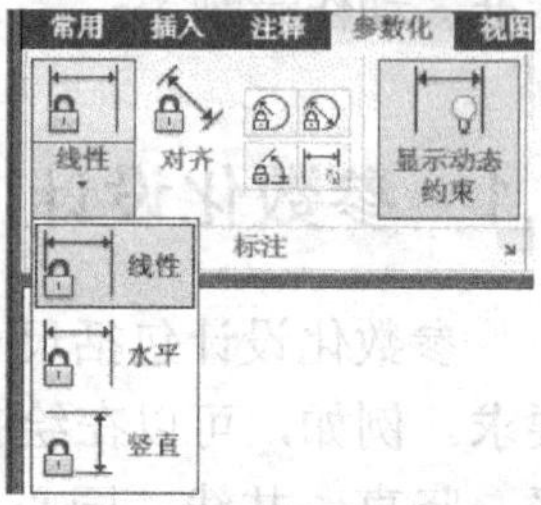

图 7-2 标注约束类型

● 线性：控制两点之间的水平或竖直距离，包括水平和竖直两个方向。
● 水平：控制两点之间的 X 方向的距离，可以是同一个对象上的两个点，也可以是不同对象上的两个点。
● 竖直：控制两点之间的 Y 方向的距离，可以是同一个对象上的两个点，也可以是不同对象上的两个点。
● 角度：控制两条直线段之间、两条多段线线段之间或圆弧的角度。
● 半径：控制圆、圆弧或多段线圆弧段的半径。
● 直径：控制圆、圆弧或多段线圆弧段的直径。
● 转换：将标注转换为标注约束。
● 显示动态约束：显示或隐藏动态约束。

7.1.3 约束设计实例

【例 7-1】 采用约束驱动的方法将一任意的六边形编辑成正六边形，并使之边长等于 100。另绘制一圆，使之面积等于 20000。

（1）任意绘制一六边形

采用直线命令任意绘制一六边形，如图 7-3a 所示。

（2）添加约束，完成正六边形编辑

1）采用自动约束，采用窗交方式选择所有的点。

2）采用重合约束，将分开的两点重合。

3）采用相等约束，将所有的线段约束为相等。

4）采用角度约束，保证其中一个角的角度为 120°。

5）采用水平和垂直约束，把正六边形放正。

结果如图 7-3b 所示。

（3）夹点编辑，观察图形变化

选中其中的一条边，拖动夹点或进行拉伸等操作，发现图形始终保持约束不变。

（4）添加标注约束

采用线性标注约束，如图 7-4 所示，将六边形的边长大小约束为 100，可以看出图形的大小发生了变化。

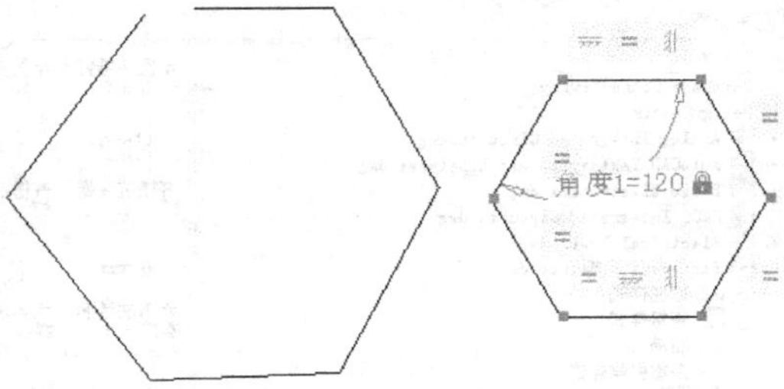

a)　　　　　　　　b)

图 7-3　采用几何约束绘制六边形

（5）再绘制一面积等于 20000 的圆

1）任意绘制一圆。

2）添加直径约束。

3）单击“参数化”→“参数”→“参数管理器”，弹出如图 7-5 所示的“参数管理器”对话框。

图 7-4　添加标注约束

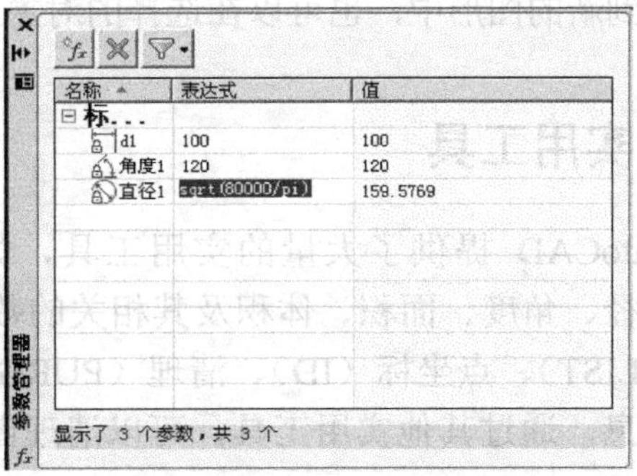

图 7-5　通过参数管理器指定圆的直径

4）单击直径后的表达式，输入 sqrt(80000/Pi)。

用户也可以在选择图形后，双击约束在位修改约束数值，观看图形大小的变化。

☞注意：

不需要的约束可以通过删除约束命令删除。

7.2　设计中心

设计中心提供了一种非常方便的可重复利用和共享图形的手段。通过它可以浏览源图形，查看外部图形文件中各种对象的定义并将它们插入、附着或粘贴到当前图形中。操作时可以通过快捷菜单选择执行其中的功能，也可像插入块或附着为外部参照的拖放方式来完成。

命令：ADCENTER（打开设计中心）、ADCCLOSE（关闭设计中心）。

快捷键：〈Ctrl〉+〈2〉。

执行该命令后，弹出如图 7-6 所示的“设计中心”选项板。

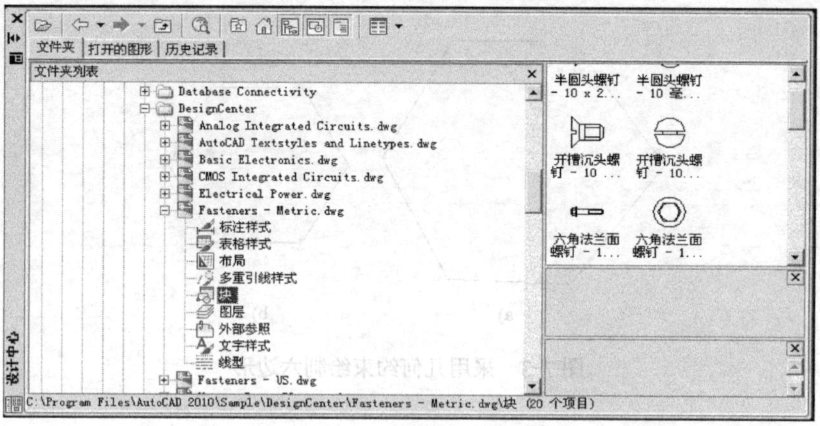

图 7-6 “设计中心”选项板

在该选项板中，用户可以在“文件夹”选项卡下的“文件夹列表”中找到需要引用的源图形。设计中心会将该图形中包含的一些标注样式、文字样式、图层、制作的块、线型等列出，在右侧会显示更详细的信息或预览图形，用户可以直接通过拖放的方式将需要引用的对象插入到新的图形中，也可以在选择的对象上用鼠标右键单击选择快捷菜单中的功能。

7.3 实用工具

AutoCAD 提供了大量的实用工具，如测量命令（MEASUREGEOM），用来测量距离、半径、角度、面积、体积及其相关的数据，其他命令如快速计算器（QUICKCALC）、列表（LIST）、点坐标（ID）、清理（PURGE）等。通过适当的查询命令，可以了解对象的数据信息，通过其他实用工具，可以清理图形中的垃圾，修复图形中的错误，进行快速计算等。

7.3.1 测量

测量命令用于查询图形中的距离、半径、直径、角度、面积、体积、周长等。

命令：MEASUREGEOM。

功能区：常用→实用工具→测量（距离、半径、角度、面积、体积）。

输入该命令后系统有如下提示。

命令: **measuregeom**
输入选项 [距离(D)/半径(R)/角度(A)/面积(AR)/体积(V)] <距离>:
指定第一点:
指定第二个点或 [多个点(M)]:
输入选项 [距离(D)/半径(R)/角度(A)/面积(AR)/体积(V)/退出(X)] <距离>: **R 〈Enter〉**
选择圆弧或圆:
输入选项 [距离(D)/半径(R)/角度(A)/面积(AR)/体积(V)/退出(X)] <半径>: **a 〈Enter〉**
选择圆弧、圆、直线或 <指定顶点>:
指定角的顶点:
指定角的第一个端点:

指定角的第二个端点:
输入选项 [距离(D)/半径(R)/角度(A)/面积(AR)/体积(V)/退出(X)] <角度>: **AR〈Enter〉**
指定第一个角点或 [对象(O)/增加面积(A)/减少面积(S)/退出(X)] <对象(O)>:
选择对象:

选择合适的参数并选择合适的对象即可在命令提示窗口显示测量数据。

其中查询距离命令等同于 DIST，查询面积命令等同于 AREA。

7.3.2 列表显示

列表显示命令非常实用且使用方便。

命令：LIST。

如图 7-7 所示，选择了一个对象后执行列表显示命令或下达列表命令后选择对象，在命令提示窗口会列表显示该对象的属性。

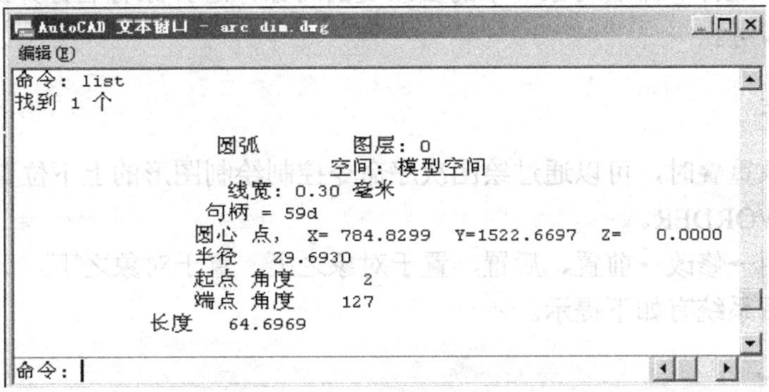

图 7-7 列表显示查询结果

7.3.3 点坐标查询

可以通过 ID 命令查询指定点的坐标值。

命令：ID。

输入该命令后系统有如下提示。

命令：**'_id**
指定点:
X =　　　　Y =　　　　Z =

执行该命令并指定点后，在命令提示窗口中显示指定点的坐标。

7.3.4 重命名

图形中需要命名的对象都可以重新命名，如尺寸标注样式、文字样式、线型、UCS、视口、层等。

命令：RENAME。

执行该命令后，弹出如图 7-8 所示的“重命名”对话框。

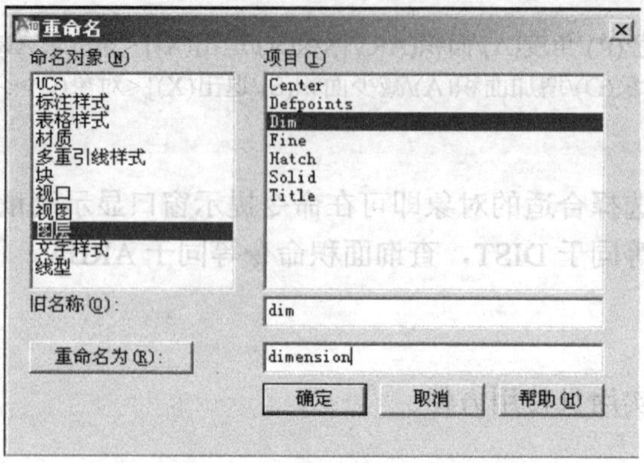

图 7-8 “重命名”对话框

在该对话框中选择“命名对象”中的要改变的对象，选择原有名称并键入新的名称，单击“确定”按钮即可。

7.3.5 绘图次序

当有图形对象重叠时，可以通过绘图次序命令控制绘制图形的上下位置。

命令：DRAWORDER。

功能区：常用→修改→前置、后置、置于对象之上、置于对象之下。

输入该命令后系统有如下提示。

```
命令: draworder
选择对象: 找到 1 个
选择对象:
输入对象排序选项 [对象上(A)/ 对象下(U)/最前(F)/最后(B)] <最后>: U〈Enter〉
选择参照对象: 找到 1 个
选择参照对象:
```

其中参数用法如下。

- 选择对象：选择要修改位置的对象。
- 对象上(A)：将先前选择的对象置于即将选择的参照对象之上。
- 对象下(U)：将先前选择的对象置于即将选择的参照对象之下。
- 最前(F)：将先前选择的对象置于最前面，即前置。
- 最后(B)：将先前选择的对象置于最后面，即后置。
- 选择参照对象：选择参照的对象，即先前要修改的对象是相对于现在选择的参照对象进行调整。

7.3.6 文字和标注前置

当文字、标注和图线重叠时，一般是不能被图线遮挡的。此时就需要将这些元素调整到前面。TEXTTOFRONT 命令可以实现该功能。

命令：TEXTTOFRONT。

输入该命令后系统有如下提示。

```
命令:texttofront
前置 [文字(T)/标注(D)/两者(B)] <两者>:
```

其中参数的用法如下。

- 文字(T)：仅将图形中的文字前置。
- 标注(D)：仅将图形中的标注前置。
- 两者(B)：将图形中的文字和标注全部前置。

7.3.7 快速计算器

AutoCAD 2010 提供了快速计算器，供用户计算用。

命令：QUICKCALC。

功能区：常用→实用工具→快速计算器、视图→选项板→快速计算器。

执行该命令后，弹出“快速计算器”选项板，如图 7-9 所示。其中包括数字键、科学、单位转换、变量等功能。另外，还可以在图形中直接获取点的坐标、两点距离、角度、交点坐标等用于计算。

7.3.8 清理

可以通过 PURGE 命令，对图形中不用的块、层、线型、文字样式、标注样式、形、多线样式等对象进行清理。另外，也可以删除零长度几何图形和空文字对象，以便减少图形占用空间。

命令：PURGE。

执行该命令，弹出“清理”对话框，如图 7-10 所示。

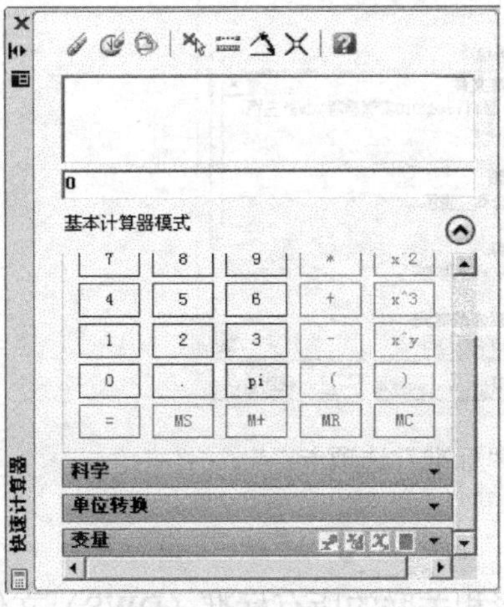

图 7-9 “快速计算器”选项板

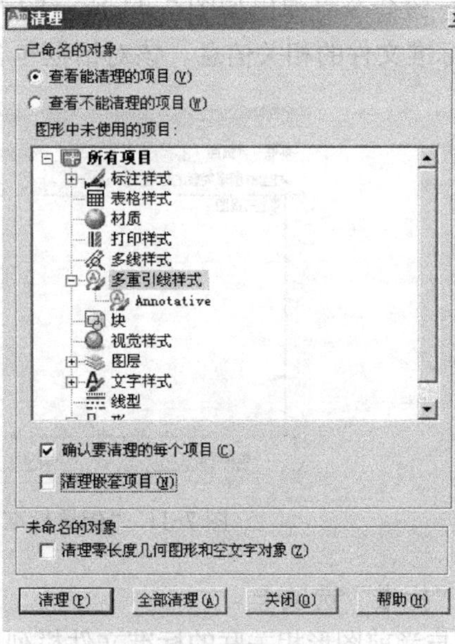

图 7-10 “清理”对话框

1）“命名对象”区。

● 查看能清理的项目：显示能清理的项目。
● 查看不能清理的项目：显示不能清理的项目。
● 清理嵌套项目：勾选则清理嵌套的项目。嵌套一般指包含了两层以上的项目，如将一个块包含进来建立了一个新块，则该新建的块就是嵌套的。如果不勾选此项，则嵌套的项目不能被清理。

2）“未命名的对象”区。清理零长度几何图形和空文字对象：将零长度几何对象和空的文字对象清除。

3）清理：执行清理命令，对选择的对象进行清理。

4）全部清理：对所有的对象都进行清理。

5）关闭：关闭对话框。

7.4 CAD 标准

统一制图标准，可以确保协同工作的顺利进行，否则对图纸的管理、小组成员之间的理解均会存在很大的障碍。如果设置标准来增强一致性，则可以较容易地理解图形。CAD 标准则可以为图层名、标注样式和其他元素设置标准，检查不符合指定标准的图形，然后修改不一致的特性。

7.4.1 标准配置

标准配置功能可以将当前图形与标准文件关联并列出用于检查标准的插入模块。

命令：STANDARDS。

功能区：管理→CAD 标准→配置。

执行该命令将弹出如图 7-11 所示的“配置标准”对话框。该对话框显示与当前图形相关联的标准文件的相关信息。该对话框包含“标准”和“插件”两个选项卡。

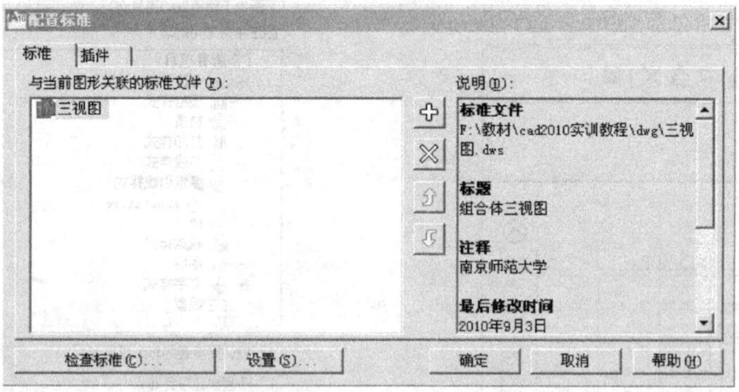

图 7-11 “配置标准”对话框——“标准”选项卡

1．“标准”选项卡

● 与当前图形相关联的标准文件栏列出与当前图形相关联的所有标准（DWS）文件。在其中可以添加标准文件，可以从列表中删除某个标准文件与当前图形的关联性，也可以将列表中的选定的标准文件上移或下移一个位置。如果此列表中的多个标准之间发生冲突（如两个标准指定了名称相同但特性不同的图层），该列表中位置在上的标准文件优先。要在列表中改变某标准文件的位置，则应该使用上移或下移功能。

- 设置：如图 7-12 所示，在“CAD 标准设置”对话框中进行“通知设置”和“检查标准设置”。
- 检查标准：检查标准中存在的问题，可以进行替换或修改操作。

2．“插件”选项卡

“插件”选项卡如图 7-13 所示。

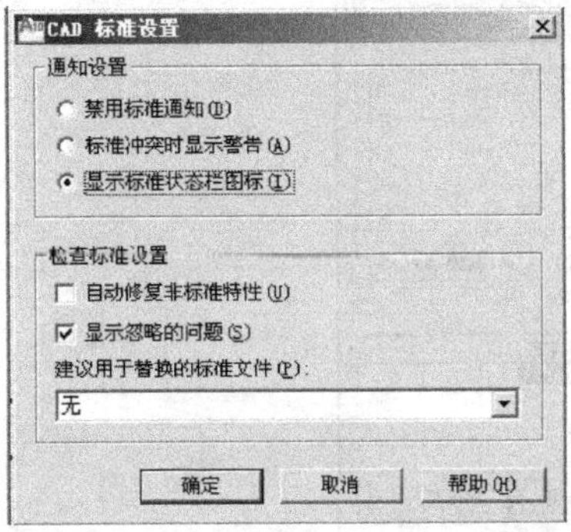

图 7-12 “CAD 标准设置”对话框

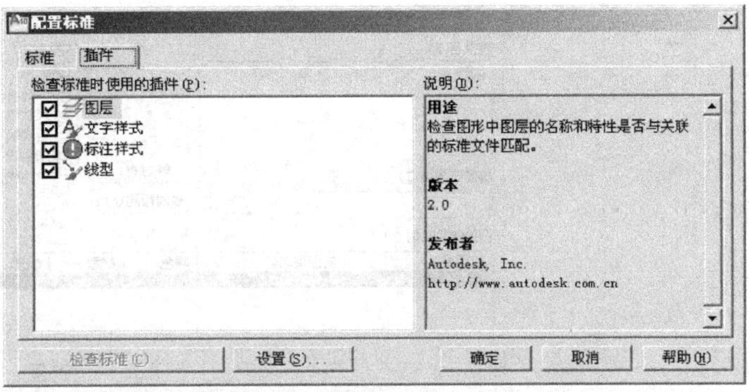

图 7-13 “配置标准”对话框——“插件”选项卡

该对话框列出并描述当前系统上安装的标准插件。安装的标准插件将用于每一个命名对象，利用它即可定义标准（图层、标注样式、线型和文字样式）。

7.4.2 标准检查

将当前图形与标准文件关联并列出用于检查标准的插入模块。

命令：CHECKSTANDARDS。

功能区：管理→CAD 标准→检查。

如图 7-14 所示，“标准检查”对话框中提供了分析图形中标准冲突的功能。

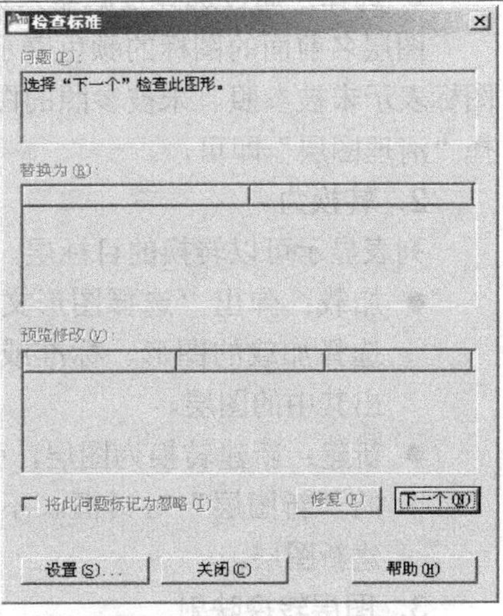

图 7-14 “检查标准”对话框

- 问题：显示当前图形中非标准对象的说明。如果要修复问题，需要从“替换为”列表中选择一个替换项目选项，再执行“修复”命令。
- 替换为：列出当前标准冲突的可能替换选项。前面带有复选标记的是推荐的修复方案。
- 预览修改：如果应用了“替换为”列表中当前选定的修复选项，则预览其修改结果。
- 修复：使用“替换为”列表中当前选定的项目修复非标准对象。自动进入下一个。
- 下一个：切换到当前图形中的下一个非标准对象而不应用修复。

● 将此问题标记为忽略：将当前问题标记为忽略。

● 关闭：关闭该对话框而不进行“问题”中当前显示的冲突标准的修复。

7.4.3 图层转换器

用户可以通过图层转换器将图层统一，包括颜色、线型、线宽等均可达到一致。

命令：LAYTRANS。

功能区：管理→CAD 标准→图层转换器。

执行该命令将弹出如图 7-15 所示的“图层转换器”对话框。

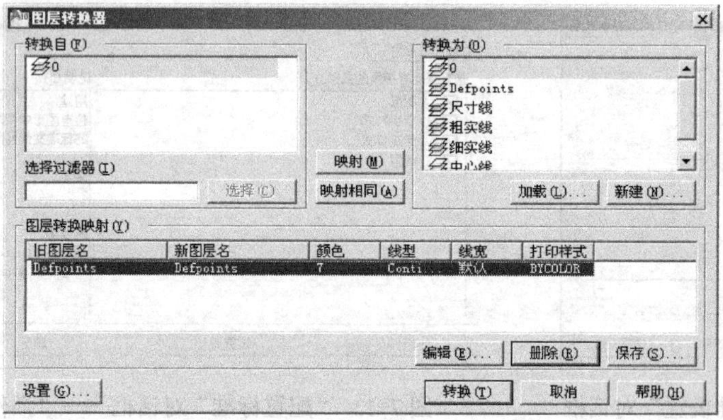

图 7-15 “图层转换器”对话框

该对话框中包含了“转换自”、“转换为”、“图层转换映射”3 个区和“映射”、“映射相同”、“设置”、“转换”等按钮。

1. 转换自

在列表中选择当前图形中要转换的图层，也可通过提供的“选择过滤器”指定图层。

● 选择：通过选择过滤器来选择图层。

图层名前面的图标的颜色表示此图层在图形中是否被参照。黑色表示图层被参照；白色图标表示未被参照。未被参照的图层可通过“清理图层”删除，选中并用鼠标右键单击，选择“清理图层”即可。

2. 转换为

列表显示可以转换的目标层。

● 加载：弹出“选择图形文件”对话框，从中选择加载的图形、标准或样板文件，并将列出其中的图层。

● 新建：新建转换为图层，弹出如图 7-16 所示的“新图层”对话框。不可使用已有名称创建新图层。

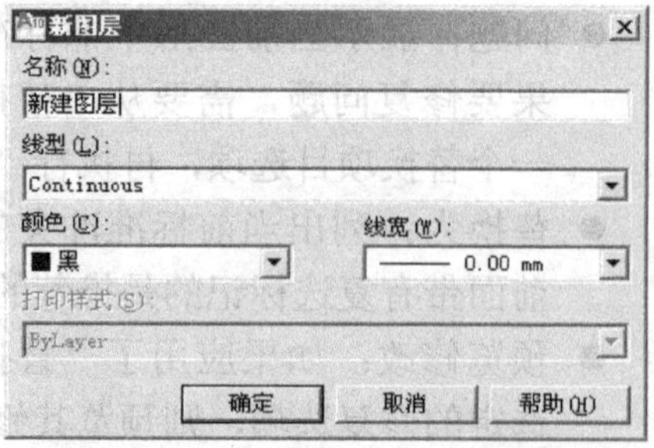

图 7-16 “新图层”对话框

3. 图层转换映射

列出要转换的所有图层以及图层转换后所具有的特性。

● 编辑：可以在其中选择图层，单击该按钮弹出“编辑图层”对话框修改图层特性，可以修改图层的线型、颜色和线宽，如图 7-17 所示。

● 删除：从“图层转换映射”列表中删除选定的转换映射。

● 保存：将当前图层转换映射保存为一个标准文件供加载等使用。

4. 设置

“设置”按钮用于定义转换相关设置，单击后弹出“设置”对话框，如图 7-18 所示。

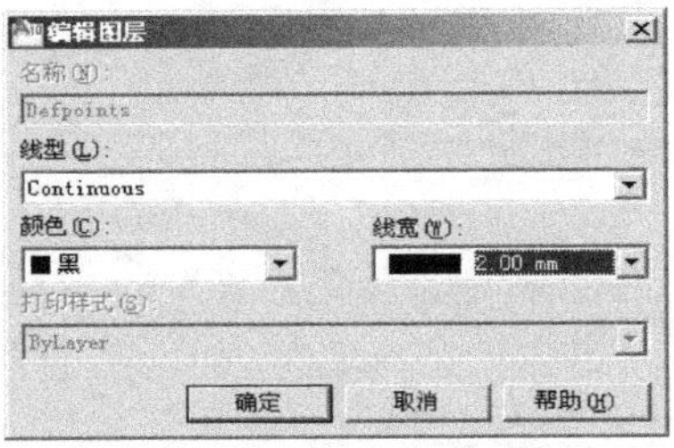

图 7-17 “编辑图层”对话框

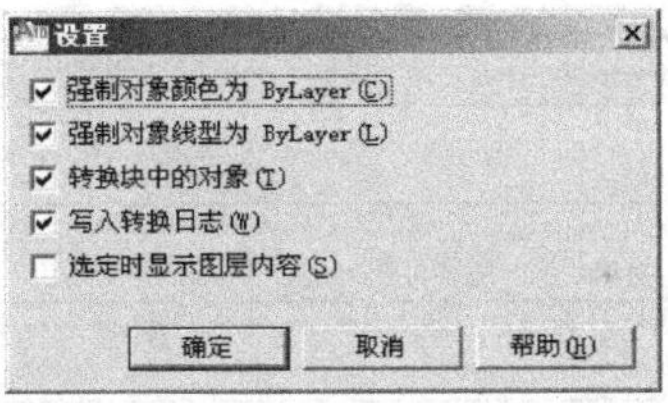

图 7-18 “设置”对话框

5. 转换

执行对已映射图层的转换。

7.5 动作录制

动作录制即将用户操作的过程记录下来。通过动作录制器，可以创建用于自动化重复任务的动作宏。

录制动作时，自动捕捉命令和输入值，并在“动作树”中显示。停止录制后，可以将捕捉的命令和输入值保存到动作宏文件中，该宏可以回放，即重复用户的操作过程。保存动作宏后，可以指定基点、插入用户消息，或将录制的输入值的行为更改为在回放期间暂停以输入新值，也可通过“管理动作宏”管理录制的动作文件。

7.5.1 启动动作录制

单击功能区“管理”→“动作录制器”→“录制”按钮，开始动作录制。录制动作宏时，红色的圆形录制图标会显示在十字光标附近，表示动作录制器处于活动状态以及指示正在录制命令和输入，如图 7-19 所示。

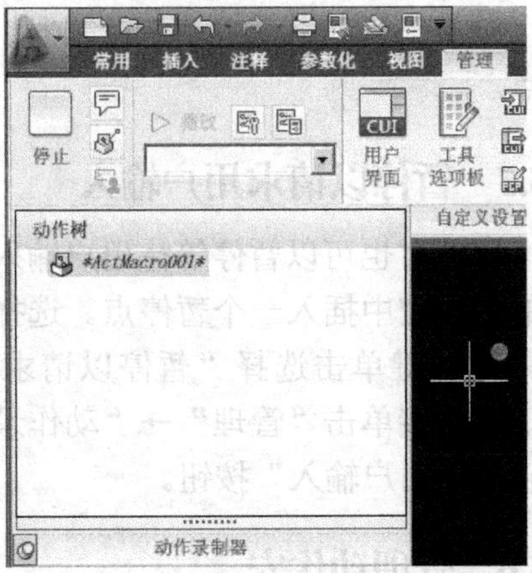

图 7-19 启动动作录制

7.5.2 停止动作录制

单击“停止”按钮，则弹出如图 7-20 所示的“动作宏”对话框，用于保存录制的动作宏。其中包括动作宏的名称、文件名（为宏名加 actm 的扩展名组成）、文件夹路径、有关动作宏的说明，并可以设置恢复回放前的视图选项，并设置是否在回放开始时检查不一致的问题。

7.5.3 插入用户消息

用户消息即回放时的提示信息。单击“动作录制器”旁边的下拉箭头，弹出详细的录制的动作。选择了具体动作后，用鼠标右键单击并选择“插入用户消息”或直接单击“管理”→“动作录制器”→“插入用户消息”按钮，弹出如图 7-21 所示的“插入用户消息”对话框，输入提示内容即可。

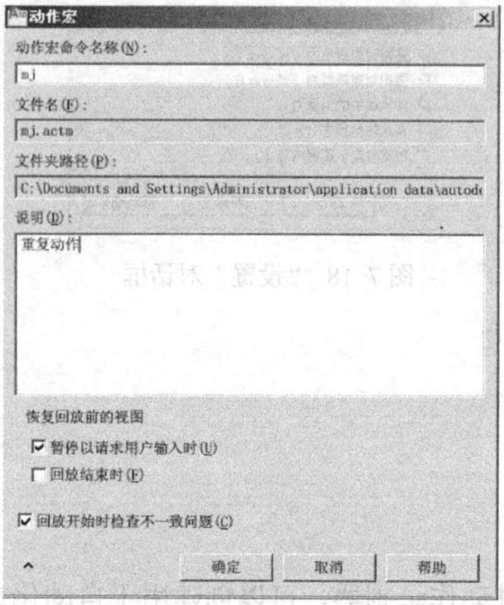

图 7-20 “动作宏”对话框

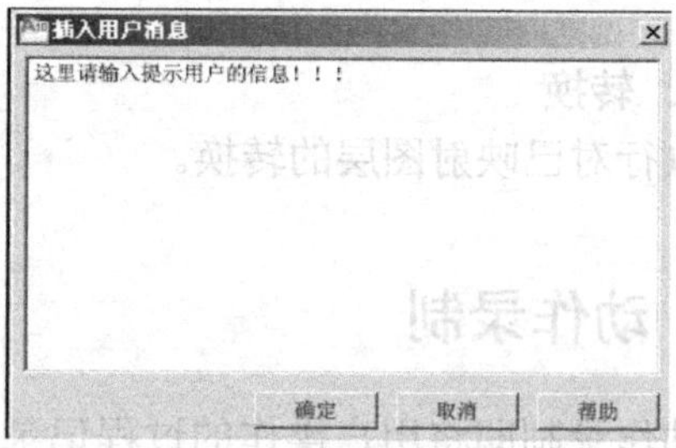

图 7-21 “插入用户消息”对话框

7.5.4 插入基点

在每个图元上，均可以确定一个绝对坐标的基点，供后续提示用。

单击“管理”→“动作录制器”→“插入基点”按钮，按照“指定基点”的提示定义基准点。

7.5.5 暂停以请求用户输入

回放时也可以暂停等待用户输入。只需要在录制的动作宏中插入一个暂停点。选择一个值结点后用鼠标右键单击选择“暂停以请求用户输入”菜单，或直接单击“管理”→“动作录制器”→“暂停以请求用户输入”按钮。

7.5.6 管理动作宏

可以通过“动作宏管理器”对宏进行复制、重命名、修改、删除等操作。单击“管理”→“动作录制器”→“管理动作宏”按钮，弹出如图 7-22 所示的“动作宏管理器”对话框。

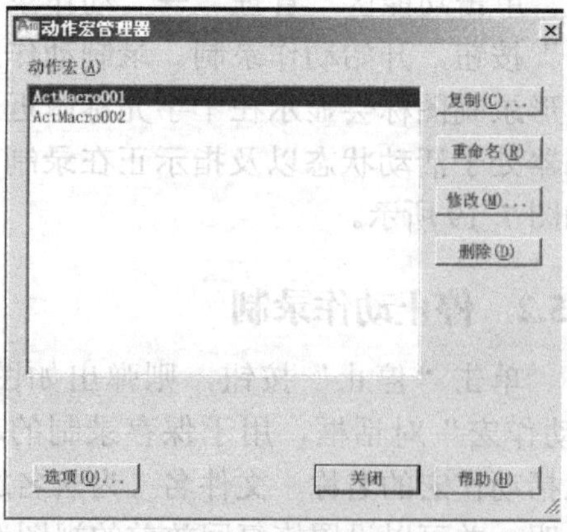

图 7-22 “动作宏管理器”对话框

7.5.7 动作录制回放实例

【例 7-2】 绘制一圆和与之相内接的正五边形。录制宏，使其在回放时能动态输入圆的半径，捕捉圆的象限点绘制正五边形。

1）单击“管理”选项卡中的“动作录制器”面板上的“录制”按钮。

2）单击“常用”→“绘图”→“圆”，绘制一圆。

3）单击“常用→绘图”→“正多边形”按钮，绘制一个与圆内接的正五边形，如图 7-23 所示。

4）单击“停止”按钮，弹出如图 7-20 所示的“动作宏”对话框。输入名称“mj”并保存。

5）单击“动作录制器”下拉按钮，弹出如图 7-24 所示的“动作树”。

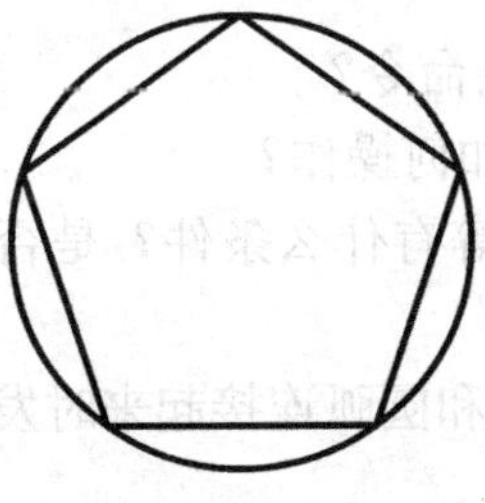

图 7-23　录制的图形

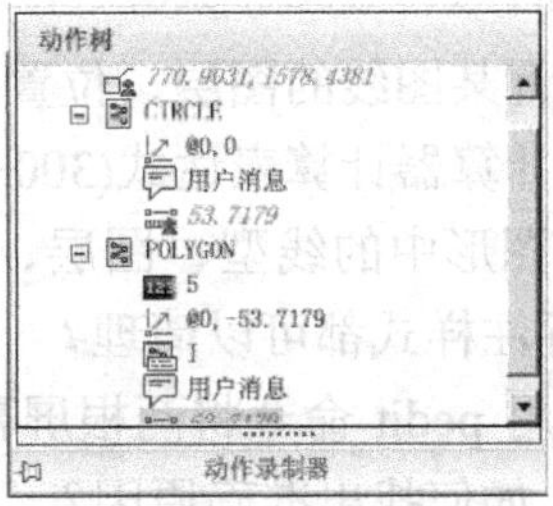

图 7-24　动作树

6）选择“动作树”中的“CIRCLE”，然后单击“插入基点”按钮，选择圆心。

7）单击“动作树”中圆的半径，用鼠标右键单击，选择“插入用户消息”，弹出如图 7-21 所示对话框，输入“请输入圆的半径”，单击“确定”按钮退出“插入用户信息”对话框。

8）再次用鼠标右键单击，选择“暂停以请求用户输入”。

9）单击“POLYGON”下的直径数值，用鼠标右键单击，选择“插入用户信息”。操作同上，添加“捕捉圆最上方的象限点”的提示信息。

10）再次用鼠标右键单击，选择“暂停以请求用户输入”。

11）单击“播放”按钮，首先要求指定基点，然后弹出“请输入圆的半径”的提示，关闭该提示，输入圆的半径。自动绘制一圆，然后提示“捕捉圆最上方的象限点”，关闭该提示，捕捉圆最上方的象限点即可。

☞**注意：**

1）在命令行中输入的命令和数据会被录制，但用于打开或关闭图形文件的命令除外。

2）除非使用“方向”选项定义圆弧段，否则无法正确回放使用 PLINE 命令的“圆弧”选项创建的圆弧段的方向。

3）如果在录制动作宏时弹出了对话框，则仅录制弹出的对话框而不录制对该对话框所做的更改。建议在录制动作宏时不要使用对话框命令，而是使用相应的命令行版本。例如，使用-HATCH 命令，替代 HATCH 命令。

4）录制动作宏时，可以录制命令行中显示的当前默认值，也可以使用回放该动作宏时的当前默认值。录制期间不输入具体值而直接按〈Enter〉键，将显示一个对话框，从中可选择使用录制期间的当前值还是使用回放时的默认值。

思考题

1．参数化绘图和普通的绘图有什么本质的区别？其优点何在？

2．几何约束是否可以部分约束而不需要完全约束？完全约束的图形是否可以直接编辑修改？

3．标注约束和尺寸标注有什么区别？是否可以相互转换？

4．注释性约束、动态约束分别是什么含义？

5．通过设计中心可以实现哪些功能？在设计中心中通过拖放的方式打开和插入文件操作有什么区别？

6．要查询某图线的图层、位置、大小，应该采用什么命令？

7．通过计算器计算表达式(300+20)/(20.5−30)×199 应如何操作？

8．清理图形中的线型、图层、文字样式、标注样式等有什么条件？是否所有的图层、文字样式、标注样式都可以清理？

9．在使用 pedit 命令将两根屏幕上看上去相连的直线和圆弧连接起来时发现无法完成，原因有哪些？如何找出准确原因？

10．保证图形标准统一的方法有哪些？

11．如何录制动作并回放？如何在其中加入消息提示？

第 8 章　打印和输出

AutoCAD 2010 提供了多种输出格式和丰富的打印功能，可以为处理图形集而直接输出 DWF、PDF 格式的文件，或者是 DGN 以及其他多种格式的文件，而且操作简单方便。图 8-1 和图 8-2 分别是输出和打印包含的一些选项。

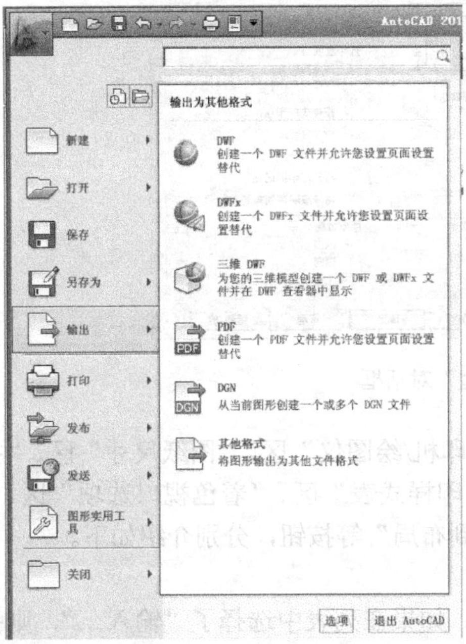

图 8-1 “输出”选项

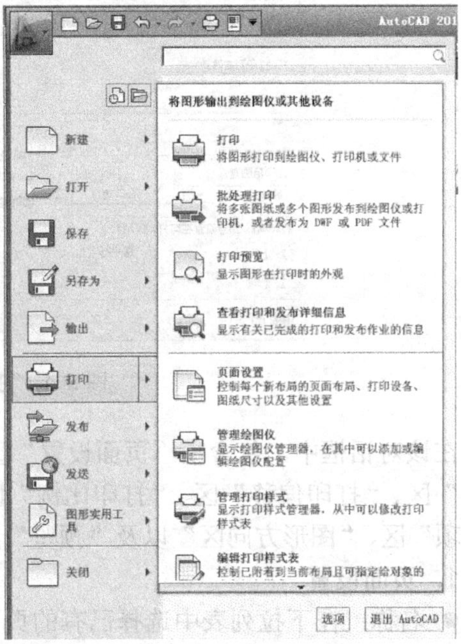

图 8-2 “打印”选项

图 8-3 为包含打印和输出功能的“输出”选项板，从中可以看出 AutCAD 所具有的一些输出和打印功能。

图 8-3 “输出”选项板

8.1　打印图形

在 AutoCAD 中绘制的图形可以通过打印命令输出到绘图机或打印机上形成硬拷贝，也可以打印到文件里。采用打印命令可以直接输出图形。通过“打印”对话框可以进行打印设备、页面、打印范围、打印比例等项目的设置。

命令：PLOT。

功能区：输出→打印→打印。

在模型空间中执行该命令后，弹出如图 8-4 所示的“打印-模型”对话框。

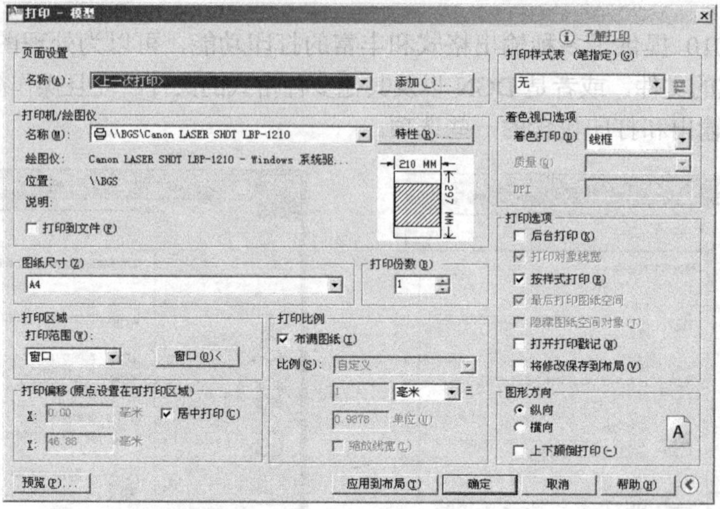

图 8-4 “打印-模型”对话框

在该对话框中，包含了“页面设置”区、“打印机/绘图仪”区、“图纸尺寸”区、“打印份数”区、“打印偏移”区、“打印比例”区、“打印样式表”区、“着色视口选项”区、“打印选项”区、“图形方向区”以及“预览”、“应用到布局”等按钮，分别介绍如下。

1. **页面设置**

- 名称：在下拉列表中选择已有的页面设置。如果在列表中选择了“输入...”，则弹出如图 8-5 所示的“从文件选择页面设置”对话框，要求指定一个文件，并会引用其中的页面设置，文件类型有.dwg、.dxf 或.dwt。
- 添加：单击“添加”按钮，弹出如图 8-6 所示的对话框。通过“添加页面设置”对话框新建页面设置。

图 8-5 “从文件选择页面设置”对话框

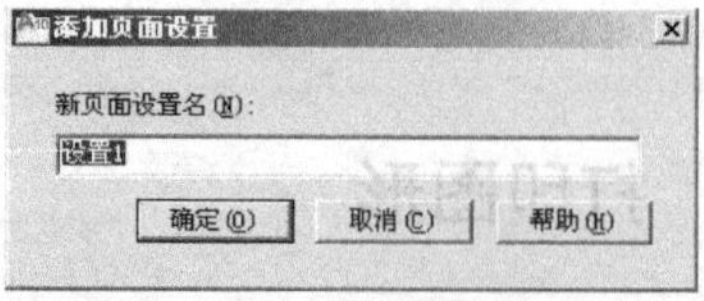

图 8-6 “添加页面设置”对话框

2. 打印机/绘图仪

- 名称：可以通过下拉列表选择已经安装的打印设备。
- 特性：设置该打印机/绘图仪的特性。单击该按钮后弹出如图 8-7 所示的“绘图仪配置编辑器”对话框。
- 绘图仪：显示当前打印机/绘图仪驱动信息。
- 位置：显示当前打印机/绘图仪的位置。
- 说明：有关该设备的说明。

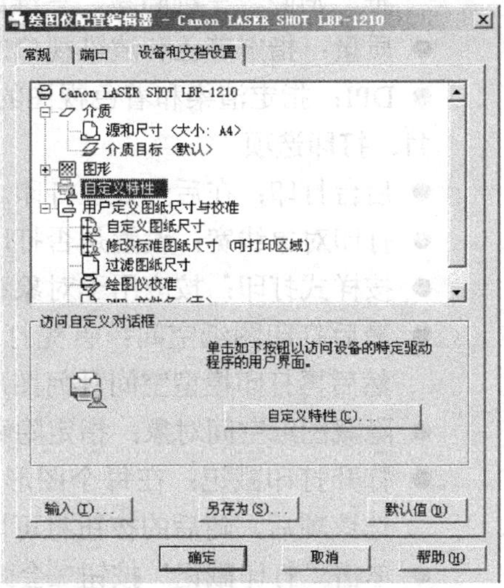

图 8-7 “绘图仪配置编辑器”对话框

图 8-7 中的“自定义特性”按钮，单击后可以设置“纸张、图形、设备选项”，包括图纸的大小、方向、打印精度、分辨率、速度等内容。

- 打印到文件：输出数据存储在文件中。该数据格式即打印机可以直接执行的格式。

3. 图纸尺寸

在下拉列表中选择图纸的尺寸。

4. 打印份数

指定打印的份数。

5. 打印区域

设置打印范围，包括以下几种。

- 图形界限：设置图形界限为打印区域。
- 范围：设置图形最大范围为打印区域。
- 显示：设置屏幕显示结果为打印区域。
- 视图：将某个视图打印。
- 窗口：通过定义一个窗口来确定输出范围。执行时返回绘图屏幕以便确定窗口范围。

6. 打印偏移

- X、Y：设定在 X 和 Y 方向上的打印偏移量。
- 居中打印：将图形居中打印。

7. 打印比例

- 布满图纸：让 AutoCAD 自动计算一个能布满图纸的比例。
- 比例：设置打印的比例，可以在下拉列表中选择一固定比例。
- 自定义：手工输入比例，将图纸上输出的尺寸和图形单位对应起来。
- 缩放线宽：控制输出时的线宽是否受到比例的影响。

8. 预览

预览以上设置的输出效果。

9. 打印样式表（笔指定）

- 通过下拉列表选择现有的打印样式表，也可新建打印样式。
- ：“编辑”按钮。单击该按钮，弹出如图 8-8 所示的“打印样式表编辑器”对话框。

“打印样式表编辑器”对话框有 3 个选项卡，用于设定打印样式的特性。特性包括颜色、抖动、灰度、笔号、淡显、线型、线宽、填充、端点、连续等性质。同时可以编辑线宽，也可以将设置保存起来。

10. 着色视口选项

设定着色视口的参数。

- 着色打印：设置视图打印的方式，用于三维模型的渲染着色，主要有按显示、线框、消隐、三维隐藏、三维线框、概念、真实、渲染几种方式。
- 质量：指定着色和渲染视口的打印分辨率。
- DPI：指定渲染和着色视图的每英寸点数，最大可为当前打印设备的最大分辨率。

11. 打印选项

- 后台打印：在后台处理打印。
- 打印对象线宽：设置是否打印指定给对象和图层的线宽。
- 按样式打印：按应用于对象和图层的打印样式打印。
- 最后打印图纸空间：首先打印模型空间几何图形。通常先打印图纸空间几何图形，然后再打印模型空间几何图形。
- 隐藏图纸空间对象：指定隐藏操作是否应用于图纸空间视口中的对象。
- 打开打印戳记：在每个图形的指定角点处放置打印戳记并将戳记记录到文件中。勾选该项后，随后的按钮将可用。
- 单击“打印戳记”按钮会弹出“打印戳记”对话框，如图 8-9 所示。在该对话框中可以指定要应用于打印戳记的信息。
- 将修改保存到布局：将在“打印”对话框中所做的修改保存到布局。

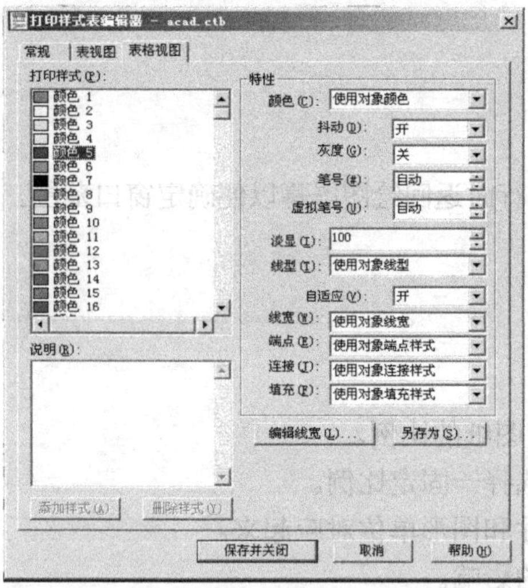

图 8-8 “打印样式表编辑器”对话框

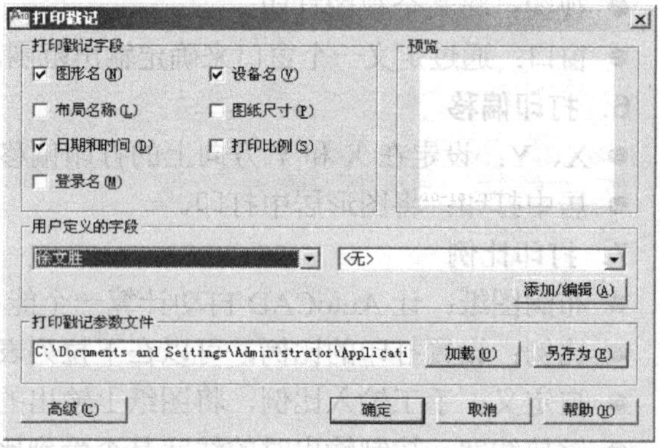

图 8-9 “打印戳记”对话框

12. 图形方向

- 纵向：设置图形为纵向打印。
- 横向：设置图形为横向打印。
- 上下颠倒打印：设置图形反向打印。

13. 应用到布局

将当前设置保存到当前布局。

☞注意：

1）输出线宽控制方式和硬件有关。对于 R14 以前的版本，由于没有线宽特性，此时要输出带有宽度的线，一般通过输出时调整颜色对应的笔宽来满足。结果是通过打印机或绘图仪输出的图形有线宽，在屏幕上显示的线条没有宽度。现在的版本则添加了线宽特性，可以直接显示和打印。

2）页面设置可以通过“文件”→“页面设置管理器”菜单项进行，也可以在“打印”对话框中进行设置。它们的区别在于：“页面设置”中进行的设置保存并反映在布局中；而“打印”中进行的设置仅对该次打印有效，除非选择了“将修改保存到布局”。

8.2 绘图仪管理器

对打印机和绘图仪的管理可以在控制面板中进行，也可以在 AutoCAD 中添加、指定打印机或绘图仪。

命令：PLOTTERMANAGER。

功能区：输出→打印→绘图仪管理器。

执行该命令后弹出如图 8-10 所示的“打印机管理器”窗口。在该窗口中，用户可以通过“添加绘图仪向导”来轻松添加打印机或绘图仪，如图 8-11 所示，按照向导提示操作即可。

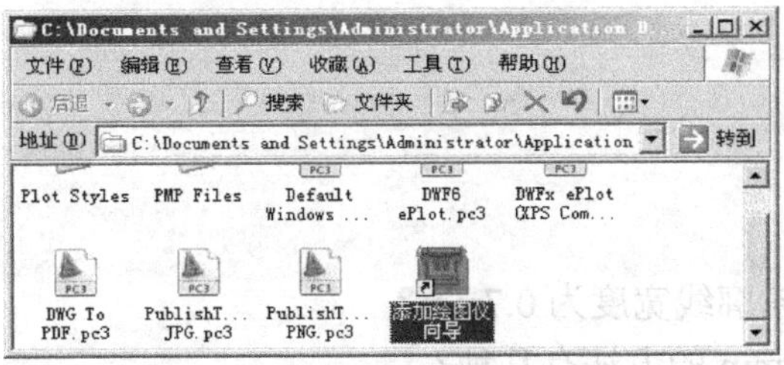

图 8-10 “打印机管理器”窗口

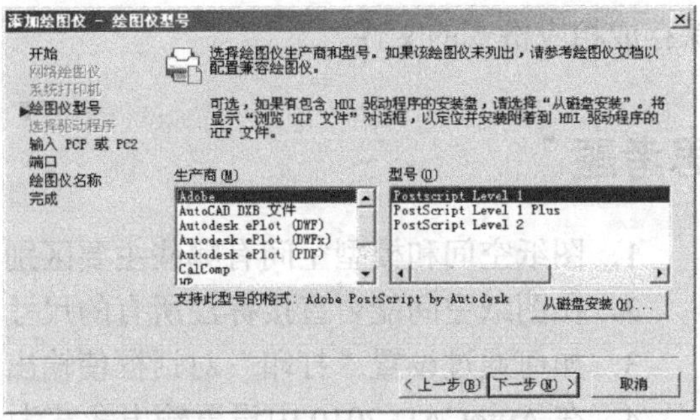

图 8-11 添加绘图仪向导

8.3 输出 DWF/PDF 文件

AutoCAD 2010 可以输出 DWF、DWFx、PDF 格式的文件。

8.3.1 DWF/PDF 文件选项设置

命令：EXPORTEPLOTFORMAT。

功能区：输出→输出为 DWF/PDF→输出为 DWF/PDF 选项。

通过“输出为 DWF/PDF 选项”对话框指定 DWF、DWFx 或 PDF 文件的常规输出选项，例如文件位置、密码保护以及是否要包含图层信息等，如图 8-12 所示。设置完毕，还有“确认 DWF 密码”的过程，如图 8-13 所示。

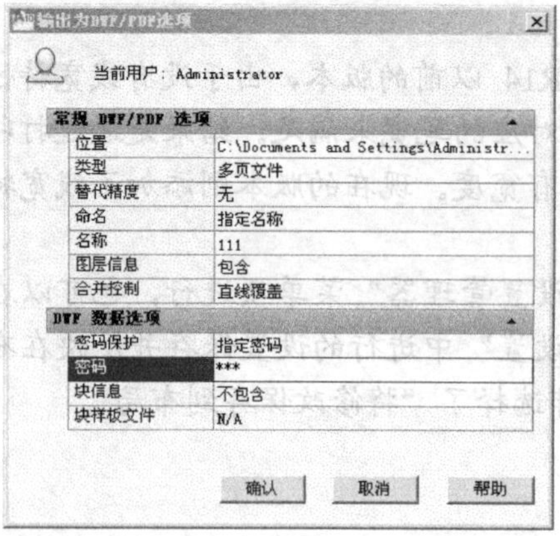

图 8-12 “输出为 DWF/PDF 选项”对话框

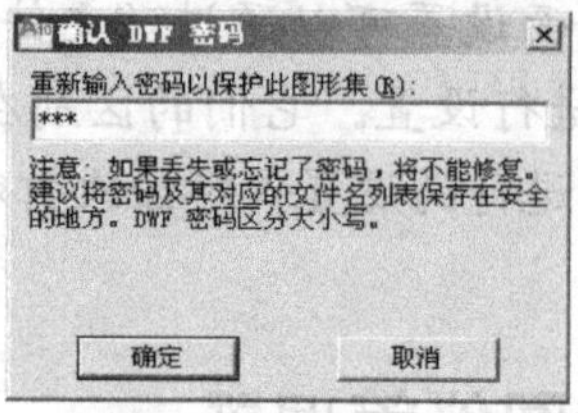

图 8-13 确认 DWF 密码

用户需要在对应的栏目中进行设置。

8.3.2 DWF/PDF 文件的输出

设置好输出选项后，即可输出 DWF 或 PDF 格式的文件了。

命令：EXPORTDWF、EXPORTPDF。

功能区：输出→输出为 DWF/PDF→输出 DWF、PDF。

执行该命令，将弹出“另存为 XXX”的对话框，输入文件名后，在设置好的位置直接保存成相应格式的文件。

思考题

1. 图纸空间和模型空间有哪些主要区别？
2. 在图纸空间能否直接标注所有的尺寸？
3. 如何通过设置“打印”对话框使输出的轮廓线宽度为 0.7mm？
4. 在 AutoCAD 2010 中设置输出线宽为 0.7mm 的方法有几种？
5. 图纸的大小、边框、可打印区域、打印区域有什么区别？
6. 输出界限和范围有什么区别？哪种方式输出的图形最大？
7. 输出比例的作用是什么？
8. 不论图形多大均输出在 A4 纸上的打印设置如何操作？
9. 如何设置 DWF 格式文件的密码？
10. 如何输出 PDF 格式的文件？

第9章 实训练习

9.1 绘制简单平面图形

绘制如图 9-1 所示的吊钩平面图形。

分析：

吊钩图形主要由圆和圆弧构成，且圆弧之间均相切过渡，因此应该利用绘制圆时提供的相切（TTR）功能，首先绘制成完整的圆，再修剪成指定大小的圆弧，而不是直接绘制圆弧。绘图时的顺序为先定义好基准，然后绘制直径为 140、340 的圆，半径为 180 和 400 的圆弧则先绘制圆再修剪成圆弧，然后通过相切的限制条件，绘制其他的圆，并修剪成圆弧。

下面是绘图过程。

1．设置绘图环境

设置好绘图环境，包括图层、对象捕捉模式。

1）开启一幅新图。

2）设置图层。

单击“常用”→“图层”→“图层特性”按钮，弹出如图 9-2 所示的“图层特性管理器”，按照图 9-2 所示结果设置图层。

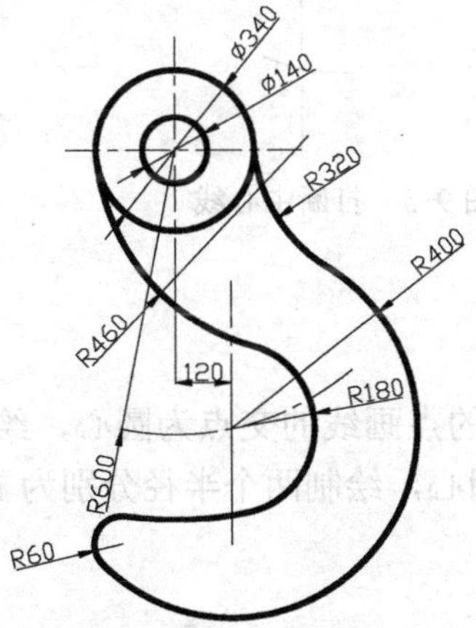

图 9-1 吊钩平面图形

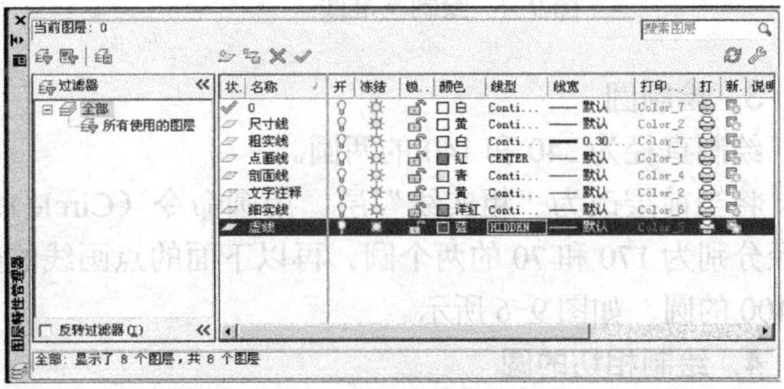

图 9-2 图层设置

3）设置对象捕捉模式。

绘制该图形时主要用到交点、切点捕捉模式。在状态栏“对象捕捉”上用鼠标右键单击，选择“设置”，弹出如图 9-3 所示的对话框。按照图 9-3 进行设置。

4）按〈F8〉键打开正交模式，并保存成样板文件“平面图形模板.dwt”。

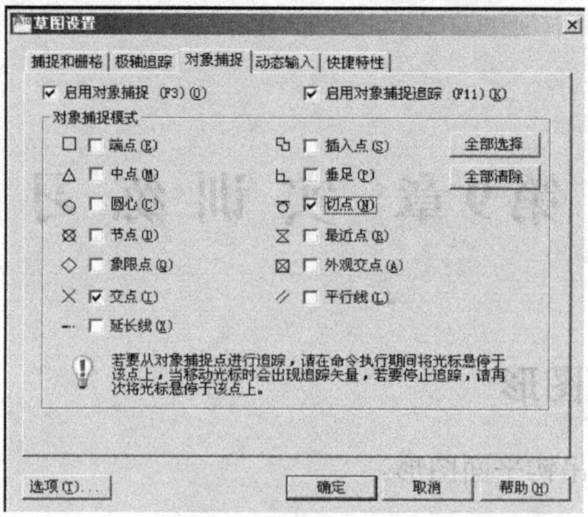

图 9-3 对象捕捉设置

2．绘制基准线

将当前层设置为“点画线”层，在屏幕上绘制水平和垂直相交的两条直线，以两直线的交点为圆心，绘制一半径为600 的圆。再将垂直直线向右偏移 120，结果如图 9-4 所示。

利用打断命令（Break）将圆打断成圆弧，直线打断到如图 9-5 所示的长短。

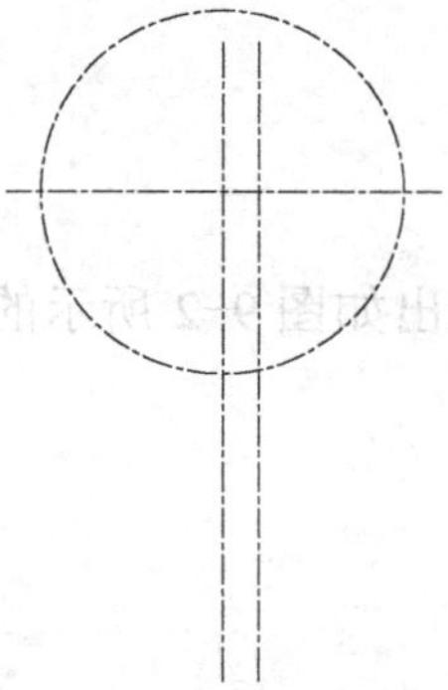

图 9-4 绘制基准线

图 9-5 打断中心线

3．绘制圆

绘制直径为 340 和 140 的两圆。

将当前层改为“粗实线”层。用圆命令（Circle）以上面的点画线的交点为圆心，绘制半径分别为 170 和 70 的两个圆。再以下面的点画线的交点为圆心，绘制两个半径分别为 180 和 400 的圆，如图 9-6 所示。

4．绘制相切的圆

要绘制图中的圆弧，应该先采用 TTR 方式绘制圆，再修剪成圆弧，所以先绘制圆弧所在位置的圆。采用圆心半径方式，以上面的点画线的交点为圆心，以和半径 180 的右下角圆弧段相切的点确定半径，绘制一圆，如图 9-7 所示。

再用 TTR 绘制圆的方式，绘制 3 个圆。如图 9-8 所示，第一个圆分别和 A、B 点相切，半径为 460；第二个圆分别和 C、D 点相切，半径为 320；第三个圆分别和 E、F 点相切，半径为 60，结果如图 9-9 所示。

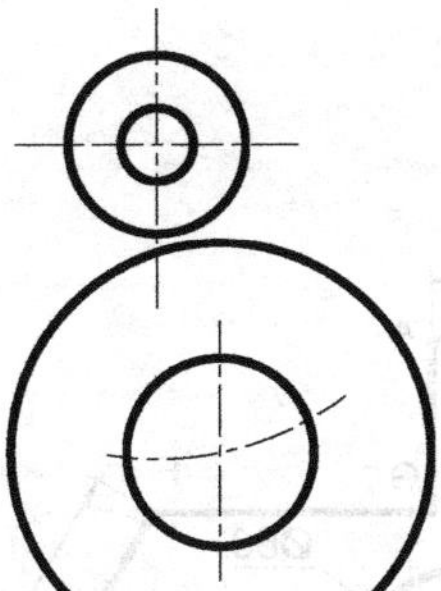

图 9-6　绘制圆

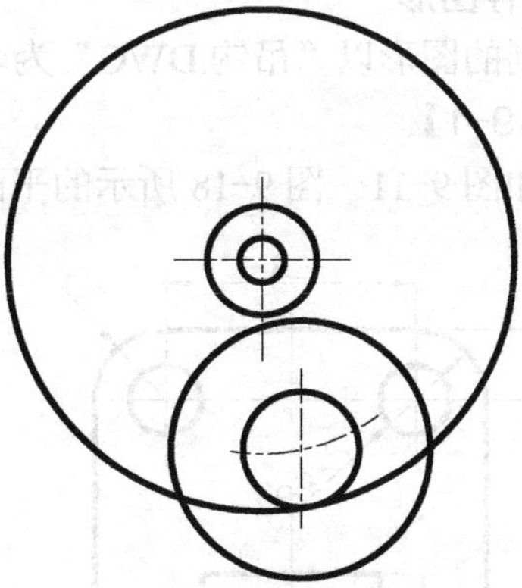

图 9-7　绘制和半径 180 圆相切的圆

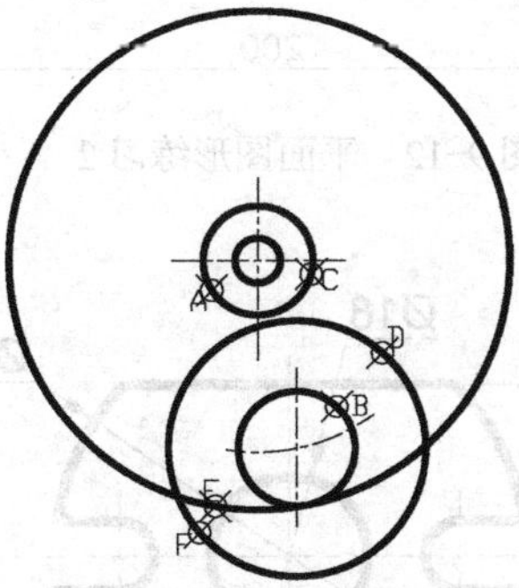

图 9-8　TTR 切点位置

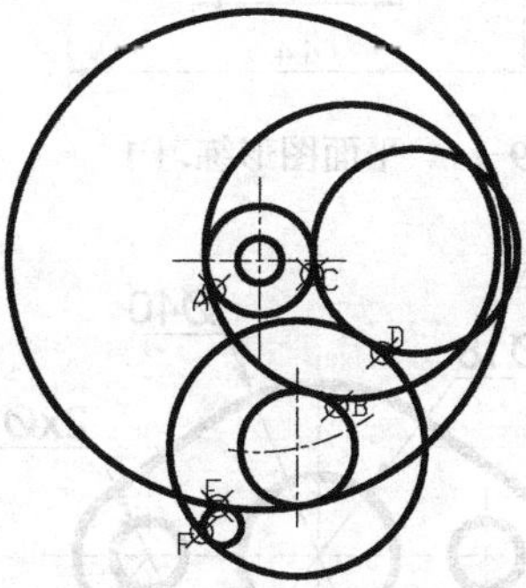

图 9-9　绘制 TTR 圆结果

5. 修剪图形

采用修剪命令，将圆弧修剪到指定大小，结果如图 9-10 所示。

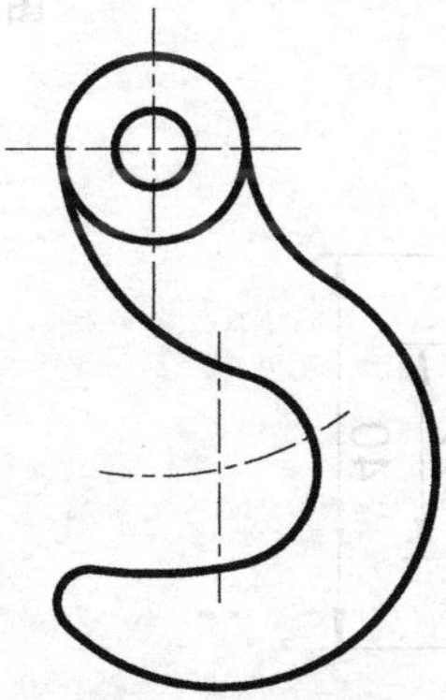

图 9-10　修剪圆弧

6. 调整中心线大小

采用夹点编辑方式，将中心线调整到合适的大小。

7．保存图形

将绘制的图形以“吊钩.DWG”为名保存。

【练习 9-1】

绘制如图 9-11～图 9-18 所示的平面图形。

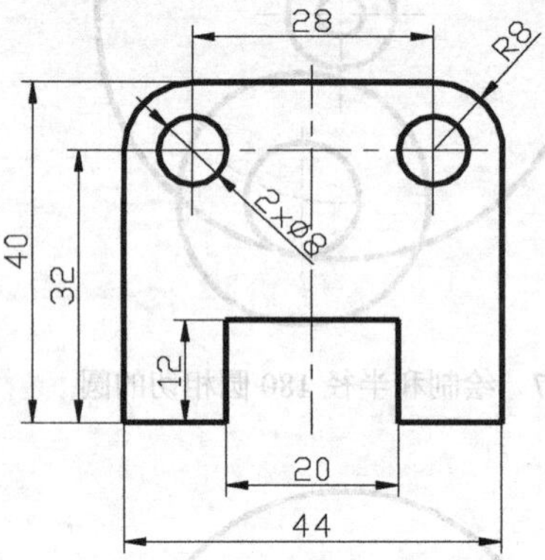

图 9-11　平面图形练习 1

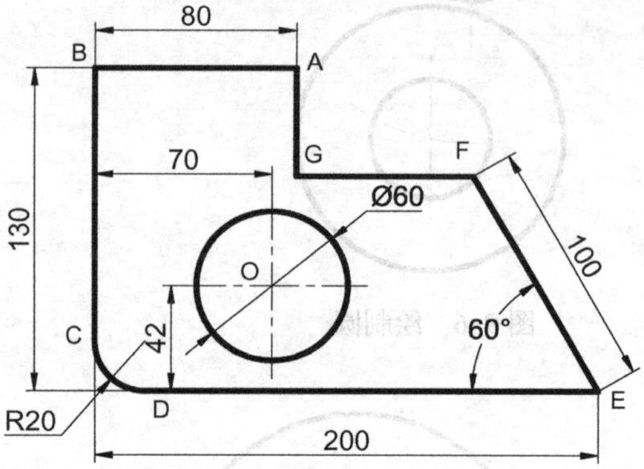

图 9-12　平面图形练习 2

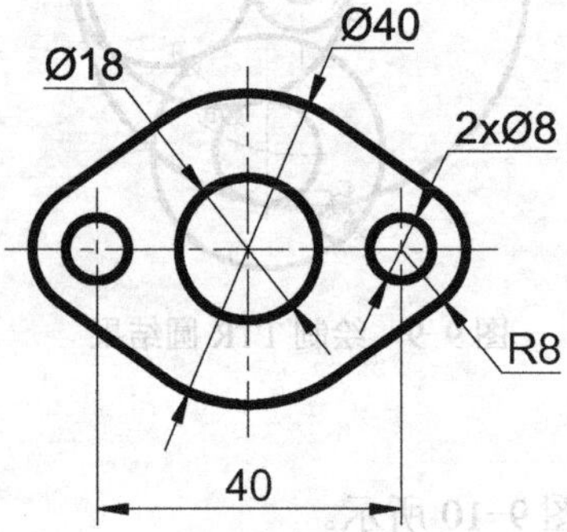

图 9-13　平面图形练习 3

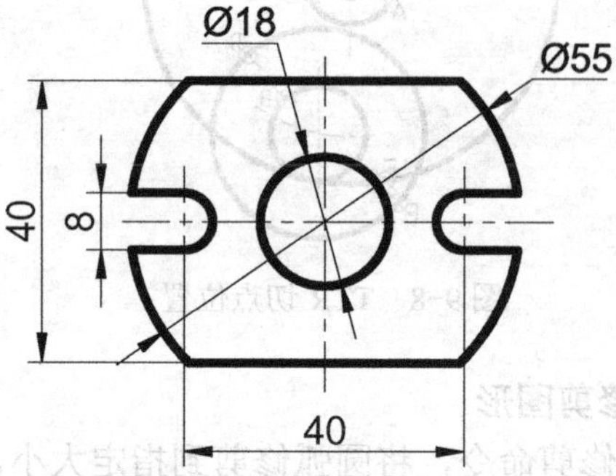

图 9-14　平面图形练习 4

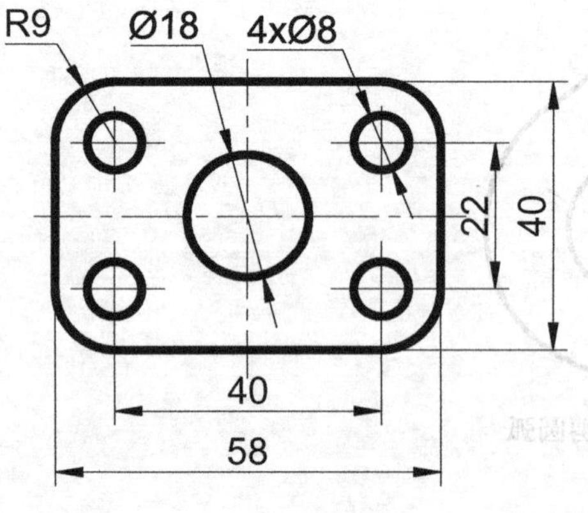

图 9-15　平面图形练习 5

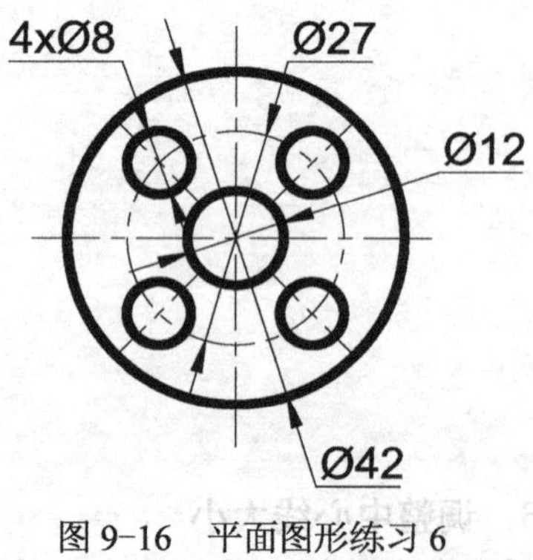

图 9-16　平面图形练习 6

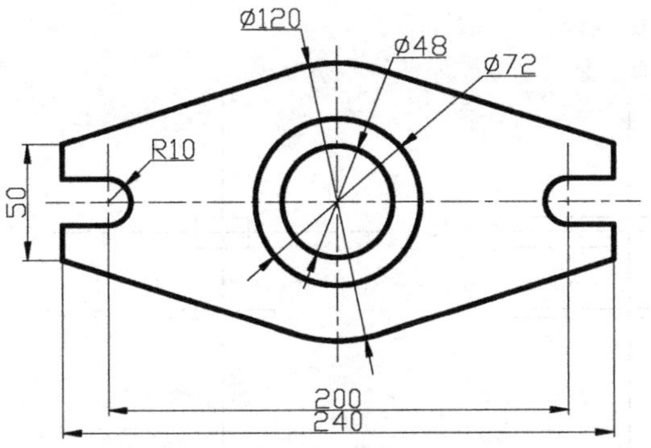

图 9-17　平面图形练习 7

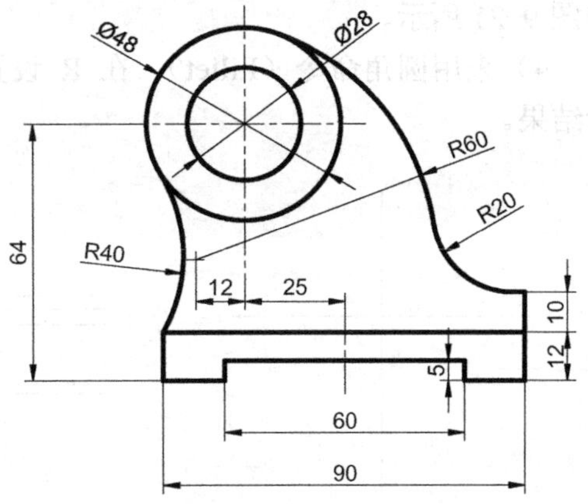

图 9-18　平面图形练习 8

9.2　绘制复杂平面图形

绘制如图 9-19 所示的轨道标志平面图。

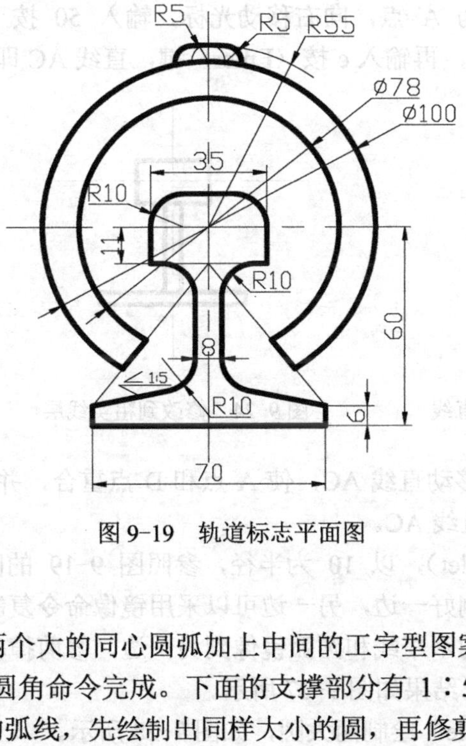

图 9-19　轨道标志平面图

分析：

该标志主体部分是由两个大的同心圆弧加上中间的工字型图案构成。工字型图案中有 6 处 R10 的圆弧，应该通过圆角命令完成。下面的支撑部分有 1∶5 的斜线，先定出斜度，然后复制过来即可。最上方的弧线，先绘制出同样大小的圆，再修剪成相切的圆弧。

下面是绘图过程。

1）新建一图形，以“平面图形模板.DWT”为模板创建。

2）使用点画线绘制中心线，如图 9-20 所示。

3）采用偏移命令（Offset）复制 60、70、6 以及 10、11、35 等尺寸标注的直线，如图 9-21 所示。

4）采用圆角命令（Fillet），在 R 设置为 0 的条件下，修剪偏移的直线到如图 9-22 所示结果。

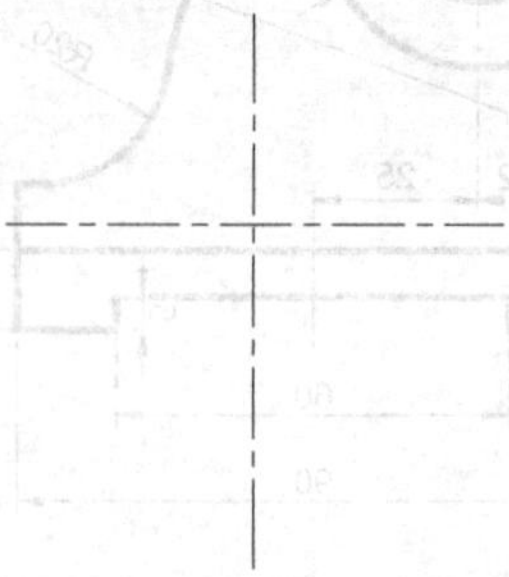

图 9-20　绘制中心线

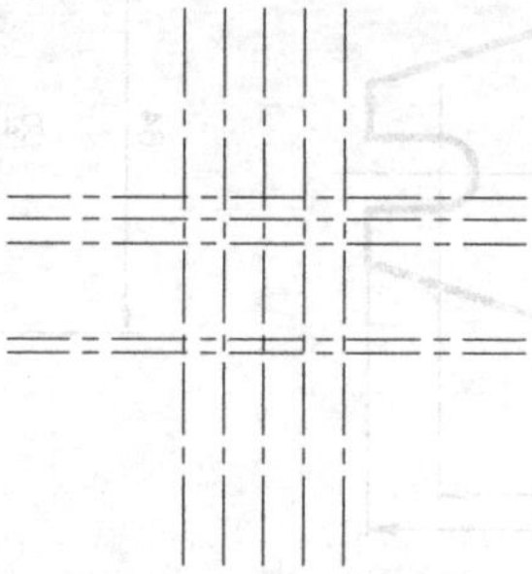

图 9-21　偏移复制直线

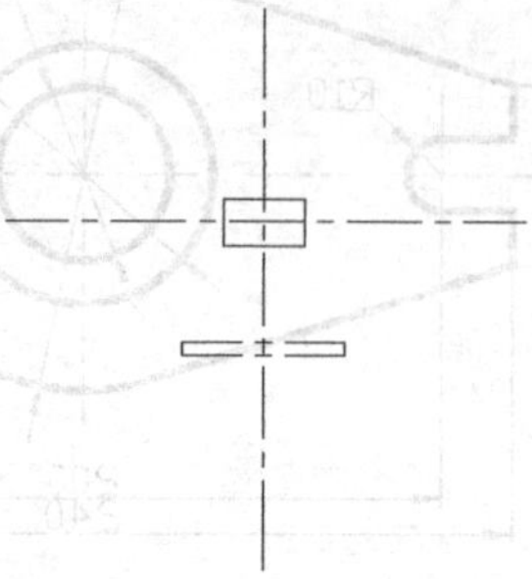

图 9-22　修剪直线

5）以 4 为偏移距离向两边偏移复制垂直中心线，并采用修剪命令（Trim）修剪到如图 9-23 所示结果。

6）选中偏移复制的直线，调整到“粗实线”层，打开线宽开关，结果如图 9-24 所示。

7）绘制斜度为 1∶5 的直线。采用直线命令绘制，如图 9-25 所示。打开正交开关，执行直线命令，单击一点作为 A 点，向右移动光标，输入 50 按〈Enter〉键，再向上移动光标，输入 10 按〈Enter〉键，再输入 c 按〈Enter〉键，直线 AC 即斜度为 1∶5 的直线。

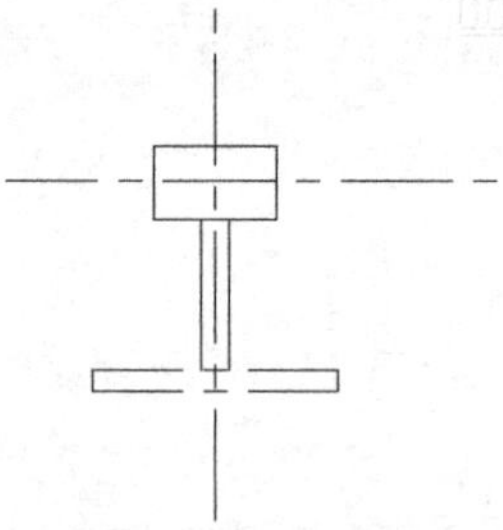

图 9-23　偏移复制垂直线

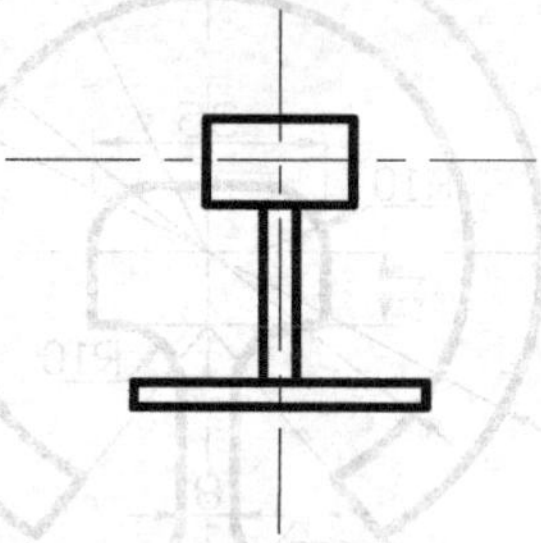

图 9-24　修改到粗实线层

图 9-25　绘制斜线 AC

8）如图 9-26 所示，移动直线 AC，使 A 点和 D 点重合，并采用镜像命令（Mirror）以垂直中心线为镜像线复制直线 AC。

9）采用圆角命令（Fillet），以 10 为半径，参照图 9-19 的圆角。采用修剪模式倒圆角时，中间垂直两直线只会倒好一边，另一边可以采用镜像命令复制一水平直线，再倒一次角即可。或者将倒好的一边的水平线和圆弧镜像到另一边，修剪掉垂直线超出的部分。顺便将尺寸 6 所在的水平线删除，结果如图 9-27 所示。

10）采用圆命令（Circle）绘制两大圆，如图 9-28 所示。

11）绘制圆弧剪切端线。当前层设为“细实线”层。采用对象追踪的方法捕捉直线的起点。如图 9-29 所示，下达直线命令后，移动光标到图示位置的端点，向右移动光标，到垂直中心线上，出现交点提示后单击，即可确定直线的起点，和底座角点连线。再绘制对称的另一条直线，如图 9-30 所示。

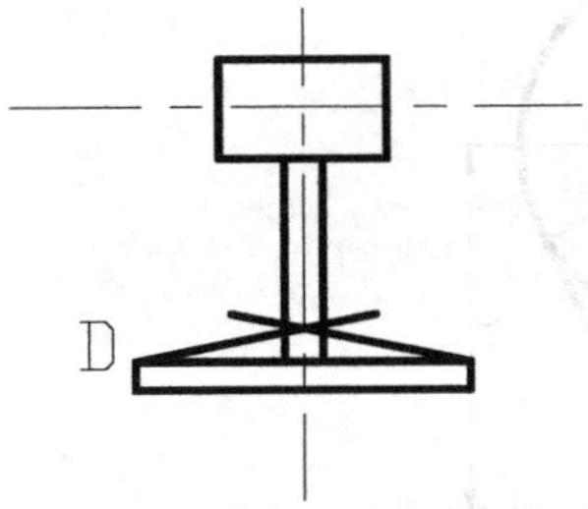

图 9-26　移动并镜像斜线

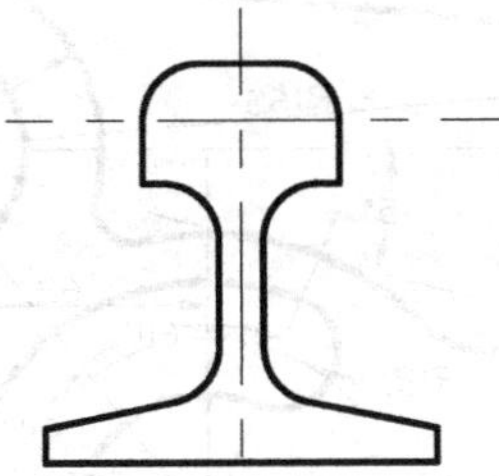

图 9-27　倒圆角

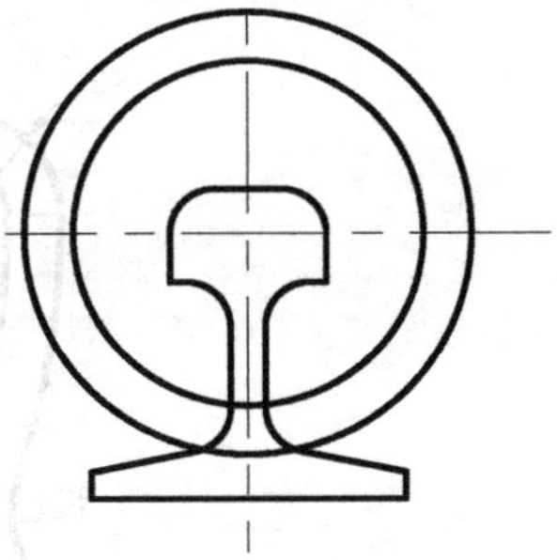

图 9-28　绘制圆

12）采用修剪命令（Trim）将圆剪断成圆弧，并在粗实线层用直线命令补全端线，如图 9-31 所示。

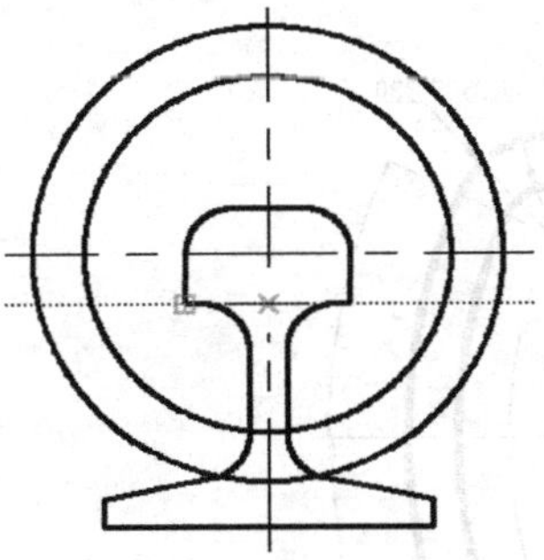

图 9-29　对象追踪绘制直线

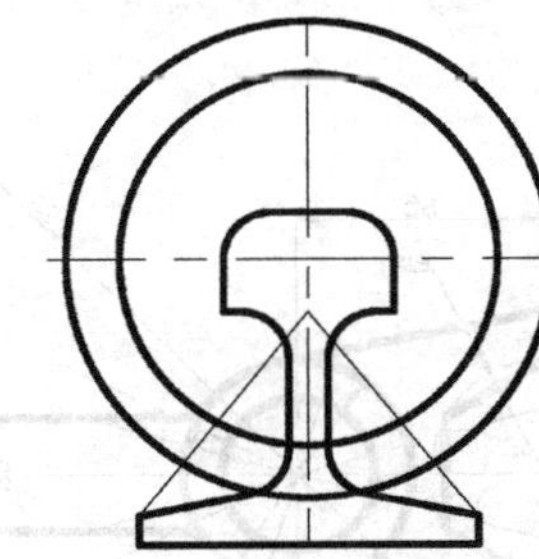

图 9-30　绘制直线结果

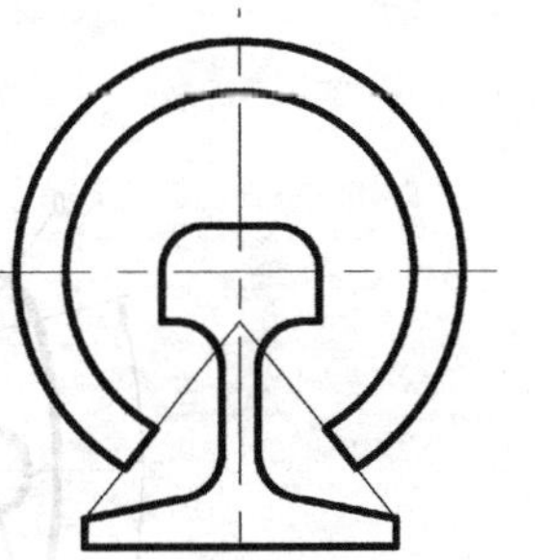

图 9-31　绘制圆弧端线

13）用绘圆命令在粗实线层绘制半径为 55 的圆和半径为 5 的 3 个圆，如图 9-32 所示。

14）修剪圆弧，并将中间的小圆弧改到细实线层，如图 9-33 所示。调整中心线长度如图 9-34 所示。

图 9-32　绘制小圆

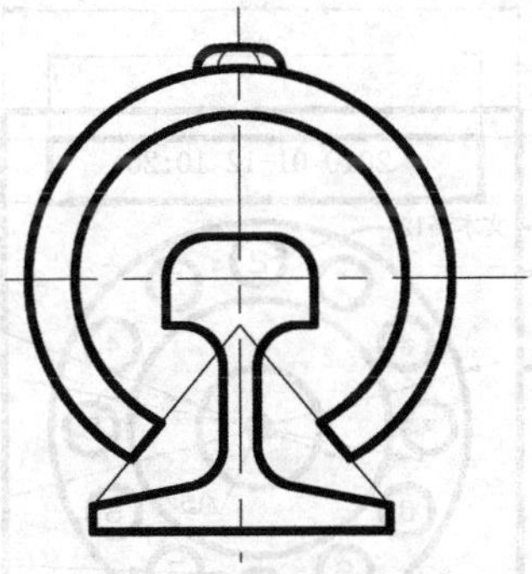

图 9-33　修剪小圆

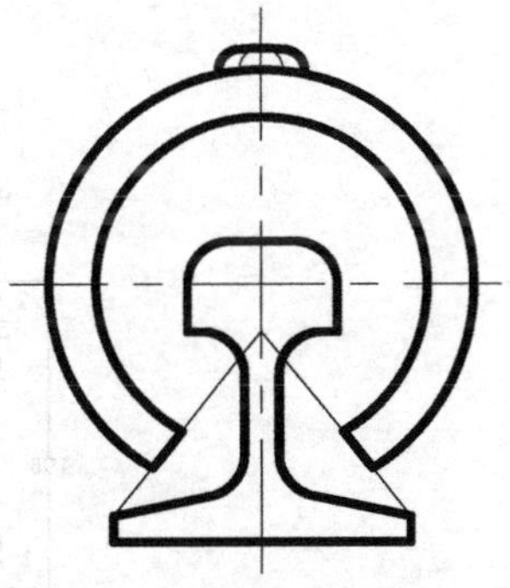

图 9-34　调整中心线长度

15）参照图 9-19 标注尺寸。

16）将绘制的图形以“轨道标志.dwg”为名保存。

【练习 9-2】

绘制如图 9-35～图 9-37 所示的平面图形并标注尺寸。

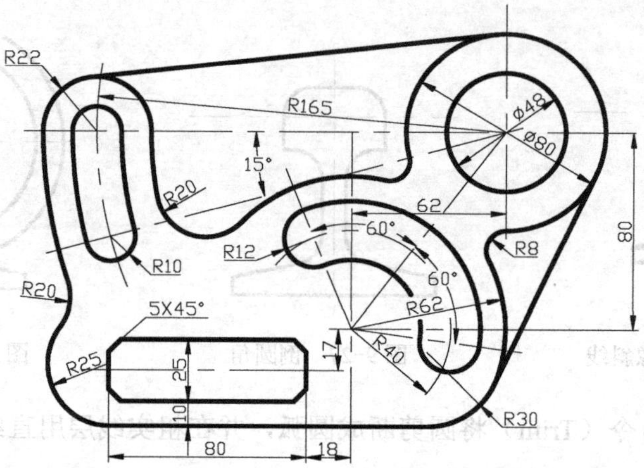

图 9-35　平面图形练习 9

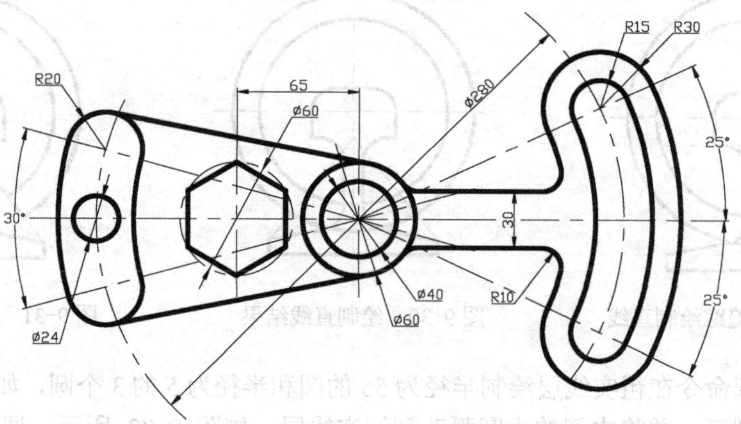

图 9-36　平面图形练习 10

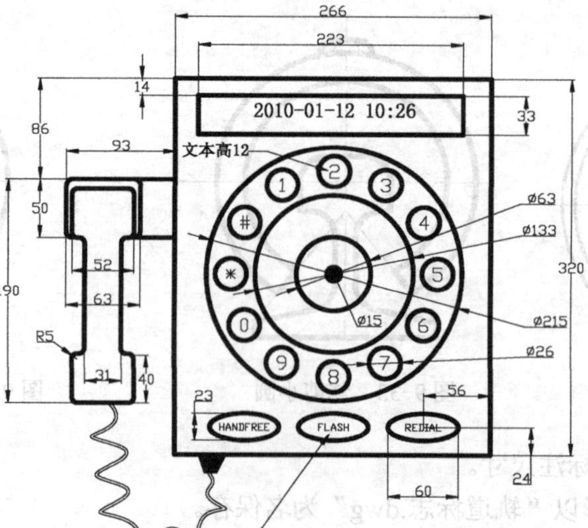

图 9-37　平面图形练习 11

9.3　绘制简单组合体图形

绘制如图 9-38 所示的 V 形支架三视图。

分析：

该 V 形支架组合体属于以切割为主的组合体，所以绘制时从基本体出发，分步切割并绘制各部分的投影即可。组合体的绘制要注意 3 个视图的对应关系，应该绘制一条–45° 方向的辅助线。

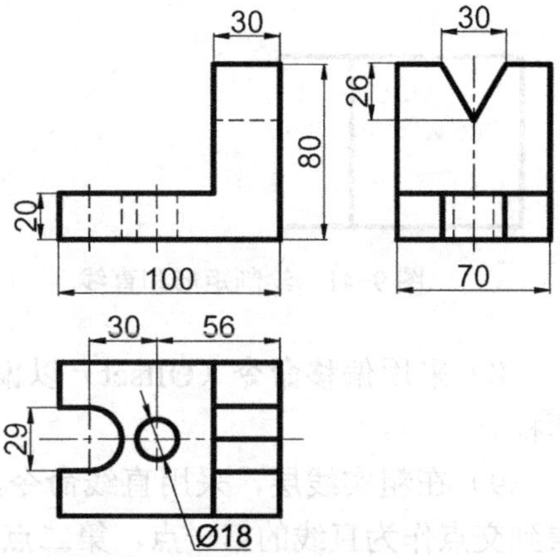

图 9-38　V 形支架三视图

下面是绘图过程。

1）以“平面图形模板.DWT”为模板，新建一图形。

2）首先采用矩形命令（Rectang）绘制一个 100×80 的矩形（相应第二角点提示时输入@100,80）；再用同样的命令，采用对象追踪的方法，追踪已绘矩形的左下角，向下到一个合适的位置确定第一点，然后输入@100,–70；再在主视图矩形的右侧，用类似的方法追踪主视图右上角的顶点，在右侧合适位置绘制一矩形，确定第二角点时，输入@70,–80 即可，结果如图 9-39 所示。

3）绘制–45° 方向的辅助线。采用射线命令（Ray），从俯视图最右上角点和左视图最左下角点的交点出发，绘制–45° 方向的辅助线。在相应“指定通过点”时，输入“–45”并按〈Enter〉键，然后单击一点即可，如图 9-40 所示。

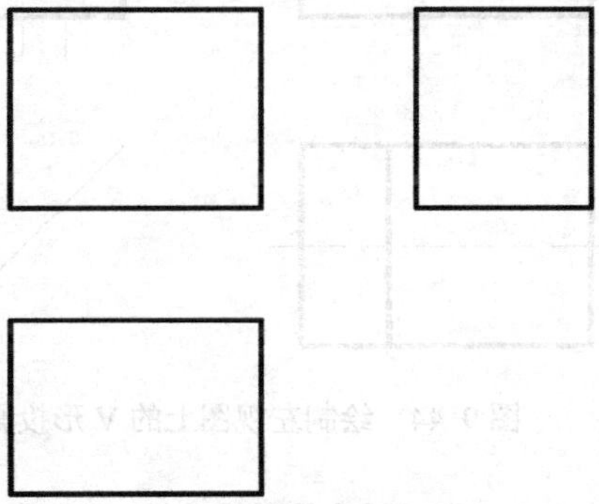
图 9-39　绘制矩形

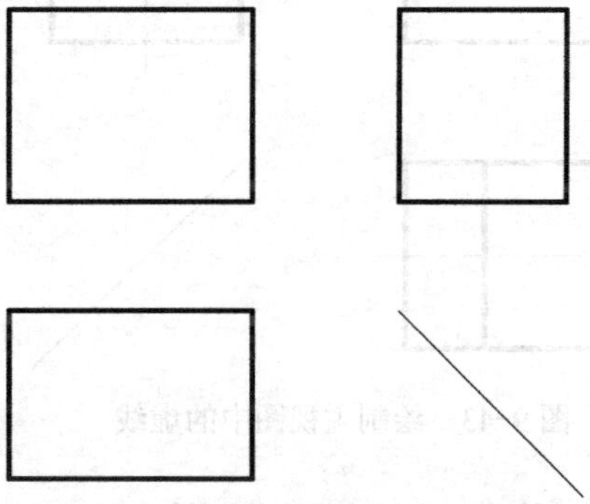
图 9-40　绘制–45° 方向辅助线

4）从主视图的左上角出发，再向右下方绘制一 70×60 的矩形。在正交模式打开的情况下，利用对象追踪，分别在俯视图和左视图上绘制对应的直线投影，如图 9-41 所示。

5）利用修剪命令（Trim），将主视图左上角多余的直线段剪除，如图 9-42 所示。

6）在“中心线”层绘制两条中心线，并通过夹点方式调整长度到合适大小。

7）绘制右上部分的 V 形缺口。用对象追踪的方法，在虚线层于主视图上绘制一条水平的虚线。下达直线命令，首先移动鼠标到主视图右上角，出现端点提示后下移动，并输入 26

后按〈Enter〉键，再向左移动绘制一虚线，如图 9-43 所示。

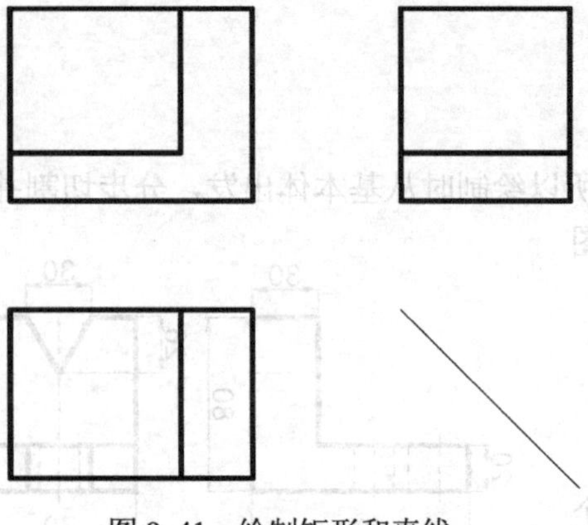

图 9-41　绘制矩形和直线

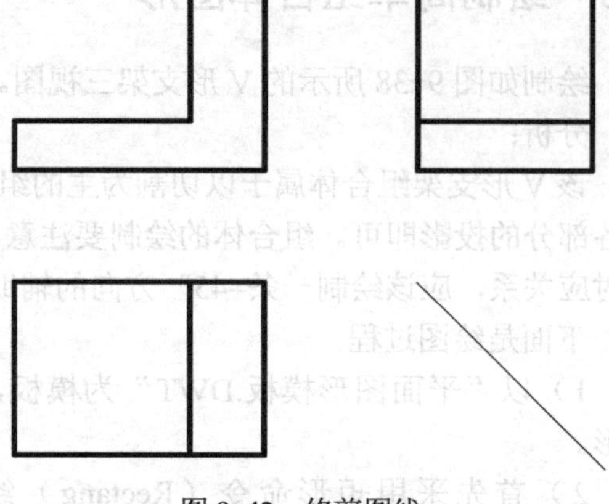

图 9-42　修剪图线

8）采用偏移命令（Offset）以偏移距离 15，将左视图中的中心线分别向两边偏移复制两根。

9）在粗实线层，采用直线命令，追踪主视图中的虚线右端点，向右在左视图中心线上得到交点作为直线的第一点，第二点为上方水平线和偏移复制中心线的交点，结果如图 9-44 所示。

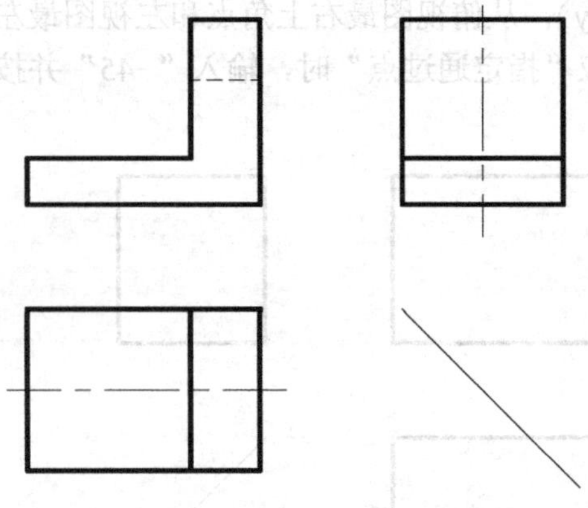

图 9-43　绘制主视图中的虚线

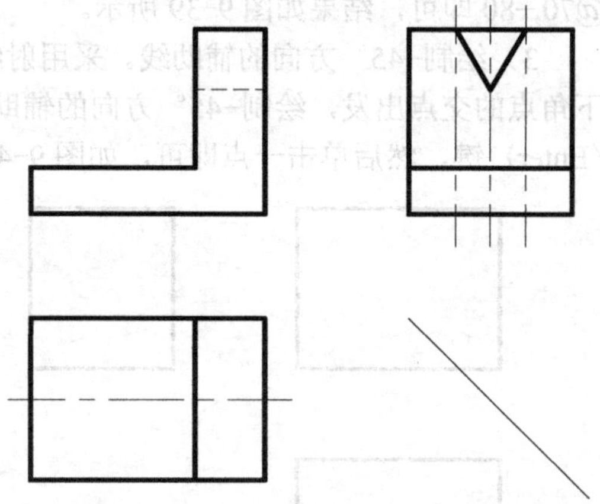

图 9-44　绘制左视图上的 V 形投影

10）修剪 V 形投影中间的水平直线，用删除命令（Erase）删除偏移复制的垂直中心线，并通过 45° 辅助线，绘制对应到俯视图的 V 形结构投影，结果如图 9-45 所示。

11）绘制俯视图中的槽和圆孔。首先在中心线层，绘制圆孔的中心线和槽的中心线。采用直线命令，从俯视图右上角顶点出发，向左移动鼠标，输入 56 并按〈Enter〉键，再向下绘制一条直线，作为圆孔的垂直中心线。用同样的方法，再在左边绘制一条垂直中心线，作为槽的半圆的中心线，并通过夹点拉伸到主视图上，结果如图 9-46 所示。

12）在俯视图上粗实线层分别绘制直径 18 和 30 的圆，并利用对应关系，在虚线层绘制主视图上圆孔和槽的投影，结果如图 9-47 所示。

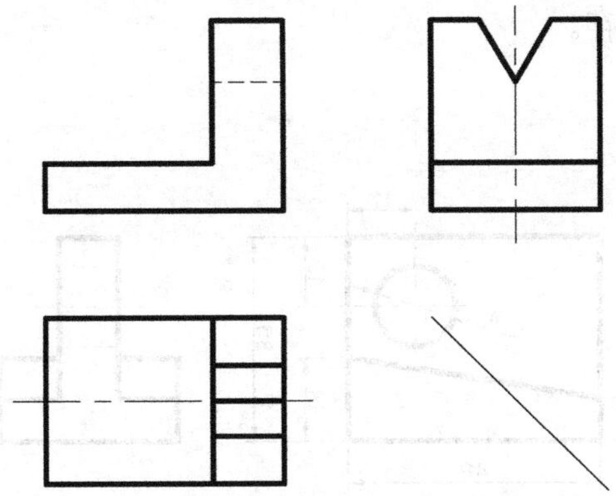

图 9-45　绘制 V 形结构投影

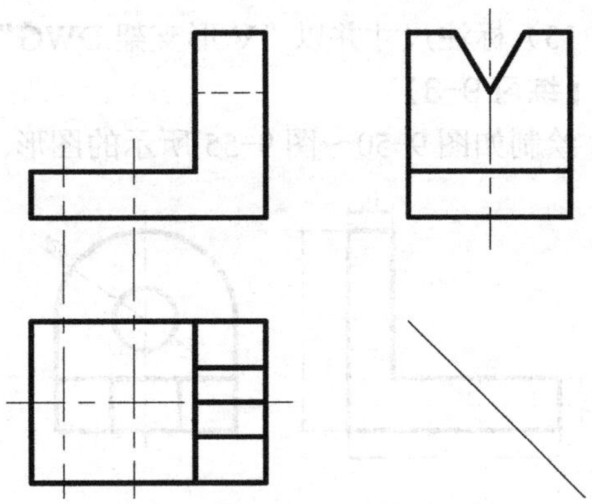

图 9-46　绘制圆孔和槽中心线

13）在俯视图上绘制经过直径 30 的圆的两条水平线，并将圆修剪成半圆。再通过 45° 辅助线，将圆孔和槽的投影在左视图上绘制出来，如图 9-48 所示。

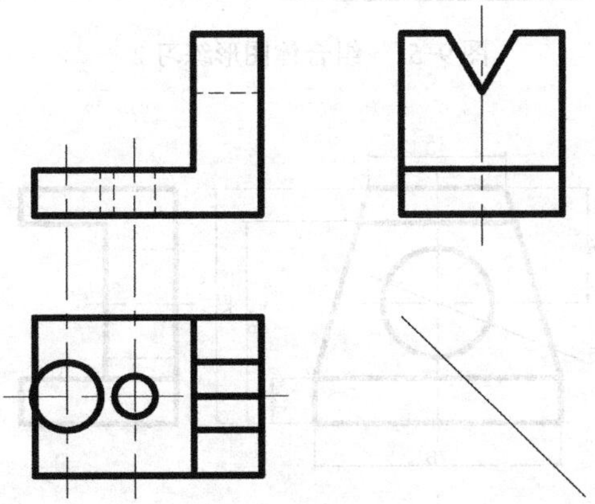

图 9-47　绘制主俯视图上圆孔和槽的投影

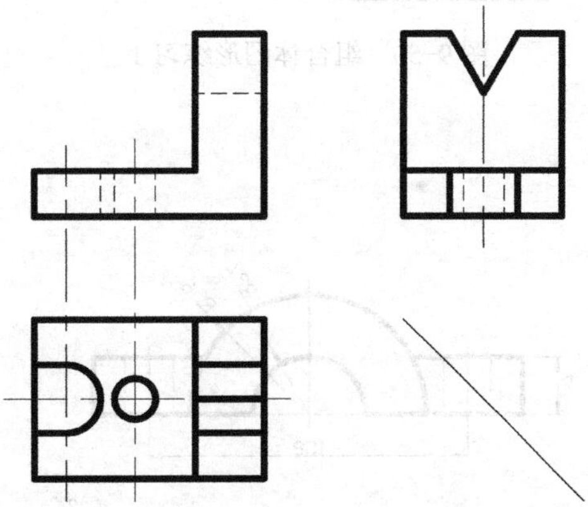

图 9-48　绘制左视图上的投影

14）采用修剪命令（Trim）修剪槽的缺口并用打断命令（Break）打断中心线到合适长度，结果如图 9-49 所示。

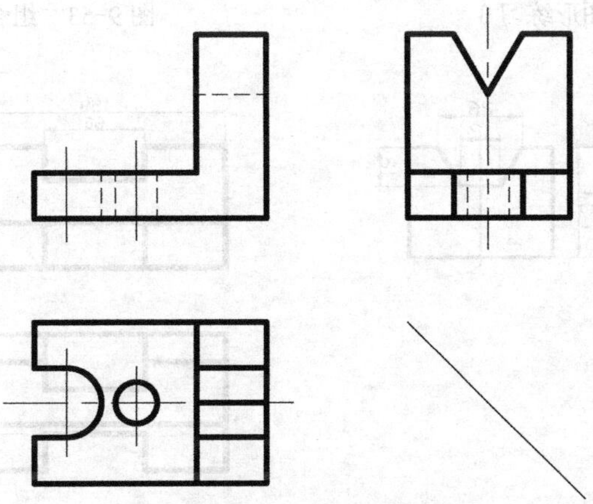

图 9-49　修剪中心线和槽

15）标注尺寸并以“V 形支架.DWG”为名保存。

【练习 9-3】

绘制如图 9-50～图 9-55 所示的图形。

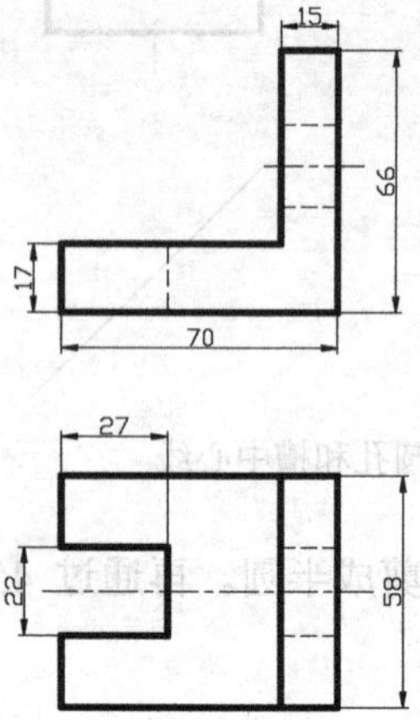

图 9-50　组合体图形练习 1

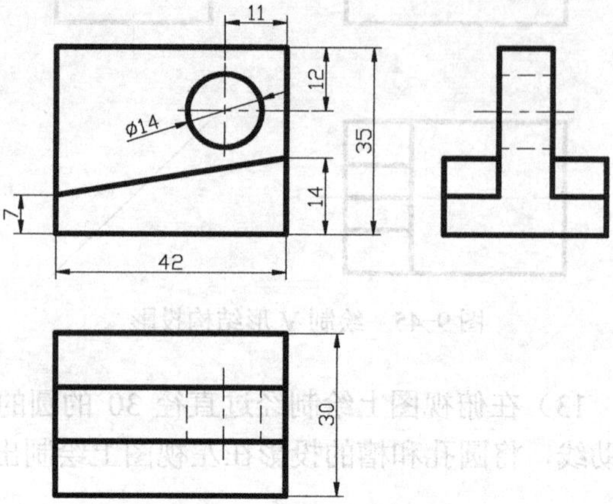

图 9-51　组合体图形练习 2

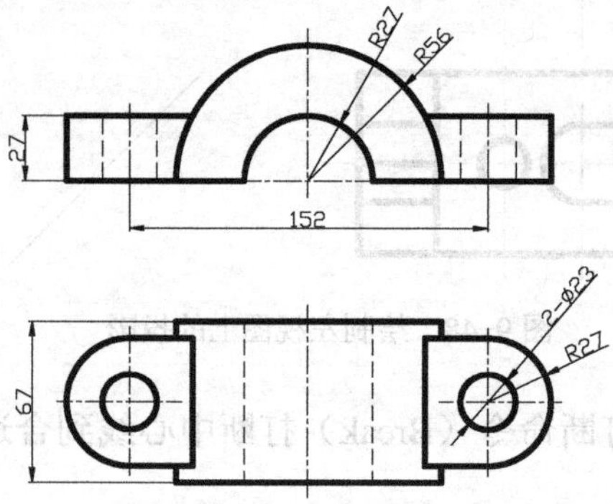

图 9-52　组合体图形练习 3

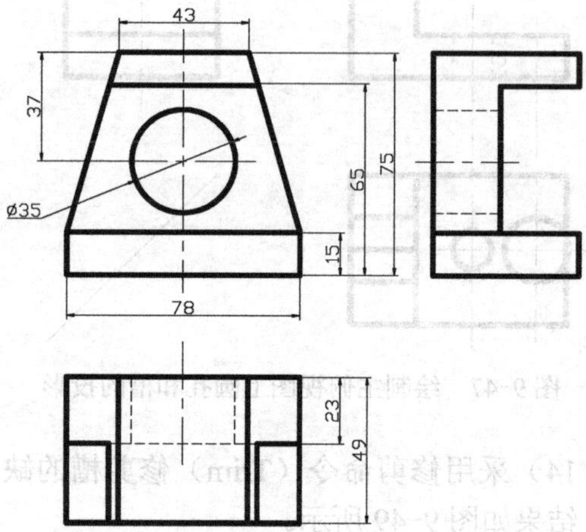

图 9-53　组合体图形练习 4

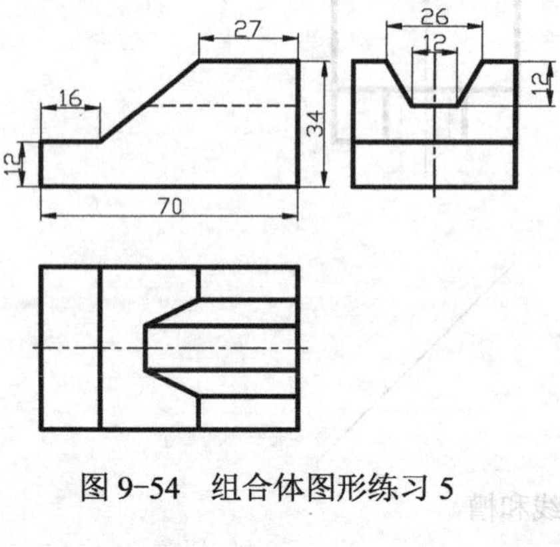

图 9-54　组合体图形练习 5

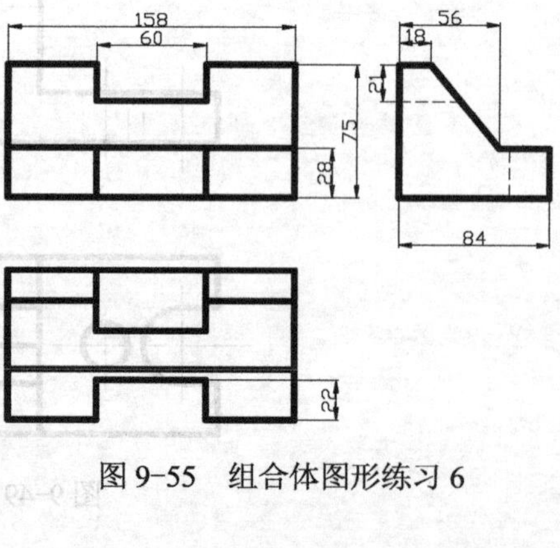

图 9-55　组合体图形练习 6

9.4 绘制复杂组合体图形

绘制如图 9-56 所示的固定座投影图。

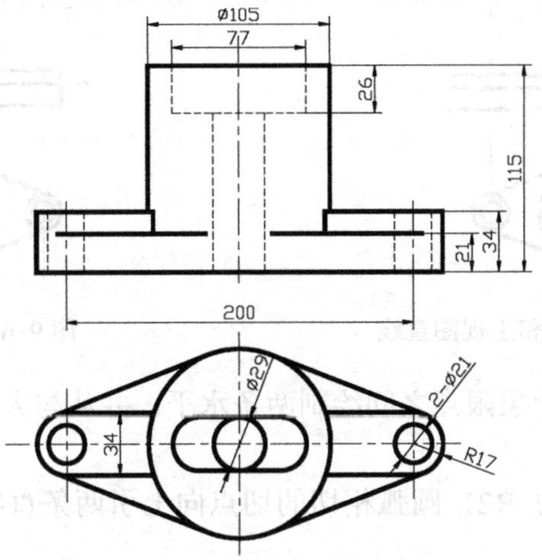

图 9-56　固定座投影图

分析：

该组合体属于综合性组合体，主体以叠加为主，包括底板和圆柱体。每个主体中间又包含了孔和台阶孔的切割。绘图时应该首先绘制主体部分，然后再进行切除。两个视图在绘制同一结构时应同时对应绘制。

下面是绘图过程。

1）以“平面图形模板.DWT”为模板，新建一图形。

2）在“中心线”层，采用直线命令绘制俯视图中水平和垂直中心线。

3）采用偏移命令（Offset）将垂直中心线以距离 100 分别向两侧各复制一根，如图 9-57 所示。

4）如图 9-58 所示，以中心线的交点为圆心，分别绘制直径为 105、21 的圆和半径 17 的圆。

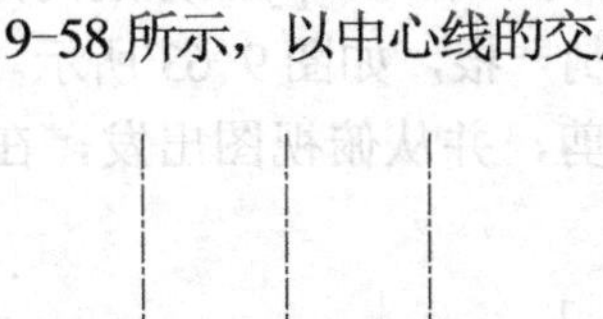

图 9-57　复制垂直中心线

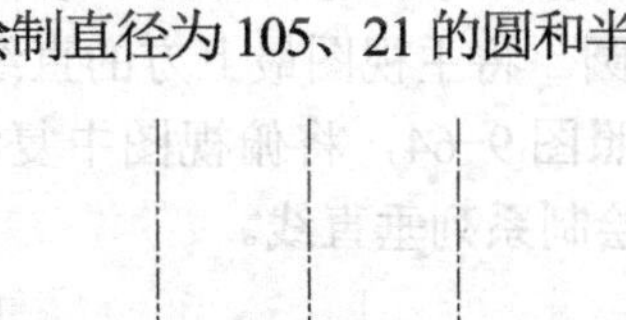

图 9-58　绘制俯视图圆

5）在大圆上方合适位置，绘制一条水平线，并以 21、34、115 为偏移距离复制 3 根。同时采用直线命令，利用对象捕捉中的切点模式，绘制大圆和半径为 17 的圆的 4 条切线，如图 9-59 所示。

6）从俯视图中圆的象限点出发，向上绘制 4 条直线，并参照图 9-56 修剪其外轮廓线，如图 9-60 所示。

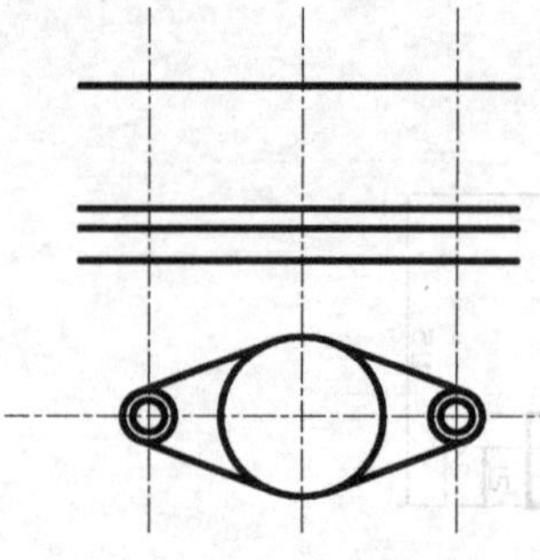

图 9-59　绘制切线和主视图直线

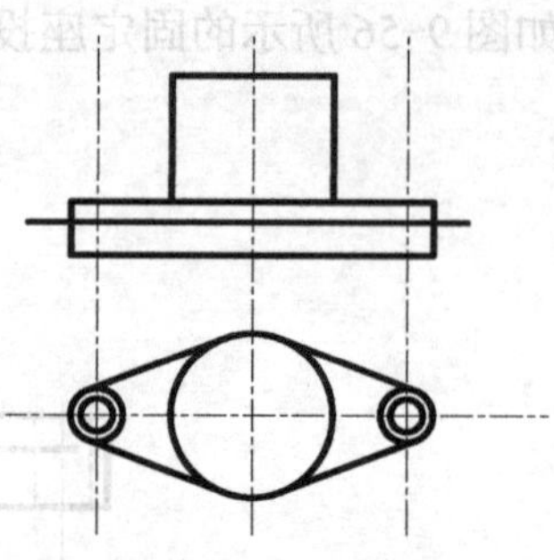

图 9-60　修剪外轮廓线

7）在半径 17 的圆的上象限点之间绘制两条水平，并从与大圆的交点向上绘制两条垂直线，如图 9-61 所示。

8）参照图 9-62，从与 R21 圆弧相切的切点向上引两条直线作为边界，采用修剪命令（Trim）修剪直线和圆。

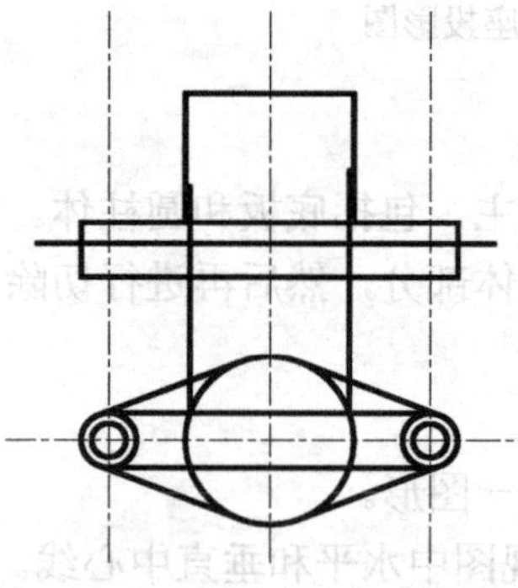

图 9-61　绘制直线

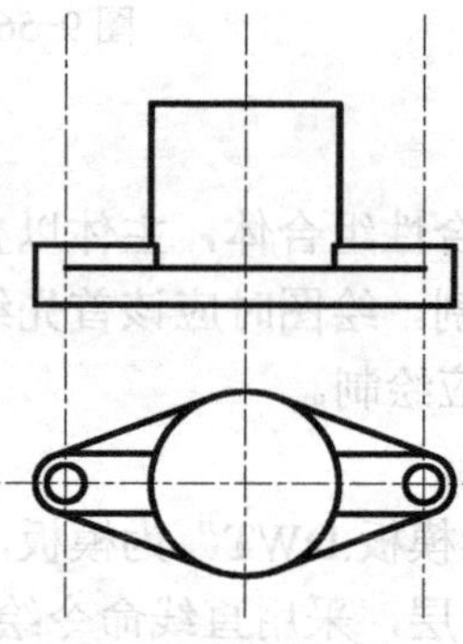

图 9-62　修剪直线和圆

9）在俯视图中央，以直径 29 绘制一圆，并采用复制命令（Copy）分别向两边，距离为 24 复制两个圆。将主视图最上方的直线向下偏移 26 复制一根，如图 9-63 所示。

10）参照图 9-64，将俯视图中复制的两圆进行修剪，并从俯视图出发，在虚线层向上在主视图上绘制系列垂直线。

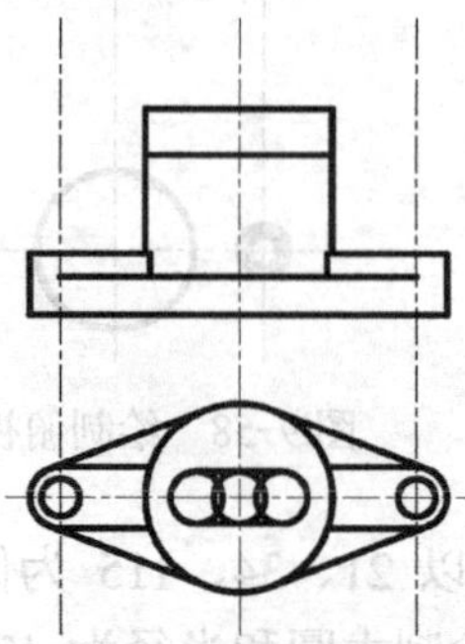

图 9-63　绘制直线

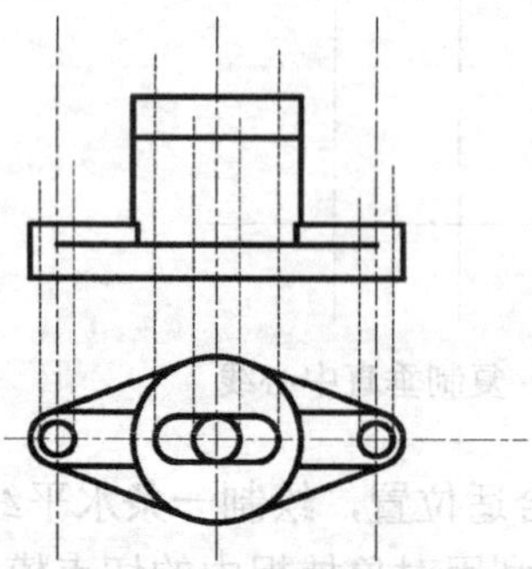

图 9-64　修剪直线

11）参照图 9-56，对虚线进行修剪，结果如图 9-65 所示。

12）采用打断命令（Break）将中心线打断到合适尺寸，并将中间的水平线调整到虚线层，如图 9-66 所示。

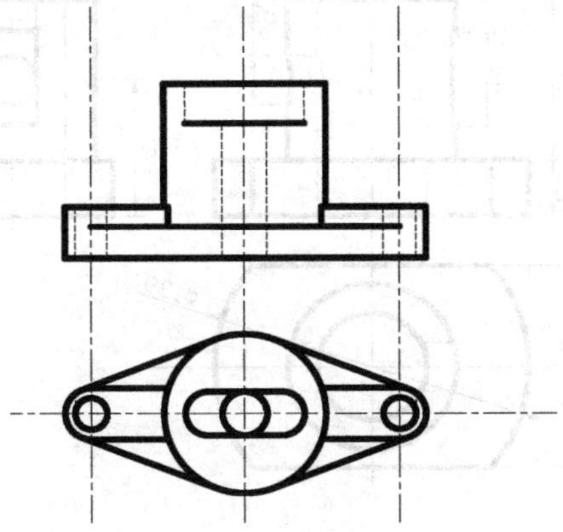

图 9-65　修剪垂直线

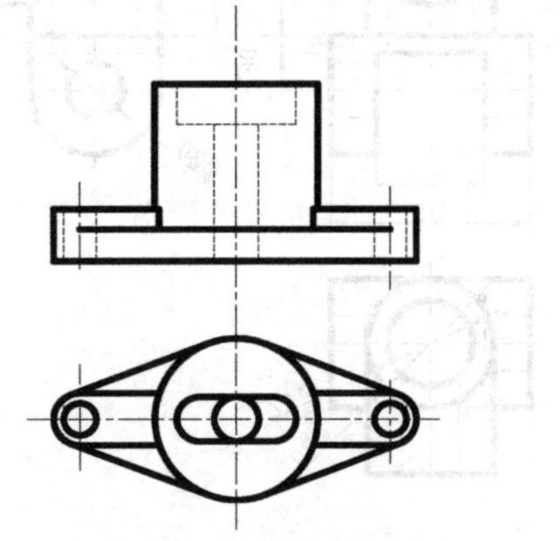

图 9-66　调整中心线长度和图层

13）标注尺寸并以“固定座.DWG”为名保存图形。

【练习 9-4】

绘制如图 9-67～图 9-72 所示的组合体视图。

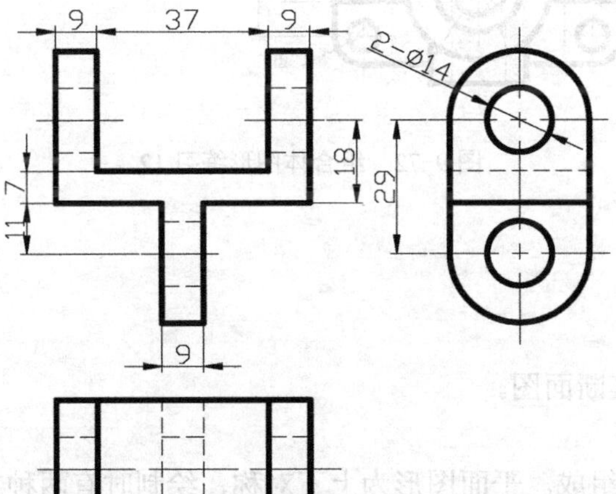

图 9-67　组合体图形练习 7

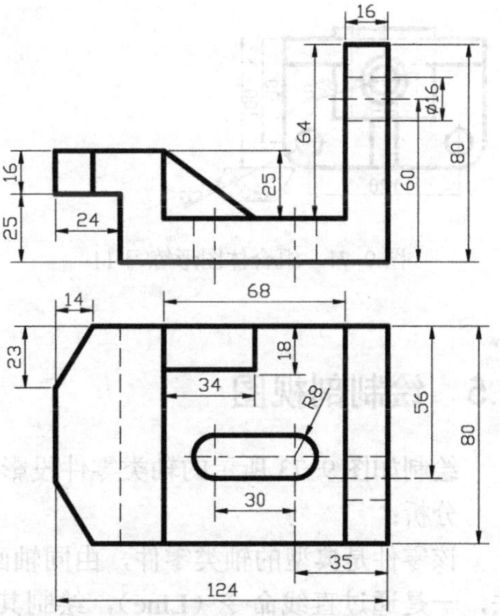

图 9-68　组合体图形练习 8

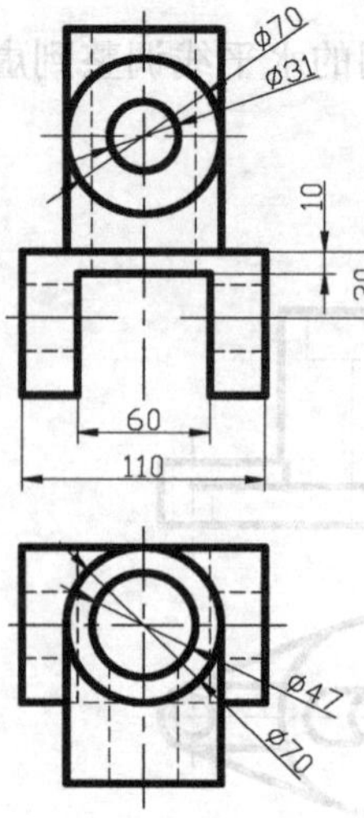

图 9-69 组合体图形练习 9

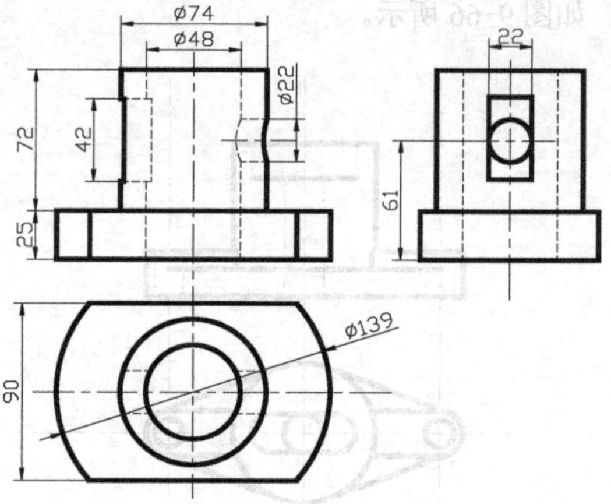

图 9-70 组合体图形练习 10

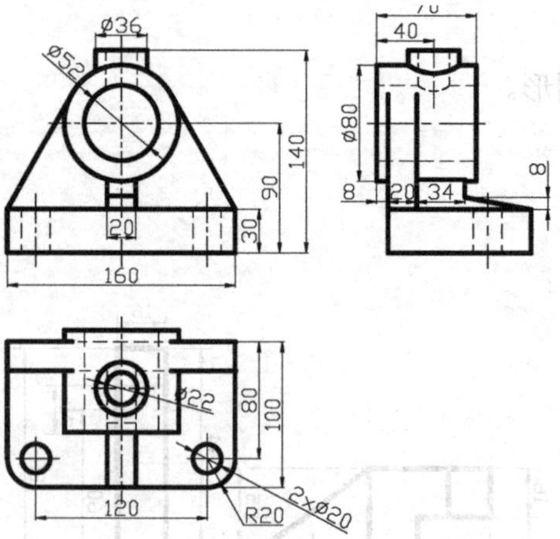

图 9-71 组合体图形练习 11

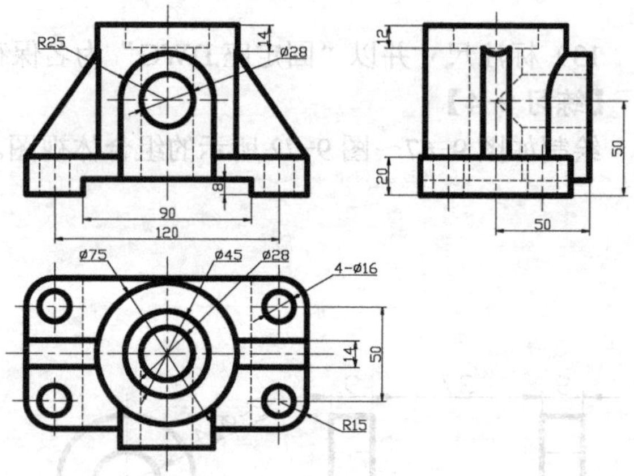

图 9-72 组合体图形练习 12

9.5 绘制剖视图

绘制如图 9-73 所示的轴类零件投影图及其断面图。

分析：

该零件是典型的轴类零件，由同轴回转体组成。平面图形为上下对称，绘制时有两种方法，一是通过直线命令（Line），绘制其外围轮廓线，需要知道相对尺寸，再向中心线绘制台阶投影线；另一个方法是通过偏移复制命令绘制各台阶断面的垂直投影线和径向的水平线，再通过修剪命令（Trim）得到投影图。绘制断面图时可以在剖切位置先绘制一等直径的圆，再移动到配置位置绘制详细断面图。

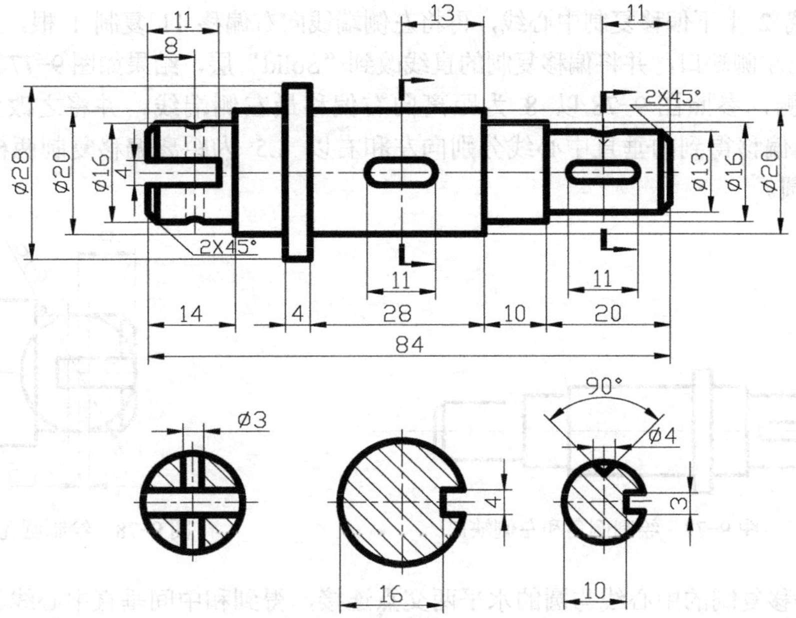

图 9-73　轴类零件

下面是绘图过程。

1）以“平面图形模板.DWT”为模板，新建一图形。

2）在“中心线”层，采用直线命令绘制水平中心线。

3）在“粗实线”层，打开正交模式，从中心线的左侧端点出发，采用直线命令（Line）绘制组成轴的外围轮廓线的系列直线。绘制直线时输入的尺寸分别为：8、14、2、8、4、4、−4、28、−2、10、−1.5、20、−6.5（顺序为上、右两个方向轮流），结果如图 9–74 所示。

4）采用夹点编辑方式将中心线调整到适当的长度，并采用延伸命令（Extend），将垂直的直线延伸到中心线上，如图 9–75 所示。

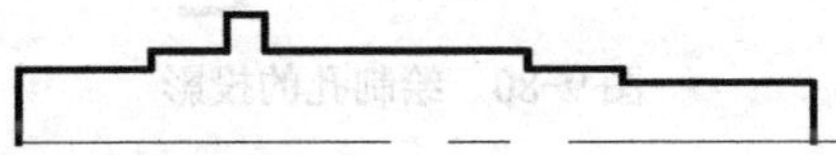

图 9–74　绘制外围轮廓线

图 9–75　延伸轴肩投影

5）采用镜像命令（Mirror）将中心线上方的轮廓线镜像到下方，如图 9–76 所示。

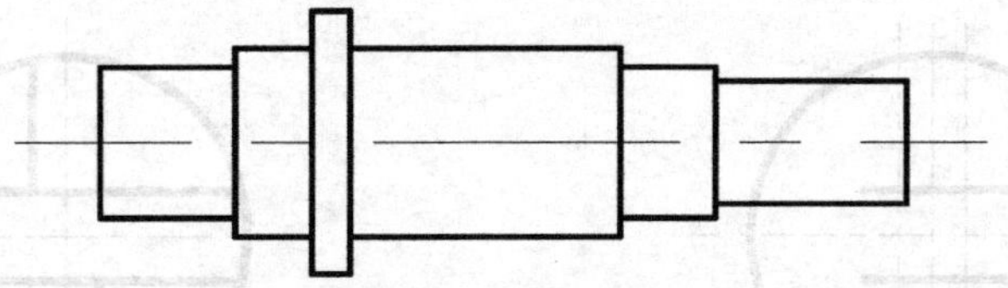

图 9–76　镜像投影

6）采用连接命令（Join）分别将上下两段直线连成一条直线。

7）采用倒角命令（Tramfer）绘制两侧 2×45° 倒角，并绘制倒角产生的投影线。

8）以距离 2 上下偏移复制中心线，再将左侧端线向右偏移 11 复制 1 根。采用修剪命令（Trim）修剪出左侧缺口，并将偏移复制的直线改到“Solid”层，结果如图 9-77 所示。

9）在左侧，参照图 9-78 以 8 为距离向右偏移最左侧端线，并将之改到“Center”层。随即将由偏移得到的垂直中心线分别向左和右以 1.5 为距离偏移复制两根。再绘制一直径为 16 的圆。

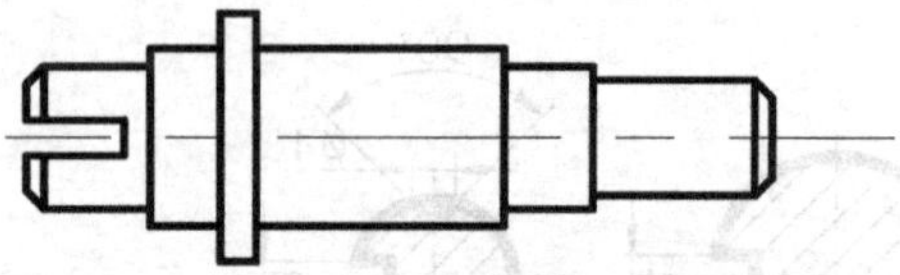

图 9-77　绘制倒角和左侧缺口

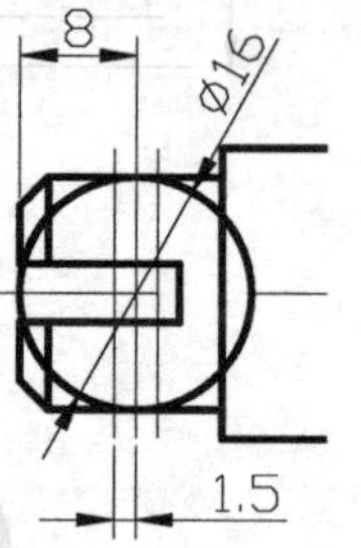

图 9-78　绘制圆孔投影

10）将偏移复制的中心线与圆的水平两交点连接，得到和中间垂直中心线的交点。参照图 9-79，采用三点绘制圆弧的方法，在“Solid”层绘制两段圆弧。

11）将圆、偏移复制的垂直中心线、缺口的上下两条水平线、轴的水平中心线复制到正下方的合适位置。然后删除原图中的圆、绘制圆弧用的水平辅助线，并参照图 9-80 将图线修剪到位，调整到相应的图层上。

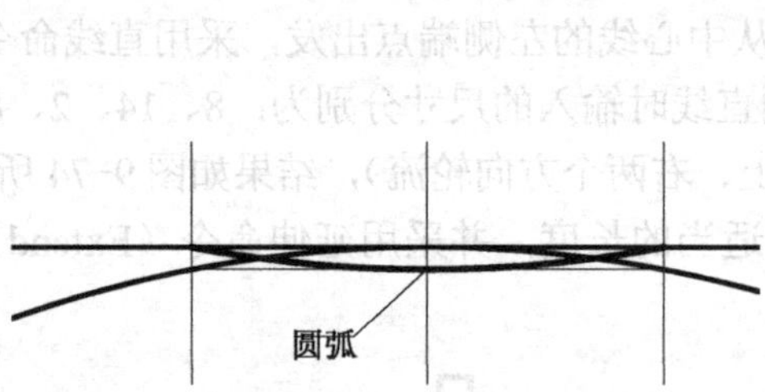

图 9-79　绘制圆弧

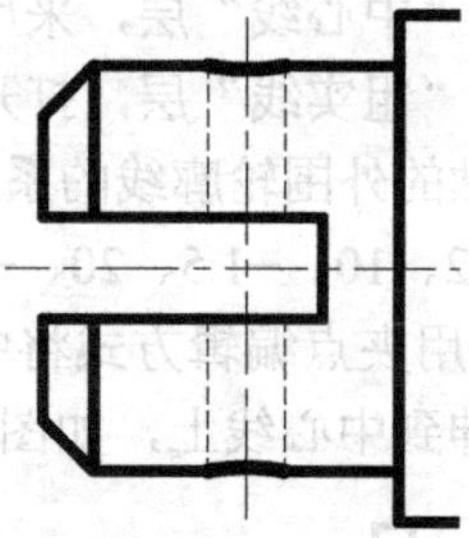

图 9-80　绘制孔的投影

12）图 9-81 为复制到下方的第一个断面原始图形。参照图 9-82，将水平缺口投影线延伸和修剪到与圆精确相交。将垂直的两条点画线修改到“Solid”层，并修剪到和圆以及中间两水平粗实线相交。

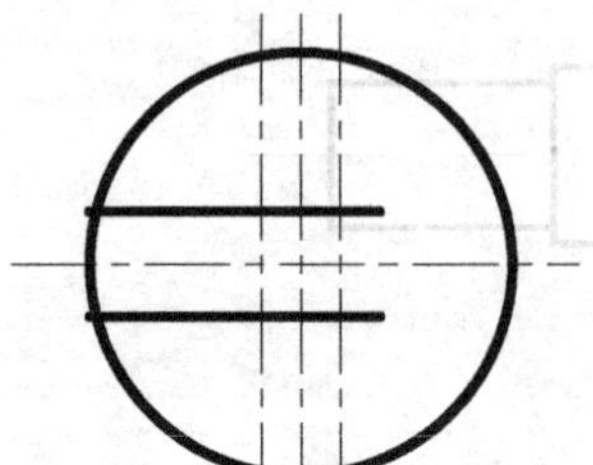

图 9-81　第一断面原始图

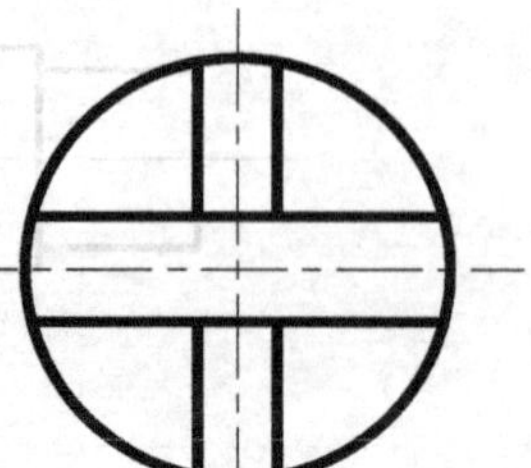

图 9-82　第一断面编辑结果

13）绘制中间的键槽投影。参照图 9-83，分别以 13 和 5.5 为距离，偏移复制垂直辅助线，并绘制两直径为 4 的圆。

14）将两圆分别向中间移动半径距离，并用直线将上方象限点互连，下方象限点互连，如图 9-84 所示。

15）删除辅助线，并修剪中间的长圆投影，如图 9-85 所示。

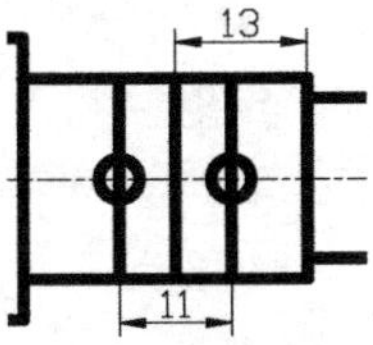

图 9-83　绘制圆

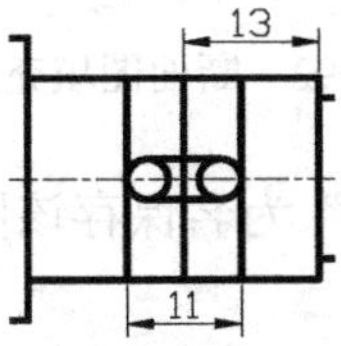

图 9-84　绘制直线

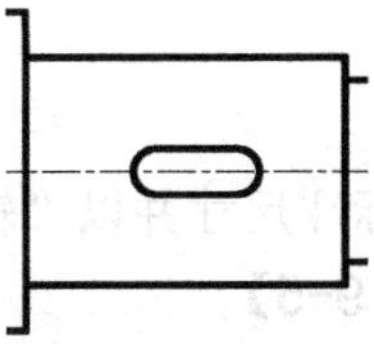

图 9-85　编辑长圆投影

16）用同样的方法绘制右侧的键槽投影，保留中间中心线，并调整到合适大小，结果如图 9-86 所示。

17）将垂直中心线分别向两边以 2 为距离偏移两根。通过上方的交点，绘制−45°的斜线和−135°的斜线，并修改到“Hidden”层，如图 9-87 所示。

18）参照图 9-88，绘制直径为 13 的圆。通过和步骤 10）相同的方法，绘制一圆弧表示锥孔和轴的相贯线的投影。

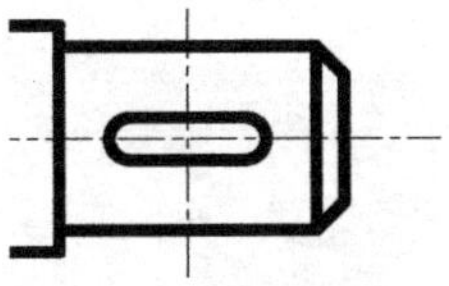

图 9-86　右侧键槽投影

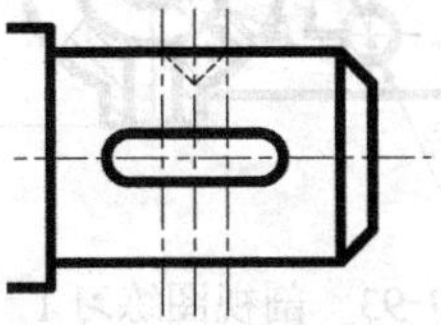

图 9-87　绘制锥孔投影

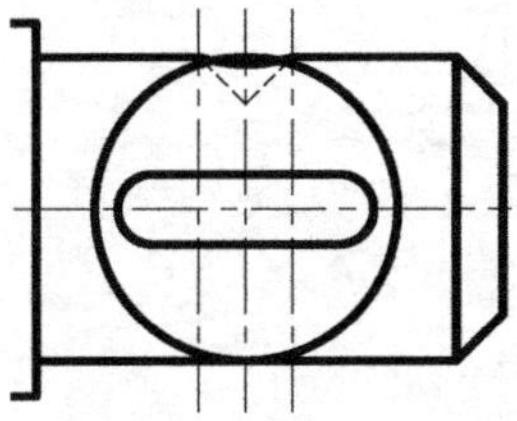

图 9-88　绘制锥孔和轴的相贯线投影

19）将圆、锥孔、键槽投影复制到正下方，如图 9-89 所示。

20）将中间键槽投影的粗实线向右延伸到圆周上，删除圆弧。将中间垂直中心线向右偏移 3.5 复制一根，如图 9-90 所示。

21）参照图 9-91，修剪该断面图，并调整锥孔和键槽投影线到“Solid”层。

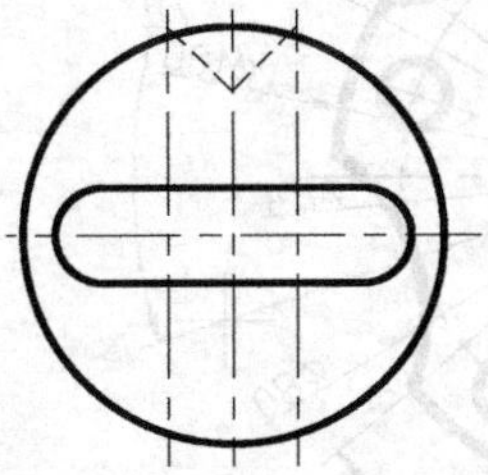

图 9-89　复制的断面原始图

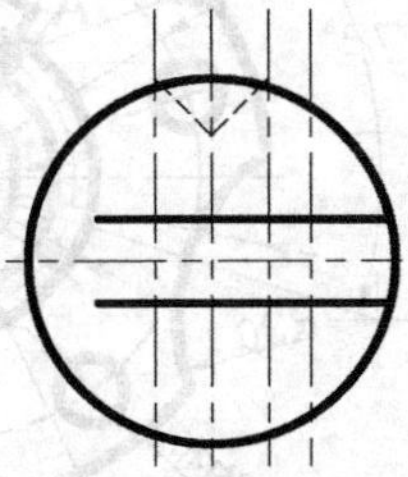

图 9-90　绘制键槽投影

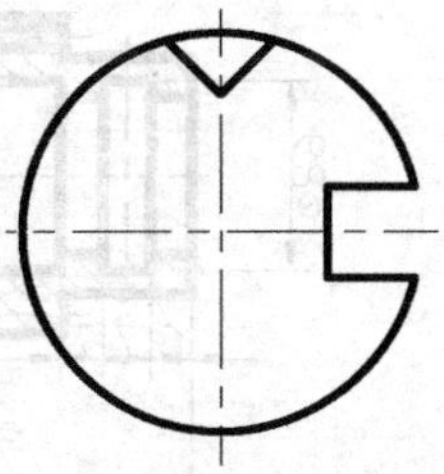

图 9-91　右侧断面图投影

22）用同样的方法绘制中间断面的投影。

23）采用图案填充命令（Hatch）在需要填充剖面线的位置，填充“ANSI31”图案，结果如图 9-92 所示。

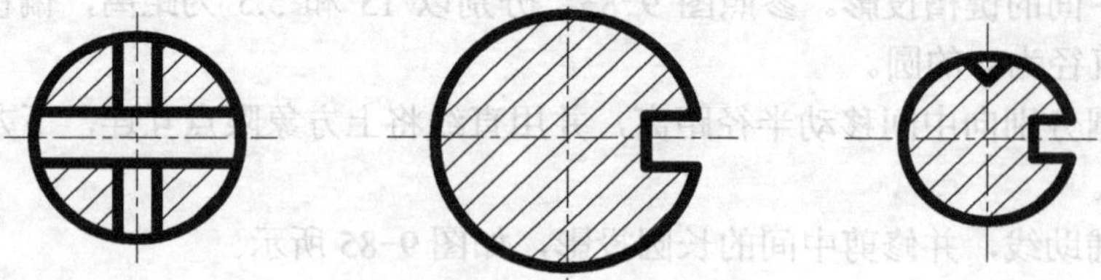

图 9-92　断面图填充结果

24）标注尺寸并以“轴类图形.dwg”为名保存该图形。

【练习 9-5】

绘制如图 9-93～图 9-95 所示的组合体剖视图。

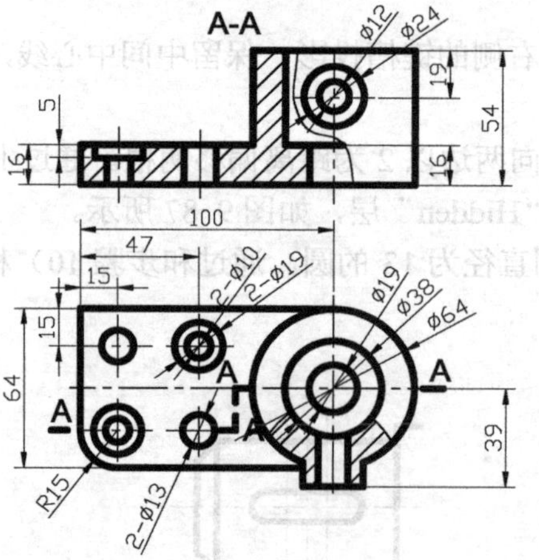

图 9-93　剖视图练习 1

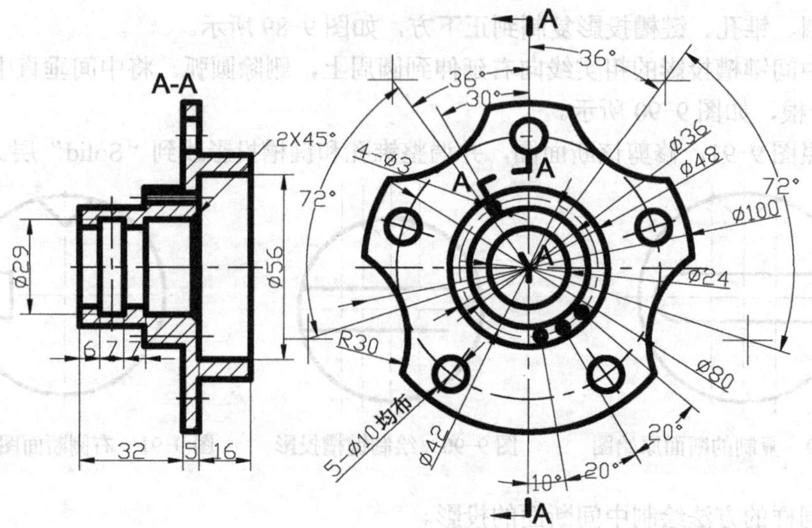

图 9-94　剖视图练习 2

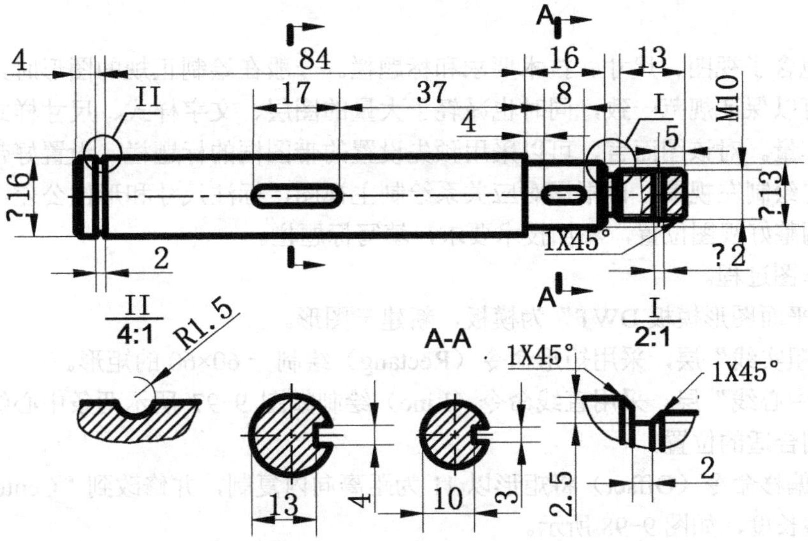

图 9-95　绘制轴类零件及其断面图、局部放大图

9.6　绘制零件图

绘制如图 9-96 所示的阀盖零件图。

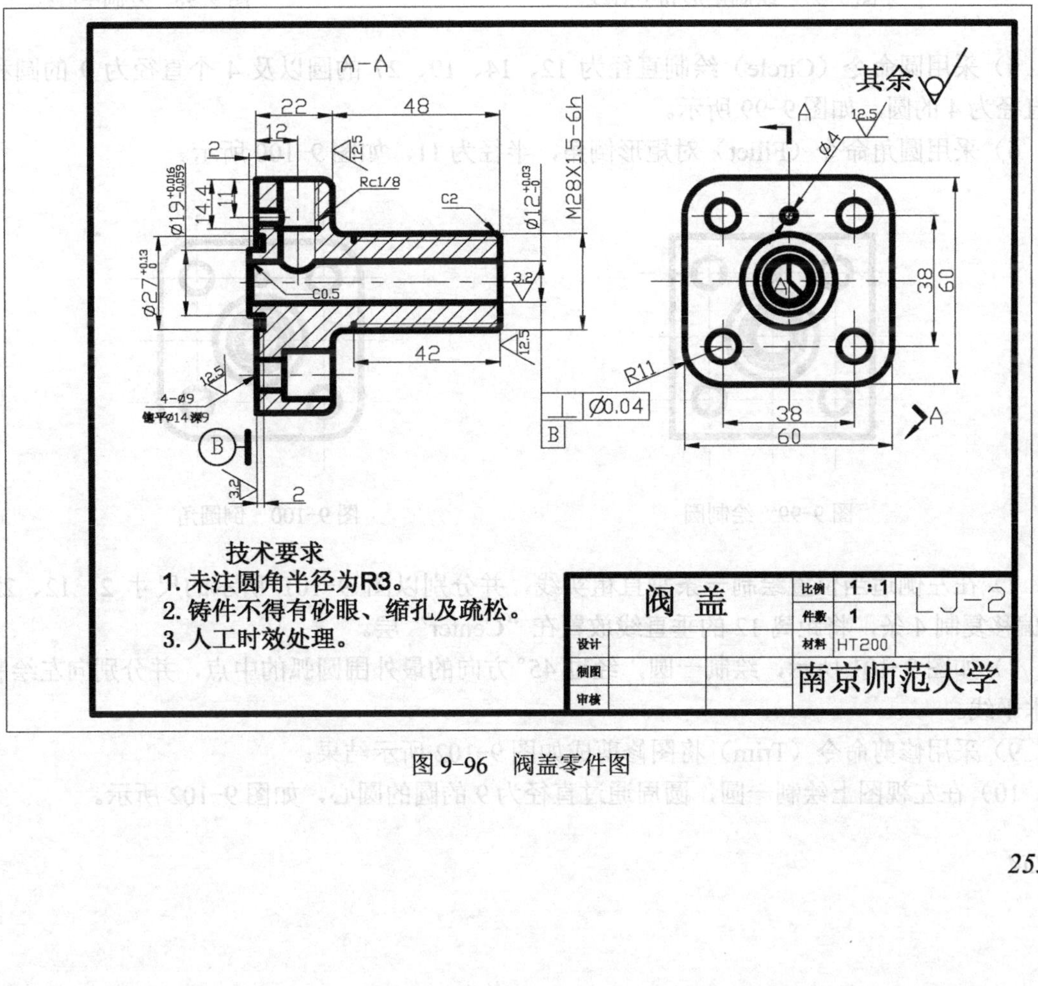

图 9-96　阀盖零件图

分析：

零件图包含了视图、尺寸、技术要求和标题栏。一般在绘制正规的图形时，要利用设置好的模板，可以保证规范一致，同时也减轻了大量的图层、文字样式、尺寸样式和部分常用块的设置工作量。对该图而言，可以采用预先设置的带图框的标题栏，设置好带属性标记的粗糙度块。先绘制左视图，再根据对应关系绘制主视图，标注尺寸和形位公差，标注表面粗糙度。最后调整好视图位置，添加技术要求，填写标题栏。

下面是作图过程。

1）以“平面图形模板.DWT”为模板，新建一图形。

2）在“粗实线”层，采用矩形命令（Rectang）绘制一 60×60 的矩形。

3）在“中心线”层，采用直线命令（Line）绘制如图 9-97 所示两条中心线，并将中心线适当调整到合适的位置。

4）采用偏移命令（Offset）将矩形以 11 为距离向内复制，并修改到“Center”层，分解之并适当调整长度，如图 9-98 所示。

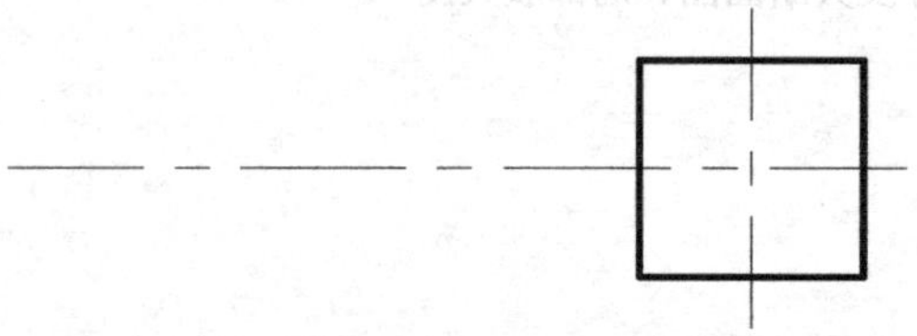

图 9-97　绘制矩形和中心线

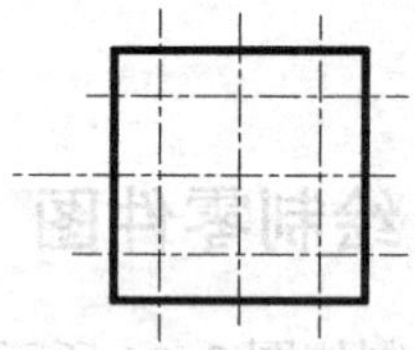

图 9-98　复制中心线

5）采用圆命令（Circle）绘制直径为 12、14、19、27 的圆以及 4 个直径为 9 的圆和一个直径为 4 的圆，如图 9-99 所示。

6）采用圆角命令（Fillet）对矩形倒角，半径为 11，如图 9-100 所示。

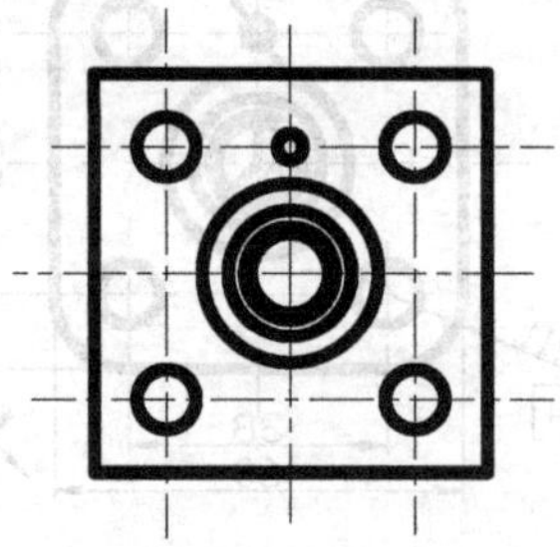

图 9-99　绘制圆

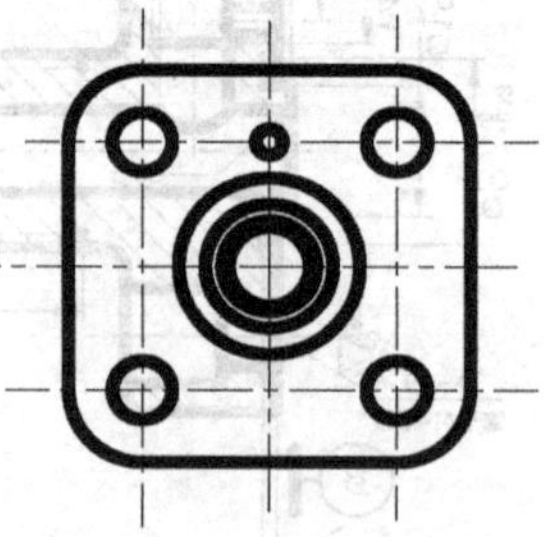

图 9-100　倒圆角

7）在左侧适当位置绘制一条垂直粗实线，并分别以图 9-101 所示的尺寸 2、12、22、72 偏移复制 4 条，将距离 12 的垂直线放置在“Center”层。

8）如图 9-101 所示，绘制一圆，经过 45° 方向的最外围圆弧的中点，并分别向左绘制 6 条水平线。

9）采用修剪命令（Trim）将图修剪成如图 9-102 所示结果。

10）在左视图上绘制一圆，圆周通过直径为 9 的圆的圆心，如图 9-102 所示。

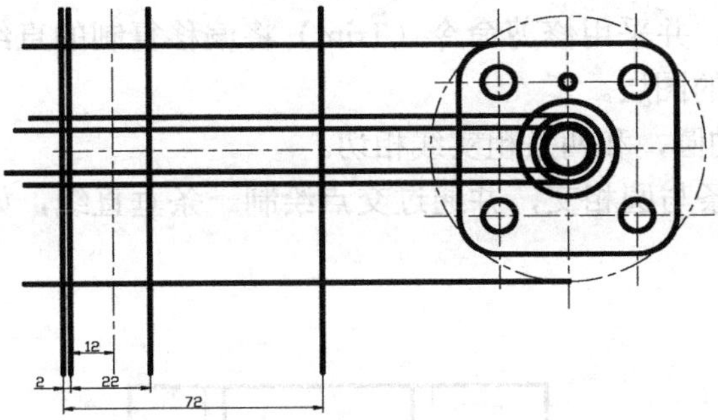

图 9-101　偏移复制、绘制水平线

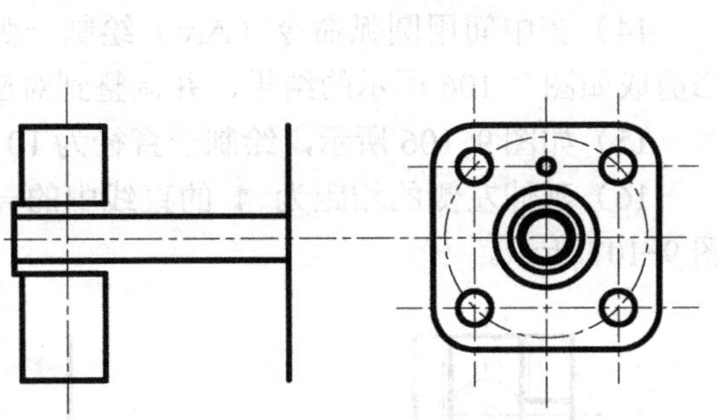
图 9-102　修剪

11）按照图 9-103 所注尺寸偏移复制直线，上下对称。

12）采用修剪命令（Trim）修剪成如图 9-104 所示图形，并将右侧偏移复制的直线改到“Solid”层。

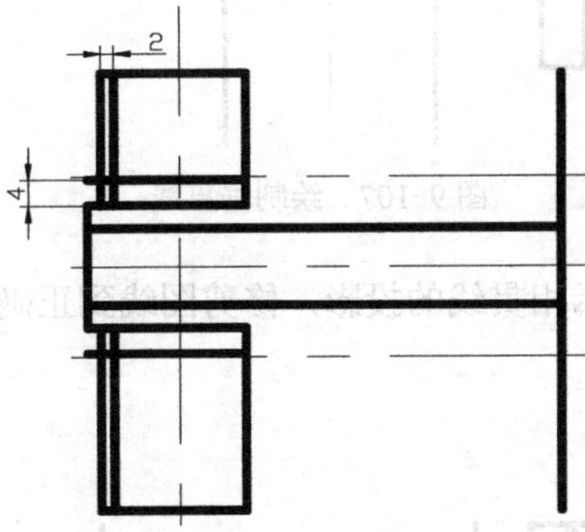

图 9-103　偏移复制、绘制水平线

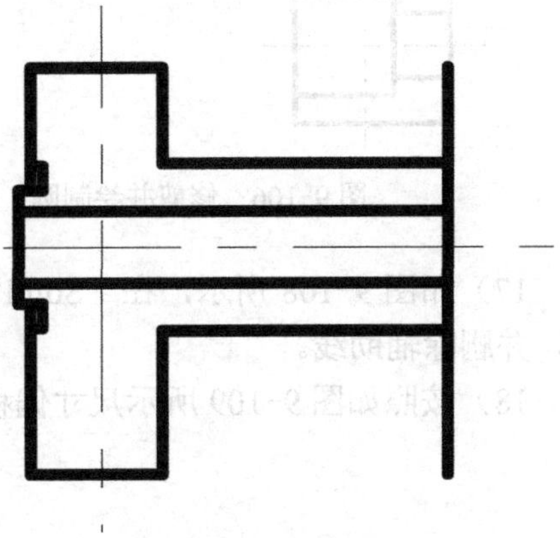
图 9-104　修剪

13）参照图 9-105 中所标尺寸，采用偏移命令（Offset）复制各对称的直线，并按照图示箭头方向向左绘制 3 条直线。

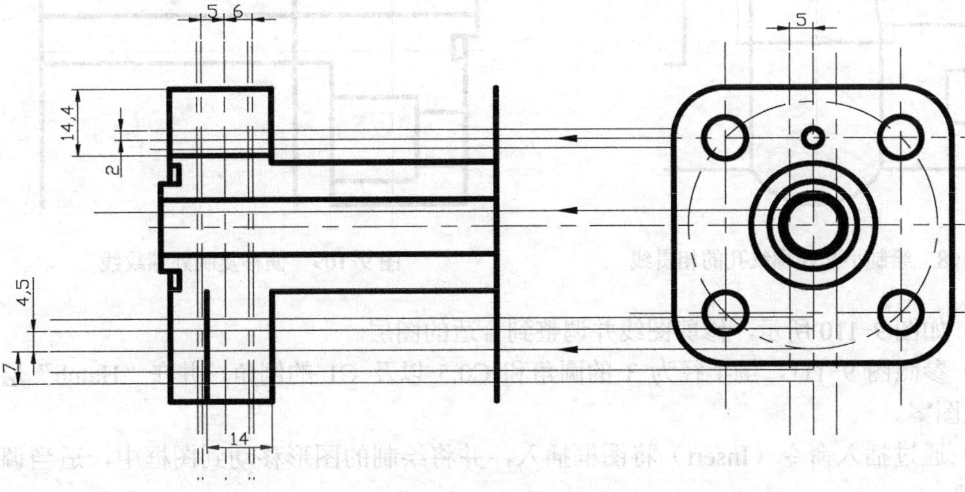

图 9-105　偏移复制直线

14）在中间用圆弧命令（Arc）绘制一弧，并采用修剪命令（Trim）将偏移复制的直线修剪成如图 9-106 所示的结果，并调整到对应的图层。

15）如图 9-106 所示，绘制一直径为 10 的圆，和两条粗实线相切。

16）延伸左侧的相距为 4 的直线中的一条与圆相交，并通过交点绘制一条垂直线，如图 9-107 所示。

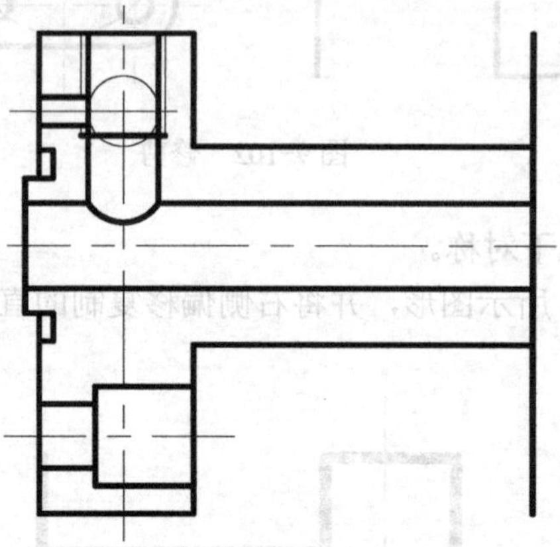

图 9-106　修剪并绘制圆

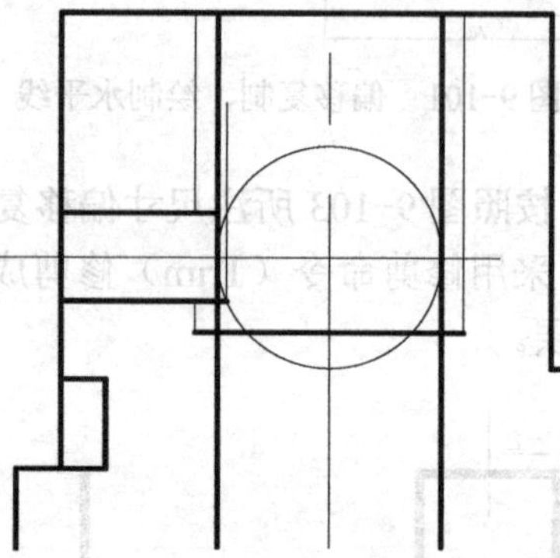

图 9-107　绘制垂直线

17）如图 9-108 所示，在“Solid”层绘制一圆弧表示相贯线的投影，修剪图线到正确位置，并删除辅助线。

18）按照如图 9-109 所示尺寸偏移复制 3 条直线。

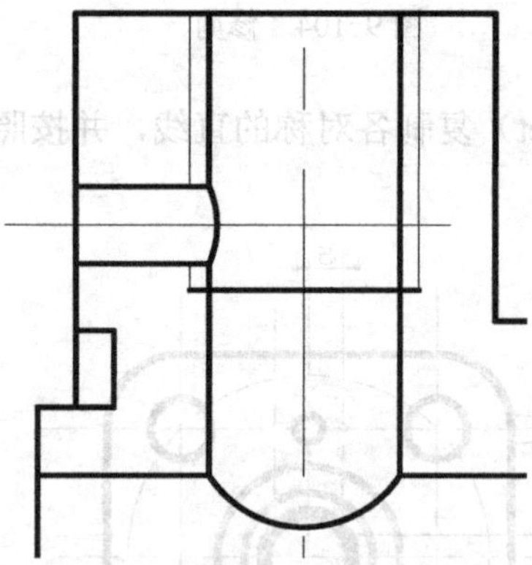

图 9-108　绘制小孔和螺纹孔的相贯线

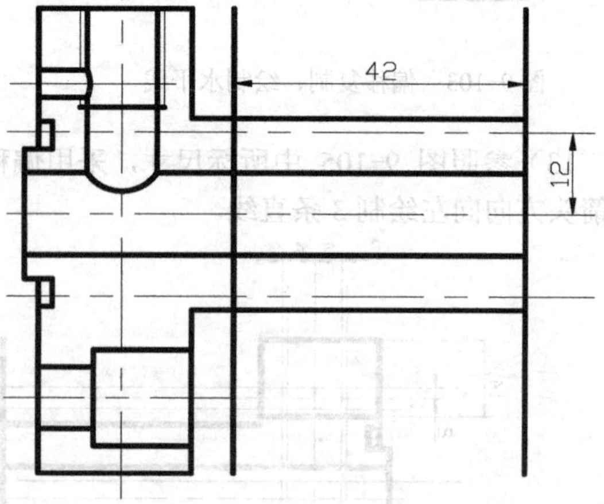

图 9-109　偏移复制外螺纹线

19）如图 9-110 所示，修剪图线并调整到合适的图层。

20）参照图 9-111，倒半径为 3 的圆角和 C0.5 以及 C1 的倒角，并在“Hatch”层填充 ANSI31 图案。

21）通过插入命令（Insert）将图框插入，并将绘制的图形移动到图框中，适当调整视图的位置。

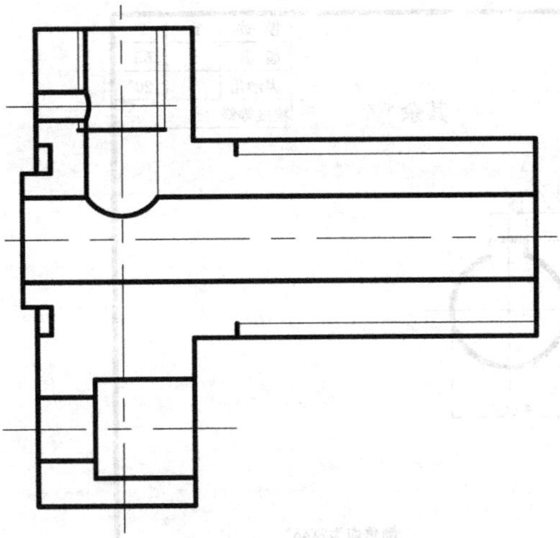

图 9-110　绘制螺纹线

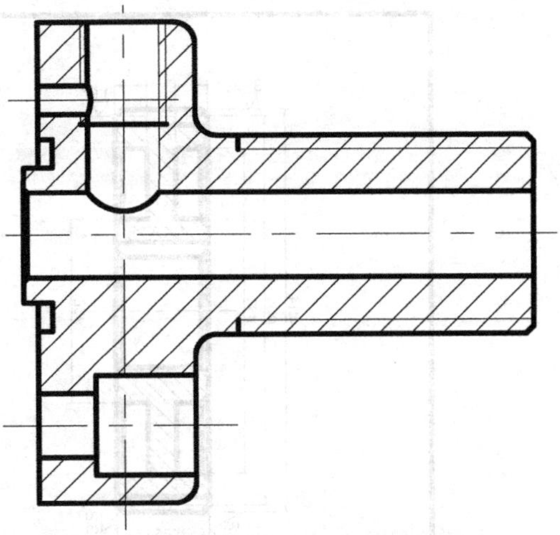

图 9-111　绘制圆角和倒角

22）对图形进行尺寸、形位公差标注。

23）插入表面粗糙度符号，并在提示输入数值时键入各表面的粗糙度值。

24）采用多行文字命令（Mtext）注写技术要求。

25）填写标题栏，结果如图 9-96 所示。

【练习 9-6】

绘制如图 9-112～图 9-116 所示的零件图。

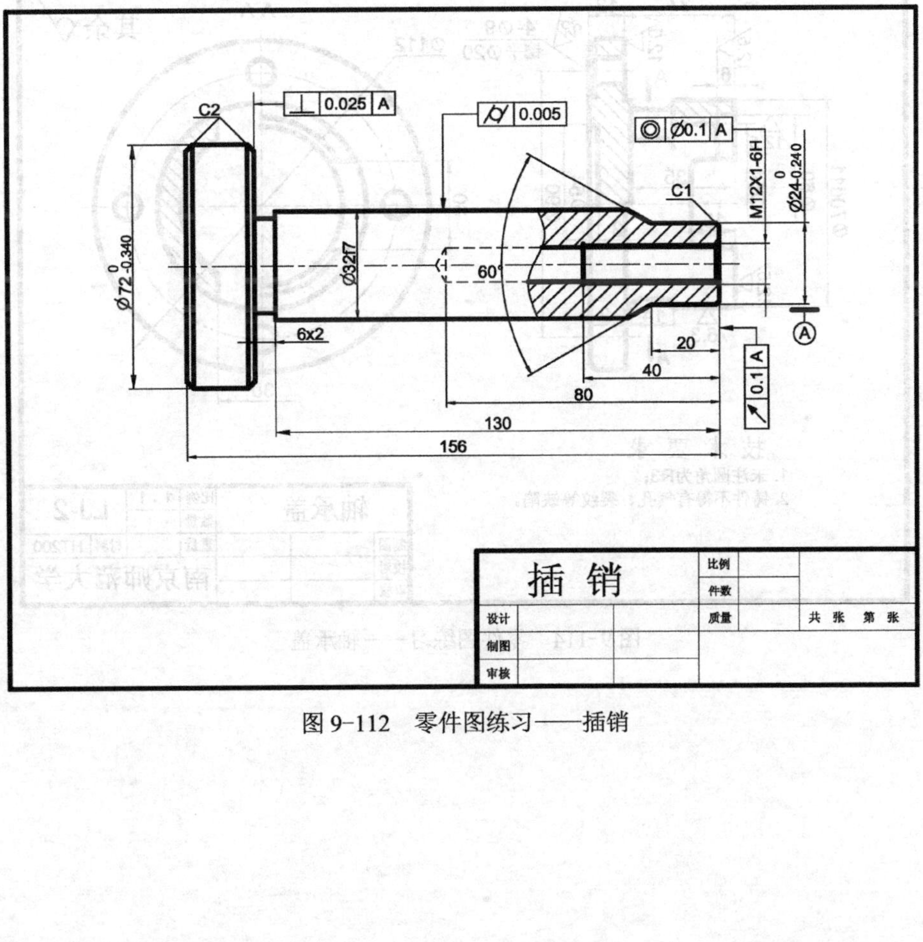

图 9-112　零件图练习——插销

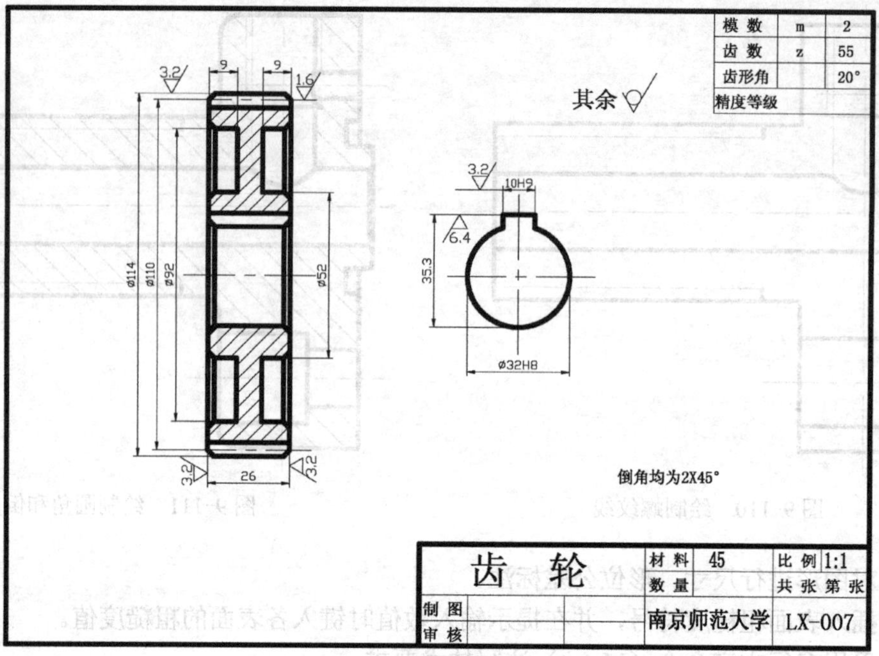

图 9-113　零件图练习——齿轮

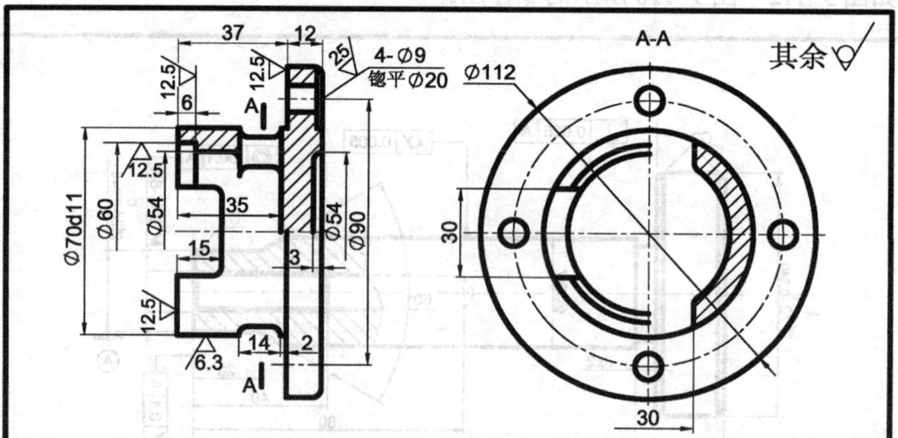

图 9-114　零件图练习——轴承盖

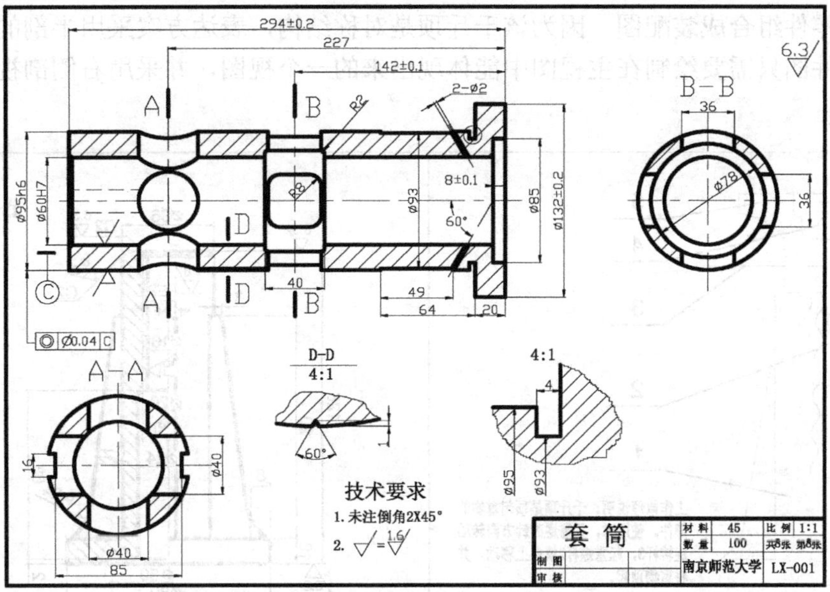

图 9-115　零件图练习——套筒

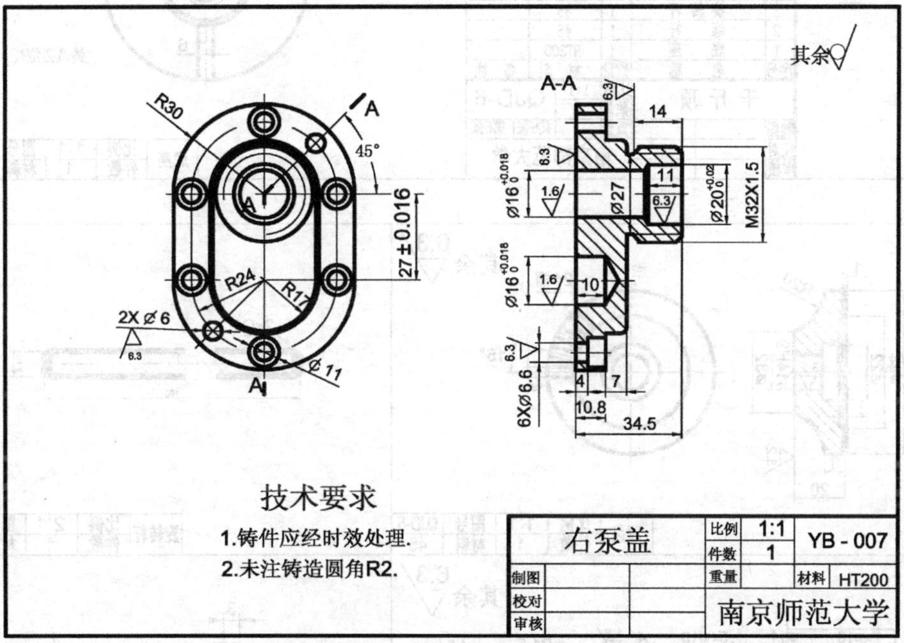

图 9-116　零件图练习——右泵盖

9.7　绘制装配图

按照图 9-117 的装配示意图，绘制千斤顶装配图。

分析：

如图 9-117 所示的千斤顶装配图，可以在绘制了相应零件图的基础上，通过“组装”的方式，将各零件组合成装配图。因为该千斤顶是对称结构，表达方案采用半剖的方式比较合适。相应零件图只需要绘制在主视图中能体现出来的一个视图，并采用右侧剖视，左侧视图的表达方法。

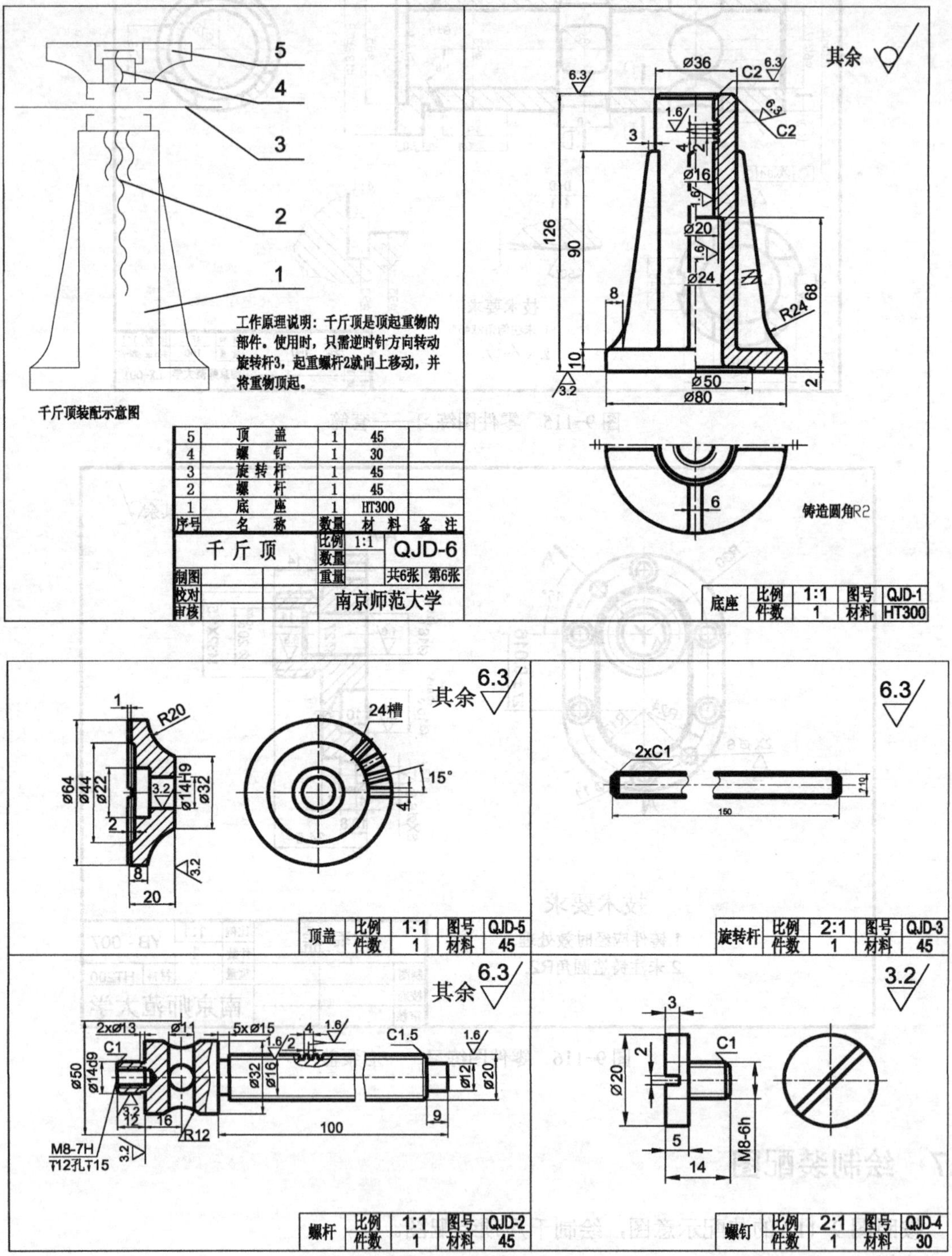

图 9-117 千斤顶装配图

下面是绘制过程。

1）按照图 9-117 绘制各零件的半剖视图，并注意调整视图的方向。

2）新建一图形。

3）插入所有零件。对照装配关系放置到合适位置。

4）根据投影的遮挡关系，删除或调整部分图线的长度。如果插入的为块，则需要通过插入→块编辑器将插入的图形修改到最后装配图上的效果，也可以将块分解后修改。

5）重新绘制剖面线。尤其对螺纹装配部分，内螺纹的剖面线需要删除，在加入外螺纹后重新绘制。注意剖面线的方向和间隔要求。

6）标注装配图上的尺寸，如图 9-118 所示。

7）插入图框。

8）调整图形位置。

9）注写技术要求，填写标题栏。

10）保存图形。

【练习 9-7】

绘制如图 9-119 和图 9-120 所示的装配图。

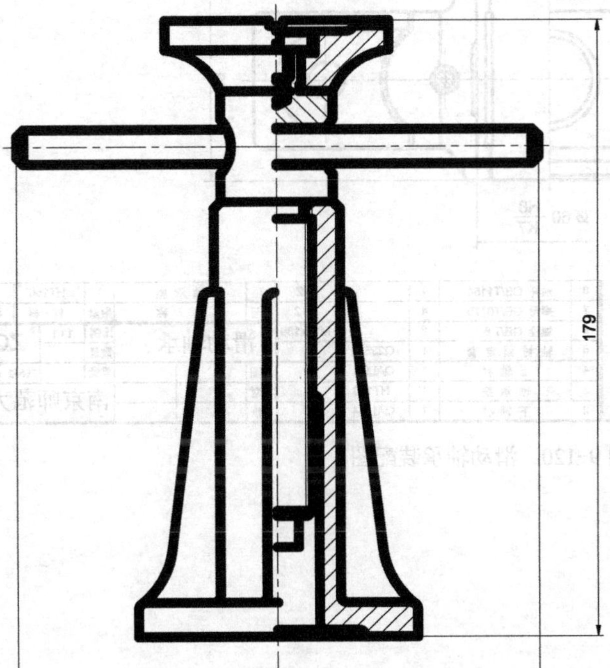

图 9-118　千斤顶装配图

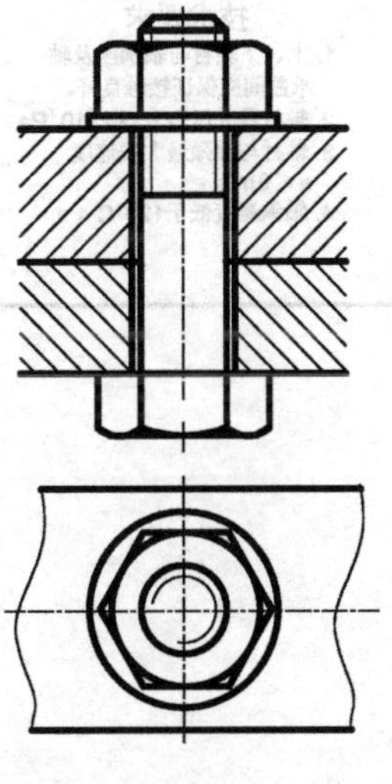

图 9-119　螺纹连接装配图

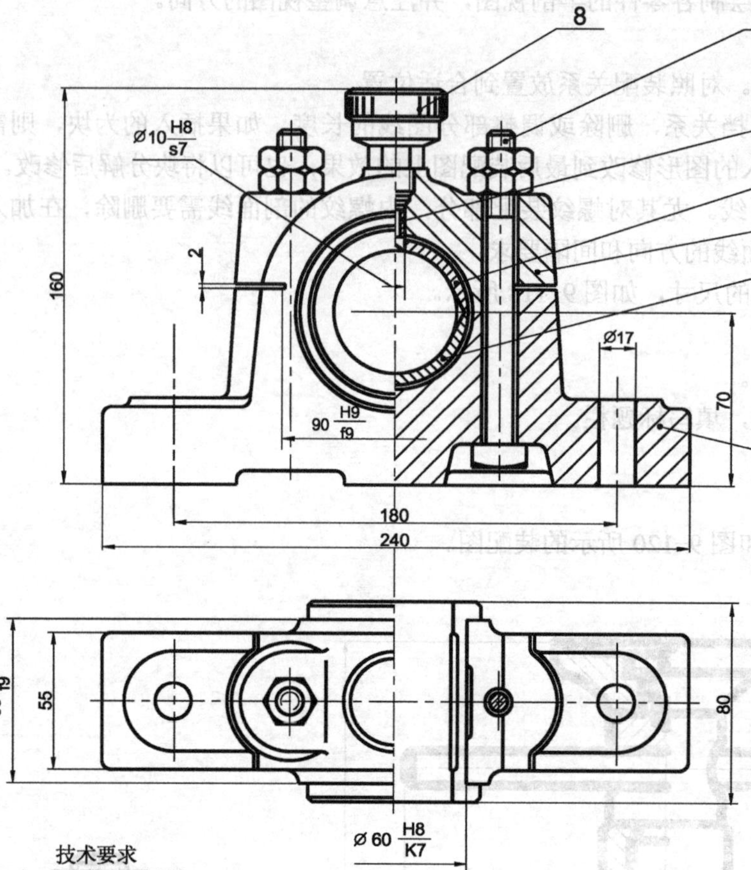

技术要求

1. 上、下轴衬与轴承座及轴承盖间应保证接触良好。
2. 轴衬最大压力 P≤3×10⁷Pa。
3. 轴衬与轴颈最大线速度 v≤8m/s。
4. 轴承温度低于120°C。

序号	名称	数量	材料	备注
8	油杯 GB/T1154	1		B12
7	螺母 GB/T6170	4		M12
6	螺栓 GB/T 8	2		M12x130
5	轴衬固定套	1	Q235-A	
4	上轴衬	1	QAL9-4	
3	轴承盖	1	HT150	
2	下轴衬	1	QAL9-4	
1	轴承座	1	HT150	

滑动轴承		比例	1:1	ZC-1	
		数量			
制图		重量		共6张	第1张
校对		南京师范大学			
审核					

图 9-120　滑动轴承装配图

参 考 文 献

[1] 路纯红，刘昌丽，胡仁喜，等．AutoCAD 2010 中文版机械设计完全实例教程 [M]．北京：化学工业出版社，2010．

[2] 郑阿奇，徐文胜．AutoCAD 2002 实用教程 [M]．北京：电子工业出版社，2003．

[3] 郑阿奇，徐文胜．AutoCAD 2000 中文版实用教程 [M]．北京：电子工业出版社，2000．

[4] 郑阿奇，徐文胜．AutoCAD 实用教程（2010 中文版）[M]．3 版．北京：电子工业出版社，2010．

[5] 郑阿奇，徐文胜．AutoCAD 实用教程 [M]．北京：电子工业出版社，2004．

[6] 姜勇．AutoCAD 中文版机械制图基础培训教程 [M]．北京：人民邮电出版社，2002．

[7] Alan J Kalamrja．AutoCAD2000 工程制图 [M]．夏链，韩江，等译．北京：机械工业出版社，2000．

[8] 郑阿奇，徐文胜，马骏．计算机绘图 [M]．北京：电子工业出版社，2009．

[9] 西安电子科技大学工程图学与计算机绘图教究室．工程制图与计算机绘图 [M]．2 版．西安：西安电子科技大学出版社，2003．

[10] 杨聪．AutoCAD 2008 机械制图案例实训教程 [M]．北京：中国人民大学出版社，2009．

[11] 杨立辉，严振林，赵玉龙．AutoCAD 2009 机械设计入门到精通 [M]．北京：机械工业出版社，2009．